豆 薯

DOUSHU

陈忠文　主编

中国农业出版社
北 京

本书编委会

主　编　陈忠文

副主编　孙　静

参　编　文西强　冯仕喜　陈彦余
　　　　姚　梅　黄　超　江　兵
　　　　揭良波　袁方强　袁润勤
　　　　焦仁军　王定军　林　莉
　　　　黄明刚

在地球漫长的演化过程中，不同生物演替与更迭赋予了地球盎然的生机，但在人类追求财富的同时，越来越多的大自然精灵在人类的欢呼中逐步减少甚至默默消失，成为这个星球永远的过客。

豆薯，一年生或多年生缠绕性草质藤本植物，迄今为止多数人较为认同起源于南美洲，距今已有两千年以上的栽培历史，于17世纪末传入我国，分布于福建、台湾、广东、广西、云南和四川等地，湖南、湖北和贵州等地均有栽培，在吃不饱饭的年代，还成为人们充饥的主粮之一。随着粮食供求矛盾逐步缓解和人民生活水平显著提高，豆薯的种植面积开始逐年下降。

豆薯，贵州人称之为地萝卜，广东人称之为沙葛，还有部分地方称之为草薯或草瓜薯。豆薯贮藏根脆嫩可食，特别受人民的喜爱，老少皆宜，对于很多70后和80后来说，豆薯更是一种难忘的记忆。豆薯淀粉含支链淀粉多，黏度高，可用于酸奶、奶糖、糕点、冰激凌等的加工，加工产品具有均匀细腻、口感滑爽等特点，加工前景好。

豆薯除了贮藏根以外的其他部分几乎不能食用，其茎、叶及种子中含有鱼藤酮，人畜严禁食用。鱼藤酮是豆薯中所含的有效杀虫成分，是一种广谱性杀虫剂，豆薯茎、叶及种子是制作生物杀虫剂的重要原料，而利用植物源制剂在作物生产中防控病虫害是未来生物防控的发展方向。

陈忠文先生没有因为食物多元化发展就放弃一生热爱的豆薯事

业，而是潜心钻研，集一生所学，完成了这一宝贵著作的编写。本书共八章三十四节，具有几个特点：一是系统，介绍了豆薯起源、传入中国的途径与时间、栽培、育种和加工等内容，内容完整全面；二是科学，总结了豆薯品种、植物学性状、营养生长、开花结果习性、环境条件要求及良种繁育等内容，对于从事栽培和育种的同行具有很好的参考价值；三是实用，对豆薯栽培技术、推广应用及加工等内容进行了提炼，浅显易懂，图文并茂，非常实用。

　　闻《豆薯》一书即将出版，甚是喜悦。一是忠文先生毕生钟爱的事业，终将因为本书的出版而圆满，编委会成员也为之振奋，忠文先生的执着精神和大家对小小豆薯产业的那份热爱是编写此书的动力；二是加强对生物多样性的保护、维持和可持续利用，关系到国民经济发展和社会稳定，本书的出版符合国家战略，也正当其时；三是根据中国作物种质资源信息网种质数据查询结果，现保存的豆薯资源仅 7 份，豆薯遗传基础很窄，本书介绍了如何保存和创制新的豆薯材料，无疑为豆薯资源保护和开发利用提供了很好的理论支撑。

　　忠文先生编写此书以飨读者，对保护小宗作物和维护生物多样性具有重要意义。贵州省农业农村厅种业管理处高度重视此书的出版，并提供了专项资助，这是贵州省现代山地特色高效农业的一件小事，也是贵州种业高质量发展中的一件大事，我谨对《豆薯》的出版表示热烈的祝贺！

贵州大学教授　张万萍

2021 年 8 月 16 日

　　人类依赖多种食物得以生存。据 2022 年联合国粮食及农业组织、国际农业发展基金、联合国儿童基金会、世界粮食计划署和世界卫生组织联合发布的《2022 年世界粮食安全和营养状况》报告指出：2021 年，全球约有 23 亿人（占比 29.3%）面临中度或重度粮食不安全状况，较新冠疫情暴发以来增加了 3.5 亿人。全球近 9.24 亿人（占比 11.7%）面临严重粮食不安全状况。粮食安全面临巨大挑战，粮食系统特别是生产加工环节的重构，再利用一些技术提高现有土地的产量，对推动解决粮食安全问题、实现人类社会可持续发展具有重要意义。

　　在人类长期的选择和适应过程中，仅由少数几种主要作物提供大部分的粮食供应，因此过去的农业研究也侧重于这些主要作物，而对次要作物（或未被充分利用，或被忽视）的关注相对较少，导致这些作物的基础研究和重要性被忽视和利用不足，从而阻碍了这些作物的发展和可持续的养护，比如本书所介绍的豆薯。现已基本认同起源于南美洲安第斯山脉与亚马孙河流交汇处的作物——豆薯，其所能提供的食物（淀粉）和营养物质或许能够成为食物来源的重要补充。研究认为早在公元前 12000 年至公元前 8500 年的前农业时期，今秘鲁地区的印第安人就最先知晓了豆薯的贮藏根可食。作为一种栽培作物，豆薯距今已有两千年以上的栽培历史，但有关豆薯的文字记载（1556 年）并传播到世界各地只有 460 余年，且对豆薯作物起源、传播、特征特性描述、育种、栽培、食用、加工利用等尚无系统的文献资料，特别是豆薯传入中国的途径和时间比较模糊，称谓也五花八门，给人们的认知、研究和利用带来诸多困惑，而豆薯的生产、加工利用等研究也比较零乱和不全面。有感于此，编者通过多年的品种选育、试验示范、推广应用与实践总结，尽力多览，广收博采，斟酌筛选，汇集成《豆薯》一书，以期对豆薯作物进行系统介绍，以供从事相关研究的同行参考。

全书共八章三十四节及附录。编者在多年开展豆薯品种选育、规范化生产、试验示范研究的基础上，参考相关文献，对豆薯中英文名称的辩证、传入中国途径与年限推断、作物发育与开花阶段划分、病虫草危害与防治、地下部高产栽培、品种选育、种子规范化生产、豆薯与人体健康、开发利用等进行了较为系统的介绍。本书浅显易懂，图文并茂，可供广大豆薯种植户、生产加工企业及豆薯科技工作者参考。

本书在编写过程中得到了有关领导及同行的大力支持和帮助。特别邀请中国热带作物学会理事、贵州省蔬菜产业发展工作专班副班长、贵州大学张万萍教授审阅本书文稿并作序。特别感谢享受国务院政府津贴、贵州省省管专家、余庆县植保植检站站长杨再学研究员对本书的编写内容提出许多宝贵意见。同时，本书参考和引用了大量国内外学者的有关论著，吸收了同行们的研究成果，从中得到很多的教益和启发。在此谨向各位学者表示衷心感谢！

本书的出版工作得到了贵州省农业农村厅特色作物资源项目资助及贵州省农业农村厅种业管理处施文娟老师、贵州省种子管理站周介雄调研员的关心和鼓励，在此一并表示衷心的感谢！

由于作者水平及条件有限，书中难免存在不足之处，恳请各位专家和读者批评指正。

编　者

2023 年 5 月 6 日

目录
CONTENTS

| 第一章
豆薯概述

第一节　*Pachyrhizus* 的称谓与正名

中国有句俗语"种瓜得瓜，种豆得豆"，讲述了农作物生长的普遍规律。而本书要介绍的作物可以"种豆得瓜"，是一种地下膨大的根可以食用而地上部分有毒的一年生或多年生缠绕性草质藤本植物，拉丁学名为 *Pachyrhizus*，是瑞典植物学家、冒险家林奈（Carolus Linnaeus，1707—1778 年）于 1753 年命名的。

一、关于 *Pachyrhizus* 名称的由来

在国际植物命名法规诞生之前，植物的名称是俗名或者地方名。由于引种，在很长一段时间内，*Pachyrhizus* 的命名有些混乱，如在墨西哥和中美洲分布地区以外的远东地区。据德国哥廷根大学农学教授马丁·索伦森（Marten Sorensen）于 1996 年考证：关于 *Pachyrhizus* 的记载，最早见于英国皇室聘用的植物学家和园艺师伦纳德·普拉肯内特（Leonard Plukenet），于 1696 年在他的《植物大全》（*Amaltheum Botanicum*）和《植物图集》（*Phytographia*）两部著作中首次从植物学的角度提到目前命名为 *Pachyrhizus erosus* 的物种，他将一种来自墨西哥的植物记述为 *Phaseolus nevisensis*。但荷兰博物学家马尔腾·胡图因（Marten Houttuyn，1720—1798 年）于 1779 年认为该词用词不当，正确的拼写可能是 "*nervisensis*"。林奈于 1753 年在伦纳德·普拉肯内特记述植物 *Dolichos erosus* 的基础上，指出这种植物起源于新大陆，即新热带地区，但在 1763 年出版《植物种志》第 2 版时，令人困惑地将该植物的起源地改为印度。产生这一错误似乎是因为受到德国植物学家格奥尔格·艾伯赫·郎弗安斯（Georg Eberhard Rumphius）于 1747 年以 *Cacara bulbosa* 名字描述的一种采集于印度尼西亚安汶岛的植物的影响。杜·佩蒂特·图尔斯（Du Petit-Thouars）于 1806 年首次有效地将扁豆属的一个物种归类到现在被认为是豆薯属的一个新属上，并把这个新属命名为 *Cacara*，与郎弗安斯于 1747 年对名安汶岛种的命名一致。现在公认的学名是 *Pachyrhizus*，该词来自希腊语单词 *pachyr*（膨大）与 *rhiza*（根），最初

由法国植物学家、插画家路易·克劳德·玛丽·理查德（L. C. M. Richard，1754—1821 年）用于标本室标本的不规范物种的命名 *Pachyrhizus angulatus*。瑞士植物学家德·坎多尔（De Candolle，1778—1841 年）在 1825 年首次公布这个名字时，*Pachyrhizus* 使用了相同的拼写，即只有一个 r。德国植物学家卡尔·斯普伦格尔（Carl Sprengel，1787—1859 年）于 1826 年采用了错误拼写"*Pachyrrhizus*"。后来，通用名称 *Pachyrhizus* 比原始名称 *Cacara* 更为人们所接受，拼写错误的 *Pachyrrhizus* 便被保留了下来。无论如何，根据目前的植物学命名规范，路易·克劳德·玛丽·理查德使用的拼写无疑是正确的，因为它是原始的记载。

二、关于植物学名称为 *Pachyrhizus* 的中文名称

关于植物学名称为 *Pachyrhizus* 的作物的中文名称有很多。在中国学术界称谓较多的是豆薯，最早记载的名称见于《台湾植物名录》，命名者可能是根据该植物独特的生长状态——地下贮藏根类似薯（主要取食部分）而地上部种子类似豆而命名。在《中国农业百科全书·蔬菜卷》里称谓有番葛、葛薯、新罗葛，在《中国药用植物志》里记载的名称有豆薯、凉薯、沙葛、土瓜、凉瓜、葛瓜、土萝卜等，在《陆川本草》里称谓"草瓜茹"，在江西《草药手册》里称谓"地萝卜"等。在民间因各地的习俗不同，其称谓则五花八门，四川、重庆和贵州等地称之为地瓜或地瓜儿，福建、广东等地称之为番葛，潮汕地区方言称之为芒光或力绑，海南称之为葛薯，湖南、江西等地称之为凉薯，山东青岛称之为豆薯梨，贵州西北部至云南东北部部分地区称之为地萝卜，还有部分地区称之为萝沙果、天地果、扯皮薯、剥皮薯等。

鉴于植物学名称为 *Pachyrhizus* 的作物中文名称较多，为了不致混淆误导，非常有必要建立一个统一的中文名称。有历史学家从最大生产区和消费区（云、贵、川、渝）、瓜类作物用途（一般用作蔬菜和水果）、瓜类食法（多生食）、地下形态（长在地下的瓜）及方言历史（130 多年）等角度，认为使用地瓜一名更为妥帖（张箭，2007）。据《辞海》（1979 年版缩印本）对瓜的定义：蔓生植物所结的球形或椭圆形果实，有蔬瓜、果瓜之分。对照 *Pachyrhizus* 与甘薯等皆为蔓生植物，主要的功用部位又近乎球形或椭圆形的可以滚动的果实，那么使用地瓜这一称谓似乎是符合情理的，且 *Pachyrhizus* 地下部分贮藏根多为扁圆、纺锤或圆锥形，更符合瓜的定义。

上述称谓，虽有一定理由，但不便区别于其他同名异种作物，容易引起混淆，特别是这些同名异种作物或多或少都有一定的中医药疗效，更须慎重，必须加以厘清。陈忠文等（2015）认为，豆薯一名更符合植物本身的分类属性，同时具有名称唯一性，不易混淆，且该称谓读写方便，易于联想，建议将此名

作为正名采用，其他名谓均作为别名。在介绍豆薯、地瓜等易与其他植物混淆的别名时，应附带"手工扒皮可生食"等文字说明以示区别，因为甘薯等植物生食时是不能手工扒皮的，需要借助工具才能去皮。

三、关于植物学名称为 *Pachyrhizus* 的英文名称

关于植物学名称为 *Pachyrhizus* 的英文名称，目前有 yam bean 与 jicama。查阅 *Pachyrhizus* 的相关资料，其英汉互译也各有所指，多数文献资料翻译成英文时采用的是 yam bean，或翻译为 jicama、hikama，甚至有翻译成 sweet potato，也有些直接使用拉丁学名 *Pachyrhizus*，目前没有统一的名谓，容易出现混淆，并引起误导。比如英文 yam bean 直译成汉语为薯豆，百度在线翻译将其译为山药豆、豆薯属、豆薯、地瓜等；爱词霸（iCIBA）则将其翻译为西印度豆薯、豆薯，又特别指出"网络：沙葛、豆薯、西印度豆薯、零余子"，而查阅《辞海》，零余子词条注解为珠芽，即生于植物叶腋（如卷丹、薯蓣）或花序中（如山蒜）的鳞茎状或块茎状的肉质芽，珠芽落地后能发育成新个体。薯蓣的零余子常为肾形或卵圆形。谷歌在线翻译和有道词典将其翻译为豆薯，显然多家翻译各有所指。将豆薯翻译成英文则多为 jicama 和 yam bean。如果将 yam 和 bean 两个词单独翻译成中文则为薯、山药和豆。至于是什么原因将 yam bean 译为豆薯，或将山药、薯和豆译成 yam bean，暂无佐证资料。

陈忠文等（2015）认为，豆薯的英文名宜采用 jicama［'hɪkəmə］一词，理由有四个。一是原创性。豆薯在原产地美洲的印第安语中叫法很多，其中以阿兹特克人所称的 jicama 影响较大。最早发现、记载和传播豆薯的西班牙人便将此词吸收入西班牙语，故西班牙语读音亦为 jicama 或 hikama，本意指植物地下可食用的膨大根，虽然有时另一种蔬菜——菊薯（*Smallanthus sonchifolius*，又名雪莲薯或雪莲果，菊科多年生草本植物，原产于南美洲的安第斯山脉）也有被称为 jicama 的，但它的传播和使用可能更晚和更鲜为人知，两者是完全不同的植物。从最早使用者的命名及传播者的贡献上来讲，采用 jicama 体现了发现或利用者的贡献。二是词义的唯一性。jicama 英译汉的词义是豆薯或西印度豆薯作物，是一个单独的词，不至于有将 yam bean 译为薯蓣、山药，或将山药、薯和豆译成 yam bean 之虑。三是推广应用性。至今 jicama 在墨西哥、美国南部等地均作为指代豆薯作物的名称使用。四是相对 yam bean 而言，jicama 在阅读与书写时比较连贯，是一个整体。

四、豆薯在国外其他地方的称谓

考古发现，亚马孙豆薯食用贮藏根被认为在秘鲁农业出现之前（公元前8500 年以前）已被采集。最早的物证是在秘鲁南海岸帕拉卡斯半岛大墓地的

大堆木乃伊中的植物残渣中发现了豆薯贮藏根剩余物。豆薯在美洲印第安人语言中叫法很多，其中以阿兹特克人所称的 jicama 在以后的影响较大。特别是被植物分类学家界定的亚马孙豆薯种（*P. tuberosus*），有着悠久的驯化历史，分布广泛，在不同语言群体里有多个称谓，如阿希帕（ashipa）、春（chuin）、爱娃（iwa）、雅卡图普（jacatupe）、吉奎玛（jiquima）、门巴口油（mbacuou）、妞扑（nupe）、波依（poi）和雅希珮（yushpe）等。在墨西哥称谓 jicama [ˈhɪkəmə]，有时被称为墨西哥土豆。另外，菲律宾语发音翻译成中文（下同）是"森卡曼（Sinkamas）"。印度尼西亚语发音是"邦柯椰旺（bangkoewang）"。马来语发音是"恒生邝（Seng Kuan）"。泰语记载为มันแก，发音是"曼凯欧（mankaeo）"。东南亚的华人读音为"邦款（bang kuan）"。越南北部记载为cây củ đậu，音译"给谷了"，南部记载为củ sắn或sắn nước，音译"古善"或"善挪"。缅甸记载为စိမ်းစားဥ，音译"萨内·萨乌（Sane-saar-u）"。孟加拉国记载为শাঁখআলু，音译"尚卡鲁（shankhalu）"，因其形状、大小和颜色，字面意思是"海螺（shankha，শাঁখ）、土豆（alu，আলু）"。在印地语中，被记载为मिश्रीकंद，音译"米什里坎（Mishrikand）"。科特迪瓦记载为ଶଙ୍ଖସାରୁ，音译"尚卡萨鲁（ShankhaSaru）"。俄语记载为 картофель сладкийкитайский，意为"中国甜芋"。日语记载为クズィモ，音译"克什威么（Kuzuimo）"，意为"葛芋"。

第二节　汉语中常见的易与豆薯名谓混淆的作物

　　我国地域辽阔，北起黑龙江省漠河以北，南至南沙群岛中的曾母暗沙，南北相距约 5 500km，跨纬度近 50°；东起黑龙江与乌苏里江的主航道汇合处，西至新疆帕米尔高原，东西相距约 5 200km，地跨众多温度带和干湿地区。加之地形复杂，地势高低悬殊，有世界上最大的海拔高差 9 003.17m（海拔为 8 848.86m 的珠穆朗玛峰与低于海平面 154.31m 的吐鲁番盆地的艾丁湖），复杂多样的生态环境孕育了众多的作物种类。在漫长的种植历史过程中，随着人类交流活动的频繁，不断引种使得作物种类更为丰富。囿于时代信息传播的局限性和先入为主的习惯性，沿袭相传，一些作物品种名称亦在各地有所改变，导致在使用时产生混乱。这一现象在近代外来作物中尤为明显，例如豆薯作物便有很多称谓，迄今为止，人们对其特征特性的表述、栽培技术研究较少，加工利用就更少了，因而在一些资料介绍上出现混淆，且中英文翻译也互有所指，易产生误导。陈忠文等（2015）对部分内容进行了辩证。

一、与甘薯同名不同科

　　豆薯与甘薯均是明清时期传入我国的 30 多种外来物种之一。两者不同科，不同属，更不同种，但均表现为地下部（贮藏根和块根）膨大且为可食部分，在中国南方与北方部分地区有相同的称谓——地瓜。在南方部分地区如四川，重庆，贵州北、中、东部，湖北，江苏南部等地用地瓜来指代豆薯，而在东北及山东等地则用地瓜指代甘薯〔*Dioscorea esculenta*（Lour.）Burkill〕，甘薯属薯蓣科（Dioscoreaceae）薯蓣属（*Dioscorea*）一年生或多年生草质藤本植物，主要取食部分为地下部膨大的块根，块根呈白色、红色或黄色，茎蔓生，茎节着土后均生不定根，叶心形至掌状深裂（图 1-1），多作饲料。生产上一般用其块根繁殖，在短日照地区亦可用种子繁殖。甘薯在我国分布很广，南起南海诸岛，北至内蒙古，西北达陕西、陇南和新疆一带，东北经辽宁、吉林延展到黑龙江南部，西南抵藏南和云贵高原均有种植。四川盆地、黄淮海、长江流域和东南沿海各省是我国甘薯主产区。因此甘薯也产生很多别名，如东北、山东大部、福建、广西部分地区称之为地瓜，浙江、江西一带称之为番薯，山西、河南等地称之为甜薯、红薯、山药，北京等地称之为白薯，天津、上海、浙江、苏南等地称之为山芋，陕西、四川、重庆、贵州等地称之为红苕，贵州等地还有称之为地萝卜的，除此之外还有如甘储、朱薯、金薯、番茹、红山药、唐薯、玉枕薯等称谓。

图 1-1　甘薯的叶、茎和块根（陈忠文，2013）

此外，还有一种落叶匍匐生长的桑科榕属木质藤本植物——地果（*Ficus tikoua* Bur.），别名有地瓜、野地瓜、地石榴、地瓜泡、过山龙、匍地龙、地瓜根等。该植物全株有白色乳汁，茎棕色。叶坚纸质，倒卵状椭圆形，长 2.0～8.0cm，宽 1.5～4.0cm，先端急尖，基部圆形至浅心形，边缘波状，具疏浅圆锯齿（图 1-2）。总花托有短梗簇生于无叶的短枝上，瘦果成对或簇生于匍匐茎上，因常埋于土中，故谓之地瓜。果实球形至卵球形，直径 1.0～2.0cm，基部收缩成狭柄，红色，成熟时深红色，表面多圆形瘤点。雄花生榕果内壁孔口部，无柄，花被片 2～6 片，雄蕊 1～3 枚；雌花生另一植株榕果内壁，有短柄，无花被，有黏膜包被子房。花柱侧生，长，柱头 2 裂。花期 5—6 月，果期 7 月。果可食用，香甜味美（图 1-3）。全草可入药，味苦，微甘，具清热

图 1-2　地果的叶

利湿功效，可用于小儿消化不良、急性肠胃炎、痢疾、胃溃疡、十二指肠溃疡、尿路感染、白带异常、感冒、咳嗽及风湿筋骨疼痛。地果喜欢生长在荒地、草坡或岩石缝里，是集食用、药用、绿化、观赏等价值于一体的多用途植物，产于我国中部和西部，虽与豆薯有同一别名地瓜，但两者不是同种作物。

图 1-3　地果的茎和果实（陈忠文，2015）

二、与葛同科不同名

在我国，除新疆、青海及西藏以外的地区，广泛分布着一种植物——葛，葛为豆科葛属，多年生草质藤本植物，地下根膨大肥厚呈圆柱状，内外纤维较多，能明显区别于豆薯贮藏根。羽状复叶具3片小叶；托叶长圆形；小托叶为线状披针形；小叶3裂，偶尔全缘；叶互生，顶生小叶宽卵形或斜卵形，长7～19cm、宽5～18cm，侧生小叶斜卵形，上面被淡黄色的稀疏柔毛，下面较密；小叶柄被黄褐色茸毛。总状花序，腋生，蝶形花冠，紫红色。荚果长条形，扁平，密被黄褐色硬毛。7—8月开花，8—10月结果。葛的中文别名为葛藤、甘葛、野葛（图1-4）。葛在东晋时期就有栽培利用，葛根、藤茎、叶、花、种

图 1-4　葛的叶片、贮藏根、花（陈忠文，2015）

子及葛粉均可入药，其中葛根药用价值最高。葛根是药食同源植物，既有药用价值，又有营养保健之功效。据《中华人民共和国药典》（2020 年版一部）记载，葛根具有解肌退热、生津止渴、透疹、升阳止泻、通经活络、解酒毒的功效，用于外感发热头痛、项背强痛、麻疹不透、热痢、泄泻、眩晕头痛、脑卒中偏瘫、胸痹心痛、酒毒伤中。茎皮纤维供织布和造纸用。葛也是一种良好的水土保持植物。葛在东南亚及澳大利亚分布也较广，与豆薯同属于豆科但不同属的作物，地上部除藤蔓长度有差别外，其余特征特性类似，且可取食的部位相同，在地表下膨大根形状、口感两方面略有区别，原因是葛根中的纤维更多。有可能是因为广东、广西等地区在引入豆薯时，将这种似葛的外来作物冠之以葛瓜、葛薯、沙葛等名谓，进而导致有时会将葛与豆薯混淆或当作同一作物介绍。

三、与薯蓣不同科不同名

在检索有关豆薯的英文资料时，发现有资料将豆薯与薯蓣科

（Dioscoreaceae）薯蓣属（*Dioscorea*）的薯蓣（*Dioscorea polystachya*）都翻译成山药或山药豆。

薯蓣为多年生草本植物，茎蔓生，常带紫色。块茎圆柱形，含淀粉和蛋白质，可以食用。块茎长 33～66cm，最长的达 100cm 以上，少分枝，白色根着生许多须根，有黏性，茎细长，可达 3m 以上，与豆薯有明显区别。叶对生，叶形多变化，常为心形或剪形掌状，亦有卵形或椭圆形，叶脉 6～9 出，叶腋间生有珠芽（也称零余子、山药豆、山药蛋），可供繁殖，也可食用。白色小花单生，雌雄异株，蒴果（图 1-5）。《本草纲目》中介绍薯蓣有补中益气、强筋健脾等滋补和祛痰功效。薯蓣是单子叶植物，有 9 属 650 种，广泛分布于全球的温带和热带地区，我国有薯蓣属（*Dioscorea*）1 属，约 49 种。薯蓣原产于山西平遥、介休，现分布于我国华北、西北及长江流域的各地。广东等地称薯蓣为山药、淮山、山菇，河南等地称之为怀山药、山药蛋等。

图 1-5　薯蓣的茎叶、珠芽、块茎（陈忠文，2015）

四、与非洲山药豆同科几乎同名

被认为起源于埃塞俄比亚的豆科植物 *Sphenostylis stenocarpa*（Hochst. ex A. Rich.）Harms，英文名 African Yam Bean，中文翻译成非洲山药豆或非洲豆薯。其野生和栽培种均可见于东非（厄立特里亚往南至津巴布韦一带），遍布于西非各国（几内亚至尼日利亚南部），在尼日利亚、多哥和科特迪瓦尤为常见。非洲山药豆一直以来是尼日利亚的伊博和约鲁巴民族粮食系统的组成部分，用其制作的菜肴是尼日利亚西部埃基蒂州居民婚宴的一大特色。非洲山药豆属豆科蝶形花亚科，是多年生攀缘植物，在尼日利亚被作为一种一年生作物栽培，其蛋白质和淀粉含量高，对不利环境条件具有极高的适应性，还可以固定土壤中的氮，即生产中不需要施用大量氮肥。

该作物蔓茎长 3m 多，分枝量大，多萌生于叶腋处，叶互生。总状花序，花轴长 3～20cm，花粉红色至蓝紫色，旗瓣微螺旋状，呈反褶，雄蕊 2 枚，柱头匙形。成熟期每一花序有 4～10 个荚果，荚果长而无毛，每个荚果长达 30cm，种子 25 粒左右，坐果率低。种子椭圆形，种皮光滑，颜色有白色和黑色，或有褐棕色斑点（图 1-6）。

图 1-6　非洲山药豆（引自 http://www.fao.org/zhc/detail-events/zh/c/421733/）

据 Ezueh 等（1986）报道，非洲山药豆和山药、玉米等作物间种，可获得较高产量，而单一种植时往往歉收，其原因尚不明确。有报道称非洲山药豆的产量为每公顷 300～500kg，据估测其产量潜力为每公顷 3 000kg。

非洲山药豆主要用于家庭食用，其富含淀粉的块根与细长的甘薯形状类似，可生吃，也可切成条放入沙拉或晒干后碾成粉食用。非洲山药豆与豆薯在食用上的区别在于其种子和叶可食。该作物的种子富含蛋白质，其中粗蛋白含量达 21%～25%，氨基酸种类与大豆相似，热量低。通常将其晒干并碾成粉后食用，或简单煮熟并调味后食用。其叶也可煮熟后食用，其食用方法与菠菜很相似。Ezueh 等（1986）报道了非洲豆薯种子的化学成分及含量（表 1-1）、氨基酸种类及含量（表 1-2）。

表 1-1　每 100g 非洲豆薯种子的化学成分及含量（Ezueh 等，1986）

成分	含量
总热量/J	1 635.9
蛋白质/%	21.1
总糖量/g	74.1
纤维/g	5.7
脂肪/g	1.2
钙/mg	61.0
磷/mg	437.0
灰分/g	3.2

表 1 - 2　非洲豆薯种子的氨基酸种类及含量（Ezueh 等，1986）

氨基酸	含量/%	氨基酸	含量/%
天门冬氨酸	11	甲硫氨酸	1
苏氨酸	4	精氨酸	5
谷氨酸	15	酪氨酸	4
脯氨酸	5	苯丙氨酸	6
丙氨酸	4	半胱氨酸	2
组氨酸	5	赖氨酸	9
丝氨酸	6	异亮氨酸	4
甘氨酸	4	亮氨酸	7
缬氨酸	5	—	—

　　非洲山药豆作为一种豆科粮食作物，在尼日利亚和其他一些高湿的热带地区有很大的发展潜力，而且在具热带气候条件的地区表现出很强的适应能力。

第三节　豆薯的起源与传播

一、关于豆薯的起源

　　现代栽培的植物都是在不同历史年代，在人们对野生植物认识的基础上，经过采集、移栽、驯化、选择、杂交和培育等一系列过程逐渐演变进化而来的。

　　关于栽培植物的起源问题，有不少学者进行过研究。19 世纪后期至 20 世纪，许多植物学家开展了广泛的植物调查，并结合植物地理学、古生物学、生态学、考古学、语言学和历史学等综合研究，先后总结提出了世界栽培植物起源中心理论。被认为是最早研究世界栽培植物起源的学者——瑞士植物学家德·坎多尔，通过植物学、历史学及语言学等方面研究栽培植物的地理起源，出版了《世界植物地理》（1855）、《栽培植物的起源》（1882）这两部著作，并在《栽培植物的起源》一书中考证了 247 种栽培植物，其中起源于旧大陆的有 199 种，占总数的 80% 以上。他指出这些作物最早被驯化的地方可能是中国、西南亚和埃及、热带亚洲。在此基础上，苏联植物学家和遗传学家尼古拉·伊万诺维奇·瓦维洛夫（Н·И·Вавилов，1887—1943 年）认为，作物起源地是野生植物最先被人类栽培利用或产生大量栽培变异类型的较独立的农业地理中心，并提出了作物起源中心学说，后继者不断更新。

　　瓦维洛夫栽培植物起源中心。苏联植物育种学和遗传学家瓦维洛夫综合了前人的学说和方法来研究栽培植物的起源问题。他通过对所搜集的大量资源进行深入研究，提出了著名的栽培植物起源中心理论，1926 年发表的《栽培植物起源中心》一书，提出了起源中心（或基因中心）学说，将全世界栽培植物起源中心划分为 5 个，经过补充与完善，1935 年在对过去的概念进行修改后出版《育种的植物地理学基础》，明确把世界重要的栽培植物划分为 8 个独立的起源中心和 3 个副中心。该书将豆薯起源地列入印度-缅甸中心（Ⅱ）（张振贤，2003），受此影响，俄语也称豆薯为 карт-офелъсладкий китайский（中国甜芋）。甚至到 2000 年，还出现豆薯原产于热带亚洲的说法。

　　勃基尔栽培植物起源中心。勃基尔（I. H. Burkil）在《人的习惯与旧世界栽培植物的起源》（1954）中系统地考证了植物随人类氏族的活动、习惯和迁徙而驯化的过程，论证了东半球多种栽培植物的起源，认为瓦维洛夫方法学的主要缺点是全部证据都取自植物而不问栽培植物的人。勃基尔提出影响驯化和栽培植物起源的一些重要观点，如：驯化由自然产地与新产地之间的差别而引起；对驯化来说，隔离的价值是绝对重要的。

　　达林顿栽培植物起源中心。达林顿（C. D. Darlington）利用细胞学方法从染色体上分析栽培植物的起源，并根据许多人的意见，将世界栽培植物的起源中心划为 9 个大区和 4 个亚区：①西南亚洲；②地中海，附欧洲亚区；③埃塞俄比亚，附中非亚区；④中亚；⑤印度-缅甸；⑥东南亚；⑦中国；⑧墨西哥，附北美（在瓦维洛夫基础上增加的一个中心）及中美亚区；⑨秘鲁，附智利及巴西-巴拉圭亚区。他的划分除了增加了欧洲亚区以外，基本上与瓦维洛夫的划分相近。

　　茹科夫斯基栽培植物起源中心。苏联学者茹科夫斯基（Л. М. Жуковский）在 1970 年提出不同作物物种的地理基因小中心达 100 余处，他认为这种小中心的变异种类对作物育种有重要的利用价值。他还将瓦维洛夫确定的 8 个栽培植物起源中心所包括的地区范围加以扩大，并新增了 4 个起源中心，使之能包括所有已发现的栽培植物种类。他称这 12 个起源中心为大基因中心。这 12 个大基因中心或多样化变异区域包括作物的原生起源地和次生起源地。1979 年荷兰育种学家泽文（A. C. Zeven）在与茹科夫斯基合编的《栽培植物及其近缘植物中心辞典》中，按 12 个多样性中心列入 167 科 2 297 种栽培植物及其近缘植物。书中认为 12 个起源中心中，东亚（中国-缅甸）、近东和中美三区是农业的摇篮，对栽培植物的起源贡献最大。

　　哈兰的栽培植物起源分类。美国遗传学家哈兰（J. R. Harlan, 1971）认为在世界上某些地区（如中东、中国北部和中美地区）发生的驯化与瓦维洛夫起源中心模式相符，而在另一些地区（如非洲、东南亚和南美-东印度群岛）发生的驯化则与起源中心模式不符。哈兰根据作物驯化中扩散的特点，把栽培植物分为 5 类。①土生型。植物在一个地区被驯化后，从未扩散到其他地区。如非洲稻、埃塞俄比亚芭蕉等鲜为人知的作物。②半土生型。被驯化的植物只在邻近地区扩散，如云南山楂、西藏光核桃等。③单一中心。植物在原产地驯化后迅速传播到广大地区，没有次生中心，如橡胶、咖啡、可可。④有次生中心。作物从一个明确的初生起源中心逐渐向外扩散，在一个或几个地区形成次生起源中心，如葡萄、桃。⑤无中心。没有明确的起源中心，如香蕉。

　　上述物种起源划分都对豆薯起源缺乏相应的历史资料佐证。因此，厘清豆薯的起源地非常必要。

　　根据近几十年国内外的考古研究，目前基本认同世界农业有 3 大起源中心：西亚地区（伊朗、叙利亚一带）、亚洲东南部（中国黄河、长江流域）和中美洲（墨西哥）。迄今为止，我国北起辽宁、河北、山西、陕西、甘肃、青海，南到福建、台湾、广东、云南，西至西藏东部，20 多个省份都发现了早期农业遗迹，其中河南裴李岗文化和河北磁山文化大约出现在公元前 6000 多年，但均未发现有关豆薯的历史遗迹，这表明豆薯起源不在亚洲东南部。

　　据西班牙学者雷昂（León）20 世纪 80 年代的研究认为，早在公元前12000 至公元前 8500 年的前农业时期，今秘鲁地区的印第安人就最先知晓了豆薯的贮藏根可食。而豆薯作为一种栽培作物，距今已有两千年以上的栽培历史，最早的物证是在秘鲁南海岸帕拉卡斯半岛大墓地的大堆木乃伊中的植物残渣中发现的豆薯贮藏根剩余物。那些干枯的豆薯贮藏根与其他粮食混在一起，而这些粮食又与数百具木乃伊埋在一起。帕拉卡斯大墓地中的木乃伊和豆薯属于纳斯卡文化（Nazca, or Nasca）。豆薯也被该文化描绘在有刺绣的披风上和针织品中，也被雕刻和绘画在陶器上。此外，秘鲁莫切（Moche）文化和奇穆（Chimu）文化的刺绣、针织品、陶器花纹中也有豆薯图案。这些证据进一步证明了豆薯曾被创造这些文化的人栽培种植。由此说明，秘鲁的印第安人最迟两千年前便已开始驯化、培育、种植豆薯了。四川大学历史系张箭（2007）研究认为，豆薯的利用史大概已有 1.2 万年了。

　　一些植物学家和人类学家相信，豆薯在贮藏根类作物中是最早被驯化的。

　　从事豆薯育种与栽培及新品种试验研究的托尼·穆迪（Tony Moody，2004）认为豆薯有 3 个栽培种：墨西哥豆薯（*Pachyrhizus erosus*）、亚马孙豆薯（*Pachyrhizus tuberosus*）和安第斯豆薯（*Pachyrhizus ahipa*）。

　　最早有学者记录的是墨西哥豆薯，通常被称为 jicama（jicama 是西班牙语读音）。这也是如今种植最广泛的品种。17 世纪末，英国女王的园丁、英国植物学家普拉肯内特·伦纳德（Leonard Plukenet）在他的《植物志》一书中描写和记述了豆薯作物。18 世纪，被称为生物分类学之父的瑞典植物学家林奈据此于 1753 年首创《植物种志》（*Species Plantarum*），汇编描述了包括豆薯在内的大约 6 000 种来自世界各地的植物。亚马孙豆薯，在委内瑞拉北部至巴拉圭南部被发现，它的历史比墨西哥豆薯模糊，部分原因是南美洲潮湿的热带低纬度地区考古遗迹相当稀少。安第斯豆薯被称为 ahipa 或 ajipa，目前除在玻利维亚被发现之外很少在其他地区被发现。但是，安第斯豆薯有着悠久的栽培历史，事实上，它在印加文明前的安第斯山脉就已被栽培。

在前哥伦布时期，印第安人对豆薯贮藏根的利用更为频繁，除了作为蔬菜食用外，还被加工制成糖果、糕点等零食。此外，豆薯各部分还被印第安人制成药物治病，例如，在墨西哥韦拉克鲁斯州，豆薯种子（即豆荚中的豆子）被印第安人用于治疗皮肤病。有些地区把剥了皮的豆薯贮藏根压碎，用其汁水和肉瓤搽敷患处以治疗瘙痒和畜疥，用其搽敷额部可作为一种冷敷剂抗御发热。有些部族使用豆薯种子制成酊剂用于防治头虱、瘙痒、畜疥和畜虱等。

在欧洲，最早明确记载美洲豆薯的大概是西班牙人奥维多（F. D. Oviedo. Y . Valdes），他在 1536 年写成的《西印度自然通史》（*The General History of Natural Western India*）中记述并确认了印第安人已栽培利用豆薯。接着葡萄牙人安切塔（P. J. D. Anchieta）在他 1556 年写的未刊书信中对在北大西洋东南部岛屿圣维森特岛（现属西非佛得角共和国）上的印第安人种植利用豆薯有较翔实的记述。

安第斯山脉将狭窄的西海岸地区同大陆的其余部分分开，是地球重要的地理特征之一，它对山脉本身及其周边地区的生存条件产生了深刻的影响。美国农学会于 2007 年提供给《科学日报》网站的资料认为豆薯起源于美洲热带安第斯山脉与亚马孙河流域交汇的地区，并在南美和中美洲、南亚、东亚及太平洋地区种植，共有亚马孙豆薯、墨西哥豆薯和安第斯豆薯 3 个栽培种。墨西哥豆薯源于墨西哥和中美洲，亚马孙豆薯源于安第斯山脉热带低地，安第斯豆薯源于玻利维亚和阿根廷的安第斯山谷东部亚热带地区，并认为该地区为原产地。

安第斯豆薯在东南亚许多国家也有栽培。

二、豆薯传入中国

中华民族对外交流源远流长。相传商朝灭亡后箕子曾入朝鲜，传播了中华文明。陆上丝绸之路的开通（公元前 202 年至 8 年），使远在西亚的各国与中国的文化交流成为可能，但没有发现同时期有关豆薯作物交流的历史记载。1298 年，意大利威尼斯商人马可·波罗（Marco Polo，1254—1324 年）将他在中国游历 17 年的见闻记述成《马可·波罗游记》（*The Travels of Marco Polo*）（又名《马可·波罗行记》《东方闻见录》《寰宇记》），激起了欧洲人对东方文明与财富的倾慕与贪婪，而进入世界历史上的地理大发现时代或者说大航海时代。葡萄牙航海家斐南多·麦哲伦（Ferdinand Magllan，约 1480—1521 年）率船队，从西班牙横渡大西洋，沿巴西东海岸南下，绕过南美大陆南端与火地岛之间的海峡——麦哲伦海峡而进入太平洋，经菲律宾群岛及明代的东南沿海，再到"香料群岛（今马鲁古群岛）"中的哈马黑拉岛，经小巽他群岛，穿过印度洋，绕过好望角，循非洲西海岸北行回到西班牙，完成了人类历史上第一次环球航行。从作物引种角度看，促进了作物的传播。1583—1584年，澳门至菲律宾马尼拉的贸易航线开通，一些中国的商人、工匠、水手、仆役等沿着当时开辟的中国—菲律宾—墨西哥之间的太平洋贸易航路，即海上"丝绸之路"开展贸易活动，澳门的葡船、漳州的华船等将中国生丝、绸缎、瓷器、玉器、铜器等运到马尼拉出售，再运往墨西哥、秘鲁、巴拿马、智利等地，换取美洲的贵金属等。与此同时，被称为"中国之船"的马尼拉大帆船在返航时，也把墨西哥"鹰洋"及拉丁美洲特有的玉米、马铃薯、番茄、花生、甘薯、烟草等 30 余种作物传入中国，或许就在这一时期，豆薯被生活在美洲南部的印第安人分支阿兹特克人带到了菲律宾群岛，辗转传入中国。

据资料可知，豆薯是从美洲传入菲律宾的，那么豆薯又是在何时何地从菲律宾传入中国的呢？

关于豆薯从菲律宾传入我国的路线、时期、传播者和推广应用等尚无准确的历史记载。

马丁·索伦森认为豆薯传入中国的路线应是从菲律宾传入中国东南沿海，四川大学历史系教授张箭（2007）赞同此说法，理由是从明朝郑和下西洋开始，中菲之间就保持着频繁的交流。据张廷茂（1999）统计，1607—1612 年，年均有 38 艘船，1620—1629 年，年均有 14 艘船，但是隆庆开关后几年，菲律宾沦为西班牙的殖民地（1571 年起）。据史料记载，约 1565 年朱薯（甘薯）传到菲律宾吕宋岛并扩大种植规模，西班牙人"珍其种，不予中国人"。明万历二十一年（1593 年），福建省福州府长乐县（今福州市长乐区）青桥村人陈振龙（约 1543—1619 年）到吕宋岛（今菲律宾）经商，见当地种有朱薯，耐旱易活，生熟皆可食，有"六益八利，功同五谷"，便"得其藤数尺"绞入汲水绳带回福州（《金薯传习录》）传入中国。依当时情形，携带豆薯贮藏根进入中国大概率是不可能的，且陈忠文等在多年的实践中观察到豆薯藤脱离地下部的贮藏根后会失水且很快干枯，且节间发生新根远弱于甘薯，若甘薯藤被"绞入汲水绳带回"，成活的可能性也是极低的。那么携带豆薯种子是否有可能呢？囿于当时的栽培技术水平、对豆薯生长周期的认知及菲律宾当地的温湿条件，豆薯繁殖通过贮藏根的再生或种子自然落地后再生的可能性更大，而用豆薯种子生产贮藏根的技术条件大概率不具备，加之豆薯种子食用有毒，基于常理会使人们本能地产生抗拒心理，用于交易层面的可能性应该极小。基于以上原因，陈忠文认为，豆薯从菲律宾直接传入中国的可能性非常小。

对于豆薯从菲律宾传入中国的路线，陈忠文从 4 个方面进行了推测。

一是从豆薯的中文称谓的发音推测。豆薯在菲律宾语中近似的发音是"森卡曼（Sinkamas）"，在马来语中的发音是"恒生邝（Seng Kuang）"，在印度尼西亚语中的发音是"邦柯椰旺（bangkoewang）"，在泰语中的发音是"曼凯欧（mankaeo）"，在中国潮汕地区的发音是"芒光"或"力绑"，与泰国泰语"曼凯欧（mankaeo）"的发音比较接近。因此，豆薯由泰国沿海经海运传入我国潮汕地区的可能性极大。

二是从中国对外交流时间上推测。我国明朝航海家、外交家郑和 7 次奉旨率船队远航西洋（1405—1433 年），比哥伦布发现美洲大陆早 87 年，奠定了中国与东南亚沿海国家的经贸往来基础，虽然中断于 1433 年，但不能排除民间暗中往来经商。豆薯在福建漳州等地有新罗瓜之称（新罗或暹罗即中国对东南亚国家现泰国的古称）。这也在一定程度上证明了豆薯从泰国传入我国的路线。据咸金山（1988）考证，与豆薯同为从美洲传播到我国的玉米是在 16 世纪上半叶由海路、西北古丝绸之路和西南云贵等地分别传入的。王思明（2004）由此得出豆薯可能从新罗经海道传入我国福建的结论。

三是从我国珠江入海口地区对豆薯的称谓上推测。我国珠江入海口地区以葛薯、沙葛、番葛、葛瓜、刘葛等词指称豆薯，似乎与起源于我国的作物葛相关联，没有与 jicama 或菲律宾语近似的发音，仅番葛表明是外来的葛而已。在近 30 种美洲作物传入中国之前，食物在人们心目中的分量是非常重的，而作为一种既可当水果生食又可熟食的作物，没有有关传入起点或购买点的称谓传承或记载，可表明珠江入海口沿岸不是豆薯的传入地。

四是从陆路传播的可能性推测。与我国接壤的越南对豆薯的发音，越南北部记载为câycùdâu，译音"给谷了"，南部记载是cùsán或sánnước，译音"古善"或"善挪"。在缅甸记载为ဆင်းဆားဥ，译音"萨内·萨乌（Sane-saar-u）"。上述发音中同样没有豆薯在途经地——菲律宾所用称谓的相关联音节，再加上当时陆路交通闭塞，诸国林立，传播应该是极为漫长的过程，由陆路传入我国的可能性极低。至于日语表述为クズィモ，谐音"克什威么（Kuzuimo）"，无论从发音音节上考虑还是从与当时日本间的贸易交往上考虑，都不可能证明豆薯由日本传入中国。

由上述 4 个方面推测，豆薯传入中国的途径是由美洲南部传入菲律宾，经文莱（我国古称渤泥）传到马六甲海峡两岸。16 世纪末，泰国的大城王国将马来西亚北部的吉打、吉兰丹、北大年、玻璃市和登嘉楼变成自己的属国，由此豆薯传入泰国，然后从泰国经水路最先传入我国的潮汕、漳州地区，继而向内陆扩散。当然，其间也有可能由菲律宾的马尼拉直接传入我国澳门或福建漳州等地，但前者的可能性更大些。

　　台湾和海南栽培的豆薯则可能是在 18 世纪时从东南亚直接传入的，或者是从广东潮汕地区或厦门等地传入的，目前缺少相应的史料佐证。

　　关于豆薯传入中国的具体时间比较模糊。相关历史资料和历史事件最早可追溯至明代著名科学家、政治家徐光启（1562—1633）于明崇祯十二年（1639 年）发表的《农政全书》，但该书中并无有关豆薯作物的记载。至于同期传播的豆薯也未见有记录，可能有如下原因：一是菲律宾被殖民统治者封锁，豆薯不能被轻易带出；二是豆薯被当成一种稀有的水果，人们对其的认识并没有上升到粮食层面；三是栽培技术缺乏，豆薯在热带的菲律宾可能是以地下部分繁殖而不是种子来延续物种，而贮藏根非常不便于携带出境。而 1644 年明朝灭亡清军入关前后，连年战乱，民不聊生，加之西班牙人对食物的控制，豆薯传入中国的可能性极小。清政权建立后，为了防止沿海民众通过海上活动接济反清抗清势力而实行"迁界禁海"，顺治十二年（1655 年）六月下令沿海省份"无许片帆入海，违者立置重典"。这一时期的民众对于改朝换代后颁布的政令应该是比较遵守的，因为鲜有海外贸易往来，那么豆薯传入的可能性也是极小的。直到康熙二十年（1681 年）三藩之乱平定，康熙二十二年（1683 年）台湾告平，清廷方开海禁，并先后于康熙二十三至二十五年设立闽、粤、江、浙四海关，分别管理对外贸易事务。这个时间段内有没有可能传入豆薯呢？当时清朝还在忙于清剿明朝残余及叛乱，如清剿郑成功于 1662—1683 年在台湾南部建立的政权，处理 1704—1708 年李天极、朱六非伪造符谶事件等，特别是清剿 1713—1722 年朱一贵领导的台湾武装起义等，清朝面对着日益严重的海寇活动和西方势力在东亚海域的潜在威胁。康熙五十六年（1717 年）12 月"禁赴南洋贸易，赴东洋者照旧"，正式实行南洋禁海令。此时期海寇活动严重，虽然并非全面禁海，但清朝出于防汉制夷的政治考量，同时为了打击毁灭反清复明势力，配套施行了闭关锁国政策，甚至实行了严苛的沿海迁界政策：从濒海三十里左右，到濒海四十里、五十里，乃至二三百里不等设立界碑，修建界墙，令处在这个范围内的沿海居民强制迁移，该举措基本上阻隔了海上贸易往来。直到雍正五年（1727 年）才废除南洋禁海令，随即开放了闽、粤、江、浙四海关通商口岸。至乾隆十五年（1750 年）《顺德县志》物产篇，其瓜（类）下载有"王瓜、金瓜、合子瓜、土瓜、冬瓜、苦瓜、丝瓜、香瓜、葫芦"，蔬（类）下载有"薯"。张箭（2007）分析瓜类内容，认定此土瓜乃豆薯而非红薯（甘薯等）。乾隆十五年（1750 年）知县陈志仪主修刊行的《顺德县志》所记土瓜大概是豆薯在华栽培的最早记录，而此前知县姚肃规于康熙二十六年（1687 年）主修并刊行的《顺德县志》并未记载豆薯。在当时条件下，一种作物的引进到栽培成熟进入县志记录至少需要 3 年的时间，这说明民间种植豆薯已早于历史记载。

　　由此推测豆薯作物传入我国（栽培）的时间在 1727—1747 年的可能性较大，先传入中国东南沿海的广东潮汕和福建厦门等地，再辐射传播至周边、西南及北方。传入者可能是往返于中国东南沿海至马来西亚半岛的中国、西班牙和葡萄牙商人。

　　而豆薯从沿海地区传入内地的时间较为漫长。据张箭（2007）考证，新编《双流县志》记载：牧马山地瓜以脆、甜、细嫩、化渣闻名，系县内特产之。民国时期种植面积较大。民国十年《双流县志》载：地瓜，牧马山一带所产向以华阳东路为盛。近五十年则邑境最多最美。每至秋冬盈市山积，负担于道络绎不绝。这说明当时当地已经普遍种植豆薯了。清末县志有云：地瓜，产牧马山，色白味甜，秋后可食。再往上溯，汪士侃等纂修的嘉庆十九年（1814年）刻本《双流县志·土产》却没有"地瓜"条，其他相关篇章也没有地瓜或疑似地瓜的作物记载。至清同治年（1861—1875 年），《成都县志》有云：地瓜，蔓生似葛，亦开花结子，茎叶俱不可食。至冬掘其根，根梢似芋魁，有白皮膜之。去皮，肉白于雪，味甘脆，生食熟食皆可。邑谓之地瓜，亦谓之地梨。由此推测豆薯传入四川大概在 19 世纪 60 年代初。贵州有得名较早的黄平小地瓜，成书于民国十年（1921 年）的贵州省的《黄平县志》稿本（未刊）二十五卷·物产篇记载：地萝卜，即地瓜，叶柔，蔓生，宜沙土，其根结实如瓜，皮白，肉白，味甘、脆，以子种。其中未载明豆薯何地何时传入，估计在清末民初，因查阅脱稿于民国十八九年（1929—1930 年）成书于民国二十五年的《余庆县志·风土志》未记录到有关豆薯作物。也就是说豆薯从南美洲传入我国历时 200 余年，从沿海传入西南经历了 150～200年，传向北方也就是 20 世纪 70 年代初至 90 年代末了，这也可能是导致该作物鲜为人知的原因。

　　目前，豆薯的主要产区有广东、广西、四川、云南、贵州、重庆等地，福建、湖南、湖北、海南、台湾等地也有种植，近年来发展到河南、安徽及山东日照，北京有日光温室种植豆薯取得成功。豆薯在中南和西南各地的农业生产特别是蔬菜水果业中仍发挥着一定作用，丰富着人们的物质生活。

　　现有资料表明，中国栽培的是墨西哥豆薯和亚马孙豆薯 2 个种。

第四节　豆薯生产与分布

　　豆薯形态特殊，摆在菜摊架上，可能有不少人不认识它，更遑论如何料理，因而其食用并不普遍，消费量不大，并无广泛栽培。豆薯在美洲栽培历史悠久，主要分布在墨西哥和中美洲。据国际植物遗传资源研究所（International Plant

Genetic Resources Institute，IPGRI）的学者 Marten Sørensen（1996）研究认为，在墨西哥以南至尼加拉瓜一带主要分布着 *Pachyrhizus erosus* 豆薯种；在尤卡坦半岛以南至哥伦比亚西海岸一带主要分布着 *Pachyrhizus ptemugineus* 豆薯种；在巴拿马、委内瑞拉北部至秘鲁西北部主要分布着 *Pachyrhizus panamensis* 豆薯种；在厄瓜多尔至玻利维亚南部主要分布着 *Pachyrhizus tuberosus* 豆薯种；在玻利维亚西南至阿根廷西北一带主要分布着 *Pachyrhizus ahipa* 豆薯种。不同的豆薯类型在墨西哥、危地马拉、萨尔瓦多和洪都拉斯有一定程度的栽培，并已被引入不同的热带地区，如在东南亚取得了显著成功。哥伦布发现新大陆后由西班牙人传入菲律宾。1821 年起，法国植物学家和探险家佩罗蒂提·塞缪尔·古斯塔夫（Perotti Samuel Gustaf）认为豆薯是东亚作物，并在印度尼西亚向西的传播中发挥了核心作用。他将豆薯引种到印度洋上的毛里求斯和留尼汪岛，进而到现在西非的塞内加尔，并最终种植在南美洲北崖的法属圭亚那。这样，他差点重新将豆薯引回"老家"。由此表明，19 世纪初，豆薯已传到世界各地。豆薯是一种喜温作物，主要在南美洲和中美洲、南亚、东亚和太平洋地区种植。豆薯在美国南部地区均有种植报道（Sara Uttech，2007）。

　　在中国，豆薯主要在长江流域种植。据张方林（1986）报道，20 世纪 70 年代初，河北省邯郸市临水大队（今峰峰矿区临水村）从南方引种豆薯试种，后来郊区五里铺大队（今邯郸市丛台区五里铺村）引进试种，认为产品品质优于南方，但由于占地时间较长，不宜在近郊菜田推广。1984—1985 年，邯郸市农村工作委员会在邯郸县的河沙镇及尚璧乡、户村乡布点试种，于 4 月上旬种植，效果很好，每公顷可产 22 500～37 500kg。1998 年，晋州市从四川引进豆薯种植，1999—2001 年扩大到 4 个乡镇 12 个村进行不同方式的试验示范，采用地膜覆盖一茬栽培取得成功，平均每公顷产量 52 500～60 000kg（李玉敏等，2003）。豆薯在烟台地区适宜生长期为 5 月中旬至 10 月中旬，露地直播栽培以 5 月中旬为宜，覆盖地膜栽培可提早 10d（毕美光等，2011）。

　　由此推测豆薯在南北纬度 35°以内均可露天种植。

　　目前豆薯在中国台湾及西南、华南地区栽培较多，并且已经在北方栽培，并有高产栽培技术的探讨（毕美光等，2011），但其栽培面积较小，属稀特蔬菜行列。因此，我国豆薯大致分布在北京西北至云南西南连线以东地区。

　　目前尚未获得全球豆薯种植面积与产量统计数据。编者粗略估计，我国豆薯常年种植面积为 10 000～15 000hm²，年总产量 30 万～40 万 t。

第五节　豆薯的用途

豆薯地下部及地上部在组成成分上有许多独特之处，因而其具有很大的利用价值，几乎不会造成任何浪费。它的贮藏根可作为食品工业原料，应用于罐头食品、儿童食品、保健食品、冷饮食品、快餐食品等的生产，还可制作饲料或淀粉。延迟收获的豆薯老熟贮藏根耐贮藏耐运输，除了作蔬菜调节供应外，也可作饲料，其淀粉含量可达 22%；未老熟的淀粉含量仅约 10%，可加工制成豆薯淀粉。豆薯的贮藏根及花还可用于开发研制解酒毒制剂。它的种子、茎和叶，均已经发现含有杀虫化合物鱼藤酮，并且长期以来一直用于防治害虫。成熟种子一旦提取鱼藤酮，剩下的油脂是棉籽油、花生油或大豆油很好的替代品，而提取了鱼藤酮和油脂后，剩余的油渣中含有类似大豆（油渣）残留蛋白质的物质，可以作饲料用。

一、食用

对很多人而言，豆薯是一种爽口的食物。在秋季天气干燥容易上火时，食用豆薯地下膨大的贮藏根可以清热祛火。食用豆薯的方式很多。早在 17 世纪的中国，人们将豆薯切成小方块放入糖浆当糖果吃。现在，人们于锅中注水，加入用冷水泡后的粳米大火煮至米粒绽开，放入洗净去皮切块的南瓜、豆薯，以及鸡蛋黄，用小火熬煮至粥状，即豆薯鸡蛋南瓜粥。或将豆薯洗净去皮切片，与猪肉片、鲜辣椒翻炒成豆薯炒肉片。在 17 世纪的墨西哥，当地人将贮藏根包裹上甜面团，然后装在有糖浆的罐子里出口到西班牙。如今，墨西哥人常常把豆薯贮藏根装在皮纳塔（一种纸型容器）里并装满糖果，然后在喜庆场合分享。豆薯在中国台湾地区相当常见，被视为一种清爽的食物。台湾渔民远航往往携带豆薯用于补充营养。在玻利维亚南部的城镇和村庄，尤其是在塔里哈，在 6 月的科珀斯克里斯蒂庆典上，人们从用鲜花装饰且镂空了的豆薯贮藏根中喝发酵或未经发酵的果汁。在秘鲁干旱的安第斯森林高处作业的工人发现，在他们远离淡水时，挖取豆薯贮藏根，剥皮，压榨，就可喝到清爽的豆薯饮料。在马来西亚，新鲜的豆薯小贮藏根被切成薄片，与其他小水果一起蘸辛辣的酱汁食用，这道传统菜肴被称为印尼式水果沙拉（Sahadevan，1988；Hoof et al.，1989）。有研究报道，印度人将豆薯嫩豆荚煮熟，使其像四季豆一样作蔬菜用。他们还使用豆薯贮藏根制作泡菜和酸辣酱，以及一种被称为冻香米布丁的美味饮料，这种饮料含有用牛奶煮过的贮藏根碎屑。在泰国，不仅豆薯贮藏根被用作食物，其小豆荚还被当作四季豆的替代品食用，据说味道很好（Ratanadilok et al.，1994）。

利用豆薯地下贮藏根制作成的各种果脯、蜜饯、酱料、罐头、脱水豆薯片、酒、醋等，备受食用者青睐。

二、药用

几千年来，人类在与疾病作斗争的过程中，通过长期的生活和生产实践，逐渐积累了丰富的医药经验和知识。在前哥伦布时期（1491 年以前），豆薯贮藏根被用来治疗发热、脱皮和生脓疮，碎块被用来治疗瘙痒或疥疮（Marten Sørensen，1996）。在古巴，据称食用豆薯贮藏根具有兴奋作用，并将从中提取的面粉用于治疗痢疾和痔疮（Roig y Mesa，1988）。墨西哥古老的药典中提到了一种由豆薯种子制成的酊剂，用于治疗瘙痒和疥疮，以及头虱，且在控制牛虱方面也很有效果（Huart，1902），将豆薯种子磨粉与硫黄粉按 1∶10 比例用水调和治疗 3 种家畜寄生虫，结果对牛虱（*Bovicola bovis* L.）和牛颚虱（*Linignathus vituli* L.）的防治效果达 100%，对水牛盲虱（*Solenopotes capillatus* Enderlein）的防治效果达 90%（Matthysse et al.，1943）。

中国是药用植物资源最丰富的国家之一，对药用植物的发现、使用和栽培有着悠久的历史。中医认为，豆薯干花（图 1-7）性味甘、平，归胃经，主治解酒毒，除胃热，用于酒后烦渴、头痛、呕吐及大肠湿热所致的便血。《陆川本草》中记载：豆薯生津止渴，治热病口渴。《四川中药志》中记载：豆薯（贮藏根）止口渴，解酒毒。豆薯贮藏根可生吃或煮食。复方治慢性酒精中毒：豆薯贮藏根拌白糖服。豆薯种子 100g，75% 酒精 500mL，炒黄、研碎，放酒精中浸泡 48h 后，湿敷患处，治疗湿疹，日敷 2 次，每次 20min，用药 1~3 周，治愈率达 100%。特别提醒：豆薯种子有毒，不可内服。这些都表明豆薯在调理和防治人畜病害中有很好的药用价值。

图 1-7　豆薯干花（陈忠文，2013）

三、饲用

豆薯的贮藏根中含有丰富的营养成分，是良好的饲料。鲜豆薯贮藏根中除含有 10%～22% 的淀粉外，还含有比较丰富的粗蛋白、糖类及纤维素。每公顷豆薯产藤叶 22 500kg，含粗蛋白质 23%，是优质饲草（柴洪涛，2002）。在墨西哥，除了使用贮藏根、幼嫩豆荚及籽粒供人或动物食用外，收获后留下的干藤也是动物饲料的来源。人们在栽培豆薯时为了获得更多的地下部分产量，采取多次修剪、打顶除枝的措施，所以干藤中的鱼藤酮含量不足以影响其营养水平产生危害。但需要注意的是，干藤在使用前通常与苜蓿和玉米秸秆混合使用，毕竟鱼藤酮在较高的浓度下对动物是有毒的。

此外，几个幼苗期茸毛极少的豆薯品种，其叶子既可以用作青干草饲料，也可以用作青贮饲料，但如果是后者，茎叶部分必须在始花期前收获（Menezes et al.，1955）。在巴西，16 世纪中叶以后豆薯叶就被用作饲料了（Peckolt，1922）。

四、经济

随着城乡居民生活逐步改善，居民消费结构发生了很大变化，对优质农产品的需求明显上升，并且表现出农产品需求多样化的特点。而调整优化农业产业结构，提高农产品质量和档次，发展地方特色的优势农产品，一方面可适应市场优质化、多样化的需求，另一方面可以增加农业的经济效益，增加农民收入。豆薯虽然是小宗作物，但却有其他作物所不具备的优点和成分。豆薯贮藏根作为水果及蔬菜的补充，发挥着日益重要的作用。根据原贵州省余庆县种子站实施贵州省农业动植物育种专项"余庆地瓜 1 号选育及推广"项目结果：2007—2008 年，在安顺、毕节、贵阳、遵义、黔南、黔东南和铜仁等省内地区及云南、湖南等周边省份种植、示范推广豆薯新品种余庆地瓜 1 号共计有效种植面积为 817.26hm^2，平均产量 56 842.5kg/hm^2，比种植一季中稻新增产值 762.88 万元，投入产出比为 1：5.01。同年度在贵州省余庆，累计生产的余庆地瓜 1 号种子达 245.187t。项目实施结果显示：种植余庆地瓜 1 号种子生产比项目实施前 3 年（2004—2006 年）增产 506.255kg/hm^2，增长 27%，新增产值 906.96 万元，投入产出比为 1：3.71。

另据贵州省余庆县农业经济管理站调查资料结果：2007 年种植豆薯每公顷净产值为 62 377.50 元，比种植一季水稻净产值 10 587.00 元增收 51 790.50 元，当年总增收纯收益 241.689 万元；2008 年种植豆薯每公顷净产值 40 918.50 元，比种植一季水稻每公顷净产值 6 918.00 元增收 34 000.50 元，本年总增收 191.422 8 万元。项目的实施给当地种植豆薯的农户带来了极高的经济效益。

在泰国，豆薯种子平均产量为 $720\sim840kg/hm^2$，每公顷总收入为 $800\sim$ 1 000美元（Ratanadilok et al.，1994）。豆薯淀粉富含蛋白质、氨基酸、多种维生素和微量元素，是出口创汇的紧俏商品，可制作代藕粉、粉丝、面条、糕点等，口味清香，还对冠心病、心绞痛、糖尿病等有辅助调理的功效，是集营养、美味和食疗于一身的珍稀绿色食品。

此外，以豆薯为主要原料能开发出多种类型的豆薯系列食品、保健品、药品等高产值产品，其市场潜力有待进一步挖掘。

五、环保

作为豆科作物，豆薯具有生物固氮的能力。通过间套作、轮作等耕作制度，其吸收氮的高效自然方式使之成为在较贫瘠土壤上种植的一种有吸引力的农作物。Castellanos 等（1997）进行了第一次田间试验，定量测定了 2 个安第斯豆薯栽培种的固氮量为 $58\sim80kg/hm^2$、3 个墨西哥豆薯栽培种的固氮量为 $162\sim215kg/hm^2$。墨西哥豆薯栽培种秸秆中的氮含量为 $120\sim150kg/hm^2$，是安第斯豆薯登记品种秸秆中氮含量的 2 倍，并且高于几乎所有豆类秸秆的氮含量（在试验中 2 个物种的植物种群均为每公顷 110 000 株，并进行了修剪）。另外，豆薯具有耐旱、耐瘠、栽培管理省本省工、植株很少感染病虫害等特点，若在其他大田作物周边进行栽培，能阻挡病虫侵袭，为环保型生产起到防护作用。

第六节　发展豆薯生产的意义

豆薯具有较为广泛的适应性和多种用途，对社会、经济、生态环境具有重要意义。一是豆薯贮藏根含有淀粉，是一种重要的食物来源，对粮食安全有重要意义。二是豆薯贮藏根可以作为蔬菜和水果兼用，对农村经济和农民收入有重要意义。三是豆薯贮藏根可以用于酿造酒糟精、生产淀粉、加工果品、提炼食用油等，豆薯种子可以制造生物杀虫剂，可以增加附加值和就业，对社会经济的发展有重要意义。四是豆薯自身具有杀虫能力和耐瘠能力，可以减轻农药和化肥用量，是一种重要的环境保护作物。因此，加强豆薯的研究和生产具有重要的战略意义和发展前景。

豆薯是蔬菜和水果兼用的作物之一。

生命力指数概念由我国营养学专家黎黍匀定义。人的生命力涉及营养、阴阳、心理、代谢、动静、酸碱、元素、激素八大因素。食物的整体表现影响到人体的生命力表现，或干扰或增强或削弱，通过生命力指数表可以轻松了解到每天吃进去的食物对人体生命力的影响效果。食物生命力指数＝（食物天然碳水化合物含量/食物天然蛋白质含量）×100％。食物生命力指数处于 10.01～20.00，证明所吃食物有助于增强人体生命力。豆薯生命力指数为 14.88，证明对人体生命力的提高有效。

Marten Sørensen（1996）研究认为，在全球 6 000 多种耕种的作物种类中，仅有一小部分（大概 9 种或 10 种，如一些最常见的谷物类：水稻、小麦、玉米和小米；豆类，尤其是黄豆；还有少量的块茎和根茎类作物，包括马铃薯、木薯和芋）组成了我们地球农业的"脊梁骨"。然而越来越少的耕种作物能很好地适应如今越来越差的生长条件，在早期，许多全球内知名度并不高的作物，很可能成为某些国家或者地区的支柱作物。而豆薯就是这样一种农作物。

豆薯贮藏根产量较高，即使在土质差、施肥水平低下的条件下，也能获得 15 000kg/hm² 以上的鲜薯产量，增产潜力较大。贵州省余庆县白泥镇团结村许隆维种植的豆薯单株单个最高产量达 6kg，而在菲律宾南伊洛克斯省卡碑陶干村民约翰·保罗·加西亚挖出可能是目前世界上单重最大的豆薯，单重达 23kg。豆薯贮藏根产量高，与其根膨大期长、产量的经济系数高有关。贮藏根无明显成熟期，自形成后直至茎叶衰退后期，几乎整个生长期都能积累光合产物。在较好的栽培条件下，能获得 45 000kg/hm² 以上的产量。如 2007 年贵州省普定县马官镇农业服务中心进行余庆地瓜 1 号高产示范种植，验收鲜薯产量达 89 445kg/hm²。据人民网 2009 年 8 月 18 日报道：广东省佛山市高明区更合镇巨泉村 70 岁村民谭文伟种植豆薯 1.8 亩*生产豆薯贮藏根 1.2 万 kg，价格每千克在 0.40～0.50 元，单位面积产值明显。墨西哥中部瓜纳华托州进行田间试验，当地培育并销售的豆薯品种贮藏根产量约 172 899kg/hm²，这也许是一个收获根和块根作物产量的世界纪录。豆薯是热带作物地下产量唯一接近木薯的栽培品种，且收获期更短（4～7 个月），蛋白质含量是木薯的 4～5 倍。而且，一旦收获，所有豆薯贮藏根可以在自然状态下保存数月且无显著腐烂现象，而木薯块根则必须用石蜡包衣以防止脱水和真菌滋生。豆薯增产潜力巨大，种植豆薯或许是解决全球粮食困难的有效途径。一般认为豆薯贮藏根含水量高，将其归类为根茎类，但在秘鲁的研究人员发现，生活在这个地区的人们的淀粉主食，来源于一种叫"春"或"朱恩（chuin）"的豆薯（贮藏根），其含水量较低且富含蛋白质。豆薯的种子产量非常高，并且种子含有高浓度的鱼藤酮。以豆薯余庆地瓜 1 号和水稻金优 527 同季节两种作物品种进行比较。通过 2007 年、2008 年经济效益对比分析表明：2007—2008 年，种植余庆地瓜 1 号种子每公

---

　　* 亩为非法定计量单位，1 亩≈667m²。——编者注

顷平均投入成本达 18 936.90 元，比种植一季水稻金优 527 增加近 1 倍，但生产利润却增加了 4.5 倍，成本纯收益率增长 176.85%；种植余庆地瓜 1 号种子每公顷净产值平均达 58 611.38 元，是种植金优 527 水稻的 4.26 倍（表 1-3）。

表 1-3 余庆地瓜 1 号经济效益分析

项目	产量/（kg/hm²）		产值/（元/hm²）	成本投入/（元/hm²）	生产利润/（元/hm²）	每元物质费用报酬/元	每工日净产值/元	成本纯收益率/%	净产值/（元/hm²）
	种子	贮藏根							
2007 年豆薯生产	2 254.5	16 839.0	77 058.00	14 680.05	62 377.95	11.17	242.48	424.92	70 925.10
2008 年豆薯生产	2 490.0	15 115.5	57 365.40	23 193.75	34 171.65	4.09	147.68	147.33	46 297.65
2007—2008 年平均	2 372.3	15 977.3	67 211.70	18 936.90	48 274.80	6.61	193.44	254.92	58 611.38
与对照（杂稻金优 527）	8 509.5		18 258.00	9 505.50	8 752.50	2.95	93.66	92.08	13 768.50
与对照效益增减/±	—		48 953.70	9 431.40	39 522.30	3.66	99.77	162.84	44 842.95

豆薯物种的延续是靠贮藏根繁殖和种子繁殖来完成的。用贮藏根繁殖的地区，选用茎叶中等旺盛、贮藏根形正、表皮薄、光滑、须根少的作种。无霜地区可于采后立即栽种，翌年春天采种；冷凉地区则可贮藏至翌年春天再栽种。一般使用较多的是种子繁殖。通过植株中上部的花序开花结实来获取种子，种子产量一般为 1 500～2 250kg/hm²。进入 21 世纪初，余庆县农牧局通过规范化种植，种子产量已达 2 550～2 700kg/hm²，最高产量达 3 600kg/hm²，按当地单价（2005 年、2006 年、2007 年 3 年平均价）计算，产值达 86 400 元/hm²。豆薯已成为调整种植业结构、增加农民收入的经济作物。

CHAPTER 2 | 第二章

豆薯的特征特性

第一节　豆薯在植物学上的分类

研究豆薯植物，必须识别其物种、鉴定名称，了解其亲缘关系和分类系统，进而研究物种的起源、分布中心、演化过程和演化趋势。

豆薯在被子植物分类系统中的位置：

被子植物门 Angiospermae

　木兰纲 Magnoliopsida

　　蔷薇亚纲 Rosidae

　　　蔷薇超目 Rosanae

　　　　豆目 Fabales

　　　　　豆科 Fabaceae

　　　　　　豆薯属 *Pachyrhizus*

　　　　　　豆薯 *Pachyrhizus erosus*

关于豆薯属的种及变种，学术界存在不同的认识：有学者认为全球共 6 种，但至于到底是哪 6 种，尚未查阅到相应资料或记载模糊。也有学者认为中国栽培的有 1 个种，可能源于德国哥廷根大学生物学教授格鲁勒堡认为只有 1 个种（具体种名不详）之说；有的说中国栽培的有 *Pachyrhizus erosus* 和 *Pachyrhizus tuberosus* 2 个种。Lackey（1977）将西半球热带的一个属 *Pachyrhizus richard*，即豆薯，在分类上归入葛亚族菜豆族豆科。德国哥廷根大学农学教授 Maten Sørensen（1988）认为，豆薯属目前包括 5 个种，其中 3 个种是为食用贮藏根而种植的，其余 2 个种仅在野外发现。再就是从事豆薯育种、引种及栽培研究的 Tony Moody（2004）认为豆薯有 3 个栽培种：亚马孙豆薯（*Pachyrhizus tuberosus*）、安第斯豆薯（*Pachyrhizus ahipa*）和墨西哥豆薯（*Pachyrhizus erosus*），还有 2 个野生种。2007 年 9 月 15 日，美国农艺学协会的莎拉·阿太克也认为豆薯有 3 个种。2015 年联合国粮食及农业组织（Food and Agriculture Organization of the United Nations，FAO）报道：

栽培的有 3 个豆薯种，即 *Pachyrhizus erosus*（豆薯或墨西哥豆薯）、*Pachyrhizus tuberosus*（地瓜、土瓜或亚马孙豆薯）、*Pachyrhizus ahipa*（安第斯豆薯）。这 3 个物种都源于拉丁美洲，其中 *Pachyrhizu erosus* 源于墨西哥和中美洲，*Pachyrhizu tuberosus* 源于安第斯山脉热带低地，*Pachyrhizu ahipa* 源于玻利维亚和阿根廷的安第斯山脉东部亚热带地区，该地区被认为是原产地。*Pachyrhizu tuberosus* 也在东南亚许多国家栽培。由此，目前基本一致认定豆薯属有 3 个栽培种：*Pachyrhizu erosus*、*Pachyrhizu tuberosus* 和 *Pachyrhizu ahipa*。中国栽培的豆薯大概是 *Pachyrhizu erosus* 和 *Pachyrhizu tuberosus*。

从形态学上讲，豆薯属有如下特征界定：藤本植物或半直立草本植物至多年生木质植物，具 1 个或多个膨大的根；有托叶的 3 叶和有早落托叶的羽状排列的小叶。花序是由众多花簇组成的总状花序。子房有 1 个基部具圆齿的花盘，形成蜜腺，倒伏的花柱腹侧具缘毛，柱头的垂直面近球形。直立的豆科植物在种子之间有隔膜，种子呈正方形，或呈圆形、肾形，颜色从橄榄绿和深栗色至黑色，或从黑色和白色到斑驳的奶油色。Bruneau 等（1990）进行了分子研究，分析了菜豆族中亚族叶绿体 DNA 逆变的显著差异性，并证实其中 23 个菜豆中的 11 个存在逆变。在葛亚族中 6 个属（*Calopogonium* Desv.，*Canavalia* DC.，*Cleobulia* Mart. ex Benth.，*Dioclea* Kunth，*Galactia* P. Browne and *Pachyrhizus*）没有逆变结果，这些结果证实了 Lackey（1981）提出的亚族分类。苏格兰圣安德鲁斯大学临床医学和生物学系的阿尔伯特等进行了一项涉及同工酶、叶绿体 DNA 和核糖体 DNA 的新的研究。研究结果表明，分子系统亲缘关系和基于形态学特征的分类方法之间有相当大的一致性。已经确定了 2 个主要的群/分支，第一个包含 *Pachyrhizus tuberosus*、*Pachyrhizus ahipa* 和 *Pachyrhizus panamensis*（起源于南美洲），第二个包含起源于中美洲和墨西哥的 *Pachyrhizus erosus* 和 *Pachyrhizus ferrugineus*（Marten Sørensen，1996）。

第二节　豆薯的生物学特性

目前已检测出豆薯染色体数为 $2n=2x=22$。茎蔓生，右旋缠绕，横截面圆形，被黄褐色茸毛，每节发生侧蔓。三出复叶，互生，顶生小叶菱形，长 3.5～13.0cm，中部以上呈不规则的浅裂，两面有疏毛，侧生小叶斜卵形，浓绿色，具托叶（图 2-1）。总状花序，腋生，长 10～128cm；花梗有黄色柔毛；常簇生于花序轴肿胀的节瘤上。蝶形花，萼钟状，萼齿 4 个，上面 1 个宽卵形，下面 3 个卵形，均有黄色短毛；花冠青紫色、白色和白间紫色等，伸出萼外，长约 2.3cm，旗瓣阔，基部耳形，近基部处有 1 个黄绿色斑块及 2 个附属物；雄蕊 10 枚，二体（9+1）；子房密生黄色长硬毛，内有多颗胚珠，花柱长，上部变扁，顶端内卷有毛；荚果扁平条形，有毛，稍膨胀，长 7～13cm，宽 1.1～1.5cm，嫩荚具刺毛不能食用（图 2-2）。种子种脐的另一端从 1/3 处至边缘逐渐变薄似"圆铲"，种脐左右两边有槽纹、对边渐薄而钝圆，千粒重 140～250g（图 2-3）。种子有毒，含油 20％以上，供工业用，并可作杀虫剂。地下部为直根系膨大或主根受损侧根膨大成贮藏根，呈圆锥形或扁圆形，有或无纵沟，或纺锤形，或柱形等，着生零至多根须根，可剥皮生食、熟食或制淀粉（图 2-4）。

图 2-1 豆薯三出复叶及托叶（陈忠文，2013）

图 2-2 豆薯花序及花色（陈忠文，2013）

图 2 - 3　豆薯种子形状（陈忠文，2013）

图 2 - 4　豆薯贮藏根（陈忠文，2008）

第三节　豆薯的植物学特征

豆薯和其他作物一样，器官密切联系、相互协调，构成了一个完整的植物体。只有了解豆薯的特征特性，进行有目的的栽培，才能获取更大的效益。

一、豆薯的根与膨大机理

豆薯的根是构成其地下部分的主要器官，除固定植株外，还能从土壤中吸收水分、矿物质盐和氮素供植株生活，还有生物合成的作用，并能膨大形成可供食用的部分。当豆薯种子萌发时，胚根的顶端分生组织中的细胞经过分裂、生长、分化、初生生长过程，突破种皮向外生长成根，不断垂直向下生长形成主根。幼根初生结构从外至内形成表皮、皮层和中柱 3 个明显部分（图 2-5）。豆薯根部可以达到 2m 长，重量可达 20kg。主根生长到一定长度后，向外生长部分侧根，形成直根系。由于形成层的发生和活动，所以不断产生次生维管组织和周皮，发生使根直径增粗的次生生长，主根上端逐渐膨大成为扁圆形或纺锤形的贮藏根。

大多数植物学家认为块根是由营养繁殖的植株不定根或初生苗侧根膨大而形成的，因而在一株植株上，可以在多条侧根或多条不定根上形成多个块根，它的组成不含下胚轴和茎的部分，与肉质直根的来源不同。肉质直根是由主根发育而成。

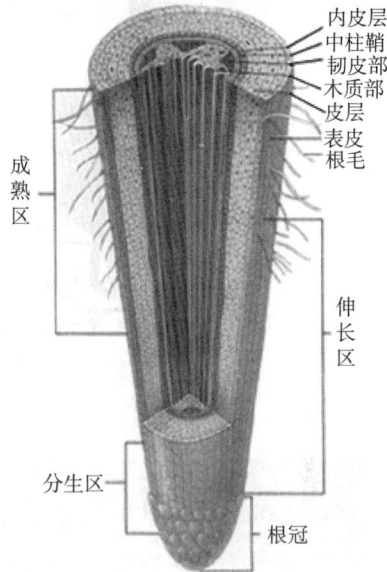

图 2-5　根的构造

一株植株上仅有一个肉质直根，在肉质直根近地面一端的顶部，有一段节间极短的茎，其下由肥大的主根构成肉质直根的主体，一般不分支，仅在肥大的肉质直根上有细小须状的侧根。而豆薯却不完全这样，其食用部分大多是由主根膨大而成，可视为由主根膨大发育而成的肉质直根类型，然而与肉质直根又有较大的区别。肉质直根的上部为根头部，由上胚轴发育而来，占的比例小，中部为根颈部，由下胚轴发育而来，下部为直根部，由主根发育而来，而豆薯薯块除了"薯把子（主茎与膨大的贮藏根之间略膨大部分）"是由下胚轴发育而成，其主要食用部分由主根发育而来。目前，绝大多数资料都将豆薯地下可食用部分划归为块根类。从豆薯的解剖结构来看，基本上也同肉质根（刘明月，1982）。由此看来，豆薯食用器官不是块根，但也不完全像肉质直根，是植物根的变态类型。因此，在植物学家没有确切定义之前，我们把豆薯膨大的根统称为贮藏根。一般情况下，豆薯用种子进行繁殖时，只形成一个肥大贮藏根。若主根受损，则侧根膨大，形成 1~4 个较小的膨大根（图 2-6），可看作是主根生长的延续。

贮藏根表皮为浅黄色，皮薄而坚韧，易剥离。豆薯地下根由于内部分化状况的不同发育成纤维根和贮藏根（图 2-7）。

1. 纤维根　主根膨大不明显，形状细长，上有分支和侧根，具有吸收水分和养分的功能。

2. 贮藏根　是由主根或侧根伸长到一定部位膨大而成。豆薯的贮藏根主

图 2-6　主根受损后膨大的侧根（陈忠文，2018）

图 2-7　豆薯地下根（陈忠文，2009）

要生长在土壤表层以下 15～20cm 内。如果主根受损，则发生 1～4 个侧根，然后膨大。土层深厚、土质疏松、水分适宜和养分充足的土壤环境有利于根系的发育，能促进根膨大，提高产量。

豆薯主根或主根受损后的侧根伸长到一定程度后在近地面部的某一特定部位膨大而形成肉质直根。其形状可分为圆锥形、扁圆形、圆柱形等，前 2 种形状居多。贮藏根形状属品种特性，但亦因土壤及栽培条件而发生变化。有的品种贮藏根表面光滑平整，有的品种贮藏根则具数条须根或数条纵沟，深度5～20mm，以扁圆形品种贮藏根纵沟多且深较为常见。所以，种植豆薯时要根据贮藏根形状和土壤环境来确定种植密度，才能获得高产。

植物根系的特征不仅受基因型控制，还受物理、化学和生物等外界因素影响。如温度、光照、水分、气体、肥料、矿物质、重金属等对植物根的膨大均起着重要作用（王柳萍等，2020）。豆薯地下根的形状与品种的遗传性有关，在一般情况下发育正常，表现本品种的特征，但也出现一些畸形。如葫芦颈、分叉、扁长形、磨盘状等。刘明月（1982）初步观察认为根的特征与土质有密切关系，土层过紧、过深或过浅，主根受伤均可出现畸形。

贮藏根的皮色一般为淡黄色，受栽培条件的影响有浓淡变化。在土壤干湿适宜、通气良好的条件下，贮藏根皮色浓而鲜艳，肉质部分均为白色。

3. 关于豆薯贮藏根膨大过程　对于豆薯地下贮藏根膨大发育过程中的形态和组织显微构造，彭菲等（1995）进行了比较细致的研究，详细观察了从播种后 15～90d 贮藏根形成过程中的细胞分裂和组织分化情况。具体如下：

发芽种子的根属典型的双子叶植物根的初生构造，皮层占有相当大的部分，维管柱的长度与发芽种子根的直径之比为（1.4～1.5）：1，四原型中柱明显。播种后 15d 的根外形未见明显增大。显微观察，表皮由一层排列紧密的较小细胞构成（切片处理中极易收缩），表皮以内为 6～7 层大的不规则薄壁细胞组成的皮层，内皮层细胞明显变小，番红染色后可见侧壁有凯氏点，中柱鞘细胞与内皮层细胞近似，从形态上难以区分。韧皮部出现在中柱的 4 个角，韧皮纤维十分明显，排列在每一韧皮部外围的木质部中心已分化出 2～3 个大导管，而 4 组小导管呈"十"字形分布于韧皮部之间。在初生木质部与初生韧皮部之间出现了"十"字环状的维管形成层，由 3～4 层扁平细胞组成，紧靠形成层内方向，在正对韧皮部的部位分化出了大的还未加厚的导管。

播种后 25～30d，根总体加粗，但仍未见局部膨大。由于形成层向内产生的次生木质部多于向外产生的次生韧皮部，所以形成层变为圆环状，细胞分裂处于旺盛期。这时的木质部已完全居于中心呈圆形，占有大部分面积，导管数目增多，排列开始无规则，木纤维多居于较大导管的周围。在木薄壁细胞中已有淀粉粒出现。次生韧皮部主要分布在原初生韧皮部内侧，而正对原初生木质部 4 个角处留下了明显的薄壁组织区域。此时的表皮和皮层细胞开始遭到破坏，与初生韧皮部相对的皮层之间产生了大的细胞间隙。中柱鞘细胞可见平周和垂周分裂，而内皮层细胞却以独特的细胞切向延长方式或偶尔垂周分裂来适应增大。

播种后 45d，主根开始有局部膨大的迹象。切片观察，此时周皮已经代替了表皮，木栓层刚刚形成，由 3～4 层排列整齐的扁平细胞组成，韧皮纤维已由原来的 4 个角发展到环带状。形成层较宽，继续向内分生薄壁细胞和分化导管，木质部更加发达，木纤维分布于导管周围，整体可见呈环状排列。导管周围的一圈细胞仍是薄壁细胞。淀粉粒数目增多，散布于木质部薄壁细胞中。

播种后 60d，主根及其侧根靠近地面的部分已明显膨大，此时老周皮已被破坏，无层次性，各细胞较前次观察已明显增大，木纤维环带状分布明显。木质部依淀粉粒分布状况可分为 3 个区：第一区为最内侧的初生木质部区，不含淀粉粒；第三区为靠近形成层的木质部区，占比较小，其中仅含少量淀粉粒；两区之间的木质部占比较大，为第二区，此区为积蓄淀粉粒最多的区。同时，在第二区出现了一些鸟巢状的构造，有的在其构造外围有细胞分裂的迹象，此构造中不含淀粉粒。导管周围的细胞已木质化。

播种后 90d，根进一步膨大，外形已长成圆锥状。显微观察，原周皮老化，新周皮又重新产生，由 5～6 层排列整齐的扁平细胞组成。形成层区减小，不甚明显。鸟巢状结构已随处可见，每一组规模较前次观察均有扩大，并常在其外围有导管的分化。由于鸟巢状结构随处可见，致使整个切面细胞看起来排列方向极不规则，此时淀粉粒除鸟巢状结构外已遍布整个木质部。

一般薄壁细胞来源于基本分生组织，但附属于初生维管束和次生维管束的薄壁细胞则分别来源于原始形成层和形成层。此外，也有由木栓形成层形成的。薄壁组织细胞具有潜在的细胞分裂能力，而且在细胞间多具发达的细胞间隙，在一定外界因素刺激下，细胞能发生反分化，恢复分生能力，转变为分生组织，促进植物的创伤愈合、再生，形成不定根或不定芽。彭菲等（1995）研究认为，豆薯贮藏根的膨大过程中，可能是木质部薄壁细胞首先进行了几次分裂，随后在其周围形成了新的形成层（副形成层）。新形成层又不断产生新的薄壁细胞，同时形成层不断向外扩展。到了较后一段时期，由副形成层向内直接分化成部分导管，由此增加木质部中薄壁细胞和导管的数量，但未见有韧皮部的分化。副形成层全部起源于木质部中的薄壁组织，这与甘薯块根中起源于导管周围的薄壁细胞情况不同，也与甜菜根中起源于中柱鞘、呈环状排列的情况有别。在萝卜根、芋块根中虽有过类似报道，但在根膨大过程中都不占主导地位。所以，豆薯贮藏根属真正的木质部膨大型根。

不管主根是否有分支，豆薯贮藏根完全由根部形成。主根常先于侧根膨大。不分支的主根其木质部含纤维多，品质差。所以，应改良栽培技术，促进侧根产生。如育苗后的移栽中，人为地使主根尖端受伤，可加强根的分支，移栽后土壤保持疏松湿润也可促进根分支。加强栽培管理，深松土，保湿保松，是提高豆薯贮藏根产量、改善其品质的重要措施。

由此，彭菲等（1995）研究认为，播种后 60d，根的木质部区依淀粉积累状况不同可分为 3 个区：第一区中多是一些较老的导管，自身输导能力较差，并且心部又离韧皮部较远，运输困难，所以几乎不含淀粉粒；第三区，由于靠近形成层的木质部是由形成层向内新产生的，所以积累的淀粉较少；第二区木质部累积的淀粉较多，但由于该区中分布的鸟巢状结构分裂旺盛，需消耗部分淀粉作为能量和物质来源，因而使细胞中淀粉粒含量大大减少。

播种后30d出现淀粉的积累，而这时刚好根在外观上见总体增粗（图2-8）。所以从形态学和组织学方面考虑，在这一时期增施肥料，能促进地上部营养向地下部运输。加速根部膨大，将有利于提高其产量。

图2-8　豆薯根及膨大（陈忠文，2013）

二、茎

豆薯茎通常称豆蔓或豆藤。豆薯茎属半蔓性，即直立生长至6～7叶后再长成蔓，右旋缠绕，同时随气温的升高，生长加快，节间拉长。进行种子生产时需要搭建支撑杆或架，以便茎的生长。茎横截面呈圆形，被黄褐色茸毛，茎上有节，每节叶腋均可发生侧蔓和花序轴，也有直接在叶腋处生长花朵结荚的情况。

豆薯茎的长度一般为1.2～3.6m，在生长期若不整枝，茎长可达3m以上，据了解，豆薯在有适当支撑的条件下茎长可达4～5m，陈忠文在贵州余庆县白泥镇海拔600m处观测到茎长达4～7m。茎粗一般为0.4～0.8cm。土壤肥力、种植密度和温度条件对茎的长度有影响。

三、叶

豆薯属双子叶植物。叶片由子叶、初生叶和次生叶组成。种子萌发时，下胚轴不伸长，子叶留在土中，上胚轴和胚芽伸出土面（图2-9）。

初生叶为出土的2片对生单叶，叶形阔卵形，叶长宽比约为1:1，叶尖渐尖，叶缘在沿主叶脉左右2侧脉顶端各有1尖齿。从第一对真叶以后叶片互生，为三出复叶，且顶生小叶长宽均大于两侧生小叶（图2-10）。两侧对生小

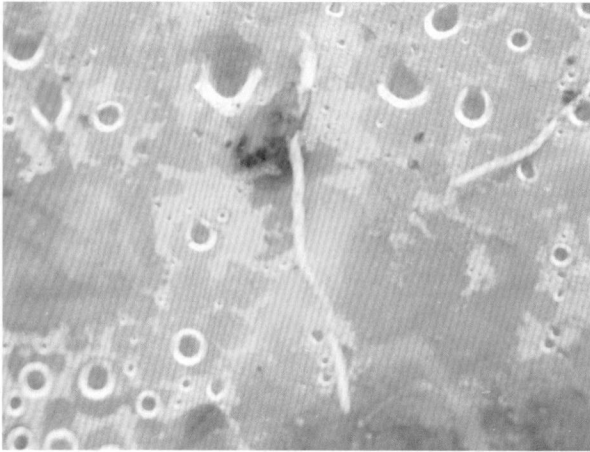

图 2-9　豆薯种子萌发（陈忠文，2008）

叶歪卵形，较顶生叶小。叶柄长 10～15cm，浓绿色，叶序互生，具托叶。第一对真叶面积约为 24.3cm^2，叶面积系数 0.68，以后随气温、光照、水、肥的改善，叶面积逐渐增大。

图 2-10　豆薯出土的初生叶（对生单叶）和次生叶
（三出复叶）（陈忠文，2013）

　　据陈忠文（2018）在贵州省余庆县调查（海拔 560m，水稻土，日均温≥15℃，持续时间为 4 月上旬至 10 月上旬，年日照时数 1 241h，年降水量 1 100mm），豆薯叶片从第一片三出复叶生长到第十四叶时增长最快，到第十六片次生叶时叶面积达到最大，顶生叶平均长×宽面积达 350cm^2（表 2-1），此后叶面积逐渐下降，表明豆薯植株营养生长到达顶峰而进入生殖生长旺盛阶段。这与当地的豆薯种子生产管理环节（阻断顶端生长，保留 20～22 片叶打顶）无疑是相一致的。

表2-1　豆薯叶片生长变化（陈忠文，2018）

叶序	品种	长×宽/（cm×cm）			平均/（cm×cm）		
		顶生叶	左侧叶	右侧叶	顶生叶	左侧叶	右侧叶
初生叶	余庆地瓜1号	(3.1~3.4)×(2.9~3.1)	—	—	3.22×3.12	—	—
	余庆地瓜2号	(2.2~3.2)×(2.2~3.2)	—	—	2.52×2.64	—	—
	牧马山地瓜	(2.2~3.3)×(2.2~3.1)	—	—	2.78×2.68	—	—
次生1叶	余庆地瓜1号	(4.6~5.0)×(4.4~5.0)	(4.0~5.0)×(3.1~3.6)	(4.2~5.1)×(2.9~3.3)	4.76×4.74	4.48×3.28	4.54×3.18
	余庆地瓜2号	(4.2~4.7)×(3.2~4.4)	(3.3~4.7)×(3.0~3.7)	(4.0~4.8)×(2.9~3.7)	4.48×3.92	4.32×3.36	4.34×3.34
	牧马山地瓜	(4.2~5.5)×(4.2~5.4)	(4.3~4.9)×(3.1~3.6)	(4.1~5.1)×(3.0~3.3)	4.86×4.80	4.70×3.30	4.74×3.12
次生2叶	余庆地瓜1号	(5.7~6.7)×(5.6~7.0)	(5.5~6.4)×(3.7~4.5)	(5.2~6.1)×(3.7~4.5)	6.30×6.30	5.94×4.14	5.74×4.14
	余庆地瓜2号	(5.0~7.6)×(5.0~6.9)	(4.7~6.2)×(3.7~4.5)	(4.7~6.3)×(3.2~4.3)	5.82×5.86	5.18×4.04	5.12×3.82
	牧马山地瓜	(4.6~6.7)×(4.8~6.3)	(4.6~5.8)×(3.2~4.5)	(4.3~6.1)×(3.3~4.7)	5.48×5.66	5.18×3.90	4.84×4.08
次生3叶	余庆地瓜1号	(6.4~7.7)×(6.9~8.9)	(5.5~7.1)×(4.8~5.6)	(6.1~7.3)×(4.2~5.9)	7.20×7.60	6.34×5.46	6.74×5.26
	余庆地瓜2号	(5.4~7.5)×(6.4~8.6)	(6.1~6.7)×(4.4~5.9)	(6.1~7.1)×(4.6~6.2)	7.04×7.56	6.46×5.14	6.50×5.26
	牧马山地瓜	(6.8~8.7)×(7.5~8.5)	(6.1~7.1)×(4.9~6.3)	(5.8~7.2)×(4.7~5.8)	7.24×7.84	6.58×5.12	6.28×5.12
次生4叶	余庆地瓜1号	(7.2~8.4)×(7.7~9.2)	(6.0~7.5)×(5.1~6.6)	(6.1~7.8)×(5.2~6.3)	7.50×8.42	6.78×6.72	6.76×5.68
	余庆地瓜2号	(7.3~8.2)×(7.6~9.7)	(6.7~7.8)×(5.0~6.6)	(6.7~8.0)×(5.3~6.7)	7.78×8.52	7.14×5.76	7.20×6.02
	牧马山地瓜	(7.2~9.1)×(7.8~8.5)	(6.5~8.1)×(5.4~7.0)	(6.7~8.0)×(5.9~6.6)	7.98×8.48	7.32×6.12	7.46×6.18
次生5叶	余庆地瓜1号	(6.9~8.1)×(7.7~9.1)	(6.6~7.5)×(5.1~6.4)	(6.7~7.5)×(5.3~6.3)	7.60×8.62	7.16×7.14	7.10×5.98
	余庆地瓜2号	(7.6~9.7)×(8.6~11.7)	(7.1~9.0)×(5.4~7.0)	(6.9~8.8)×(6.0~7.7)	8.52×9.82	7.98×6.42	7.60×6.68
	牧马山地瓜	(7.1~11.1)×(8.9~12.5)	(8.0~10.0)×(6.4~8.6)	(7.7~10.0)×(6.4~8.7)	9.34×10.64	8.90×7.32	8.78×7.58

（续）

叶序	品种	长×宽/(cm×cm)			平均/(cm×cm)		
		顶生叶	左侧叶	右侧叶	顶生叶	左侧叶	右侧叶
次生6叶	余庆地瓜1号	(8.0~9.4)×(10.3~11.0)	(8.0~9.2)×(7.0~7.9)	(7.5~9.1)×(6.3~7.5)	8.92×10.50	8.34×7.36	8.26×6.98
	余庆地瓜2号	(8.4~10.7)×(9.1~11.7)	(7.9~10.1)×(7.1~9.0)	(7.6~10.3)×(6.7~9.1)	9.40×10.70	8.90×7.88	8.90×7.80
	牧马山地瓜	(8.7~11.1)×(10.1~11.6)	(7.6~11.0)×(7.1~9.3)	(7.1~10.5)×(6.4~9.0)	10.20×11.24	8.94×8.02	9.56×7.92
次生7叶	余庆地瓜1号	(10.6~11.4)×(12.5~13.7)	(9.8~10.4)×(8.2~10.0)	(10.2~11.4)×(8.4~10.1)	11.06×13.02	10.20×9.18	10.80×9.16
	余庆地瓜2号	(9.7~11.9)×(9.7~13.0)	(9.5~10.7)×(8.1~9.7)	(9.1~11.4)×(7.5~9.9)	10.82×11.30	10.15×8.75	10.22×8.47
	牧马山地瓜	(11.6~13.8)×(13.3~14.8)	(11.0~11.5)×(9.2~11.0)	(10.8~13.0)×(9.1~10.7)	12.40×13.70	11.77×9.77	11.55×9.47
次生8叶	余庆地瓜1号	(10.0~13.8)×(13.1~15.0)	(11.5~12.8)×(9.4~10.6)	(10.9~13.0)×(9.4~11.2)	12.66×14.48	11.96×10.22	11.74×10.34
	余庆地瓜2号	(10.7~12.6)×(12.2~14.0)	(10.1~12.7)×(8.7~11.0)	(10.0~12.4)×(8.4~10.7)	11.72×12.82	11.54×9.84	10.86×9.16
	牧马山地瓜	(10.4~14.0)×(10.2~15.4)	(10.7~13.0)×(9.0~11.2)	(9.4~12.7)×(8.3~11.6)	12.34×13.34	11.64×10.04	11.12×9.78
次生9叶	余庆地瓜1号	(12.2~13.8)×(11.1~14.9)	(11.2~11.8)×(10.1~11.3)	(11.4~12.8)×(9.8~10.5)	12.38×13.58	11.56×10.48	12.00×10.14
	余庆地瓜2号	(12.0~13.2)×(12.7~14.9)	(11.4~12.7)×(9.1~11.4)	(11.2~12.4)×(9.2~11.6)	11.72×12.84	11.52×10.04	10.86×9.56
	牧马山地瓜	(12.0~15.1)×(13.0~17.0)	(10.4~13.5)×(9.4~12.1)	(10.8~14.0)×(9.5~12.8)	13.50×14.78	12.28×10.92	12.44×11.06
次生10叶	余庆地瓜1号	(12.2~13.2)×(13.6~16.1)	(11.6~12.6)×(10.1~12.1)	(10.6~12.8)×(7.7~11.7)	12.82×14.86	12.04×10.78	11.50×10.08
	余庆地瓜2号	(12.2~15.3)×(12.8~17.5)	(11.7~14.6)×(9.9~12.8)	(11.2~14.0)×(9.5~12.4)	14.00×15.46	12.62×11.32	13.20×11.30
	牧马山地瓜	(14.2~15.6)×(13.8~18.4)	(12.0~14.8)×(9.0~12.8)	(12.5~14.4)×(10.1~13.0)	14.78×16.38	13.72×11.46	13.76×12.02
次生11叶	余庆地瓜1号	(12.6~15.0)×(14.3~18.2)	(11.5~14.8)×(10.3~12.7)	(11.3~14.1)×(10.6~12.6)	13.46×16.02	13.48×11.46	12.72×11.40
	余庆地瓜2号	(13.2~16.5)×(14.3~18.4)	(12.3~15.3)×(10.1~13.8)	(12.4~15.4)×(10.3~13.2)	14.32×16.46	14.60×11.88	14.70×12.16
	牧马山地瓜	(14.2~17.2)×(15.7~18.5)	(13.4~15.1)×(11.3~12.8)	(10.8~14.8)×(9.1~12.5)	15.72×17.12	14.46×12.16	13.56×11.44

（续）

叶序	品种	长×宽/ (cm×cm)			平均/ (cm×cm)		
		顶生叶	左侧叶	右侧叶	顶生叶	左侧叶	右侧叶
次生 12 叶	余庆地瓜 1 号	(16.2~17.8) × (13.6~15.0)	(13.2~14.6) × (11.6~13.2)	(12.7~15.0) × (11.1~13.0)	14.64×17.12	14.02×12.52	13.50×11.94
	余庆地瓜 2 号	(15.0~19.4) × (14.0~17.2)	(14.4~16.4) × (12.0~14.0)	(10.9~16.9) × (10.6~15.0)	16.10×16.94	15.52×13.18	14.22×12.46
	牧马山地瓜	(18.0~20.2) × (15.6~17.4)	(13.6~16.0) × (11.7~15.2)	(13.8~15.4) × (12.0~14.4)	16.46×18.70	14.42×12.98	14.48×13.18
次生 13 叶	余庆地瓜 1 号	(17.4~19.8) × (14.6~16.5)	(13.2~16.0) × (11.7~14.1)	(13.5~15.3) × (11.2~13.7)	15.68×18.38	14.42×12.94	14.36×12.30
	余庆地瓜 2 号	(15.4~18.0) × (14.6~16.7)	(13.2~16.2) × (11.0~15.3)	(10.7~14.9) × (11.8~13.8)	14.82×16.96	14.92×13.28	13.84×12.70
	牧马山地瓜	(17.9~21.9) × (16.6~17.9)	(14.2~17.0) × (13.3~15.0)	(14.2~17.4) × (14.2~16.4)	17.60×20.00	15.74×14.34	14.74×14.70
次生 14 叶	余庆地瓜 1 号	(17.6~21.2) × (14.2~18.4)	(12.8~17.1) × (12.3~15.6)	(13.7~15.6) × (12.2~14.3)	16.28×19.46	15.52×13.82	14.70×13.38
	余庆地瓜 2 号	(16.7~21.8) × (15.3~18.4)	(14.3~16.0) × (14.1~16.5)	(14.1~16.5) × (12.0~14.8)	16.58×18.80	14.98×12.66	14.50×12.92
	牧马山地瓜	(18.8~23.7) × (16.8~19.1)	(15.0~17.0) × (14.3~16.7)	(15.2~17.3) × (13.8~16.9)	17.94×21.04	15.84×15.24	15.94×14.78
次生 15 叶	余庆地瓜 1 号	(17.2~21.7) × (13.7~18.5)	(13.0~16.8) × (11.8~14.7)	(12.9~18.0) × (11.8~15.0)	16.00×19.30	15.06×13.42	15.40×13.52
	余庆地瓜 2 号	(17.0~21.5) × (15.8~19.0)	(14.5~17.6) × (11.6~15.5)	(14.7~17.5) × (11.2~17.5)	17.00×19.15	16.12×14.05	16.10×13.12
	牧马山地瓜	(19.1~24.6) × (16.6~19.2)	(14.0~19.4) × (11.1~16.0)	(11.4~16.2) × (10.5~16.0)	17.54×20.60	16.36×14.60	14.98×13.58
次生 16 叶	余庆地瓜 1 号	(16.7~23.4) × (14.0~19.2)	(12.6~18.9) × (11.3~16.1)	(13.1~18.7) × (11.6~16.4)	16.98×20.66	15.66×14.40	15.76×14.20
	余庆地瓜 2 号	(18.5~22.0) × (17.0~17.2)	(16.0~17.0) × (13.7~18.8)	(15.0~15.6) × (14.3~15.2)	17.13×20.70	16.53×17.06	15.30×14.90
	牧马山地瓜	(18.5~24.3) × (15.2~19.6)	(15.3~17.6) × (13.8~16.0)	(14.2~17.4) × (14.0~16.0)	17.22×20.76	16.26×14.76	16.22×14.82
次生 17 叶	余庆地瓜 1 号	(12.6~24.3) × (13.2~20.0)	(12.2~19.0) × (11.0~16.4)	(12.2~19.6) × (10.7~15.7)	16.30×20.78	15.30×13.78	15.44×13.42
	余庆地瓜 2 号	(19.5~21.7) × (16.6~17.4)	(15.8~17.5) × (13.7~16.4)	(14.6~16.2) × (12.0~15.8)	16.40×18.15	16.67×14.87	15.25×14.25
	牧马山地瓜	(18.2~23.2) × (15.5~19.1)	(13.8~16.8) × (12.2~16.2)	(13.0~17.0) × (12.2~16.2)	16.94×20.26	15.04×14.04	14.76×13.86

（续）

叶序	品种	长×宽/（cm×cm）			平均/（cm×cm）		
		顶生叶	左侧叶	右侧叶	顶生叶	左侧叶	右侧叶
次生18叶	余庆地瓜1号	(12.4~18.2)×(15.0~22.8)	(12.0~18.0)×(10.0~16.1)	(11.2~17.5)×(9.8~16.0)	15.92×18.76	15.46×13.52	15.00×12.90
	余庆地瓜2号	(16.0~17.8)×(18.0~21.8)	(14.4~17.1)×(13.5~16.5)	(14.4~16.6)×(12.5~14.6)	17.05×20.37	16.00×15.35	15.67×13.62
	牧马山地瓜	(11.1~18.1)×(14.1~22.6)	(11.4~17.8)×(12.3~16.5)	(12.3~16.5)×(11.0~14.6)	15.38×18.48	14.38×13.32	14.64×13.40
次生19叶	余庆地瓜1号	(12.1~18.6)×(15.3~22.5)	(10.7~16.6)×(9.7~15.9)	(11.5~17.4)×(10.2~15.3)	16.07×18.42	14.36×12.46	14.72×12.86
	余庆地瓜2号	(15.3~17.6)×(17.0~19.5)	(12.6~17.0)×(11.6~16.5)	(13.0~17.3)×(12.5~14.4)	16.07×18.42	14.35×13.67	14.45×13.82
	牧马山地瓜	(15.1~18.7)×(17.9~22.1)	(13.6~17.0)×(11.0~16.1)	(14.0~17.6)×(12.5~15.4)	16.40×19.72	14.67×13.22	15.20×13.60
次生20叶	余庆地瓜1号	(12.6~17.0)×(15.2~19.0)	(12.0~16.2)×(10.5~14.4)	(11.6~17.0)×(9.5~14.7)	15.22×17.55	14.40×13.80	14.35×12.72
	余庆地瓜2号	(12.6~17.0)×(15.2~19.0)	(12.0~16.2)×(10.5~14.4)	(11.6~17.0)×(9.5~14.7)	14.37×16.92	13.55×12.27	13.45×11.87
	牧马山地瓜	(14.3~16.8)×(17.5~20.1)	(12.1~15.4)×(11.0~15.0)	(12.0~15.7)×(11.0~14.6)	15.37×18.67	13.70×12.92	13.80×13.90

四、花

豆薯的花序为成簇集生的总状花序,花序轴着生在叶腋部。自茎基部第9～11节间(有报道称第5～6节)起,每节间可抽生花序轴或花序。

1. 花序形成部位 陈忠文等(2013)的观察结果表明:豆薯花序着生在主茎和分枝的叶腋上,在主蔓的第8～18节上形成花序,不同品种(系)第1花序着生部位(节间)稍有差别,但均以第10～17节形成的花序最多(表2-2)。这表明豆薯在8叶以后进入营养生长(贮藏根膨大)和生殖生长(开花结荚)共同生长阶段。

表 2-2 不同品种(系)花序发生情况(陈忠文,2013)

| 品种(系) | 主蔓节间发生花序概率/% | | | | | | | | | | | | |
	第7节	第8节	第9节	第10节	第11节	第12节	第13节	第14节	第15节	第16节	第17节	第18节	第19节
牧马山地瓜	0.0	0.0	0.0	12.5	25.0	50.0	37.5	87.5	75.0	62.5	37.5	—	—
余庆地瓜1号	0.0	0.0	0.0	25.0	50.0	100.0	75.0	75.0	100.0	100.0	100.0	100.0	—
YQDS07-2	0.0	20.0	60.0	60.0	20.0	100.0	20.0	100.0	100.0	100.0	40.0	0.0	—
YQDS07-4	0.0	0.0	0.0	20.0	40.0	20.0	20.0	60.0	80.0	80.0	60.0	20.0	—
YQDS2011	10.0	30.0	40.0	50.0	70.0	70.0	70.0	60.0	20.0	0.0	0.0	0.0	—

2. 花序长度 陈忠文等(2013)观察到:豆薯花序为总状花序(图2-11),随着小花的次第开放,花轴逐渐伸长。不同品种(系)花序长度差别较大,一般为35～110cm,最长可达128cm。在水、肥、光等满足条件下,同一品种(系)其花序长度相差接近2/3(表2-3)。

图 2-11 豆薯花序与花簇(陈忠文,2013)

表 2 - 3　不同品种（系）花序长度

| 品种（系） | 所在主蔓节间花序的平均长度/cm | | | | | | | | | | | | | 平均 |
	第7节	第8节	第9节	第10节	第11节	第12节	第13节	第14节	第15节	第16节	第17节	第18节	第19节	
余庆地瓜1号	0.0	0.0	0.0	40.0	31.5	33.0	29.7	37.0	32.4	35.5	36.7	39.7	—	35.0
牧马山地瓜	0.0	0.0	0.0	27.0	56.3	59.0	53.2	53.5	59.1	64.0	53.6		—	53.2
YQDS07-2	0.0	46.0	49.0	45.6	61.0	47.4	48.6	43.8	40.6	46.4	51.0		—	47.9
YQDS07-2（肥水光好）	0.0	0.0	0.0				88.0	92.0	57.0	111.0	64.0	61.0	—	78.8
YQDS07-5	0.0	0.0	0.0	96.0	109.0	108.0	128.0						—	110.0

3. 花序花簇数　小花簇生在花序轴上，花梗不明显，结荚或花脱落后形成节瘤（图 2 - 12）。

图 2 - 12　豆薯结荚与节瘤（陈忠文，2013）

每个花序上通常着生花簇 10.5～27.5 个，平均 16.7～22.2 个（表 2 - 4），调查到最高可达 44 个，每节有 1～8 朵花，通常只有 1～5 朵小花能结荚，肥水条件满足时，每花序可结 14～20 荚。一般每簇离主穗轴最近的左右 2 朵小花最先开并能结荚结实。

表 2 - 4　花序花簇数

| 品种（系） | 花序所在节间及花簇数/个 | | | | | | | | | | | | 平均 |
	第8节	第9节	第10节	第11节	第12节	第13节	第14节	第15节	第16节	第17节	第18节	第19节	
余庆地瓜1号	0.0	0.0	18.0	14.5	14.2	15.5	17.7	16.0	17.5	20.0	—		16.7
牧马山地瓜	0.0	0.0	13.0	19.6	19.7	17.2	20.5	20.6	17.3	12.8			17.5

（续）

品种（系）	花序所在节间及花簇数/个												平均
	第8节	第9节	第10节	第11节	第12节	第13节	第14节	第15节	第16节	第17节	第18节	第19节	
YQDS07-2	—	18.0	20.3	18.0	22.0	26.0	19.6	21.8	27.0	27.5	—	—	22.2
YQDS07-4	—	—	15.0	10.5	15.1	19.0	14.0	15.8	22.0	25.0	21.0		17.6

4. 豆薯的花结构　豆薯的花为蝶形花，由花萼、花冠、雄蕊和雌蕊4部分组成。

花萼。萼片合生，4片，呈钟状，位于花的下方，黄绿色或紫褐色，能进行光合作用，基部愈合，上部深裂成4瓣，旗瓣外萼片较大，圆角铲状，其余3片大小相近，呈三角形。从基部到裂片顶端长约1.2cm。

花冠。蝶形，有白色、紫色和白间紫色之分。花冠突出，由1片旗瓣、2片翼瓣、2片龙骨瓣组成（图2-13）。通过两瓣龙骨瓣的中央处，划出一个对称面，花冠呈两侧对称状，为不整齐花，花冠5瓣，形态不一致，位于花萼内侧上方，包在最外最大的一瓣称为旗瓣，呈圆铲形，具爪纹，在花未开放时包围其余4片花瓣。旗瓣向内左右各有一片形状和大小相同的翼瓣，前端梭形，基部内卷叉状。

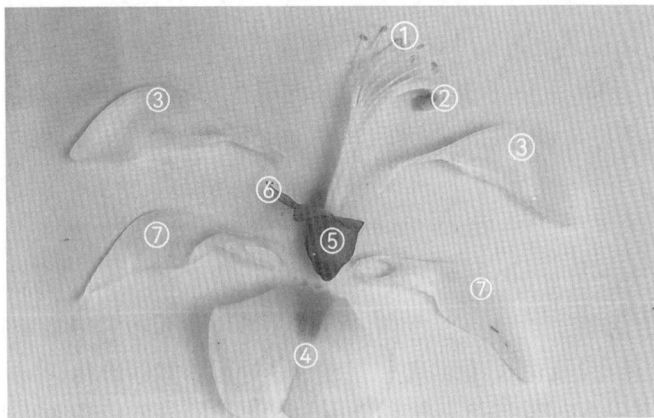

图2-13　豆薯花构造
①雄蕊（花丝、花药）　②雌蕊（花柱、柱头）
③翼瓣　④旗瓣　⑤花萼　⑥萼片　⑦龙骨瓣

翼瓣内为稍小、形状和大小相同且下缘稍合生的2片龙骨瓣，着生在花冠内，呈小勺子形，包被着雄蕊和雌蕊。旗瓣和翼瓣花色是鉴别不同品种的特征之一。

据陈忠文（2014b）观察，花冠有4种颜色：白色，即整个花瓣呈乳白色，旗瓣主脉呈嫩绿色；蓝色，整个花瓣呈蓝色，旗瓣主脉呈嫩绿色；白间蓝色，在旗瓣主脉两侧及翼瓣靠近基部有团状蓝色，旗瓣主脉呈嫩绿色；蓝间白色，在旗瓣中部有一条约 2mm 横线呈白色，旗瓣主脉呈嫩绿色。除最后一种花色未取得下一代籽粒颜色外，前 3 种花色对应籽粒颜色分别为褐红色、灰白色和粉红色。观察还发现，白间蓝色花在花期中后期，其中的蓝色部分颜色逐渐变淡。

雄蕊。花冠内，1 朵花中有 10（9+1）枚雄蕊，其中 9 枚的花丝基部联合而花药分离，另 1 枚雄蕊单独离生，即为二体雄蕊。花药 10 枚，成熟时呈橘黄色、卵圆形，双药室，着生在花丝顶端。花药着生方式为背着药。

雌蕊。位于雄蕊中间，1 枚。雌蕊包括柱头、花柱和子房 3 部分。子房上位，1 室，柱头变扁圆向内卷曲，弯曲的柱头内面有茸毛（图 2 - 14），便于吸附花粉（自花授粉）。子房由 1 片心皮构成，子房较长，若干个胚珠着生在子房内壁腹缝线上（图 2 - 14）。

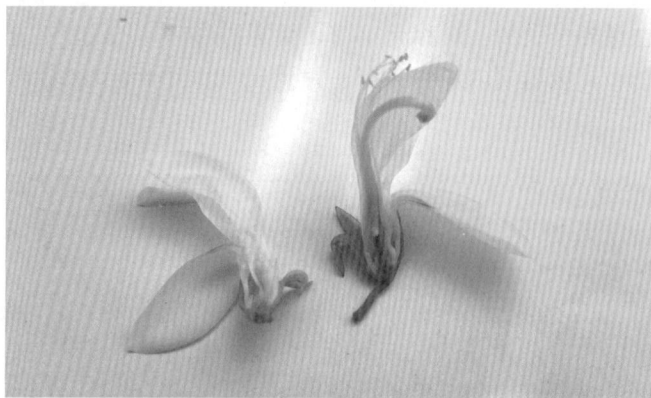

图 2 - 14　豆薯子房（陈忠文，2013）

5. 花药的发育　关于豆薯花药的发育，重庆市农业科学研究所的翁裕佳（1988）对豆薯花药原基、花药壁和雄配子体进行了解剖研究。

花药原基发育过程如下。初期外围为 1 层幼龄表皮，内为一群形态较为均一的细胞，角隅处细胞分裂较快，形成 4 个裂瓣。每一裂瓣的表皮下细胞分化出几个孢原细胞，体积较大，与周围其他细胞有明显区别。孢原细胞平周分裂，向外产生初生周缘细胞，向内产生初生造孢细胞。初生周缘细胞进行一次平周分裂，产生次生周缘细胞。这 2 层次生周缘细胞在平周分裂的同时，也进行垂周分裂，因此，产生一系列同心圆排列的 4 层细胞，由内向外依次为绒毡层、中层（2 层）、药室内壁，并与表皮层组成 5 层细胞的花药壁。

花药壁发育过程如下。

表皮一层。在花药发育过程中只进行垂周分裂，以适应内部组织的迅速增长。花药成熟时，表皮宿存。

药室内壁一层。次生周缘细胞分裂出药室内壁时，药室内壁不断径向延长，并发生纤维素带状加厚。

中层二层。细胞长方形，在小孢子母细胞减数分裂时期，中层的内层开始退化，然后逐渐趋于解体和被吸收。中层的外层能保留较长时间，维持至花药成熟期。

绒毡层一层。起源于次生周缘细胞的内层，经平周分裂向内分化而成。在某些部位，线毡层细胞又可分裂成2层。绒毡层细胞切向延长，小孢子母细胞减数分裂前已充分发育，随后细胞核呈退化状态，至花药成熟时，绒毡层细胞已被吸收殆尽，仅剩少量残余物。绒毡层在整个发育过程中，始终维持在原有位置，因此，属于腺质线毡层。豆薯的绒毡层细胞为单核，这是蝶形花亚科的胚胎学特征。豆薯花药壁的发育应属于基本型。

小孢子母细胞发生。在花药壁发育的同时，初生造孢细胞分裂，形成更多的次生造孢细胞，再发育成小孢子母细胞。其形态与周围药壁细胞显著不同：体积大，细胞质浓，核显著，排列紧密，随着小孢子母细胞进入减数分裂时期，小孢子母细胞外围的胼胝质壁开始积累。小孢子母细胞的胞质分裂为同时型。第一次分裂后不产生细胞板。第二次分裂完成时，母细胞分裂成4部分。小孢子通常排列成四面体型，少数为左右对称型或交叉型四分体。四分体包裹在共同的胼胝质中，各小孢子也为胼胝质所分隔。当胼胝质溶解时，小孢子彼此分开，释放到药室中，逐渐成"壁"。

雄配子体形成。小孢子从四分体中释放后，所形成的"壁"物质明显增加，体积迅速增大。新形成的小孢子具浓厚的细胞质，核大、居中。随着小孢子进一步发育，细胞中出现大液泡，小孢子核被挤到一侧。随后，小孢子核在贴近细胞壁的位置进行有丝分裂，由弧形的细胞板隔为2个细胞，小的为生殖细胞，大的为营养细胞。花粉粒轮廓圆形，具3个萌发孔。萌发孔上有特殊结构的帽状物。

6. 豆薯花粉　花粉是种子植物特有的结构，是种子植物的微小孢子堆，为植物的雄性细胞，也称为植物的精子。花粉由雄蕊中的花药产生，成熟的花粉粒实为小配子体，能产生雄性配子，经传播到达雌蕊，使胚珠受精形成果实。另外，花粉具有很高的营养价值和药用价值，是一种天然保健品。

（1）豆薯花粉的特征。各类植物的花粉各不相同。据陈忠文等（2018）取豆薯即将开花时的花粉（成熟花粉），在光学显微镜下观察，结果显示，与大多数被子植物一样，豆薯花粉成熟时分散，成为单粒花粉（图 2 - 15、图 2 - 16）。

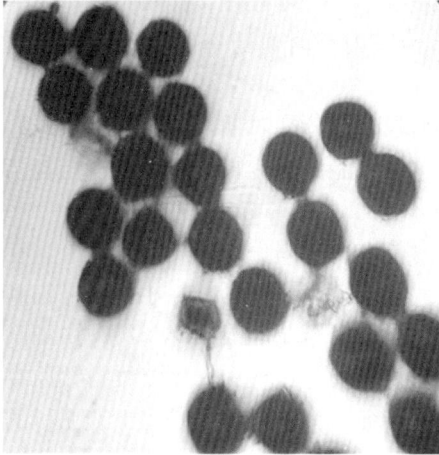

图 2 - 15　余庆地瓜 2 号花粉（I_2-KI 染色）

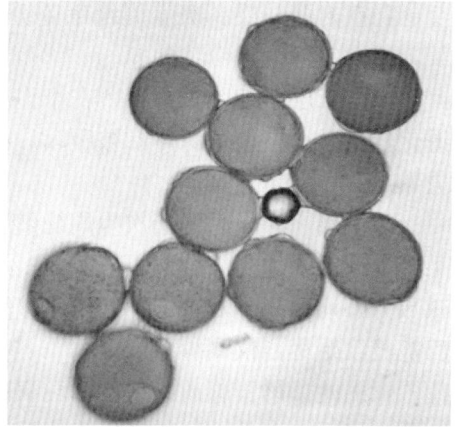

图 2 - 16　牧马山地瓜花粉（TTC 染色）

（2）花粉的形状、大小及外壁构造。贵州省农业生物技术重点实验室刘永翔通过扫描电子显微镜观察到豆薯及扁豆花粉粒均呈球形（图 2 - 17 至图 2 - 20）。

花粉表面（被层的上面）光滑或者呈波浪形，有的花粉上还具有各种雕纹分子所形成的图案，称之为雕纹。在扫描镜下观察到，豆薯花粉粒表面纹理类似橘或柚皮，且有茸毛，呈不规则的小凹网状。根据《中国植物花粉形态》的分类，我们把豆薯及扁豆花粉粒外壁结构界定为网状雕纹。

图 2 - 17　余庆地瓜 1 号花粉粒形状、大小、内孔（刘永翔，2020）

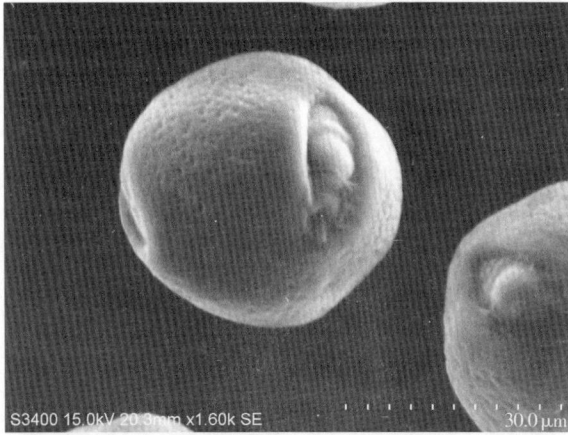

图 2-18 余庆地瓜 2 号花粉粒形状、大小、内孔环（刘永翔，2020）

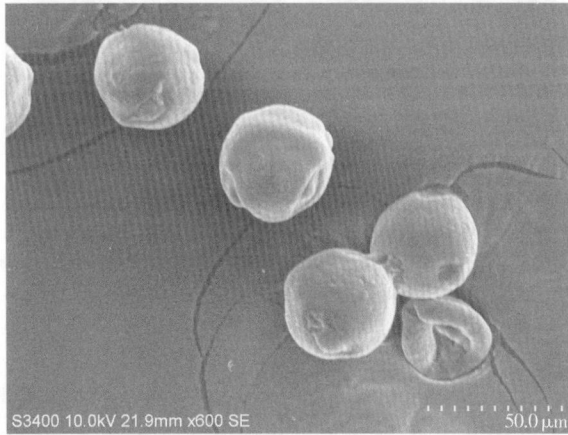

图 2-19 牧马山地瓜花粉粒形状及萌发孔（刘永翔，2020）

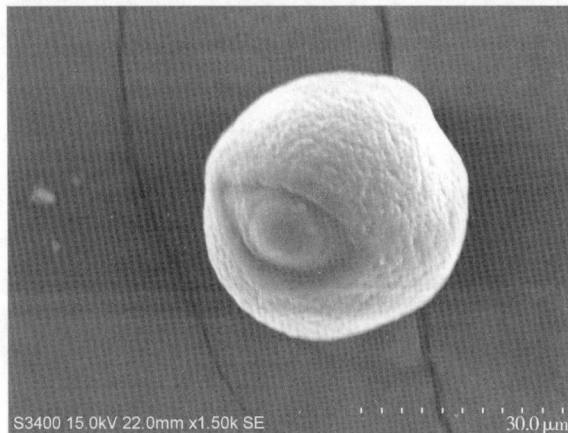

图 2-20 牧马山地瓜花粉粒形状、大小、内孔环（刘永翔，2020）

豆薯花粉粒直径大约40μm。余庆地瓜1号花粉粒大小为（38.8～44.4）μm×（38.8～44.4）μm，平均41.7μm×41.7μm（图2-17）；余庆地瓜2号花粉粒大小为（35.0～42.0）μm×（40.0～45.0）μm，平均39.6μm×41.5μm（图2-18）；牧马山地瓜花粉粒大小为（36.6～42.0）μm×（36.0～45.0）μm，平均39.2μm×39.4μm（图2-20）。表2-5介绍了3个豆薯品种及1个当地扁豆*品种花粉的形态特征。

当地扁豆 [*Lablab purpureus*（L.）Sweet] 花粉粒形状与豆薯花粉类似，大小为（27.2～33.3）μm×（27.2～37.3）μm，平均31.1μm×32.6μm，较豆薯花粉略小（图2-21）。

S3400 15.0kV 17.4mm x1.20k SE　　40.0 μm

图2-21　当地扁豆花粉粒形状、大小（刘永翔，2020）

（3）萌发孔。一般指花粉外壁上的薄壁区域所形成的开口。按萌发处开口长和宽的比例，通常分为沟、孔两类，长与宽之比大于2的称为沟，小于2的称为孔。有时短沟和长孔不易区分。只具沟或孔的称为简单萌发孔，沟和孔共同组成的称为复合萌发孔。在扫描电镜下观察到，无论是豆薯还是当地扁豆花粉外壁均有开口——萌发孔（图2-17、图2-19、图2-22）。通常是花粉萌发时花粉管由萌发孔伸出来。初步测得豆薯花粉粒开口的长与宽之比为（0.7～2.4）：1，平均为1.6：1（表2-5）。萌发孔呈纺锤形。

萌发孔球面分布，散布于整个花粉粒上。在萌发孔的中央部分具有一圆形内孔的花粉为具孔沟花粉。豆薯内孔向外凸出，且孔膜平滑，周围具有加厚的孔环（图2-18）；而当地扁豆内孔未见孔环，但孔膜上有粗颗粒或瘤状凸起（图2-21）。豆薯内孔大小5～10μm，当地扁豆内孔7～11μm，略大于豆薯（表2-5）。这或许是鉴别豆薯与扁豆花粉的特征之一。

＊　当地扁豆是指贵州省余庆县当地扁豆。

表2-5　3个豆薯品种及1个当地扁豆花粉的形态特征

品种	形状	大小/(μm×μm)	雕纹	个数/个	内孔环	内孔凸出面	长/μm	宽/μm	长宽比	内孔径/(μm×μm)	扫描电镜及放大
余庆地瓜1号	球形	42.8×42.8	网状	3	有	绒布状	13.3	13.3	1.0	14.2×14.2	S3400 10.0kV 22.4mm×300SE
	球形	38.8×38.8	网状	3	有	绒布状	14.4	11.1	0.7	5.5×11.1	S3400 10.0kV 21.9mm×800SE
	球形	44.4×44.4	网状	3	有	绒布状	22.2	22.2	1.0	—	S3400 10.0kV 21.9mm×200SE
	球形	42.8×42.8	网状	3	有	绒布状	25.0	16.6	1.5	14.2×7.1	S3400 10.0kV 22.5mm×600SE
	球形	40.0×40.0	网状	3	有	绒布状	18.1	7.3	2.4	7.1×17.1	S3400 15.0kV 21.8mm×1.20k SE
平均	球形	41.7×41.7	网状	3	有	绒布状	18.6	14.1	1.3	10.2×12.3	
余庆地瓜2号	球形	36.3×40.9	网状	3	有	绒布状	22.7	13.6	1.6	4.5×4.5	S3400 15.0kV 20.1mm×1.00k SE
	球形	42.0×45.0	网状	3	有	绒布状	27.0	12.0	2.2	4.5×5.1	S3400 15.0kV 20.3mm×1.60k SE
	球形	35.0×40.0	网状	3	有	绒布状	20.0	10.0	2.0	4.5×4.5	S3400 15.0kV 20.4mm×800SE
	球形	40.0×40.0	网状	3	有	绒布状	20.0	10.0	2.0	—	S3400 15.0kV 20.4mm×400SE
	球形	42.0×42.0	网状	3	有	绒布状	21.0	9.0	2.3	9.0×9.0	S3400 15.0kV 20.6mm×1.50k SE
平均	球形	39.6×41.5	网状	3	有	绒布状	22.1	10.9	2.0	5.5×5.7	
牧马山地瓜	球形	38.8×38.8	网状	3	有	绒布状	22.2	11.1	2.0	11.1×5.5	S3400 10.0kV 22.1mm×1.50k SE
	球形	42.0×45.0	网状	3	有	绒布状	18.0	12.0	1.5	9.0×9.0	S3400 10.0kV 22.1mm×1.50k SE
	球形	40.0×35.0	网状	3	有	绒布状	25.0	15.0	1.6	5.0×5.0	S3400 10.0kV 21.9mm×800SE
	球形	36.6×36.6	网状	3	有	绒布状	20.0	20.0	1.0	10.0×10.0	S3400 10.0kV 21.9mm×1.20k SE
	球形	39.0×42.0	网状	3	有	绒布状	24.0	15.0	1.6	9.0×9.0	S3400 15.0kV 22.0mm×1.50k SE
平均	球形	39.2×39.4	网状	3	有	绒布状	21.8	14.6	1.5	8.8×7.7	
当地扁豆	球形	33.3×33.3	网状	3	无	颗粒凸起	22.2	11.1	2.0	10.0×11.1	S3400 15.0kV 17.6mm×400SE
	球形	32.8×37.3	网状	3	无	颗粒凸起	18.2	10.9	1.6	7.2×10.9	S3400 15.0kV 17.4mm×1.20k SE
	球形	27.2×27.2	网状	3	无	颗粒凸起	16.6	16.1	1.0	11.1×11.1	S3400 15.0kV 17.4mm×800SE
平均	球形	31.1×32.6	网状	3	无	颗粒凸起	19.0	12.7	1.5	9.4×11.0	

注：S3400系扫描电镜型号。V为加速电压，数值越大，图像分辨率越高。SE系为二次电子。

余庆地瓜 1 号籽粒橘红色，花白色，贮藏根圆锥形；余庆地瓜 2 号籽粒粉红色，花白间紫色，贮藏根扁圆形；牧马山地瓜籽粒米白色，花浅蓝色，贮藏根扁圆瓣形。尽管 3 个豆薯品种在特征上有所区别，但从花粉形状、大小、萌发孔、外壁表面的纹饰形态等来看，几乎无差别。

当地扁豆与豆薯花粉粒的区别在于花粉粒萌发孔有无孔环、孔膜上有无颗粒状凸起，以及花粉粒直径的大小。这些区别或许能为今后豆科蝶形花亚科菜豆族的分类鉴定及亲缘关系研究提供参考。

花粉萌发孔可能具有的功能有 3 个：一是作为花粉干燥和水化时水分进出的通道，二是调节花粉粒收缩和膨胀引起的压力，三是作为花粉管伸长的入口。在电镜扫描时还发现同时取样的当地扁豆花粉畸形呈干瘪馒头状（图 2-22），当地扁豆花粉内孔凸出面有颗粒状凸起，且内孔略大，该特征是否能表明其水分散失比豆薯更快而抗旱能力更差仍需进一步研究。

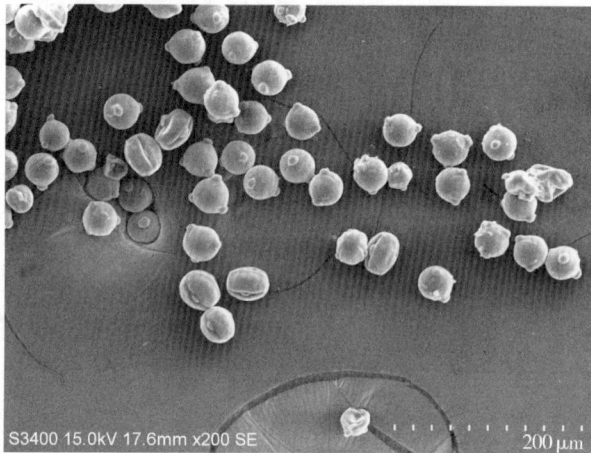

图 2-22　当地扁豆花粉畸形（刘永翔，2020）

7. 豆薯花粉活力　陈忠文等（2018）进行了豆薯花粉活力测定研究，为豆薯杂交育种及种子生产安全隔离提供依据。

（1）观察材料、仪器、药品。

①观察材料。余庆地瓜 1 号、余庆地瓜 2 号和牧马山地瓜 3 个豆薯品种（品系）的花粉，分别于 2015 年、2016 年的 7 月上、中旬采自贵州省余庆县白泥镇豆薯种子生产基地。

②仪器。显微镜［10×（40～100）倍］、载玻片、盖玻片、镊子、恒温箱、硫酸纸、棕色试剂瓶、烧杯、量筒、天平、pH 酸度计或试纸等。

③药品。0.5% 2,3,5-氯化三苯基四氮唑溶液（TTC）、碘（I_2）、碘化钾（KI）、硼酸 1g、蔗糖 50g、95%酒精。

（2）方法。

①花粉采集。采集时间为豆薯始花至盛花期，每天 10 时至 11 时、15 时至 16 时在豆薯花冠半伸期至始开期，将所选花朵所在花序切下，挂上标牌，放入装有少量清洁水的保鲜袋内，待测定。

②花粉活力测定。

TTC 法

试剂配制。称取 0.5g TTC 粉剂放入烧杯中，加入少许 95％酒精使其溶解，然后用蒸馏水稀释至 100mL。溶液装入褐色玻璃瓶避光保存待用。若发红时，则不能再用。

染色。取少量花粉置于普通载玻片上，滴入 TTC 溶液 2 滴，用镊子搅拌均匀，盖上盖玻片，在室内温度（25～28℃）下放置 15～20min。

显微镜下观察。具较强生活力的花粉粒呈红色，微弱活力的花粉粒呈淡红色，无活力或不育的花粉粒无色。取少许花粉置于载玻片上，加 1～2 滴 TTC 溶液，盖上盖玻片。制作 3 个制片并观察，每片取 5 个视野，统计并计算花粉活力百分率〔花粉萌发率＝（萌发花粉粒数/视野花粉粒数）×100％〕。

碘-碘化钾（I_2-KI）法

I_2-KI 的配制。称取 2g KI 溶于 10mL 蒸馏水中，然后加入 1g I_2，待全部溶解后，加蒸馏水定容至 300mL，制成 0.1％ I_2-KI 溶液。

染色。取少量花粉置于载玻片上，滴 1～2 滴 I_2-KI 染色液，5min 后在显微镜下观察。

显微镜下观察。凡是染成蓝黑色的花粉粒具较强活力，淡蓝色次之，几乎无色则为无活力花粉。制作 3 个制片并观察，每片取 3 个视野，统计并计算花粉活力百分率。

③花粉离体萌发测定法。

液体培养基的配制。硼酸设 10mg/L、50mg/L、100mg/L 3 个水平，蔗糖浓度设 5％、10％、20％ 3 个梯度，并测定对应的 pH（表 2-6）。

表 2-6　花粉离体萌发测定法蔗糖、硼酸浓度及 pH

编号	蔗糖浓度/％	硼酸浓度/（mg/L）	pH
1	5	10	7.18
2	5	50	7.16
3	5	100	7.06
4	10	10	7.07
5	10	50	6.90
6	10	100	6.77

（续）

编号	蔗糖浓度/%	硼酸浓度/（mg/L）	pH
7	20	10	7.22
8	20	50	6.66
9	20	100	6.83

注：表中编号1~9，每个编号为1个试验处理［对照品种牧马山地瓜（CK）、余庆地瓜1号、余庆地瓜2号］，即测试对照品种牧马山地瓜（CK）花粉萌发时，编号1表示对照品种牧马山地瓜（CK）花粉在蔗糖浓度5%、硼酸浓度10mg/L、pH7.18条件下测定的萌发结果；测定余庆地瓜1号时，编号1则表示余庆地瓜1号花粉在蔗糖浓度5%、硼酸浓度10mg/L、pH7.18条件下测定的萌发结果；测定余庆地瓜2号时，编号1则表示余庆地瓜2号花粉在蔗糖浓度5%、硼酸浓度10mg/L、pH7.18条件下测定的萌发结果。编号2~8测定时类推。

培养基筛选。采用 L_9（3^4）正交试验设计筛选。

花粉萌发观察。用镊子夹住花萼部，用手轻拍花朵，使花粉均匀散落于载玻片上，取2~3滴培养基溶液滴于花粉上，盖上盖玻片，编号，置于底部铺有用水浸湿的滤纸的培养皿上，于30℃光照培养箱中培养0.5h、1h、2h、3h、4h、5h、6h、7h、8h，在光学显微镜下观察花粉萌发率，花粉管的长度大于和等于花粉颗粒直径的计为萌发花粉粒，每次观察3张制片，每片取3个视野，记录平均值，统计花粉萌发率。

(3) 结果与分析。

①不同方法测定豆薯花粉活力比较如下（表2-7）。

表2-7　3种方法测定豆薯花粉活力结果

品种	花粉活力/%		
	离体萌发	I_2-KI 染色	TTC 染色
余庆地瓜1号	36.00	93.54	45.90
余庆地瓜2号	25.33	94.43	48.57
牧马山地瓜	13.20	92.13	50.00

3种花粉活力测定方法表明：不同的测定方法结果差异较大，I_2-KI 染色测定花粉活力达到92%以上，其次为TTC染色法，达45%以上，并有相近的测定结果，离体测定花粉活力较低，为36%及以下且各品种间相差较大。不同豆薯品种对于相同的测定方法亦存在差异，离体萌发测定结果显示，余庆地瓜1号花粉萌发率达36.00%，明显高于余庆地瓜2号和牧马山地瓜2个品种，与品种的荚粒数9~12粒、8~10粒、6~8粒相对应，而TTC染色结果则刚好相反。

本试验TTC法染色效果不明显。

②不同浓度 I_2-KI 溶液染色结果比较如下。进行不同浓度的 I_2-KI 染色，结果表明用浓度为1%与0.75%的 I_2-KI 染色，染色时间与染色效果相近，均

为整个花粉粒呈黑色，且必须即染即观察，不利于观察记载，而浓度为 0.5%的 I_2-KI 染色，一是具有染色效果，二是可观察时间长，所以用 0.5% I_2-KI 给豆薯花粉染色最为适宜（表 2-8）。

表 2-8　不同浓度 I_2-KI 溶液染色结果

浓度/%	活力花粉	活力弱花粉	无活力花粉
1.00	即染立察，边缘深红色，中间黑色	橘红色	无色
0.75	即染立察，整个花粉粒黑色	橘黄色	无色
0.50	需染色 10min 以上，整个花粉粒黑色	淡黄色	无色

③豆薯花粉离体萌发时间。因品种而异，一般豆薯花粉在离体 1~2h 后开始萌发，6~7h 达到最高值，因此，在豆薯花粉离体 6~7h 时进行离体测定其活力无疑是较合适的，其间伴随花粉管的伸长（图 2-23）。

④蔗糖、硼酸浓度对豆薯花粉离体萌发的影响。在蔗糖浓度 ≤10%，硼酸浓度为 5mg/L、50mg/L 时，3 个豆薯品种花粉基本无萌发。在蔗糖浓度为 10%、硼酸浓度为 100mg/L 时，余庆地瓜 1 号无萌发，牧马山地瓜（CK）和余庆地瓜 2 号分别在 1h 和 2h 开始萌发。在蔗糖浓度为 20%、硼酸浓度为 50mg/L

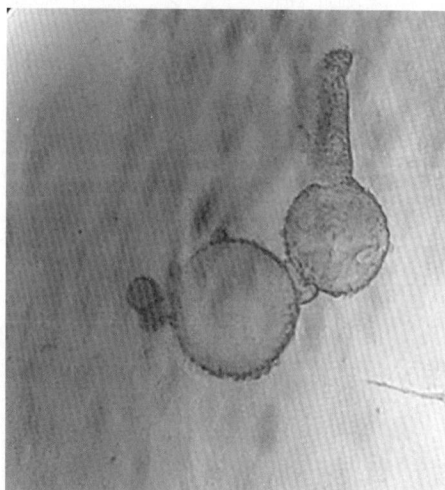

图 2-23　用 TTC 染色法观察余庆地瓜 1 号花粉管伸长（陈忠文，2018）

时，仅余庆地瓜 1 号花粉能萌发。在蔗糖浓度为 20%、硼酸浓度为 100mg/L 时牧马山地瓜（CK）品种无萌发，其余品种萌发。在蔗糖浓度为 20%、硼酸浓度为 10mg/L 时，3 个品种皆能萌发，是本试验花粉离体萌发测定最佳处理（表 2-9）。

表 2-9　豆薯不同品种花粉萌发 Lq（3^4）正交试验结果

编号	品种（系）	观察结果（萌发率/%）							
		1h	2h	3h	4h	5h	6h	7h	8h
1	牧马山地瓜（CK）	0.0	0.0	0.0	0.0	0.0	0.0	0.0	0.0
	余庆地瓜 1 号	0.0	0.0	0.0	0.0	0.0	0.0	0.0	0.0
	余庆地瓜 2 号	0.0	0.0	0.0	0.0	0.0	0.0	0.0	0.0

（续）

编号	品种（系）	观察结果（萌发率/%）							
		1h	2h	3h	4h	5h	6h	7h	8h
2	牧马山地瓜（CK）	0.0	0.0	0.0	0.0	0.0	0.0	0.0	0.0
	余庆地瓜1号	0.0	0.0	0.0	0.0	0.0	0.0	0.0	0.0
	余庆地瓜2号	0.0	0.0	0.0	0.0	0.0	0.0	0.0	0.0
3	牧马山地瓜（CK）	0.0	0.0	0.0	0.0	0.0	0.0	0.0	0.0
	余庆地瓜1号	0.0	0.0	0.0	0.0	0.0	0.0	0.0	0.0
	余庆地瓜2号	0.0	0.0	0.0	0.0	0.0	0.0	0.0	0.0
4	牧马山地瓜（CK）	0.0	0.0	0.0	0.0	0.0	0.0	0.0	0.0
	余庆地瓜1号	0.0	0.0	0.0	0.0	0.0	0.0	0.0	0.0
	余庆地瓜2号	0.0	0.0	0.0	0.0	0.0	0.0	0.0	0.0
5	牧马山地瓜（CK）	0.0	0.0	0.0	0.0	0.0	个别萌发	5.6	5.9
	余庆地瓜1号	0.0	0.0	0.0	0.0	0.0	0.0	0.0	0.0
	余庆地瓜2号	0.0	0.0	0.0	0.0	0.0	0.0	0.0	0.0
6	牧马山地瓜（CK）	开始萌发	继续萌发	10.9	13.7	14.2	14.3	14.1	13.9
	余庆地瓜1号	0.0	0.0	0.0	0.0	0.0	0.0	0.0	0.0
	余庆地瓜2号	0.0	开始萌发	继续萌发	5.3	9.5	14.7	32.6	32.4
7	牧马山地瓜（CK）	开始萌发	继续萌发	7.4	13.6	18.5	19.3	20.4	19.8
	余庆地瓜1号	0.0	开始萌发	12.7	23.6	34.5	44.8	45.2	45.6
	余庆地瓜2号	0.0	开始萌发	5.2	10.6	18.4	18.0	19.1	18.6
8	牧马山地瓜（CK）	0.0	0.0	0.0	0.0	0.0	0.0	0.0	0.0
	余庆地瓜1号	0.0	开始萌发	9.8	14.8	37.0	36.9	37.3	37.5
	余庆地瓜2号	0.0	0.0	0.0	0.0	0.0	0.0	0.0	0.0
9	牧马山地瓜（CK）	0.0	0.0	0.0	0.0	0.0	0.0	0.0	0.0
	余庆地瓜1号	0.0	0.0	开始萌发	13.7	25.7	25.1	25.5	24.9
	余庆地瓜2号	0.0	0.0	开始萌发	8.3	16.7	16.3	25.8	25.0

　　豆薯属于自花授粉作物，总状花序。雌雄同株同花，蝶形花，柱头高于花丝及花药，柱头顶端向内卷曲且有茸毛，易于授粉。花粉直接在花粉囊里萌发，花粉管穿过花粉囊的壁，向柱头生长，不待花苞张开就已经完成受精。豆薯开花时间很短，开花次日即凋萎。花粉在花药中的存活时间只开花当天有效，预计豆薯花粉存活时间不超过10h。而柱头接受花粉持续时间在2d左右，当天开花没有受精的柱头次日还可以接受花粉。

　　（4）豆薯花粉粒数量。在10×40倍镜下观测到单个豆薯花药有花粉粒

760~860 粒，以此推算，每朵花 10 个花药的花粉粒为 7 600~8 600 粒。授粉时二体雄蕊中的 9 枚基部连在一起的雄蕊伸长至柱头内弯处，散粉至柱头上，经过相互识别，排斥亲缘关系较远的异属和异种花粉粒，接受同花花粉粒。被柱头接受的有亲和性的花粉粒，吸水膨胀后，内壁经外壁上的萌发孔向外凸出，形成花粉管，得以萌发。豆薯荚粒数一般在 12 粒以下，这表明豆薯自花授粉花粉量是足够的。

8. 豆薯花蕾发育时期的划分　根据对豆薯花观察的结果，陈忠文等 (2013) 把豆薯开花过程划分为以下 6 个时期。

(1) 闭萼期（closed calyx period）。肉眼可见花蕾包埋在花萼中。花萼紧闭，有茸毛。从外表上看，花冠完全被萼片覆盖。花蕾长度 0.3~0.7cm（图 2 - 24）。

(2) 露瓣期（emergence of petal period）。肉眼可见刚露出萼片的白色或紫色花冠。花蕾长度 0.7~0.9cm（图 2 - 25）。

图 2 - 24　闭萼期

图 2 - 25　露瓣期

(3) 半伸期（half stretch period）。花冠伸长，约超出萼片顶端 0.5~0.7cm，前端刚好宽于基部，顶端呈刀形且尖端微上翘，白色或紫褐色，闭合，花丝未伸长至柱头，花药淡黄色。此期是去雄杂交的最佳时期（图 2 - 26）。

(4) 始开期（initial opening period）。花冠（旗瓣）基部开裂 0.2~0.3cm。花蕾长度 1.0~1.2cm，达到最大值。花丝伸长，花药至柱头（图 2 - 27）。

(5) 花瓣半开期（petals half opening period）。旗瓣张开接近平展，翼瓣从中张开（图 2 - 28）。

(6) 花瓣大开期（petals full opening period）。旗瓣大张开上卷大于 90°，主脉嫩绿色

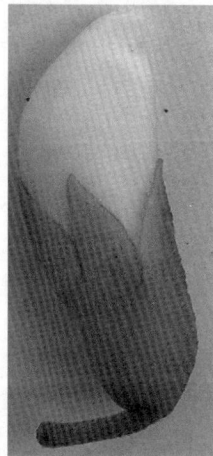

图 2 - 26　半伸期（陈忠文，2013）

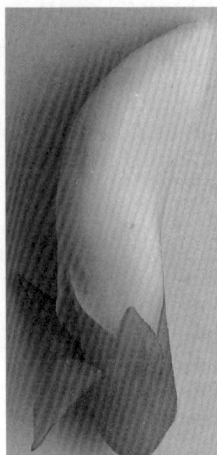

图 2-27　始开期

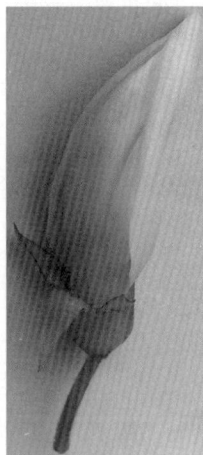

图 2-28　花瓣半开期

或紫色，花冠白色、紫色或白间紫色并有爪纹；可明显见到翼瓣，白色或紫色，并见到龙骨瓣弯曲包住雌蕊和柱头。花药破裂（图 2-29）。整个花朵所占空间为长 2.3cm、高 2.2cm、宽 1.7cm。

从闭萼期至花瓣大开期需 4d 左右。闭萼期花蕾发育较慢，需 2d 左右。露瓣期至半伸期发育明显加快，仅需 1d 左右，半伸期至花瓣大开期经历18～20h。

9. 豆薯不同类型的开花　Marten Sørensen（1996）研究认为，所有豆

图 2-29　花瓣大开期（陈忠文，2013）

薯类型都是两性花，通常是自花授粉，但确实会发生一些杂交，概率为2%～4%，*Pachyrhizus ahipa* 的异交率最高，这得益于传粉媒介（主要是不同的蜂类）的可用性。在干旱季节（灌溉下的材料）进行种植时，杂交繁育受到限制，因为缺乏传粉媒介，在墨西哥瓜纳华托州就是这样。有可能除 *Pachyrhizus ferrugineus* 外，其他类型都被证明是亲和的，从而产生了可育的种间杂种。但是，由于两个类型的豆薯开花期在自然条件下不会重叠，因此在两个类型共有的区域中没有记录到自然发生的杂种，除 *Pachyrhizus ahipa* 品种外，栽培种均通过种子繁殖。

墨西哥豆薯（*Pachyrhizus erosus*）在除 1 月以外的所有月份都有开花，

大多数（90%）在 7—10 月开花（Marten Sørensen，1996）。Prasad 等
（1973）对豆薯花的生物学特征进行了较详细的研究。3 个类型的豆薯开花
期均在播种后 58～68d 开始，持续 92～103d。柱头在开花前 12h 和开花后
18h 受精。花药在开花前 8～12h 开裂。花粉在室温下储藏 4h 后发芽率
下降。

安第斯豆薯（*Pachyrhizus ahipa*）通常在玻利维亚 8—10 月播种，播种
后 4～7 个月即 11 月至翌年 3 月进行修剪，去除花朵，于 4—6 月成熟。据
Ørting 等（1996）报道，这种以自交为主的豆薯类型有 2 种种子繁殖方法。
一种方法是在田间选择最有活力的植株繁殖种子，并对其余植株进行生殖修
剪，以促进贮藏根的生长；另一种方法是将留在地里的贮藏根首先长出的植株
留下用于种子生产，并清除其他植株后来开的所有花。无论采取哪种方法，最
后都在收获后进行种子大小和形状的间接选择。

对于亚马孙豆薯（*Pachyrhizus tuberosus*），Marten Sørensen（1996）认
为由于野生和栽培材料的来源高度异质，以及其确切状态的不确定性，因此无
法确定开花季节的准确时间和长度。除了 2 月和 7 月，全年都有开花的记录，
但大多数材料是在 10 月至翌年 6 月开花，3—12 月成熟。Menezes 等（1955）
在巴西研究 *Pachyrhizus tuberosus* 时，花粉育性差异为 0～53%，即观察到完
全雄性不育。这个观察结果证实了在丹麦皇家兽医与农业大学植物温室试验
中，对来自 *Pachyrhizus tuberosus* 和 *Pachyrhizus ahipa* 花粉进行的分析。检
查这 5 个种（*Pachyrhizus erosus*、*Pachyrhizus tuberosus*、*Pachyrhizus
ahip*、*Pachyhizus ferrugineus* 和 *Pachyrhizus panamensis*）的种间杂种的花
粉形态特异性时，Marten Sørensen（1989）发现雄性不育性增加与 BCMV
（豆科普通花叶病毒）感染之间有很强的相关性。电子显微镜下观察到病毒侵
染植物的花粉与健康植物的花粉相比相对扭曲（塌陷）。

10. 开花习性 陈忠文（2014）观察到豆薯的开花习性如下。

（1）开花特点。 整株从第 7～9 节开始生长出花序，并逐渐伸长、开花。
无论是整株还是单个花序，开花顺序都是由下而上次递开放，但花序间不同簇
上的花可同时开放。花期随品种的花轴长短不一。

（2）植株特点。 陈忠文等在贵州省余庆县观察到，整个植株叶片生长由大
到小，至第 15～17 复叶时，叶片长、宽达到最大，以后叶片逐渐变小。主茎
横径、节间长度变化亦如此。

（3）结荚特点。 每一枝花序着生 0～12 个荚，多数位于中下部，顶端只有
1～2 个小荚，甚至没有荚，并且荚内豆粒一般较小。

豆薯花期内每日开花数由少到多，再逐渐减少。每朵花开 1d 后蔫萎，一
个花序轴开花持续时间为 15～17d。

每花序的开花顺序亦为从下向上开放，而邻近簇上的花可能同期开放（表 2-10）。

表 2-10　豆薯全株 1d 开花结果（陈忠文，2014）

植株序号	花序所在节间		开花数/朵		
	节间	开花位	8：00	9：00	10：00
1	8	第 2 簇	1	1	0
		第 3 簇	1	0	0
		第 7 簇	1	0	1
		第 9 簇	2	0	1
		第 10 簇	1	0	1
	9	第 1 簇	1	0	0
		第 2 簇	1	0	0
		第 6 簇	1	0	0
		第 7 簇	1	0	0
		第 8 簇	2	0	0
		第 9 簇	1	0	0
		第 10 簇	1	0	0
	11	第 1 簇	0	2	0
	12	第 3 簇	1	1	0
		第 4 簇	0	1	0
		第 5 簇	1	1	0
		第 6 簇	0	1	0
	13	第 7 簇	2	0	0
	14	第 2 簇	1	0	1
小计	6	19	19	7	4
2	12	第 3 簇	0	1	0
		第 4 簇	1	0	0
		第 5 簇	1	0	0
		第 6 簇	1	0	0
		第 7 簇	1	0	0
		第 8 簇	0	0	0
	13	第 4 簇	1	0	0
	14	第 1 簇	1	0	0
		第 2 簇	2	0	0
		第 3 簇	2	0	0
		第 4 簇	2	0	0
小计	3	11	12	1	0

（续）

植株序号	花序所在节间		开花数/朵		
	节间	开花位	8：00	9：00	10：00
	11	第1簇	0	1	0
		第2簇	0	1	0
		第3簇	0	0	0
		第4簇	0	0	0
		第5簇	0	0	0
		第6簇	0	1	0
		第7簇	0	1	0
		第8簇	0	2	0
		第9簇	0	1	0
		第10簇	0	1	0
3	12	第1簇	0	0	0
		第2簇	0	0	0
		第3簇	1	0	0
		第4簇	0	0	1
		第5簇	1	0	0
		第6簇	1	0	0
		第7簇	1	0	0
		第8簇	0	0	0
		第9簇	1	0	0
	15	第5簇	0	1	0
		第6簇	1	0	0
		第7簇	0	0	1
	16	第2簇	1	0	1
小计	4	23	7	9	3
合计	13	48	38	17	7
平均	4.3	16			

注：8：00 温度 29℃，空气相对湿度 72%；9：00 温度 33℃，空气相对湿度 65%；10：00 温度 33.5℃，空气相对湿度 64%。

11. 开花时间

在初花期观察，豆薯开花时间主要集中在 9：00 前。在 8：00 前的开花数量占比 61.29%，8：00 至 9：00 占比 27.42%，9：00 至 10：00 开花的只占 11.29%。也就是说，将近 90% 的花在 9：00 前开放。

在盛花期选择 10 株连续 3d 观察，在 8：00 前开花的占 78.73%，8：00 至 9：00 开花的占 13.09%，9：00 至 10：00 开花的占 8.18%，10：00 至 11：00 基本不开花（表 2 - 11），结果与初花期开花结果类似。

表 2 - 11　盛花期开花情况（陈忠文，2014）

观察日期（月、日）	8：00			9：00			10：00			11：00			总开花数/朵
	温度/℃	湿度/%	开花数/朵	温度/℃	湿度/%	开花数/朵	温度/℃	湿度/%	开花数/朵	温度/℃	湿度/%	开花数/朵	
7.14	29	78	270	32	74	45	33	65	21	35	60	0	336
7.15	29	78	340	32.5	72	57	33.5	64	42	35	60	0	439
7.16	29	72	352	35	65	58	34	64	37	35	60	0	447
合计			962			160			100				1 222
平均	29	76	320.6	33.2	70.3	53.3	33.5	64.3	33.3	35	60	0	407.3
占比/%			78.73			13.09			8.18			0	

12. 群体开花数量　观察连续种植的 10 株豆薯上部（倒数第 1 节和第 2 节）、中部（倒数第 3 节和第 4 节）和下部花序 1d 的开花数量，结果表明，豆薯群体上部的花大部分在 8：00 前开放，中部的花大部分在 9：00 前开放，分别占总开花数量的 42.75% 和 44.13%。也就是说，在 9：00 前，86.88% 的花朵已开放（表 2 - 12）。

表 2 - 12　豆薯群体上、中、下部开花情况（陈忠文，2014）

观察部位	花序数	开花数/朵						总开花数/朵	花序平均开花数/朵
		8：00	9：00	10：00	11：00	12：00	14：00		
上部	16	32	18	12	0	0	0	62	3.9
中部	16	24	32	8	0	0	0	64	4.0
下部	8	8	6	5	0	0	0	19	2.4
合计	40	64	56	25	0	0	0	145	3.6

在 9：00 前，中上部的开花数量占总开花数量的 73.1%，与结荚数量相关联。

13. 豆薯的花期划分　从始花期到终花期为开花期。由于豆薯的开花与结荚是并进的，有时也把它们统称为开花结荚期。为了便于对豆薯花期的了解，一般将豆薯花期分为 3 个时期。

(1) 始花期。对单株而言，主茎的任何节位上花序的第 1 簇花蕾有 1 朵花开放的时期。在大田生产上，以全田有 5% 的植株主茎上有花序开花的时期作为豆薯始花期。

（2）盛花期。 主茎中部具有充分生长叶片的 3 个节位上的花序有 50％花蕾开花的时期，一般是第 15～17 节位花序开花近半时期。将全田有 50％的植株在第 15～17 节位花序开花近半的时期定义为大田生产开花盛花期。

（3）终花期。 有 75％的植株停止开花的时期即为终花期。

五、果实与种子

豆薯为自花授粉植物，异花授粉率极低。其果实为荚果，嫩时呈绿色，荚表面均被刺毛，除东南亚部分地区外的其他地区一般不食用。豆薯开花授粉后，豆荚逐渐形成并伸长，荚果扁平条形，长 10～13cm，宽 1.1～1.5cm，被刺毛。鼓粒期后期，种子体积达最大限度。此后，植株下部叶子开始变黄，荚转黄绿色，种皮呈淡绿色，变硬，但用指甲等硬物可刻破。进入豆荚成熟期，植株中下部叶片枯黄，豆荚由黄绿色转为褐色，表明种子进入生理成熟。待植株最下部豆荚变褐色时即成熟（收获成熟），生产上将其视为采收信号并开始采收。一般从结荚部位以下 20cm 处剪断，将叶片摘除，把结荚藤穗扎成小捆，挂在通风处晾干，让种子后熟（图 2-30）。每豆荚内含种子 8～12 粒。种子成熟时呈浅褐色或乳黄色，呈黑褐色或灰褐色时遇晴天豆荚开始爆裂，种子弹跳而出。

图 2-30　豆薯种子晾干后熟（陈忠文，2008）

豆薯种子形状近似方铲形，扁平，较宽（图 2-31），两面呈微凸镜状，种脐的前、左、右边有槽纹或无，千粒重 140～250g。种子脱粒后含水量 11％～13％，晾干后含水量为 10％左右。种皮角质，坚硬，不易透气吸水，影响发芽。据文西强等（2007）试验，分别用江沙、河沙、稻田土、发芽纸和细沙土作发芽床，在 30℃恒温下，前 4 种发芽床发芽率达到 93.3％～94.0％，皆较细沙土作床的发芽率 82.0％高。一般直接播种出苗较慢，如播种深度不一致，则出苗极不整齐。为了使种子发芽整齐、出苗一致，播种前需浸种催芽，先用 30℃温水浸种 3～4h，然后放入 25～30℃的恒温箱中催芽，催芽期间每天用温水冲洗种子 1 次，以免种子腐烂。经过 3～4d 催芽，待有半数以上种子发芽时，即可播种。

图 2-31　豆薯种子（陈忠文，2013）
a. 牧马山地瓜种子　b. 余庆地瓜 1 号种子　c. 余庆地瓜 2 号种子

豆薯种子成熟度很不一致，下层种荚与上层种荚成熟期相差一个月之久。下层种荚过熟时，种子干瘪，呈棕褐色；中层种荚刚好成熟，种子呈黄色；上层种荚未成熟，种子瘦小或发育不足，呈青色（刘明月，1982）。刘明月（1982）研究认为，种子发芽势强弱顺序为：黄色种子（93.7％）＞褐色种子（82.7％）＞青色种子（67.3％）。如果将成熟不一致的种子混在一起发芽，那么出苗一定不整齐（表 2-13）。

表 2-13　不同成熟度种子的发芽势（刘明月，1982）

种子颜色	发芽温度/℃	每日发芽率/%					发芽势/%	说明
		1	2	3	4	5		
棕褐色（过熟）	27±1	0.0	50.0	32.7	4.0	2.0	82.7	3 次重复，
黄色（成熟）	27±1	0.0	69.4	24.0	1.4	20.0	93.4	品种来源为
青色（未熟）	27±1	0.0	26.0	41.3	12.6	9.4	67.3	长沙㮾梨

第四节　关于豆薯的品种分类

一、按照栽培种和野生种的划分

Marten Sørensen（1996）将豆薯分为 5 个类型，并进行特征的定量比较（表 2-14）。

表 2-14 5 个豆薯变种 27 个特征的定量分析 (Marten Sørensen, 1996)

单位: mm

特征	P. erosus				P. ferrugineus				P. panamensis				P. tuberosus				P. ahipe			
	最小值	平均值	最大值	样本	最小值	平均值	最大值	样本	最小值	平均值	最大值	样本	最小值	平均值	最大值	样本	最小值	平均值	最大值	样本
小托叶	1.3	5.4	16	225	1	3	7.6	97	0.8	3.4	6.3	19	1.9	5.1	8.6	45	1.5	2.9	4.4	27
叶柄	3	76.6	162	237	24	71.1	233	113	36	73.2	109	19	34.2	121.9	277	73	45.4	99.8	166	27
托叶	1.2	4.3	11	249	1.3	2.8	5.9	110	1	2.7	4.1	19	1	3.8	6.5	69	0.9	2.1	4.1	27
顶生小叶	0.47	0.86	5.36	246	0.68	1.19	7.14	116	0.68	0.86	1.02	19	0.7	0.99	1.47	76	0.76	0.88	1.05	27
侧叶	0.82	1.08	3.61	245	0.75	1.35	4.7	114	0.86	1.25	1.67	19	0.92	1.26	1.76	76	0.93	1.19	1.56	27
总状花序	13	207	635	219	14	222.6	860	104	38	90.7	205	18	22	163.8	356	54	9.7	27.5	82.1	25
花梗	12	169.8	415	215	5.2	118.9	323	97	50.1	144.5	227	18	32	134.4	289	55	1.9	15.9	58	25
花	0.8	1.81	8	159	1	1.9	13.1	67	1.3	3.8	8.2	15	1	3.4	22.9	44	1.7	10.9	15.8	24
旗瓣主脉	5.5	20.16	26.3	185	1.6	13.6	23.4	72	2.3	15.4	19.8	13	1.2	20.9	27.5	47	1.4	5.5	19.3	24
花萼	5.2	9.6	13	188	2.7	8.3	13.1	74	6.4	8.6	10.8	15	5.2	10.4	14.9	50	4.2	7	10.3	24
花萼大裂片	2.7	5.4	7.7	188	1.4	4.1	6.8	75	2.9	4.7	6.3	14	1.8	5.3	6.8	50	1.6	3.5	5.4	24
萼筒	2.3	4.8	18.4	188	2.2	4.2	6.3	74	2.2	4.2	5.4	14	3.1	6.14	17.5	49	1.2	3.5	5.8	24
旗瓣长宽比	0.7	1.21	1.4	171	0.4	1.16	1.5	70	0.9	1.15	1.3	11	0.9	1.24	1.65	45	0.8	1.03	1.5	24
翼瓣	4.3	19.1	23.9	169	7.1	12.7	21.6	71	8.4	14.5	18	11	4.2	19.9	27.3	45	12.4	14.6	17	24
翼瓣鳌	1.8	5	8.1	171	1.2	3.7	8.6	71	1.2	3.9	5.4	11	1.4	5.3	7.7	45	2.8	3.8	4.7	24
翼瓣	1.3	3.5	19.4	171	0.4	2.1	13.1	71	1.6	2.2	2.7	11	1.6	3.8	16.4	45	1.6	2.2	3.6	24
龙骨瓣	11.5	19.8	25.2	167	1.4	13	21.6	69	8.4	15	27	11	8.4	20.8	27	45	12.8	15.1	17.3	24

（续）

特征	P. erosus				P. ferrugineus				P. panamensis				P. tuberosus				P. ahipe			
	最小值	平均值	最大值	样本	最小值	平均值	最大值	样本	最小值	平均值	最大值	样本	最小值	平均值	最大值	样本	最小值	平均值	最大值	样本
龙骨瓣叶片	6.7	12.4	16.2	167	4.9	7.7	13	68	3	9.1	11.2	11	6.6	12.9	16.6	45	4.8	9.7	12.3	24
龙骨瓣鳌	2.2	7.5	18.4	171	2.2	5.6	10.8	69	4.3	5.8	7.2	11	4	8.43	16.8	45	1.8	5.6	8.8	24
雄蕊	7.2	18.1	23.9	165	4.8	10.9	18	66	6.4	12.8	16.4	11	8.5	18.9	25.2	45	12.4	14.4	17.6	24
雌蕊	19.6	20.5	21.4	159	7	13.3	18.5	66	8.2	16	20	11	10.4	23	29	43	14	17.3	20.3	24
豆荚长	13	72.2	131	100	7.8	86	181	59	16.2	76.2	125	10	33	132.8	255	41	33.3	91.7	165	23
豆荚宽	0.1	9.1	27	101	2.3	15.8	107	60	2.7	8.2	11.7	10	3.1	15.9	27.2	43	8.5	15.6	21.2	23
豆荚荚宽	2.5	8.9	13.5	70	3.1	14.4	29	45	6.7	8.3	9.9	7	8.5	17.4	24.3	32	5.6	13.7	22.2	23
豆荚荚长	5	8.3	11	68	3	5.8	16.3	43	6	9	11	6	4	7.7	12	31	2	4.7	8	23
种子长	3.1	7.5	10.2	85	3.7	9.4	14.7	33	4.3	5.8	6.7	5	3.5	8.6	12.4	30	6.4	8	10	21
种子宽	3.8	7.8	11.3	85	4.4	10	15.3	32	4	6.6	8	5	5	10.3	13.9	30	7.4	8.9	10.7	21

在以上 5 个类型中，栽培种有以下 3 个。

墨西哥豆薯（*Pachyrhizus erosus*），Marten Sørensen（1996）认为墨西哥和中美洲大量短暂种群起源于以前的栽培，很难对野生和栽培品种进行明确区分。但是，可以通过野生材料叶片较小、叶片和豆荚的茸毛较多、贮藏根较小且细长不规则及表面的深棕色来识别。野生材料和栽培品种的豆荚都是开裂的，故种子生产者可在豆荚不完全成熟时收获。

安第斯豆薯（*Pachyrhizus ahipa*）在形态上有别于其他类型，它具有完整的小叶（已记录了几株具有齿状小叶的单株植物），总状花序短（48～92mm），通常没有侧花序，即为简单的总状花序。如有，每个侧生花序的数量低至 2～6 个。翼瓣和龙骨瓣通常是无毛的，但是已经看到略微有纤毛的标本。翼瓣在开花后向外卷曲，此现象仅见于安第斯豆薯（*Pachyrhizus ahipa*）。豆荚长 13～17cm，宽 11～16mm，未成熟时的横截面几乎为圆形。种子呈肾形，大小为 9mm×10mm。百粒重为 29.2g（17.3～41.2g）（Marten Sørensen，1996）。

亚马孙豆薯（*Pachyrhizus tuberosus*）可通过以下形态特征识别：最大茎长超过 7m，顶生小叶 280mm×260mm；豆荚 255mm×23mm，比其他品种大，种子之间有明显的压缩；种子为黑色、黑白杂色或橙红色，肾形，大小为 12mm×14mm（Marten Sørensen，1996）。

可按贮藏根形状和成熟期对豆薯品种类型进行分类。

二、按贮藏根形状划分

可分为扁圆形、扁球形、圆锥形、纺锤形、棒状或柱状等。比较常见的圆锥形贮藏根品种有贵州余庆地瓜 1 号、泰国珠仔种、广西平阳大凉薯、四川遂宁地瓜等。此类豆薯贮藏根相对较小，商品性好，宜作水果鲜食。

扁圆形贮藏根品种有泰国交令种等。

纺锤形贮藏根品种有广东水东沙葛（早沙葛）、广东顺德沙葛、江西萍乡凉薯等。

其他形状的豆薯贮藏根因不为人们生产、生活、经营所注重而被淘汰（图 2-32）。

陈忠文研究了豆薯播种深度（1～15cm）对贮藏根形状的影响，结果表明：播种深度对豆薯贮藏根形状（纵径/横径）有一定的影响 $[F=3.14<F_{0.10}(2,6)=3.46]$，其影响率为 31.47%。花序长度（24.7～46.0cm）对贮藏根形状几乎无影响 $[F=0.016<F_{0.10}(2,6)=3.46]$。这也从侧面证明豆薯贮藏根形状由其品种本身的遗传特性所决定。

豆薯贮藏根呈扁纺锤形或圆锥形，皮较厚，纤维多，淀粉含量高，水分较少，单根重 1.0～1.5kg，大者可达 5kg，适合加工制粉。

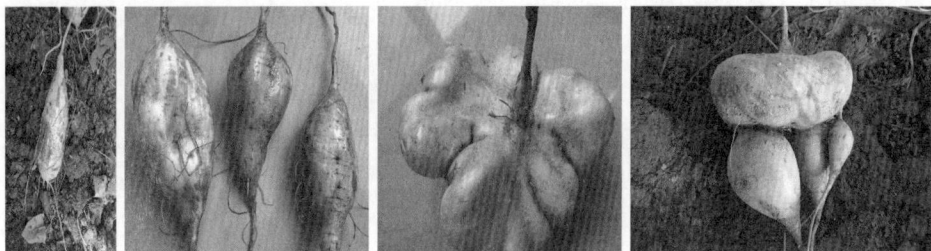

图 2-32　豆薯棒状或柱状等异形贮藏根（陈忠文，2008，2012）

三、按成熟期划分

1. 早熟种　植株生长势中等，叶片较小，贮藏根膨大较早，生长期较短。贮藏根扁圆形或纺锤形，皮薄，纤维少，单个贮藏根重 0.4～1.0kg，常作鲜食或炒食。早熟种包括贵州黄平地瓜、四川遂宁地瓜、成都牧马山地瓜、台湾珠仔种、广西水东沙葛和广东顺德沙葛等品种。

2. 晚熟种　植株生长势强，生长期长，贮藏根成熟较迟。贮藏根扁纺锤形或圆锥形，皮较厚，纤维多，淀粉含量高，水分较少。单个贮藏根重 1.0～1.5kg，大者可达 5kg 以上，适于加工制粉。晚熟种包括广东湛江大葛薯、广州迟沙葛、台湾圆锥形种等品种。

四、目前种植面积较大的几个品种

1. 余庆地瓜 1 号　由陈忠文等于 2006 年选育，生育期 190d 左右，贮藏根采收期 115～150d。贮藏根圆锥形（图 2-33），长 6.2～8.1cm，横径 7.6～11.1cm，有纵沟 0～4 条，皮淡黄色，肉白色。单薯重 0.5～2.5kg，最重达

图 2-33　余庆地瓜 1 号贮藏根（陈忠文，2008）

3.0kg。种子千粒重 176～185g。

2. 台湾珠仔种　豆薯贮藏根呈圆锥形，茎浓紫青色，顶生小叶，叶色浓绿，叶片中上部有浅缺刻，种子较小，千粒重平均为 202g，单薯重 231.5g，直径 8.8cm。

3. 泰国交令种　贮藏根扁圆形，千粒重平均为 202g，单薯重平均达 253.3g，直径达 10cm。

4. 田阳大凉薯　产于广西，分枝性强。贮藏根扁圆锥形，长 12～15cm，横径 18～20cm，有纵沟 3～4 条，皮淡黄色，肉白色。单薯重 1.5～2.5kg，最重达 5kg。

5. 水东沙葛（早沙葛）　产于广东、广西，生长势中等，早熟。贮藏根扁纺锤形，长 8cm，横径 10cm，皮薄，淡黄色，肉白色且脆嫩多汁、纤维少，单薯重 0.5kg。

6. 顺德沙葛　产于广东，生长势强，中熟种。贮藏根扁纺锤形，长 16cm，皮薄淡黄色，肉白色，水分较多，单薯重 0.5kg。

7. 遂宁地瓜　产于四川遂宁、重庆等。长势中等，贮藏根圆锥形，长 12～14cm，横径 10cm，单薯重 250g，味甜多汁，中熟种。

8. 萍乡凉薯　产于江西萍乡，贮藏根扁圆形，长 12.5cm，横径 15.8cm，有3～4 条深纵沟，表皮粗糙，淡黄白色，肉白色，单薯重 2.0～2.5kg，中熟种。

9. 牧马山地瓜　肉质贮藏根扁圆形或纺锤形，花为紫蓝色或白色蝶形花。种子近方形，扁平，黄褐色间有槽纹，千粒重 200～250g。

第五节　关于豆薯的生育期划分

了解豆薯的生物学特性，有利于掌握其生长发育规律，科学实施农艺措施，以取得最大的收获。

国内出版的蔬菜栽培学书籍及网络知识都将豆薯从播种到成熟划分为 4 个阶段：①发芽期，播种至第 1 对真叶展开；②幼苗期，第 1 对真叶展开至发生 6～7 片复叶和数条侧根；③发棵期，茎叶迅速生长，块根开始形成；④结薯期，块根迅速膨大，约 60d 左右。这种划分是不完整的，在作物生长周期内缺少种子成熟阶段，而且对幼苗期和发棵期的界定不准确。刘明月（1982）对豆薯的生长发育进行研究，将豆薯生育期划分为：发芽期、幼苗期、抽蔓期或贮藏根膨大始期、开花结荚期或块根膨大盛期和种荚成熟期 5 个时期，比较准确地概括了豆薯整个生育阶段。在此基础上可将豆薯生育期划分为：发芽期、幼苗期、发棵期、薯根膨大与开花结荚期、成熟期 5 个时期。

一、发芽期

目前的一些资料将豆薯的发芽期界定为：种子播种至第一对真叶开展。在适宜的温度、湿度和充足的空气条件下，豆薯种子内的亲水性物质便吸收水分，使种子体积迅速增大，种子细胞的细胞壁和原生质发生水合，原生质从凝胶状态转变为溶胶状态。各种酶开始活化，呼吸和代谢作用急剧增强，诱导水解酶（α-淀粉酶、蛋白酶等）合成。水解酶将子叶中贮存的淀粉、蛋白质水解成可溶性物质（麦芽糖、葡萄糖、氨基酸等），并陆续转运到胚轴供胚生长需要。此时细胞分裂、增大，同时吸水量迅速增加，胚开始生长，胚突破种皮而外露，胚根最先突破种皮向下生长形成主根，由于上胚轴伸长，胚芽不久后就被推出土面，而下胚轴伸长不明显，子叶不会被推出土面而被埋在土里。据刘明月（1982）观察：种子发芽时，下胚轴不伸长，子叶留在土层，胚根伸长快于胚芽；发芽期结束时，主根入土10cm左右，约有10条侧根，茎长约3cm；初生叶（茎生叶）对生、微展，呈心脏形，当初生叶微展时，全株干重较发芽前子叶干重略有下降，此期植株生长的养分靠种子供给，本身还不能制造养分（表2-15）。由此认为以初生叶微展作为发芽期结束时机比较恰当。

表 2-15　豆薯从种子到初生叶微展各器官重量变化（刘明月，1982）

器官	发芽前干重/g	初生叶微展时干重/g	备注
子叶	0.104	0.073 3	
茎叶+根	—	0.029 5	10 株平均数
全株	0.104	0.102 8	

从植物生理角度看待发芽期，发芽期是当种子获得适当的温度、湿度和足够的氧气时，胚由休眠状态转变为活动状态并开始萌发的阶段（图2-34）。

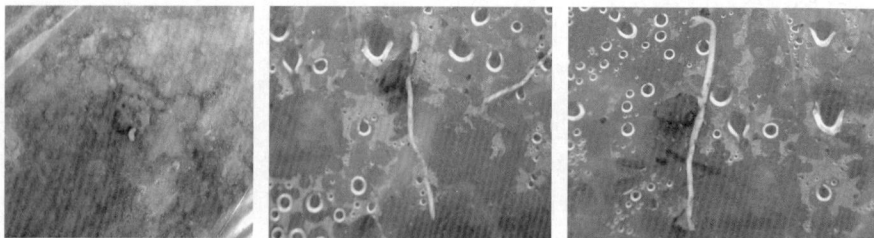

图 2-34　豆薯种子萌发（陈忠文，2008）

从作物栽培角度，我们将豆薯发芽期界定为：从播种至初生叶微展。

从播种至第一对子叶出现需要15~34d，积温为320.0~333.0℃。刘明月（1982）研究发现：在温度为20℃左右时约需15d，积温约为320℃。肖成全等（2012）观察到：从播种至发芽（4月3—12日）共计9d，积温179.7℃，日照24.0h；0cm地温积温312.5℃，5cm地温积温186.9℃，10cm地温积温182.5℃，15cm地温积温178.5℃，20cm地温积温184.9℃。从发芽至出苗（4月13—28日）共计15d，积温153.3℃，日照33.2h，0cm地温321.2℃，5cm地温299.8℃，10cm地温295.7℃，15cm地温292.0℃；20cm地温218.2℃。从播种至出苗（土）共计34d，积温333.0℃。

这个时期以胚轴的伸长和根系的生长为中心，种子需要的养分主要靠胚供给。

二、幼苗期

一般幼苗期指自幼苗地上部已出现初生叶或真叶，地下部已出现侧根，幼苗能独立进行营养生长时起，到幼苗高生长量大幅度上升时止的阶段。对于豆薯幼苗期的界定，现有资料界定为：从第1对真叶展开至发生6～7片复叶和数条侧根，建立起初步同化系统的时期。刘明月（1982）认为，以初生叶微展到第2复叶形成，即有4片真叶时为止。其理由是此期子叶仍未脱落，可继续提供养分，植株5～6叶开始抽蔓，主茎生长加快，节间变长而成蔓性，逆时针旋转缠绕向上生长。根据陈忠文观察，豆薯从第1对真叶微展开始，幼苗期根系继续扩展，植株直立，至幼苗生长至第3复叶开展且尚无分枝发生，表明供给植株生长的营养仍然是已有的叶片与根系（图2-35）。植株生长至第4复叶开展，第2、第3复叶叶腋间开始出现分枝，即出现生长区别。因此将幼苗期界定为：第1对真叶微展至第4复叶待展。

图2-35　豆薯第4复叶展开（陈忠文，2013）

幼苗期植株生长缓慢。此期根系继续伸长，主根长达 15cm 左右，并有 40 余条侧根；茎长约 10cm。此期子叶仍未脱落，可继续提供养分。

幼苗期是承上启下阶段，一生的同化系统和产品器官都在此期分化建立，是豆薯进一步发棵、旺盛结薯、促进产量形成的基础阶段。此期各项农艺措施的主要目标在于促根、壮苗，保证根系、茎、叶和块根的协调分化发展。

三、发棵期

在幼苗后期长出藤蔓至形成全部功能叶，茎叶迅速生长且贮藏根开始形成。完成主茎生长，茎上节间发生侧枝。发棵期主茎节间急剧伸长，主茎叶片已全部发展为功能叶，分枝叶片也相应扩大。与此同时，根系继续扩大。

发棵期还是以建立强大的同化系统为中心，并以逐步转向块根生长和生殖生长为特点。陈忠文等（2013）的观察结果表明：豆薯花序着生在主茎和分枝的叶腋上，在主茎的 7～18 节上形成花序，不同品种（系）第 1 花序着生部位（节间）稍有差别，但均以 10～17 节形成的花序最多。这一结果表明豆薯生长在 8 叶以后进入营养生长（贮藏根膨大）和生殖生长（开花结荚）共同生长阶段。而刘明月（1982）观察到，豆薯植株 5～6 叶开始抽蔓，主茎生长加快，节间变长而成蔓性，逆时针旋转缠绕向上生长，同时地下主根初生表皮破裂，标志着贮藏根开始膨大。7～9 叶时地下根系发达并在侧根上形成根瘤。

由此把发棵期界定在第 4 复叶待展至第 7 复叶待展时期。此期经历 15d 左右，所需积温 332.6℃，日照 78.2h，0cm 地温积温 370.3℃，5cm 地温积温 349.1℃，10cm 地温积温 344.1℃，15cm 地温积温 339.5℃，20cm 地温积温 326.8℃。

一般在此期前段以适宜的水肥管理促进茎叶生长，形成强大的同化体系，后段促进生长中心由茎叶迅速生长转向贮藏根生长和生殖生长。

四、贮藏根膨大与开花结荚期

在现蕾期豆薯贮藏根开始膨大。通常到开花盛期，豆薯叶面积最大，制造养分的能力最强，在开花后 25～45d，贮藏根生长的速度较快。陈忠文观察到，在气温为 25～30℃时播种，约 24d 贮藏根开始膨大（图 2 - 36）。彭菲等（1995）研究认为，豆薯播种后 45d，主根开始有局部膨大的迹象。刘明月（1982）研究认为，豆薯在 25～30℃时，植株从开始抽蔓到同化器官基本建成约需 60d，积温 1 700℃左右。9～11 叶后，地上部开始抽生侧蔓，花蕾也相继出现，地下主根膨大呈圆筒状。此后一段时期主要是茎叶生长，形成较大的同化器官，地下贮藏根生长量不大，鲜重只有 20g 左右。抽蔓期的主要特征是茎叶生长迅速，生长曲线急剧上升，贮藏根生长较慢，生长曲线上升平缓。彭菲等（1995）认为，此生育阶段以贮藏根膨大为主，但植株继续发生侧蔓并抽生花序，与贮藏根生长争夺养分。因此，在进行贮藏根生产时应及时做好打顶、除花、摘枝工作，使同化产物集中供给贮藏根。贮藏根开始形成至采收约需 60d。自播种至贮藏根采收需 120～150d。进行种子生产也应及时打顶，保留顶端以下 6～7 个花序，除去上部分枝和无效花序，以提高种子饱满度。

图 2-36　豆薯播种 24d 左右贮藏根开始膨大（陈忠文，2013）

五、成熟期

此生育阶段是植株开花结荚和贮藏根迅速膨大的时期，在 22～30℃的温度下，需经过 60～68d，积温 1 350℃左右。此期茎叶生长减慢，生长中心转向贮藏根和花荚。地上部花序大量开放，陆续结荚，地下部贮藏根也迅速膨大，平均每天鲜重增加约 10g（彭菲等，1995）。而后随着地上部茎叶生长逐渐衰退，输入贮藏根的养分也相应减少，一直到茎叶完全枯死，贮藏根才停止增长，达到最大重量。而豆薯开花受精后，子房随之膨大，接着出现软而小的嫩绿色豆荚，直至种子达到最大体积与重量时，此期即为灌浆期，此时种子仍有乳白色汁液，以后含水量逐渐减少，种子变硬，最后种皮、豆荚呈固有颜色时即为成熟期。为了便于区分，将豆薯种子成熟期划分为以下 6 个时期。

1. **始荚期**　任何花序一个节位上有 5mm 长的幼荚的时期。

2. **盛荚期**　任何花序一个节位上有 2cm 长的荚的时期。

3. **始粒期**　任何花序一个节位上豆荚内种子长度达 3mm 的时期。

4. 鼓粒期　任何花序一个节位上豆荚内绿色种子充满荚皮的时期。

5. 成熟初期　最下部一个花序上有一个荚变褐色，其余豆荚85%变为黄褐色的时期。

6. 完熟期　25%豆荚变为褐色的时期。完熟期后尚需25～40d进行种子脱水。

种子在开花后20d左右干重增加极慢，此后加快。开花后45d左右干重达到最大干重的一半，接着增重又减慢，到成熟时略有减轻。荚果干重在温度较低时积累较快。

豆薯自开花结荚至成熟所需的天数因品种特性和播种期而不同。早熟品种自开花至成熟所需天数较短，受播种期影响较小；晚熟品种所需天数较长，受播种期影响较大。

豆薯开花后40d左右，种子即具有发芽力，55d后发芽整齐。

豆荚的开裂性与品种和成熟度有关。一般荚平直、荚壳薄的品种容易开裂。

大部分种荚在20℃左右的温度下，需20～30d，积温达到450～600℃后成熟。豆薯自播种至种子采收需180～200d，积温为3 900～4 300℃。

进入豆荚成熟期后，植株逐渐衰老，下层叶渐枯黄脱落，中、上层叶变灰绿，失去生机，贮藏根外形和重量都达到生长的最大值，荚内种子不断充实，大部分种子趋向成熟。

第六节　豆薯生长发育与环境条件的关系

任何作物的正常生长发育都要求有一个良好的环境条件，包括温度、湿度、光照、土壤和营养条件等，加上科学的农艺措施，才能获得高产。

豆薯为热带作物，性喜高温，生育期不长，自播种至贮藏根收获，早采收者约120d，待其充分成熟采收的约150d，在温带地区可作为夏季作物栽培。西南气候温暖而多山地的地区最宜栽培豆薯，但若能因地制宜，其他地方亦可种植。豆薯最喜山间干燥的砂壤土，宜稍瘠薄，切勿过于肥沃，以免薯茎徒长而根不肥大。豆薯不宜连作。

一、温度

农作物生长发育的各个时期需要一定的温度条件。豆薯是耐热性作物，整个生育期需要在温暖的条件下进行。豆薯作为一种喜温作物，种子发芽所需温度较高。刘明月（1982）研究了4种不同温度下的发芽结果（表2-16），得出豆薯种子发芽适宜温度是25～30℃。

表 2-16　豆薯种子在不同温度下的发芽势（刘明月，1982）

处理	每日发芽率/%					发芽势/%	幼根长势	说明
	1d	2d	3d	4d	5d			
20℃	0	0	80.0	14.0	2.0	80.0	粗壮	表中数据为3次重复平均
25℃	0	70.0	22.0	1.4	2.0	92.0	粗壮	
30℃	7.4	68.6	14.6	2.6	0.6	90.6	粗壮	
35℃	8.6	56.0	24.6	8.0	0.6	89.2	纤细	

　　豆薯在旬平均气温达到20℃时适宜播种，也可提早在温床育苗再移栽，但旬平均气温必须在10℃以上（刘明月，1982）。植株生育的适宜温度为20～30℃。温度低于15℃时茎叶生长、贮藏根膨大缓慢甚至停止，故豆薯播种期比一般豆科作物稍迟。广东地区以惊蛰后播种为宜，贵州山区在清明前后至小满或3月下旬至5月下旬均可播种。

　　在25～30℃温度条件下，豆薯植株初生形成层活动较强，中柱细胞木质化程度小，有利于贮藏根膨大。刘明月（1982）认为，豆薯贮藏根在日平均气温及土温均为25℃、日照充足、昼夜温差大的季节膨大最快。在贮藏根膨大适温范围内，昼夜温差大有利于贮藏根积累养分和膨大。如在贵州省的安顺和毕节等海拔为1 000～1 500m的地区种植，贮藏根产量较高。

　　豆薯完成一个生长发育期或全部生育期需要一定的累积温度，通常以有效积温和活动积温来表示。当温度低于生物学下限温度时，若时间比较短，温度回升后作物仍能恢复正常生长发育，如果温度过低且持续时间较长，一般会发生冷害。冷害的轻重程度主要取决于低温的程度和持续时间，但与作物的品种、发育期及立地条件也有密切关系。各种作物在不同发育期，当环境温度低于最适温度和生长最低温度时，作物的正常生理活动便会受到抑制，这便是低温引起的作物受到冷害的表现。作物的不同品种及不同生育期对低温反应不同，又因低温的强弱程度与持续时间的差异，所以可能会出现有些作物可以安然无恙、有些作物生长发育延迟、有些作物生殖器官遭到破坏、有些作物受害严重而减产等多种现象。

　　肖成全等（2008）对豆薯品种余庆地瓜1号生育期的气象要素进行了观测。将豆薯品种余庆地瓜1号从播种到荚果成熟的过程分为播种、发芽、出苗、幼苗期、发棵期、结薯期、分枝期、始花期、结荚期、鼓粒期、成熟期11个时期进行观测。观察内容有日均气温、日照时数、0cm地温、地下5cm地温、地下10cm地温、地下15cm地温和地下20cm地温，每2d记载1次。

　　观测地点在贵州省余庆县白泥镇梓桐社区牛场河组周兴国责任地，海拔560m，冲击壤土。栽培管理与当地水平一致。余庆地瓜1号全生育期及所需积温和日照时数如表 2 - 17 所示。

表 2 - 17　余庆地瓜 1 号生育期气象要素观测结果（肖成全等，2008）

生育阶段	日期	生育期/d	总积温/℃	日照时数/h	地温积温/℃				
					0cm	地下5cm	地下10cm	地下15cm	地下20cm
播种至发芽	4 月 3 日至4 月 12 日	9	179.7	24.0	312.5	186.9	182.5	178.5	184.9
播种至出苗	4 月 3 日至4 月 28 日	25	333.0	27.2	633.7	486.7	478.2	470.5	403.1
播种至幼苗期	4 月 3 日至5 月 10 日	37	900.3	83.9	922.7	763.6	751.1	739.8	662.1
播种至发棵期	4 月 3 日至5 月 26 日	53	1 232.9	144.1	1 293.0	1 112.7	1 095.5	1 079.3	988.9
播种至结薯期	4 月 3 日至6 月 12 日	70	1 620.6	204.1	1 720.5	1 533.1	1 509.5	1 478.2	1 380.3
播种至分枝期	4 月 3 日至6 月 24 日	82	1 898.6	224.6	2 008.0	1 821.8	1 796.1	1 776.1	1 656.0
播种至始花期	4 月 3 日至7 月 13 日	101	2 363.1	321.8	2 531.7	1 332.0	2 274.4	2 248.7	2 134.8
播种至结荚期	4 月 3 日至7 月 22 日	110	2 599.2	364.4	2 807.7	2 595.0	2 534.1	2 505.3	2 381.7
播种至鼓粒期	4 月 3 日至8 月 16 日	134	3 224.3	466.6	3 521.8	3 283.6	3 219.2	3 187.3	3 041.6
播种至成熟期	4 月 3 日至10 月 8 日	189	3 978.5	673.8	4 925.8	4 651.1	4 583.5	4 551.1	4 366.9

　　豆薯贮藏根贮藏温度，据 Mercado-Silvaa 等（1998）研究，5 个豆薯品种采收后保存在 10℃ 和 13℃ 下，用腐烂的程度、贮藏后的重量损耗、内部的颜色和质地（变化）、呼吸速率和离子减少量来评估低温敏感性，在室温 10℃ 下 1 周后发生损伤症状，所有品种对低温非常敏感，豆薯品种维加·德·圣胡安和圣·米格利托的贮藏根均不能在 10℃ 下储藏。贮藏根在 13℃ 下储藏超过 5 个月后会表现出一些内部品质的变化，重量损失超过 35%。

二、水分

　　水是植物生存的重要因子，是组成植物体的重要成分，植物体内的生理活动都需要在水的参与下才能正常进行。水分使细胞保持紧张度，因而植物能保持其固有的形态，代谢反应得以正常进行。由于水具有高汽化热，所以植物在烈日照射下，通过蒸腾作用散失水分可以降低体温，不易受高温危害。植物必须不断地吸收水分，以保持其正常含水量，但它的地上部分，尤其是叶子又不可避免地要通过蒸腾作用向外散失水分。吸收和散失是一个相互依赖的过程，由于这个过程，植物体内的水分总是处于运动状态。吸收到植物体内的水分除少部分参与代谢外，绝大部分用于补偿蒸腾散失，植物的正常生理活动就是在不断吸水、传导、利用和散失过程中进行的。豆薯生长发育要求有适宜的水分。因豆薯为直根系，所以深入地下相对较深，吸水能力强，较为耐旱。在种子发芽期和幼苗期湿度不能太大，以免降低发芽率；开花结荚期要求有适宜的空气相对湿度和土壤湿度，过高或过低都会引起落花与落荚。土壤湿度过大不利于根系的发育，特别是在贮藏根膨大后期，易导致根系窒息腐烂或发病，引起落花与落荚，造成植株枯萎死亡。

豆薯种子发芽对水分的要求较高。刘明月（1982）研究了豆薯种子发芽时的饱和吸水量［饱和吸水量＝（种子发芽时绝对吸水重量/种子重量）×100%］，分别在发芽前和种子出芽时测种子重量，结果表明种子发芽饱和吸水量为116.40%（表2-18），因此豆薯是一种需水量较高的作物。水分不足时，种子易迟迟不发芽或出苗很不整齐。

表2-18　种子发芽时的饱和吸水量（刘明月，1982）

发芽前种子重量/g	出芽时种子重量/g	绝对吸水量/g	饱和吸水量/%
20.00	43.28	23.28	116.40

黄胜琴等（1996）研究超低含水量对豆薯种子生活力的影响，结果表明豆薯种子不耐储藏，开放储藏的种子平均寿命（半活期）为11～12个月。低温低湿是豆薯种子储藏的较佳条件。超干处理种子，将含水量降至6.43%可获得低温低湿的贮藏效果，继续干燥脱水则不利储藏，水分平衡是超干种子萌发的必要条件。

Annerose等（1994）在塞内加尔的野外研究证实 *pachyrhizus erosus* 是很好的抗干旱作物，而Silva（1995）在法国的温室条件下进行了豆薯干旱响应的生理研究，证实 *Pachyrhizus ahipa* 是很好的耐旱品种。一般而言，在光照好、有肥沃的砂壤土或冲积土壤、中等降水量（平均年降水量约为1 500mm）的地区，*Pachyrhizus erosus* 栽培易获得成功（Srivastava et al.，1973），但是建议选择偏黏性的土壤。例如，在平均年降水量超6 000mm的厄瓜多尔埃斯梅拉达斯省及年均降水量为240mm的塞内加尔首都达喀尔，*Pachyrhizus erosus* 单产为15～34t/hm² （Annerose et al.，1995）。

种植豆薯是以地下肥大的主根为产品，要求土层深厚、排水良好，若在水田周边种豆薯，则必须深沟高畦，防止根系被淹。以收获种子为主的豆薯种植，若在开花期间干旱或水分过多都会抑制子房的发育，引起落花落果，产生各种畸形。在要求土层深厚的同时，还必须要起垄，使排灌水良好。

三、光照

光作为环境信号作用于植物，是影响植物生长发育的众多外界环境（光、温度、重力、水、矿物质等）中较为重要的条件。其重要性不仅表现在光合作用对植物体的建成的作用上，还表现在光是植物整个生长和发育过程中的重要调节因子。光合作用是植物重要的生理活动之一，是植物积累有机物、支持生长的过程。

为了研究豆薯各生育时期对光照的反应，提出在山区种植的应对措施，陈忠文等（2008）进行了豆薯生育期遮光试验。

1. 幼苗期（4～7 叶）**遮光，植株鲜干重明显下降**　光照对幼苗生长分化过程的影响可以分为直接和间接两个方面。间接作用是指光通过影响光合作用、蒸腾作用和物质运输等影响植物生长。这个间接作用是一种高能反应，因为光是光合作用的能源，光照不足情况下植物就不能生成足够的有机物，植物生长也就失去了物质基础。此外，遮光还可以影响植株的蒸腾作用。光是影响蒸腾作用的主要外界因素，叶子吸收的太阳光辐射能大部分用于蒸腾。光还直接影响叶片上气孔的开闭。在光下气孔开放，气孔阻力减小，叶内外蒸汽压差也增大，从而使蒸腾加快，有利于物质的运输。但如果是在土壤水分不足的情况下，就会引起植物水分不足，影响植物的生长。试验于 2008 年 5 月 13 日开始进行遮光处理，于 6 月 2 日结束，共历时 20d。遮光植株平均叶龄为 7.37 叶，对照植株平均叶龄为 7.42 叶。结果表明，无论是单株平均鲜重还是干重都比对照不遮光减少很多（表2-19），单株地下部平均鲜重和干重分别下降 59.240％和 61.900％。

表 2-19　单株幼苗平均鲜重和干重比较（陈忠文等，2008）

处理	单株平均鲜重/g	单株地上部平均鲜重/g	单株地下部平均鲜重/g	单株平均干重/g	单株地上部平均干重/g	单株地下部平均干重/g	单株平均叶面积/m²
遮光	5.159	4.859	0.300	0.836	0.788	0.048	440.770
对照	8.442	7.598	0.844	1.630	1.504	0.126	415.630
增减/％	−38.880	−36.050	−59.240	−48.710	−47.610	−61.900	6.050

光照对叶的影响主要是光合作用。在弱光下，叶片面积大而薄，单株叶面积却增长了 6.05％。遮光处理的豆薯幼苗叶色为淡绿色，对照为深绿色。

2. 幼苗期（4～7叶）**遮光对贮藏根产量有一定的减产效应**　幼苗期（4～7叶）遮光后贮藏根横径和纵径均小于对照，导致贮藏根个体变小进而群体产量降低（表2-20）。影响较大的是贮藏根的商品性，即贮藏根膨大部分下移，柄部增长 20.69％。

遮光植株处理结束时平均叶龄 7.37 叶，贮藏根未膨大；对照植株平均叶龄 7.42 叶，有 80％的贮藏根开始膨大。

表 2 - 20　幼苗期遮光对贮藏根产量及经济性状的影响（陈忠文等，2008）

处理	贮藏根平均柄长/cm	平均横径/cm	平均纵径/cm	单株平均产量/g	理论平均亩产量/kg	实测平均亩产量/kg
遮光	2.45	6.01	8.32	116.00	1 934.3	2 041.2
对照	2.03	6.38	8.49	120.00	2 001.0	2 102.7
增减/%	20.69	—4.23	—2.00	—3.33	—3.33	—2.92

3. 贮藏根膨大期遮光，导致植株枯死，不能形成贮藏根和种子　在贮藏根膨大期（7 叶以后）（2008 年 6 月 2 日）进行遮光处理，结果植株生长势弱，叶片逐渐枯黄而脱落，最后整株枯死；贮藏根膨大不明显、不具有食用价值。这表明光照不足时，地上部向下输送的光合产物减少，影响根部生长，而对地上部分的生长影响相对较小。

4. 发棵期、膨大期遮光处理种子减产　种子的形成和成熟过程实质上是指胚由小变大，营养物质在种子中变化和积累的过程。主要是把葡萄糖、蔗糖和氨基酸等小分子物质合成为淀粉、蛋白质和脂肪等高分子有机物质，并积累在子叶和胚乳中。这些物质由光合作用产生，因此光照度直接影响种子内有机物质的积累。2008 年 6 月 12 日进行遮光处理，处理时平均叶龄为9.25 叶，结束时平均叶龄为 18.32 叶，10 月 22 日采收。结果遮光处理与对照相比种子减产 17.4％（表 2 - 21）。这主要是遮光后花序数、结荚数、荚粒数和千粒重等产量构成因子减小所致。

表 2 - 21　发棵期、膨大期遮光对种子产量的影响（陈忠文等，2008）

处理	平均株高/cm	平均花序位/cm	单株平均花序数/个	平均花序长/cm	平均单株结荚数	平均荚粒数	平均千粒重/g	理论平均亩产量/kg	实测平均亩产量/kg
遮光	250.4	165.5	4.6	19.2	11.4	7.8	146.9	217.9	207.8
对照	249.8	130.4	8.4	13.0	12.5	8.1	156.5	263.9	251.7
增减/%	0.2	26.9	—21.4	47.7	—8.8	—3.7	—6.0	—17.4	—17.4

试验观察结果还表明，遮光处理的种子晚熟 18d，主要是因为遮光前形成的花序多数脱落，解除遮光后，叶片由黄转绿至恢复正常，花序重新形成，正常开花结果。遮光对茎、花序伸长也有促进作用。实验表明，在遮光条件下生长的豆薯平均株高比自然光照增高 0.6cm，增幅 0.2％，平均花序位提高35.1cm，增幅 26.9％，平均花序长增长 6.2cm，增幅 47.7％（表 2 - 21），增大了豆薯种子大田生产支架成本。

刘明月（1982）研究了豆薯贮藏根增长速度与日照和温度的关系（表 2 - 22），

结果表明湖南长沙1981年7月31日至8月29日这段时期正值高温季节，日平均气温和土温都在30℃以上，但此时日照充足、昼夜温差较大，贮藏根增长速度仍较快，日平均鲜重增加9g以上。9月15日至9月29日日平均气温和土温都降到25℃左右，日照充足，昼夜温差更大，光合作用旺盛，呼吸消耗少，净同化率高，有利于同化产物的积累，此时贮藏根增长速度最快，日平均鲜重增加23g以上。8月30日至9月14日，温度虽适宜茎叶和贮藏根生长，但阴雨天多，日照不足，昼夜温差小，贮藏根增长速度反而较前期高温季节慢，日平均鲜重只增加了约6g。

表2-22　豆薯贮藏根增长速度与日照、温度的关系（刘明月，1982）

起止日期	日平均气温/℃	日平均土温/℃	昼夜温差/℃	日照时数/h	阴雨天数/d	贮藏根平均总增重/g	贮藏根日平均增重/g
7月31日至8月14日	30	33.9	8	118.1	1	138.1	9.21
8月15日至8月29日	31.1	34.2	8.3	140.8	2	135.27	9.02
8月30日至9月14日	25.2	29.4	7.3	74.8	8	103	6.44
9月15日至9月29日	23.9	27.4	9.2	94.7	2	359.3	23.95

日照与温度主要影响光合作用和净同化率，从而影响贮藏根的膨大速度。光抑制豆薯花序、茎伸长的原因可能有：光可以使自由的吲哚乙酸（IAA）转变为无活性的束缚型吲哚乙酸（IAA）；光照提高了IAA氧化酶的活性，尤其是蓝紫光，其引起IAA氧化分解作用更显著；红光能增加细胞质钙离子浓度，活化钙调蛋白（CaM），分泌钙离子到细胞壁，使细胞增长缓慢。

5. 开花结荚期遮光不能形成荚果　于2008年7月2日豆薯开花结荚期进行遮光，遮光后植株叶片逐渐黄化，花序脱落，没有形成荚果。后期整株枯黄。

播种至贮藏根采收遮光，贮藏根不能膨大。2008年4月8日进行遮光处理，遮光处理后植株长势弱，藤蔓细小，叶片先发黄，后逐渐枯死，贮藏根没有膨大，无产量。

播种至种子成熟遮光，不能形成花序，无种子产量。

鼓粒期遮光对种子产量影响极大。2008年7月29日进行遮光处理，10月22日采收。豆薯边开花边结荚结实，遮光植株与对照植株经济性状比较显示：花序数下降极为明显，达64.41%，再者是结荚数下降达63.39%（表2-23），最终种子减产达 75.98%。

表 2 - 23　鼓粒期遮光对经济性状的影响（陈忠文等，2008）

处理	平均株高/cm	平均花序位/cm	单株平均花序数	平均花序长/cm	结荚数	平均荚粒数	平均千粒重/g	理论平均亩产量/kg	实测平均亩产量/kg
遮光	185.4	114.8	2.1	14.8	4.1	5.0	143.9	49.2	47.8
对照	229.4	141.7	5.9	14.0	11.2	7.2	154.7	208.0	199.0
增减/%	−19.18	−18.98	−64.41	5.71	−63.39	−16.67	−6.98	−76.35	−75.98

　　试验观察还发现：遮光后未结实的花序脱落，不再形成花序；已进入鼓粒期的荚果能正常结实。

　　通过对豆薯各生长时期进行 50% 的遮光试验，结果表明，全生育期遮光，不能形成贮藏根和种子产量；幼苗期至发棵期遮光，豆薯鲜、干重明显下降，苗素质下降，这说明豆薯苗期生长对光照有较强要求；贮藏根膨大期遮光，不能形成贮藏根和种子；开花结荚期遮光，种子减产。开花结荚期光照对豆薯种子产量尤为重要，种子生产基地一定要选择在适宜豆薯生长的开阔地面生产，方能取得最大生产潜力。因此无论是豆薯贮藏根或是种子生产，宜选择光照充裕的适宜地区，特别是在山区种植更具指导意义。

四、土壤

　　豆薯对土壤的要求不严格。豆薯根系强大，耐旱、耐瘠力强，在瘠薄的土壤中种植也能生长发育。若要获得高产优质，最适宜在土层深厚、疏松、土质肥沃、排水良好的壤土或沙质壤土上种植。因为这 2 种类型的土壤增温快，渗透力强，有利于根系的生长发育。土壤酸碱度以近似于中性或微酸性（pH 6.2~7.0）为宜。Ørting 等（1996）研究认为 pH 为 6~8 的排水良好的土壤类型能满足豆薯对土壤的要求，豆薯不适合在黏重、通透性较差的土壤上种植。*Pachyrhizus tuberosus* 种更适宜种植在含有少量沙质、排水良好且肥沃的土壤上。*Pachyrhizus ahipa* 种能忍受长时间干旱，但为了提高贮藏根产量，保证供水是必要的，因此种植的土地应尽量选择土壤肥沃的河岸或有水源保障的土壤肥沃的坡地。在过于肥沃的土壤上栽培，豆薯往往茎叶徒长，贮藏根不易肥大。Oteros（1945）认为种植 *Pachyrhizus tuberosus* 种的适宜海拔高度为 550~2 000m。

五、肥料

　　肥料是提供 1 种或 1 种以上植物必需的矿质元素，能改善土壤性质、提高土壤肥力水平的一类物质，是农业生产的物质基础之一。作物生长离不开肥料。

1. 氮肥　氮在植物生命活动中具有重要的作用，因为它是许多化合物的组分，如核酸、酶、叶绿素等。虽然豆薯是豆科作物，但其本身的固氮能力不强，因此，需要进行外部施肥且主要在幼苗期施用。豆薯吸收的氮以无机氮为主（NO_3^-、NO_2^-、NH^+），有时也吸收简单的有机氮，如尿素 $[CO(NH_2)_2]$ 和氨基酸等。缺氮时，较老的叶片先退绿变黄，有时在茎、叶柄或老叶上出现紫色。严重缺氮时，叶片脱落，植株矮小。氮素在体内的代谢特点是可以移动、可再利用。当植株缺氮时，老叶中的氮素转移到新生组织中，以满足组织对氮素的需要，因此，缺氮症状首先表现在老叶上（老叶退绿变黄）。

2. 磷肥　磷在植物生命活动中也起着非常重要的作用。植物主要以 $H_2PO_4^-$ 的形式吸收磷。在低 pH 条件下以吸收 $H_2PO_4^-$ 为主，在高 pH 条件下以吸收 HPO_2^{2-} 为主。磷也是许多重要化合物的组分，如核酸、磷脂、辅酶等。磷酸盐还能调节 pH。缺磷的症状为叶片暗绿，茎叶出现红紫色。磷在植物体内的代谢特点是可以移动、可再利用，所以缺磷症状首先表现在老叶上。

3. 钾肥　钾也是植物体内的重要元素，在植物体内呈离子态。钾在植物体内的主要作用是调节：调节气孔开闭；调节根系吸水和水分向上运输（根压）；渗透调节；调节酶活性，是许多酶的活化剂，如谷胱甘肽合成酶、琥珀酸硫激酶、淀粉合成酶、琥珀酸脱氢酶、果糖激酶、丙酮酸激酶等 60 多种酶；平衡电性，在氧化磷酸化中，K^+ 与 Ca^{2+} 作为 H^+ 的对应离子平衡 H^+ 的电荷，在光合磷酸化中，K^+ 与 Mg^{2+} 作为 H^+ 的对应离子，平衡 H^+ 的电荷；调节物质运输。缺钾的症状为叶尖与叶缘先枯萎，逐渐呈烧焦状。钾在植物体内是可移动的、可再利用，因此缺钾症状首先出现在老叶上。刘明月（1982）研究钾肥对豆薯产量与品质的影响，结果表明施用氯化钾比不施用，豆薯贮藏根产量增产 7.25%，但影响味道与口感（表 2 - 24）。刘明月分析认为，氯化钾中的氯离子虽然对光合作用无影响，但可显著地妨碍茎内光合产物向根部转移，同时钾元素对纤维素合成有利，能使贮藏根中的纤维增加，从而影响贮藏根品质。

表 2 - 24　施用氯化钾对豆薯产量与品质的影响（刘明月，1982）

处理	亩用量/ kg	面积/ m²	小区产量/ kg	增产/ %	品质评定
氯化钾	9.5	15.2	49.5	7.25	纤维多，肉质不脆，味欠佳
清水	—	15.2	46.15	—	纤维少，肉质脆，味甜可口

陈忠文（2007 年）在豆薯开花结荚期进行施肥处理，处理 1 用 0.5kg 氮磷钾三元复合肥兑水 40kg 灌根，处理 2 用 98% 磷酸二氢钾 100g 兑水 60kg 叶

面喷施 1 次，处理 3 用 98％磷酸二氢钾 100g 兑水 60kg 叶面喷施 2 次，间隔 7d，对照为不施肥。采用大区对比法，每区面积为 39.75m²（3.75m × 10.60m），不设重复。

不同处理结果（表 2-25）表明，开花结荚期无论是灌根施或是叶面喷施磷钾肥，都使种子产量增长 3.05％～14.51％，亩产值增加 201.00～957.00 元。

表 2-25　不同处理的余庆地瓜 1 号种子产量结果（陈忠文，2007）

处理	小区产量/ kg	折合亩产量/ kg	比对照增加		
			亩产量/ kg	亩产值/ 元	产量增比/ ％
1	13.5	226.5	6.7	201	3.05
2	13.6	228.2	8.4	252	3.82
3	15.0	251.7	31.9	957	14.51
对照	13.1	219.8	—	—	—

注：种子价按 2007 年市场收购价每千克 30.00 元计算。

试验表明，开花结荚期用磷酸二氢钾叶面喷施和用氮磷钾三元复合肥灌根都有助于增加豆薯种子结实和千粒重，间隔 7d 叶面喷施 2 次效果最好。灌根次之，叶面喷施 1 次处理效果不很明显（表 2-26）。

表 2-26　开花结荚期施用磷钾肥对豆薯单株豆荚数和种子千粒重的
影响（陈忠文，2007）

处理	每亩株数	单株豆荚数	单株粒数	千粒重/g	理论亩产/kg
1	4 411	19.16	148.7	187.205	235.26
2	4 411	21.33	122.7	193.336	223.19
3	4 411	23.33	147.3	189.871	287.81
对照	4 411	18.5	141.3	182.885	210.87

4. 关于豆薯贮藏根肥效试验　林莉等（2009）采用 3414 田间试验设计，研究余庆地瓜 1 号贮藏根产量与氮（N）、磷（P）、钾（K）施肥量的关系。

试验设施肥水平分别为：氮（N）0、120、240、360kg/hm²；磷（P_2O_5）0、60、120、180kg/hm²；钾（K_2O）0、112.5、225、337.5kg/hm²，14 个处理，2 次重复，小区面积 10m²。试验结果表明（表 2-27）：豆薯贮藏根产量与施肥量的数学模型为 $y = 2\ 230.86 + 155.51N + 188.18P + 118.24K + 3.02NP - 1.71NK + 3.78PK - 4.06N_2 - 15.13P_2 - 2.97K_2$。

氮、磷、钾的每亩最佳施肥量为：N 17.82kg，P_2O_5 10.34kg，K_2O 20.15kg。

表 2 - 27　N、P、K 施肥水平对豆薯贮藏根产量及农艺性状的影响（林莉等，2009）

序号	处理	10m² 小区产量/kg			平均亩产量/kg	平均单薯重/g	显著水平		单株平均纵径/cm	单株平均横径/cm	形状指数	单株平均柄长/cm	单株平均须根数/个	贮藏根形状				
		1	2	平均			5%	1%						圆锥	扁圆	纺锤	棒柱	其他
1	$N_0P_0K_0$	36.7	30.8	33.8	2 251.1	67.5	g	G	5.2	5.8	0.9	1.63	2.5	√				
2	$N_0P_2K_2$	70.6	61.9	66.3	4 418.9	132.5	ef	EF	5.8	6.7	0.87	2.37	2.3	√				
3	$N_1P_2K_2$	74.8	79.0	76.9	5 127.6	153.8	bcde	ABCDEF	7.2	8.5	0.85	1.98	3.5	√				
4	$N_2P_0K_2$	67.4	63.6	65.5	4 368.8	131.0	f	F	6.3	7.6	0.83	1.69	3.6	√				
5	$N_2P_1K_2$	79.3	83.5	81.4	5 429.4	162.8	abcd	ABCDE	7.4	9.8	0.76	2.18	2.2	√				
6	$N_2P_2K_2$	89.2	92.4	90.8	6 056.4	181.6	a	A	7.6	8.7	0.87	1.44	1.6	√				
7	$N_2P_3K_2$	82.3	88.7	85.5	5 702.9	171.0	ab	ABC	6.8	7.7	0.88	2.07	1.5	√				
8	$N_2P_2K_0$	73.5	65.3	69.4	4 629.0	138.8	ef	DEF	7.3	8.8	0.83	1.14	2.3	√				
9	$N_2P_2K_1$	85.4	75.8	80.6	5 376.0	161.2	abef	ABCDEF	6.9	8.9	0.76	1.94	2.6	√				
10	$N_2P_2K_3$	87.3	86.1	86.7	5 782.9	173.4	ab	AB	8.1	9.3	0.87	2.14	1.3	√				
11	$N_3P_2K_2$	81.8	85.4	83.6	5 576.1	167.2	abc	ABCD	6.8	7.9	0.86	1.93	2.3	√				
12	$N_1P_1K_2$	76.2	69.8	73.0	4 869.1	146.0	cdef	BCDEF	6.5	8.9	0.73	1.35	2.2	√				
13	$N_1P_2K_1$	65.4	76.0	70.6	4 709.0	141.2	def	CDEF	6.7	8.5	0.79	1.56	1.5	√				
14	$N_2P_1K_1$	77.1	74.7	75.9	5 062.5	151.8	bcdef	ABCDEF	7.1	9.2	0.77	1.97	1.4	√				

注：ABCDEFG 表示试验小区产量间差异达 1% 极显著水平。abcdefg 表示试验小区产量间差异达 5% 显著水平。N_0、N_1、N_2、P_0、P_1、P_2、K_0、K_1、K_2 表示不同的施肥量。

（1）**施肥能显著提高豆薯贮藏根的产量，但呈报酬递减关系。**试验结果（表 2-27）表明，折合亩产量，处理 6（$N_2P_2K_2$）最高，达 6 056.4kg，比处理 1（$N_0P_0K_0$）产量 2 251.1kg 增加 3 805.3kg。方差分析结果表明，处理间（$F=19.166>F_{0.01}=3.905$）产量差异达 1‰极显著水平，重复间（$F=0.331<F_{0.05}=4.667$）差异不显著，说明施肥是影响豆薯贮藏根产量的重要因素。

多重比较结果（表 2-27）表明，处理 6 与处理 5、7、9、10、11 两两间差异不显著，与处理 3、14 达 5‰显著水平，与其余处理间达 1‰极显著水平。施肥能显著提高豆薯贮藏根的产量，且呈报酬递减关系。

（2）**氮磷钾配合施用比缺素区和不施肥能明显增加单个贮藏根重。**不同处理下对豆薯贮藏根农艺性状进行调查，结果（表 2-27）表明施肥对豆薯贮藏根的农艺性状有不同程度的影响，处理 6（$N_2P_2K_2$）平均单薯重达 181.6g，比处理 1（$N_0P_0K_0$）平均单薯重 67.5g 重 114.1g，施肥处理平均单薯重明显高于无肥区，N、P、K 配合施用处理平均单薯重高于缺素区。

（3）**增放养分能提高经济效益。**与不施肥处理 1（$N_0P_0K_0$）相比，施肥处理单位面积净产值均有增加，处理 6（$N_2P_2K_2$）每亩净产值最高为 3 469.09元，说明施肥能增加经济效益，但过量施肥经济效益降低。每千克养分能增加贮藏根亩产量 68.3～104.6kg。

（4）**施肥量与产量数学模型。**对试验结果作回归分析得出施肥量与产量的数学模型为 $y=2\ 230.86+155.51N+188.18P+118.24K+3.02NP-1.71NK+3.78PK-4.06N_2-15.13P_2-2.97K_2$，检验值 $F=27.51>F_{0.01}=14.659\ 1$，表明因素水平取值与方程拟合极好，相关系数 $r=0.992$，可以进行预报。

氮、磷、钾单因素效应：N、P、K 3 个因素中，若其中 2 个因素为"2"水平，变化另外一个因素得如下模型：

$y=4\ 337.44+166.47N-4.65N_2$

$y=4\ 341.46+380.88P-22.10P_2$

$y=4\ 584.64+157.28K-4.54K_2$

通过子模型中常数项系数的比较，不施氮肥地块贮藏根产量最低，其次是磷肥和钾肥。一次项系数的大小反映了施肥的增产效应，顺序为磷＞氮＞钾。二次项系数均为负数，体现了施肥的报酬递减关系。

最大产量施肥量：对回归数学模型令 $dy/dx_i=0$，计算得出最大施肥量为：亩施 N 18.66kg、P_5O_2 10.75kg、K_2O 21.39kg。理论上可获得豆薯贮藏根亩产量为 5 958.4kg。

最佳产量施肥量：对回归数学模型令 $dy/dx_i=$ 肥料价格/豆薯贮藏根价格，计算得出最佳施肥量为：亩施 N 17.82kg、P_5O_2 10.34kg、K_2O 20.15kg，理论上可获得豆薯贮藏根亩产量为 5 949.6kg。

六、栽培方式

我们将豆薯的栽培方式简单分为露地栽培与设施栽培。露地栽培又有爬地栽培与搭架栽培 2 种方式。无论哪种栽培方式，其目的都是尽可能满足豆薯在不同生长阶段对环境条件的要求，以获得高产优质的产品。当地群众栽培豆薯强调搭架与植株调整，这是因为植株内部"源"与"库"的关系，同化产物的分配问题对贮藏根发育和膨大有较大的影响。刘明月（1982）研究了豆薯植株抽蔓上架后进行植株调整与不调整（放任生长）两项处理，结果表明调整的与不调整的相比，贮藏根迅速开始膨大的时间要早 10 余天，膨大速度也较快。这是因为调整植株的"源"与"库"关系较简单，叶片的净同化产物仅供给肉质根生长，故膨大早、膨大快；而不调整植株的"源"与"库"关系较复杂，叶片的净同化产物既要继续供茎叶生长，又要供开花结荚所消耗，还要保证贮藏根发育，分散了养分，故迅速膨大迟、膨大慢。从最后的单株产量来看，植株调整的比不调整的要大 260g，前者是后者的 1.5 倍；而植株地上部的生长量，不调整的比调整的要大 170g，前者是后者的 2.2 倍。再从干物质含量来看，调整的植株贮藏根干物质重 86.38g，地上部干物质重 35.73g，根冠比为2.42；而不调整的植株贮藏根干物质重 51.18g，地上部干物质重 80.52g，根冠比为 0.64。可见，调整植株的同化产物大部分用于地下贮藏根的发育，而不调整的植株同化产物大部分用于地上茎叶、花的发育，二者生长中心不同，故产量相差悬殊。

刘明月（1982）研究豆薯植株摘心迟早对贮藏根重量的影响（表 2 - 28），结果表明 22～25 叶摘心比 18～20 叶摘心的产量约高 50%，摘心应在茎叶生长到 22～25 叶时进行。

表 2 - 28　豆薯植株摘心迟早对贮藏根重量的影响（刘明月，1982）

栽培方式	摘心迟早	茎叶鲜重/g	贮藏根鲜重/g	根冠比	单株平均重/g
搭架	18～20 叶摘心	80～110	438～665	6.3	601
搭架	22～25 叶摘心	115～160	885～965	6.8	918.3

CHAPTER 3 | 第三章
豆薯病虫草害及防治

作物病虫害是农业生产中的重要灾害。我国农作物病虫害有1 500种之多，特别严重的有几十种。它们频繁发生，对农业生产造成了巨大的经济损失。随着种植业结构调整、优质新品种推广、高产高效设施栽培及多元化种植的推广，许多病虫害的发生有了新的条件，因此，做好病虫害综合防治工作是提高农作物产量和品质的重要手段。当前我国已报道的蔬菜病虫害有200余种，其中常年发生的病害有70多种、虫害有50多种（冀金等，2009）。近年来，我国蔬菜种植面积迅速扩大，品种日益增多，病虫害成为蔬菜生产的较大障碍。彻底消灭病虫危害，是保证蔬菜增产增收的关键措施之一。随着农村商品经济的发展，一些地区在种植业结构调整中把稀特菜当作首选作物，依靠发展稀特菜生产促进当地经济的发展，豆薯便是其中之一。虽说豆薯地上部分含杀虫成分，但仍然会遭受病虫草害。由于对豆薯作物的研究不多，有关豆薯病虫草害种类、危害症状、发生规律及防治措施等文献资料亦较缺乏。编者根据实际调查研究，结合部分文献资料进行介绍，供生产者参考。

病虫害是豆薯减产和商品品质降低的一个主要因素。豆薯的主要虫害有豆蚜、小地老虎、斜纹夜蛾、螨类、蛴螬、黄蚂蚁、野蛞蝓、豆荚螟等；主要病害有立枯病、根腐病、黑心病、叶斑病、锈病、细菌性叶斑病、病毒病等。对豆薯病虫害的防治，应采取"预防为主，综合防治"的原则，优先采用农业防治、生物防治、物理防治，合理使用化学防治，禁止使用国家明令禁止的高毒、高残留农药，实现绿色生产。

第一节　豆薯虫害及防治

危害豆薯的害虫主要有野蛞蝓、小地老虎、豆荚螟、螨类（红蜘蛛）、黄蚂蚁和蛴螬等。主要在幼苗期切断细嫩主茎，在嫩叶上造成缺刻、孔洞；开花结荚期在花冠上造成缺刻、在嫩荚上造成孔洞；贮藏根膨大至成熟期钻孔或扩大贮藏根创伤部位等。因此，认识和掌握害虫发生和消长规律，对于防治害虫、保护豆薯获得优质高产具有重要意义。

一、野蛞蝓

野蛞蝓（*Agriolimax agrestis*）属腹足纲柄眼目蛞蝓科动物，别名鼻涕虫，在世界范围内分布于欧洲、美洲、亚洲，在中国分布于广东、海南、广西、福建、浙江、江苏、安徽、湖南、湖北、江西、贵州、云南、四川、河南、河北、北京、西藏、辽宁、新疆、内蒙古等省份。野蛞蝓生活环境为陆地，常生活于山区、丘陵、农田、住宅附近，以及寺庙、公园等阴暗潮湿、多腐殖质处，保护地、露地都可发生，可为害豆瓣菜、白菜、花椰菜、甘蓝等数十种蔬菜。

1. 形态特征　成体伸直时体长 30～60mm，体宽 4～6mm；内壳长 4mm，宽 2.3mm。长梭形，光滑无外壳，柔软，体表暗黑色、暗灰色、黄白色或灰红色。触角 2 对，暗黑色，下边一对短，约 1mm，有感觉作用，称前触角，上边一对长约 4mm，称后触角，端部具眼。口腔内有角质齿舌。体背前端具外套膜，为体长的 1/3，边缘卷起，其内有退化的贝壳，上有明显呈同心圆状排列的生长线。呼吸孔在体右侧前方，其上有细小的色线环绕。黏液无色。右触角后方约 2mm 处为生殖孔。卵椭圆形，韧而富有弹性，直径 2.0～2.5mm，白色透明可见卵核，近孵化时颜色变深。初孵幼体长 2.0～2.5mm，淡褐色，体形同成体（图 3-1）。

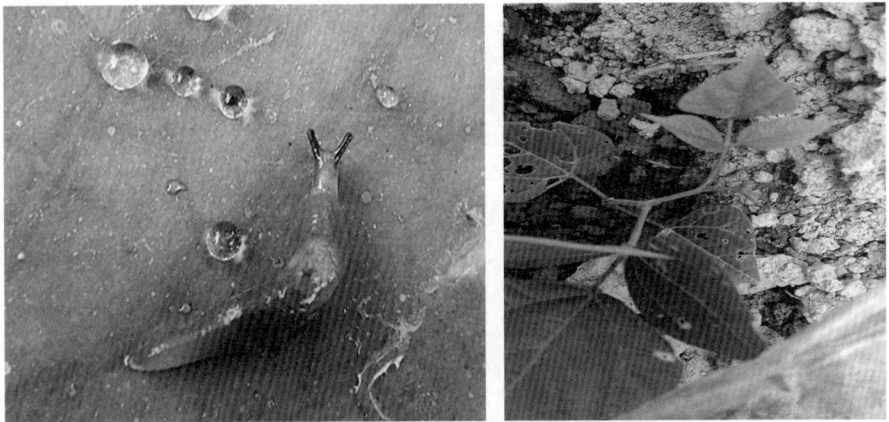

图 3-1　野蛞蝓及其危害状（陈忠文，2015）

2. 生活习性　野蛞蝓每年发生 1 代，以成、幼体在瓜菜地、绿肥地等作物根部、草堆石块下及其他潮湿阴暗处越冬，白膜封闭壳口。5—7 月在田间大量活动为害，入夏气温升高后活动减弱，秋季气候凉爽后又活动为害。保护地内发生为害时间更长。通常完成一个世代约需 250d，5—7 月产卵，卵期 16～17d，从孵化至成贝性成熟约需 55d。成贝产卵期可长达 160d。野蛞蝓雌雄同体，异体受精，亦可同体受精繁殖。卵产于湿度大且隐蔽的土缝中，每隔1～2d产1次卵，每次产卵约1～32粒。野蛞蝓怕光，强光照下2～3h即死亡，因此均在夜间活动，从傍晚开始活动，22时至23时达到活动高峰，清晨之前又陆续潜入土中或隐蔽处。野蛞蝓耐饥饿力强，在食物缺乏或不良条件下能不吃不动。阴暗潮湿时大发生，气温11.5～18.5℃、土壤含水量为20％～30％的环境对其生长发育较为有利。

3. 为害特点 野蛞蝓最喜食萌发的幼芽及幼苗。主要为害豆薯幼苗、幼嫩叶片和嫩茎，常咬断幼苗、嫩茎，造成缺苗断垄，刮食叶片，食成孔洞或缺刻，甚至咬断叶片，同时排泄粪便、分泌黏液污染叶片，使菌类易侵入而致叶片腐烂。若从种子萌发至子叶期被野蛞蝓为害，植株整株可全被吃光，造成毁种。

4. 为害时期 在贵州省余庆县发生时期为4月中下旬。

5. 防治措施 通过田间管理和药剂喷洒方式综合治理，可达到较好的防治效果。

(1) 农业防治。 因地制宜选用抗病品种和向阳土地播种。精细整地，高垄种植，做好田间管理。对于地势低洼、排水不良和土壤黏重的地块，可采用高畦或半高畦栽培，以利于田间排水，降低土壤湿度，减少野蛞蝓的发生。播种前深耕晒土，并可根据需求撒适量生石灰、草木灰，在危害期撒施于沟边、地头或作物行间以驱避虫体。在田间铺设地膜，避免成虫把卵产在田间。施用充分腐熟的有机肥，创造不适于野蛞蝓发生和生存的条件。秋季耕翻，破坏其栖息环境。

(2) 药剂防治。 危害初期，每亩用10％四聚乙醛颗粒剂300～360g于下午撒在豆薯苗根部即可，施用1次，防治效果较好。或在清晨野蛞蝓未潜入土时用1％食盐水喷洒防治。

发现大量野蛞蝓时，用80％四聚乙醛可湿性粉剂配成含有效成分4％左右的豆饼粉或玉米粉毒饵，在傍晚撒于田间垄上诱杀。

二、小地老虎

小地老虎（*Agrotis ypsilon*），别名土蚕，地蚕，属鳞翅目夜蛾科地老虎属小地老虎种，年发生代数随各地气候不同而异，越往南年发生代数越多。地老虎分布广，种类繁多，是一种迁飞性、多食性害虫，亦是世界性害虫，常危害许多作物，但以双子叶植物为主。随着市场经济的发展，种植业结构大幅度调整，特种经济作物种植面积逐年扩大，小地老虎在蔬菜上的发生和为害日趋严重，应引起人们的重视。小地老虎为害豆薯是以幼虫咬断幼苗，造成缺苗断行，重则毁种重播或咬食嫩叶穿孔，影响叶片光合作用和物质输送。

1. 形态特征

（1）成虫。体长 16～23 mm，灰褐色，翅展 48～50 mm，头部与胸部褐色至黑灰色。雄蛾触角双栉形，栉齿短，端 1/5 线形，下唇须斜向上伸，第 1、2 节外侧大部分黑色杂少许灰白色，额光滑无凸起，上缘有一黑条，头顶有黑斑，颈板基部色暗，基部与中部各有一黑色横线，下胸淡灰褐色，足外侧黑褐色，胫节及各跗节端部有灰白斑。腹部灰褐色。前翅棕褐色，前缘区色较深，翅脉纹黑色；基线双线黑色，波浪形，线间色浅褐，自前缘达 1 脉；内线双线黑色，波浪形，在 1 脉后外凸；剑纹小，暗褐色，黑边；环纹小，扁圆形，或外端呈尖齿形，暗灰色，黑边；肾纹暗灰色，黑边，中有一黑曲纹，中部外方有一楔形黑纹伸达外线。中线黑褐色，波浪形；外线双线黑色，锯齿形，齿尖在各翅脉上断为黑点；亚端线灰白色，锯齿形，在 2～4 脉间呈深波浪形，内侧在 4～6 脉间有二楔形黑纹，内伸至外线，外侧有 2 个黑点，外区前缘脉上有 3 个黄白点；端线为 1 列黑点，缘毛褐黄色。后翅半透明白色，翅脉褐色，前缘、顶角及端线褐色（图 3-2）。

图 3-2　小地老虎成虫（左）、幼虫（右）（陈忠文，2014）

（2）幼虫。幼虫圆筒形，老熟幼虫体长 37～50mm，宽 5～6mm。头部褐色，具黑褐色不规则网纹，侧面有黑褐斑纹。体灰褐至暗褐色，体表粗糙，分布有大小不一而彼此分离的颗粒，腹部末端肛上板有一对明显黑纹，背线、亚背线及气门线均黑褐色，不很明显，气门长卵形，黑色。前胸背板暗褐色，黄褐色臀板上具 2 条明显的深褐色纵带。胸足与腹足黄褐色（图 3-2）。

（3）卵。扁圆形，直径约 0.5mm，高约 0.3mm，具纵横隆线。初产时乳白色，渐变为黄色，孵化前卵一顶端具黑点。

（4）蛹。蛹体长 18～24mm，宽 6.0～7.5mm，黄褐至暗褐色，腹末梢延长，有一对较短的黑褐色粗刺。口器与翅芽末端相齐，均伸达第 4 腹节后缘。腹部第 4～7 节背面前缘中央深褐色，且有粗大的刻点，两侧的细小刻点延伸至气门附近，第 5～7 节腹面前缘也有细小刻点。腹末端具短臀棘 1 对。

2. 生活习性　小地老虎在各地 1 年发生世代略有不同，一般为 3～5 代，每代共有 6 龄。1～2 龄幼虫常群集在幼苗心叶或叶背上取食叶肉，留下一层表皮，也咬食成小孔洞或缺刻，因取食量小，不易被发现。3 龄后幼虫，白天潜伏于表土下或阴暗处，夜间外出咬食嫩茎，并将嫩茎拖入土穴内取食。幼虫 3 龄后对药剂的抵抗力显著增加。4 龄后进入暴食期，为害明显。成虫白天不活动，傍晚至前半夜活动最盛，喜欢吃酸、甜或带有酒味的发酵物，以及各种花蜜，并有趋光性。

3. 为害特点　幼虫将豆薯等作物幼苗近地面的茎部咬断，使整株死亡，造成缺苗断垄，甚至毁种。除为害蔬菜外，春播棉花、玉米、高粱等大田作物也是小地老虎的寄主。小地老虎能为害百余种植物，是对植物幼苗为害很大的地下害虫，在东北主要为害落叶松、红松、水曲柳、胡桃楸等，在南方为害马尾松、杉木、桑、茶等，在西北为害油松、沙枣、果树等。

幼虫共分 6 龄，其不同阶段为害习性表现为：1～2 龄幼虫昼夜均可群集于幼苗嫩叶处，昼夜取食，这时食量很小，为害也不十分显著；3 龄后分散，幼虫行动敏捷，有假死习性，对光线极为敏感，受到惊扰即蜷缩成团，白天潜伏于表土的干湿层之间，夜晚出土将幼苗植株咬断拖入土穴或咬食未出土的种子，幼苗主茎硬化后改食嫩叶，食物不足或寻找越冬场所时，有迁移现象。5～6 龄幼虫食量大增，每只幼虫一夜能咬断菜苗 4～5 株，多的达 10 株以上。幼虫 3 龄后对药剂的抵抗力显著增加，因此，药剂防治一定要掌握在 3 龄以前。3 月底至4 月中旬是第 1 代幼虫为害的严重时期。

4. 为害时期　在贵州省余庆县发生时期为 5 月中下旬。方军（2006）报道，为害豆薯的地老虎类害虫主要有小地老虎和八字地老虎，以小地老虎为害最重。杨再学等（2007）研究发现，小地老虎为害主要发生在豆薯苗期，差不多在 5 月中下旬。

5. 防治措施　防治小地老虎应根据各地为害时期，因地制宜，采取农业防治和药剂防治相结合的综合防治措施。

（1）**农业防治**。除草灭虫。杂草是小地老虎产卵的场所，也是幼虫向作物转移为害的桥梁。因此，春耕前进行精耕细作，或在初龄幼虫期铲除杂草，可消灭部分虫、卵。

（2）**物理防治**。用糖、醋、酒诱杀液或甘薯、胡萝卜等的发酵液诱杀成虫。用泡桐叶或莴苣叶诱捕幼虫，于每日清晨到田间捕捉。对于高龄幼虫，可在清晨到田间检查，如果发现有断苗，便拨开附近的土块进行捕杀。

（3）**化学防治**。对不同龄期的幼虫，应采用不同的施药方法。幼虫 3 龄前喷雾、喷粉或撒毒土进行防治，3 龄后，若田间出现断苗，可用毒饵或毒草诱杀。

整地时每亩用5%辛硫磷颗粒剂2.0～2.5kg拌入锯末或麦毛均匀撒入翻地。

幼苗期每亩可选用20%辛硫磷微乳剂50mL，或2.5%溴氰菊酯微乳剂、10%氯氰菊酯乳油20～30mL，或80%敌百虫可湿性粉剂50g兑水50L喷雾。在苗期用20%辛硫磷微乳剂1 000～1 500倍液浇窝或灌根，每株灌药液150～200g，效果较好。

贮藏根膨大期每亩用4.2%高氯·甲维盐微乳剂60～70mL兑水50L进行土壤喷雾或灌根。

三、豆荚螟

豆荚螟（*Etiella zinckenella*），鳞翅目螟蛾科的豆科植物害虫。幼虫危害大豆、绿豆、菜豆、扁豆、豌豆等60余种豆科植物。

1. 形态特征　幼虫共5龄，老熟幼虫体长14～18mm，初孵幼虫为淡黄色，以后为灰绿色直至紫红色。中后胸4～5节背板前缘中央有人形黑斑，两侧各有1个黑斑，后缘中央有2个小黑斑。成虫体长10～12mm，翅展20～24mm，体灰褐色或暗黄褐色。前翅狭长，沿前缘有一条白色纵带，近翅基1/3处有1条金黄色宽横带。后翅黄白色，沿外缘褐色（图3-3）。

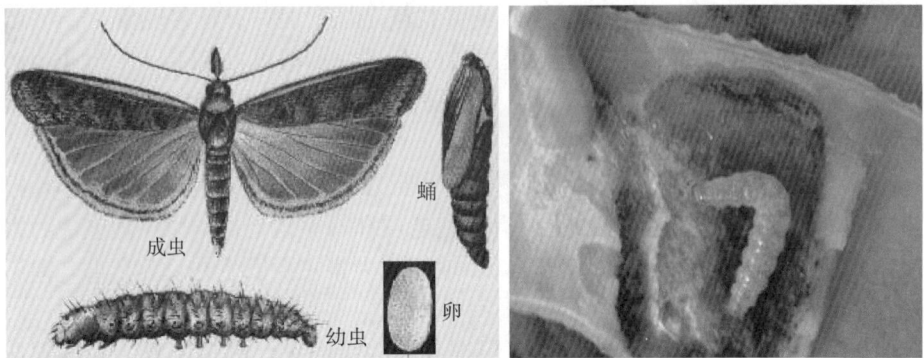

图3-3　豆荚螟及其危害状（https://baike.so.com/doc/5695094-5907799.html）

2. 生活习性　豆荚螟每年发生代数因地区不同而异，广东、广西每年发生7～8代，山东、陕西每年发生2～3代。豆荚螟为寡食性害虫，寄主为豆科植物，是南方豆类的主要害虫。每年春天，越冬代成虫在豌豆、绿豆或冬种豆科绿肥作物上产卵发育为害，一般以第2代幼虫为害春大豆最重。成虫昼伏夜出，趋光性弱，飞翔力也不强。每头雌成虫可产卵80～90粒，卵主要产在豆荚上。初孵幼虫先在荚面爬行1～3h，再在荚面结一白茧（丝囊）躲在其中，经6～8h，咬穿荚面蛀入荚内，幼虫进入荚内后，即蛀入豆粒内为害。2～3龄幼虫有转荚为害习性，老熟幼虫离荚入土，结茧化蛹。

3. 为害特点　以幼虫在豆荚内蛀食豆粒。被害豆粒重则被蛀空；轻则被蛀成缺刻，几乎不能作种子。被害豆粒内还充满虫粪，变褐甚至霉烂。一般豆荚螟从荚中部蛀入（图3-3）。

4. 为害时期　在贵州省余庆县发生时期为豆薯开花结荚期（图3-4）至种子成熟。据杨再学等（2007）调查，在贵州省余庆县，豆荚螟主要发生在豆薯结荚期至种子成熟，幼虫蛀入豆荚内食害豆粒，在初荚期为害，造成豆荚干瘪，在鼓豆期为害，造成豆粒被食或破碎，影响种子产量和质量。

图3-4　豆荚螟蛀食豆薯花蕾（陈忠文，2013）

5. 防治措施

（1）农业防治。合理轮作，避免豆科植物连作，可采用豆薯与水稻等轮作，或与玉米等其他作物间作，减轻豆荚螟为害。灌溉灭虫，在水源方便的地区，可在秋、冬季灌水数次，提高越冬幼虫的死亡率。在豆薯开花结荚期，结合豆薯生理需要，灌水1～2次，可增加入土幼虫的死亡率，提高豆薯产量。选择抗虫品种。选择早熟丰产、结荚期短、豆荚毛少或无毛品种种植，可减少豆荚螟的产卵量。搞好种子处理，严禁使用陈种，在豆薯播种前风选种子，选种后晒种，以提高发芽率。清理园地，施用充分腐熟的农家肥。进行中耕除草，减少病虫发生，及时清除田间落花、落荚，摘除被害的卷叶和豆荚，消灭虫源。收割后及时翻耕，减少越冬幼虫数量。

（2）生物防治。有条件的地方，于产卵始盛期释放赤眼蜂，对豆荚螟的防治效果较好。老熟幼虫入土前，田间湿度大时，可施用白僵菌粉剂，减少化蛹幼虫的数量。

（3）物理防治。使用频振式杀虫灯诱杀害虫，减少农药用量和施用次数。据调查，该杀虫灯在余庆县水稻区使用取得了良好的效果，诱杀害虫可达9目26科50余种（杨再学等，2007）。

(4) 化学防治。 从豆薯始花期开始，采用"治花不治荚"的施药原则，可选用 40% 辛硫磷乳油 1 000 倍液，或 40% 氰戊菊酯乳油 20～30mL 兑水 50L，于早上 8 时以前，太阳未出之时，集中喷在蕾、花、嫩芽和落地花上，每 7～10d 防治 1 次，连续 2～3 次，效果较好。在卵期或初孵期于傍晚用药喷洒。药液要均匀喷洒在植株叶片、花蕾、嫩荚上。老熟幼虫脱荚期，毒杀入土幼虫，以粉剂为佳，可用 21.5% 高氯·辛硫磷可湿性粉剂、80% 敌百虫可湿性粉剂等按每亩施用 0.25kg，拌干细土撒施。此外，每亩用 40% 敌百虫乳油 80～120g，或 20% 氰戊·杀螟松乳油 40～50mL，或 2.5% 溴氰菊酯微乳剂 20～40mL 兑水 50L 喷施，也有较好效果。

四、茶黄螨

茶黄螨〔*Polyphagotarsonemus latus*（Banks）〕是蛛形纲蜱螨目跗线螨科茶黄螨属的一种节肢动物，别名侧多食跗线螨、茶半跗线螨、茶嫩叶螨、阔体螨、白蜘蛛等，是危害蔬菜较重的害螨之一，食性极杂，寄主植物广泛，已知寄主达 70 余种。茶黄螨主要为害黄瓜、茄子、辣椒、马铃薯、番茄、瓜类、豆类、芹菜、木耳菜、萝卜等农作物，主要分布在北京、江苏、浙江、湖北、四川、贵州、台湾等省份，近年来对蔬菜的危害日趋严重，以成螨和幼螨集中在蔬菜幼嫩部分刺吸为害。受害叶片背面呈灰褐色或黄褐色，油渍状，叶片边缘向下卷曲；受害嫩茎、嫩枝变黄褐色，扭曲变形，严重时植株顶部干枯；果实受害果皮变黄褐色。

1. 形态特征

(1) 雌成螨。 长约 0.21mm，体躯阔卵形，体分节不明显，淡黄色至黄绿色，半透明有光泽。足 4 对，沿背中线有 1 条白色纹，腹部末端平截。

(2) 雄成螨。 体长约 0.19mm，体躯近六角形，淡黄色至黄绿色，腹末有锥台形尾吸盘，足较长且粗壮。

(3) 幼螨。 近椭圆形，躯体分 3 节，足 3 对。若螨半透明，棱形，被幼螨表皮所包围，若螨期为静止阶段（图 3 - 5）。

2. 生活习性

茶黄螨以成螨在土缝、蔬菜及杂草根际越冬。3—4 月繁殖为害，4—5 月为害轻，6—10 月大量发生，10 月后显著下降。5 月底至 7 月为害严重。茶黄螨主要靠爬行、风力、农事操作等方式远距离传

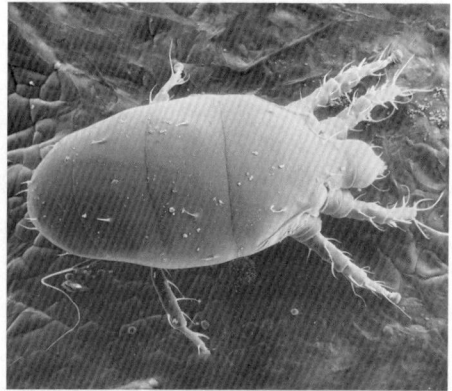

图 3 - 5　茶黄螨

播蔓延。幼螨喜温暖潮湿的环境条件。成螨较活跃，有由雄成螨携带雌若螨向植株幼嫩部位迁徙的趋嫩习性，一般多在嫩叶背面吸食。卵多产于嫩叶背面、果实凹陷处及嫩芽上。

3. 为害特点　茶黄螨为喜温性害虫，发生为害的适宜气候条件为温度16～23℃，空气相对湿度45％～90％。在豆薯肉质根膨大期至始花期，以成螨和幼螨集中在豆薯幼嫩部位刺吸为害，主要为害豆薯的新生叶和嫩叶，被害叶片背面呈灰褐色或黄褐色，带油状光泽，使得叶片变小、增厚僵直，叶缘向背面弯曲、皱缩、变硬发脆。由于螨体极小，肉眼难以观察识别，上述虫害特征常被误认为是由生理病害或病毒病害所造成。

4. 为害时期　贵州省余庆县发生时期为7月上旬至8月下旬（图3-6）。

图3-6　茶黄螨为害豆薯叶片症状（陈忠文，2007）

5. 防治措施

（1）农业防治。 消灭越冬虫源，铲除田边杂草，清除残株败叶，有条件的进行水旱轮作，能减轻发病情况。选用抗性强的品种。根据当地气候调整播种期，避开茶黄螨为害高发期。培育健壮苗。

（2）化学防治。 在发生初期选用如下药剂进行喷雾，一般每隔7～10d喷1次，连喷2～3次，喷药重点主要是植株上部嫩叶、嫩茎、花和嫩果，注意轮换用药。

可选用1.8％阿维菌素乳油、0.3％印楝素乳油1 500～2 000倍液，或40％炔螨特乳油1 000倍液喷雾。也可用15％哒螨灵乳油2 000倍液或30％乙螨唑悬浮剂12 000～18 000倍液防治。

五、铜绿丽金龟

铜绿丽金龟（*Anomala copulenta Mostchulsky*）属鞘翅目丽金龟科。幼虫（蛴螬）终生栖居土中，幼虫为害植物根系，喜食刚刚播下的种子、根、块根、块茎及幼苗等，可使寄主植物叶片萎黄甚至整株枯死。成虫群集为害植

物叶片，造成缺苗断垄，当植株枯黄而死时，成虫又转移到别的植株上继续
为害。

铜绿丽金龟在我国主要分布于黑龙江、吉林、辽宁、河北、内蒙古、宁
夏、陕西、山西、山东、河南、湖北、湖南、安徽、江苏、浙江、江西、四
川、广西、贵州、广东等省份，主要分布于雨水充沛处。

1. 形态特征

(1) 成虫　体长 19～21mm，触角黄褐色，鳃叶状。前胸背板及鞘翅铜绿
色具闪光，上面有细密刻点。鞘翅每侧具 4 条纵脉，肩部具疣突。前足胫节具
2 个外齿，前、中足大爪分叉。

(2) 卵　初产椭圆形，孵化前呈圆形，长约 182mm，卵壳光滑，乳白色。

(3) 幼虫　3 龄幼虫体长 30～33mm，头部黄褐色，前顶刚毛每侧 6～8 根，
排一纵列。脏腹片后部腹毛区正中有 2 列黄褐色长的刺毛，每列 15～18 根，
2 列刺毛尖端大部分相遇和交叉。在刺毛列外边有深黄色钩状刚毛（图 3-7）。

(4) 蛹　长椭圆形，土黄色，体长 22～25mm，宽约 10mm。体稍弯曲，
雄蛹臀节腹面有 4 裂的统状凸起，雌蛹则平滑，无此凸起。

2. 生活习性　蛴螬 1～2 年发生
1 代，幼虫和成虫在土中越冬，成虫
即金龟子，白天藏在土中，20 时至
21 时进行取食等活动。蛴螬有假死
和负趋光性，并对未腐熟的粪肥有
趋性，喜欢生活在甘蔗、木薯、番
薯等肥根类植物种植地中。蛴螬始
终在地下活动，活动范围与土壤温
度关系密切。当地下 10cm 土温达
5℃时蛴螬上升至土表，13～18℃时
在土表活动最盛，温度达 23℃以上
时则往深土中移动，至秋季土温下
降到其活动适宜范围时，再移向土
壤上层。

图 3-7　蛴螬（陈忠文，2016）

3. 为害特点　蛴螬主要为害豆
薯地下部，豆薯贮藏根被钻出孔眼，
当植株枯黄而死时，它又转移到别
的植株上继续为害。贮藏根被钻出
孔眼后，伤口愈合留下的凹穴极大

图 3-8　蛴螬为害豆薯贮藏根状
（陈忠文，2012）

地影响了贮藏根的产量和品质（图 3-8）。此外，因蛴螬造成的伤口还可诱发

病害发生。蛴螬咬食幼苗嫩茎少见。

4. 为害时期　贵州省余庆县发生时期为 6 月中旬至 8 月上旬，以沙质土壤发生为害重（杨再学等，2007）。陈忠文等于 2004 年在贵州省普定县马官村调查发现，豆薯膨大的贮藏根受蛴螬为害，症状为膨大的贮藏根表面有 1 个至数个孔径达 1～2cm 的孔洞，为害部位变黑，严重影响贮藏根外观，降低豆薯商品性。

5. 防治措施

(1) 农业防治。在前作收获后对种植田的土壤进行翻耕，对害虫大发生田块尽量多犁多耙，直接消灭一部分残留虫源，同时将大量虫体暴露在地表或浅土层中，使其被天敌啄食，尽量杀死土中的幼虫和蛹，减少来年虫源基数，降低其潜在为害。或实行水旱轮作、不同作物轮作，减轻其为害。或在豆薯种植过程中，在施用有机肥料前，先将肥料高温发酵，杀死其中的幼虫和虫卵。

(2) 生物防治。蛴螬的自然天敌很少，有时可被大的寄生蜂寄生，有时疾病可减少其数量。现有研究表明苏云金杆菌、昆虫病原真菌如绿僵菌和白僵菌在蛴螬的防治上具有极大的应用潜力，连续几年施用可使土壤带菌量逐年增加，有可能造成蛴螬自然流行病，起到长期控制的作用。布氏白僵菌 Bbr17 对蛴螬感染率高，毒力效果好，以活菌体施入土壤，效果可延续到下一年，施用方法为在根部土表开沟施药并盖土，或者顺垄条施，施药后随即浅锄，能浇水更好。

(3) 物理诱杀及人工防治。铜绿丽金龟具有较强的趋光性，因此可根据铜绿丽金龟晚上出土、交配、取食等活动习性，使用黑光灯诱杀。黑光灯的发光波长在 360nm 左右，对铜绿丽金龟有较好诱性，可每天晚上开灯进行诱杀。也可采用双色灯或频振式诱虫灯诱杀。与其他金龟子一样，铜绿丽金龟成虫具有假死性，因此，可利用成虫的假死特性及其活动规律进行人工捕捉。铜绿丽金龟成虫对糖醋液有趋性，可利用糖醋液诱杀。此外，铜绿丽金龟对蓖麻具有趋性，因此可在田间种植蓖麻，设置陷阱，诱杀成虫。

(4) 化学防治。播种前整地时可每公顷用 2.5％阿维菌素颗粒剂 10kg、40％辛硫磷乳油 1 000mL 或烟草水等与基肥混合施于土壤里，可有效控制铜绿丽金龟发生。2.5％高效氯氟氰菊酯乳油 1 500 倍液对铜绿丽金龟成虫的触杀效果较好，可在成虫出土时进行喷施或与基肥共同追施。也可在豆薯贮藏根膨大期，每公顷种植田用 50％辛硫磷乳油 1.5kg 灌根。

六、黄蚂蚁

黄蚂蚁 [*Monomorium pharaonis*（L.）] 是较常见且较具危害性的蚁种。春、夏季群集土中，取食作物根部，造成整株枯萎死亡。

1. 形态特征

（1）成虫　外部形态分为头、胸、腹 3 部分，有 6 条腿。体长 2mm 左右。体黄色或淡黄色，体壁具弹性，且有微毛。咀嚼式口器，头部相对较大，稍扁呈方形。触角膝状，柄节很长，末端 2～3 节膨大。腹部呈卵形。无翅。

（2）卵　呈不规则的椭圆形，乳白色，幼虫蠕虫状半透明。

2. 生活习性

其种群是由几个互不对抗的蚁巢组成，每巢有工蚁、不成熟期多个蚁王和一些雄蚁。从卵到成蚁随温度变化约需 36d，工蚁生存 9～10 周。杂食性，喜吃甜食，嗜食动物性血腥物质，用蛋糕、蜂蜜、麦芽糖、西瓜皮、红糖、枣核、桃核、苹果核、臭鸡蛋、骨头、猪皮及死昆虫都能诱来蚁群。活动范围很广，最大寻食距离可达 45m。

3. 危害特点

黄蚂蚁主要是啃食豆薯贮藏根导致缺刻或孔洞，降低贮藏根产量及商品性。

4. 危害时期

主要在豆薯贮藏根膨大中后期危害。一般贵州省豆薯种植区域在每年的 7—9 月产生危害。

5. 防治措施

目前尚无根治蚂蚁的方法，我们应根据实际情况进行综合治理才能达到最佳效果。

投放饵剂：黄蚂蚁种群是由几个互不对抗的蚁巢组成，有效的防治方法是用毒饵诱杀工蚁。由于黄蚂蚁喜欢新鲜的诱饵，所以可选择一种适口性好、对蚂蚁没有趋避作用的药剂毒饵，工蚁将毒饵搬回后，能够使巢内蚁王、蚁后及幼虫中毒身亡，达到全巢覆灭，从而将整个种群杀灭。毒诱饵中杀黄蚂蚁的有效成分包括代谢抑制剂，如各种胃毒剂、保幼激素（JH）、生殖抑制剂（RI）等。

滞留喷洒法：每亩用 40% 辛硫磷乳油 1 000 倍液灌根。

撒施粉剂，粘身中毒。江西省会昌县农业局雷千东（2001）报道说旱地果园会常有黄蚂蚁为害地下薯块，可用茶水杀死。

在黄蚂蚁为害严重时，应联合应用几种方法，以达到快杀及消灭蚂蚁种群的目的。

七、豆蚜

豆蚜（*A. medicaginis* Koch.）又称苜蓿蚜、花生蚜，首清蚜，俗称为蜜，属于同翅目、蚜总科。全国各地均有分布。除为害鸡冠花外，还为害凌霄、银柳、紫藤、香豌豆、豆薯等（图 3-9）。由于迁飞扩散寻找寄主植物时要反复转移尝食，所以可以传播许多种植物病毒病，造成更大的危害。

主要分布在北半球温带地区和亚热带地区，热带地区分布很少。

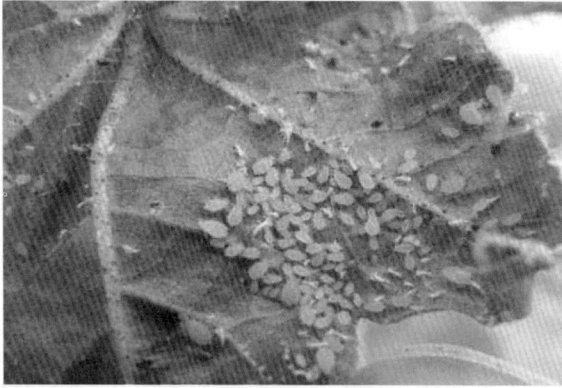

图 3-9　蚜虫为害

1. 形态特征　无翅胎生雌蚜体长 1.8～2.4mm。体肥胖，黑色或浓紫色，具光泽，体披蜡粉。触角 6 节，比体短，第 1、2、5 节末端及第 6 节黑色，第 3、4 节黄白色。腹部第 1～6 节背面有 1 大型灰色隆起斑。腹管黑色，长圆形，有瓦纹。尾片黑色，圆锥形，具微刺组成的瓦纹。尾片黑色，圆锥形，具微刺组成的瓦纹。两侧各具长毛 3 根。有翅胎生雌蚜，体长 1.5～1.8mm，黑绿色，或黑褐色，具光泽。触角 6 节，第 3～6 节黄白色，节间褐色，第 3 节有感觉圈 4～7 个，排列成行。若蚜共 4 龄，灰紫色至黑褐色。

2. 生活习性　常年当月平均温度 8～10℃时，豆蚜在冬寄主上开始正常繁殖。4 月下旬至 5 月上旬，成、若蚜群集于留种紫云英和蚕豆嫩梢、花序、叶柄、荚果等处繁殖危害；5 月中、下旬以后，随着植株的衰老，产生有翅蚜迁向夏、秋季的刀豆、豇豆、扁豆、花生等豆科植物上寄生繁殖。对黄色有较强的趋性。适宜豆蚜生长、发育、繁殖温度范围为 8～35℃；最适环境温度为 22～26℃，相对湿度为 60%～70%。该蚜虫有群集性，在为害植物的新芽、嫩叶、花瓣等处吸食汁液，造成叶片卷缩，植株生长不良，影响开花；蚜排泄蜜露，可引起煤污病，严重影响植株的光合作用。

3. 为害特点　以成虫、幼虫刺吸寄主嫩叶嫩梢汁液，使生长点枯萎，叶片卷缩，幼枝弯曲，停止生长，甚至枯萎死亡。在贵州等地有套作的习惯，如套种花生，而豆蚜易集中于花生心叶、嫩茎、叶背、花及果针上为害，严重时布满全株，并可传播花生花叶病毒。

主要以成虫和若虫集中在豆薯叶背、嫩茎、花序等幼嫩部位，吸食汁液，造成植株叶片变黄、卷缩变形、生长不良，幼叶畸形，植株矮小。

4. 为害时期　主要集中在幼嫩茎叶上吸取汁液，发生时期在 6—7 月（杨再学等，2007）。虽然对豆薯生长不是主要为害，但直接影响豆薯的健康生长。此外，豆蚜还传播病毒病，引起病毒病的发生，造成的损失甚至大于蚜害本身。

5. 防治措施

（1）农业防治。 合理轮作，对蚜虫为害的区域可适当增加中耕次数，尽量避免重茬。耕翻茬地，在豆薯收获后做好秋翻秋耙工作，破坏蚜虫越冬环境，降低虫害发生率。减少或不套种其他作物，摘除植株枯黄、病虫叶，增加田间通风透光性。

（2）物理防治。 加强田间检查、虫情预测预报工作，采用黄板诱蚜等方式杀灭迁飞的有翅蚜。

（3）生物防治。 利用寄生蜂、食蚜蝇等抑制蚜虫数量的增长。

（4）药剂防治。 在蚜虫早期发生阶段，可每亩用 10% 吡虫啉可湿性粉剂 20g，或 10% 烯啶虫胺可溶液剂 20～30mL，兑水 60kg 喷雾。也可用 2.5% 高效氯氟氰菊酯乳油 1 500 倍液喷雾防治。用药间隔期 7～10d，连续用药 2～3 次。

八、甘薯跳盲蝽

甘薯跳盲蝽（*Halticus minutus Reuter*），属半翅目盲蝽科，分布在陕西、河南、江西、浙江、福建、广东、广西、台湾、四川、云南等省份，寄主为甘薯、萝卜、白菜、菜豆、花生、黄瓜、丝瓜、豇豆、大豆、茄子等。成虫、若虫以吸食老叶汁液为食，被害处呈现灰绿色小点。

1. 形态特征 成虫体长 2.0～2.1mm，宽 1.1mm，椭圆形，黑色，具褐色短毛。头黑色，光滑，闪光。眼凸，与前胸相接，颊高，等于或稍大于眼宽。喙黄褐色，基部红色，末端黑色，伸达后足基节。触角细长，黄褐色，第 1 节膨大，第 2 节长与革片前缘近相等，第 3 节端和第 4 节褐色。前胸背板短宽，前缘和侧缘直，后缘后凸呈弧形。小盾片为等边三角形。前翅革片短宽，前缘呈弧形弯曲；楔片小，长三角形；膜片烟色，长于腹部末端。足黄褐色至黑褐色。后足腿节特别粗，内弯，胫节黄褐色，近基褐色。腹部黑褐色，具褐色毛（图 3 - 10）。若虫初孵化时为桃红色，后变灰褐色，上具紫色斑点。卵为香蕉形，初产时呈浅绿色，后变为桃红色（图 3 - 11）。

图 3 - 10　甘薯跳盲蝽（引自 https：//baike. so. com/doc/7730494-8004589. html)

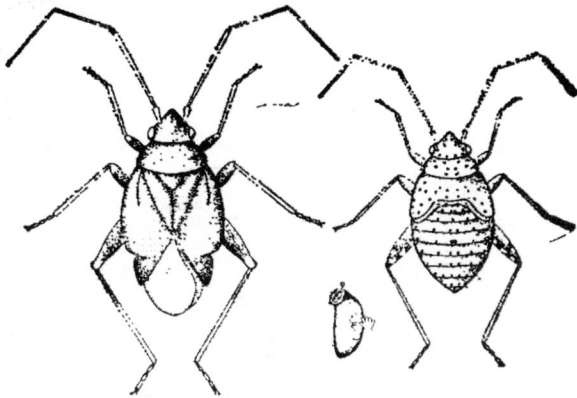

图 3-11　甘薯跳盲蝽的成虫、卵及若虫（吴慧芬等，1987）

2. 生活习性　在湖南 1 年生 9 代，卵期 9 天，以卵在寄主组织里越冬，卵多斜向产在叶脉两侧，部分外露，卵盖上常具粪便，世代重叠，翌年 5 月中旬孵化。若虫期 12.7 天，成虫期 40 天，产卵前期 3 天，产卵期 18 天，世代历期 24.7 天，每只成虫平均产卵 38 粒，未经交尾也可产卵，此虫活泼善跳，喜欢在湿度大的菜地为害，8 月高温季节不取食，−12 ℃下 20 分钟成虫和若虫死亡。（吴慧芬等，1987）。

3. 为害特点　甘薯跳盲蝽的卵翌年 5 月中旬孵化，先为害豇豆、茄子、小白菜等，5 月下旬为害豆薯，喜吸食豆薯老叶汁液，被吸食的部位呈现灰绿色小点。吴慧芬等（1987）报道在湖南用于生食的豆薯受害十分严重。

4. 为害时间　一代 5 月下旬至 7 月下旬，二代 6 月下旬至 8 月下旬，三代 7 月下旬至 9 月下旬，四代 8 月中旬至 10 月下旬，五代 5 月中旬至 12 月上旬发生（吴慧芬等，1987）。

5. 防治方法

（1）农业防治。进行作物合理布局，提倡连片种植，切断其桥梁寄主。冬、春季结合积肥，清除寄主残藤、落叶及地边杂草可大大减少越冬虫源基数。

（2）生物防治。甘薯跳盲蝽的天敌主要是捕食蜘蛛、有拟环纹狼蛛、斜纹猫蛛、线纹猫蛛和三突花蛛（*Misumenops tricuspidatus*）。

（3）药剂防治。生产上可用 40% 辛硫磷乳油 1 500 倍液喷雾，防效可达 85%～90%，隔 10d 左右喷 1 次，连喷 2 次即可。采收前 7d 停止用药。

第二节　豆薯病害及防治

豆薯在栽培过程中，受到有害生物的侵袭或不良环境条件的影响，正常新陈代谢受到干扰，从生理机能到组织结构上发生一系列的变化，在外部形态上呈现反常的病变现象,如枯萎、腐烂、斑点、霉粉、花叶等,产生病害。引起豆薯发病的原因包括生物因素和非生物因素。由生物因素如真菌、细菌、病毒等侵入植物体所引起的病害有传染性,称为侵染性病害或寄生性病害;由非生物因素如旱、涝、严寒、养分失调等影响或损坏生理机能而引起的病害没有传染性,称为非侵染性病害或生理性病害。

据刘志恒等(2003)研究,豆薯病害有根腐病、黑心病、叶斑病、锈病、细菌性叶斑病等。

一、黑心病

1. 病原菌　病原菌为不正腐霉和棘腐霉。前者孢子囊球形或近球形。卵孢子球形,无色,卵孢子不充满藏卵器。后者孢子囊球形顶生,或卵形、梭形间生。卵孢子球形,无色,单生,表面光滑。

2. 寄主作物　豆薯及其他多种豆类作物。

3. 病害症状　只危害贮藏根。贮藏根发病初期表面无明显症状,剖开贮藏根可见部分薯肉变为褐色。随着病情发展,薯肉变色部分扩大,颜色加深,后期贮藏根心部薯肉变为黑褐色,软化腐烂。

4. 发病规律　病原菌主要以卵孢子在病残体上或土壤中越冬,菌丝体也可在病残组织上营腐生生活,条件适宜时产生孢子,由伤口或衰弱部位侵入。

病原菌对温度适应范围广,发病主要发生在对豆薯生长不适宜的温度下引起发病,一般低温不利于豆薯贮藏根生长和伤口愈合,发病较重。土壤湿度大有利于病害发生和病情发展。

5. 防治措施　选择地势较高的地块种植,深耕细作,高畦或高垄栽培。施足充分腐熟的有机肥,适时追肥,增施磷、钾肥,干旱时合理灌水。及时中耕松土,增加土壤通透性,注意农事作业时不要伤根。及早发现并拔除病株,收获后清洁田园,耕翻土壤。发病初期每亩用70%氟菌·霜霉威悬浮剂60~75mL,或70%代森锰锌可湿性粉剂175~225g,或19.9%精甲霜灵·氰霜唑悬浮剂40~60mL,兑水60L喷洒植株茎基部或灌根。

二、豆薯幼苗根腐病

1. 病原菌　尖镰孢菌,属半知菌类真菌。在石竹叶培养基上,气生菌丝茂盛。菌丛反面无色、絮状。小分生孢子数量多,着生在单苗瓶梗或较短的分生孢子梗上,肾形、椭圆形至圆筒形,大小(4~7)μm×(2.5~4)μm;大分生孢子纺锤形或镰刀形,两端尖,具3~4个隔膜,少数5个,隔膜大小为(22~40)μm×(4~5)μm;厚垣孢子球状,具1~2个细胞,顶生或间生,单生或双生,偶串生。

2. **寄主作物**　不详。

3. **病害症状**　根腐病俗称烂根，主要危害根部或根状茎。发病初期病部出现水渍状浅褐色至褐色斑，后软化腐烂，产生缝隙并收缩，纵剖病部维管束变褐，但不向上扩展，有别于枯萎病。后期病部呈糟朽状，残留维管束。植株地上部出现缺水萎蔫状或黄枯而死。

4. **发病规律**　病原菌主要以菌丝体或厚垣孢子留在土壤中越冬或长期营腐生生活，借粪肥、土壤、农具、灌溉水或雨水传播，由根部或根状茎伤口侵入，在寄主皮层细胞里繁殖危害，最后进入维管束。该病原菌对温度要求不严格，较喜低温、高湿的环境，属低温域病害，土温为 15～17℃、空气相对湿度高于 80％时易发病。

5. **防治措施**　选用早熟或晚熟优良品种。选择高燥地块育苗或栽植，雨后及时排水，阴雨天适当控制浇水、勤松土，注意提高地温。提倡施用酵素菌沤制的堆肥或有机复合肥。农事操作时不要伤根。发病初期喷洒 50％甲基硫菌灵悬浮剂 700 倍液进行防治。

三、豆薯根腐（腐霉）病

1. **病原菌**　病原菌为棘腐霉和终极腐霉。前者孢子囊球形或梭形，平滑或有刺状凸起，顶生或间生，萌发时生 1～3 个芽管，未见游动孢子。卵孢子球形，无色。后者孢子囊球形，近球形，多间生，个别顶生或切生。卵孢子球形，无色，不充满藏卵器。

2. **寄主作物**　豆薯、蚕豆等多种豆科植物。

3. **病害症状**　主要为害贮藏根。贮藏根发病初期在表面产生黑褐色略凹陷的圆形、椭圆形或不规则病斑，后病斑逐渐扩大并向薯肉内部发展，可深入薯内约 1mm。湿度大时，病斑上长出白色霉层（图 3-12）。

图 3-12　根腐病危害状（陈忠文，2008）

4. **发病规律**　病原菌以卵孢子在病残体上越冬，病残体腐烂分解后卵孢子散落在土壤中存活。同时，病原菌还能以菌丝体的形式在病残组织上营腐生生活并产生孢子。病原菌多由伤口侵入，条件适宜时病情发展很快。

病害发生和土壤温、湿度密切相关。一般土壤低温高湿时易发病。多雨及地面积水时病害易发生。地下害虫重的情况下发病也重。

5. **防治措施**　选用早熟优良品种。播种前进行种子消毒，每100kg种子用25g/L咯菌腈悬浮种衣剂500～600mL或63g/L精甲·咯菌腈种子处理悬浮剂300～400mL拌种。选用地势高燥、土质疏松肥沃的地块种植，高畦或高垄栽培。施足腐熟有机肥料。做好开沟排水。发病初期及时防治，用68%丙森·甲霜灵可湿性粉剂60～100g，或50%烯酰吗啉可湿性粉剂30～40g；或40%氟吡菌胺·烯酰吗啉悬浮剂30～45mL，兑水60L喷淋植株茎基部或灌根。

四、叶斑病

1. **病原菌**　病原菌为变灰尾孢菌。病原菌分生孢子梗束生，直立，有3～8个隔膜，偶有分枝，褐色，孢痕明显。分生孢子鞭形，基部平切，顶端尖，直或弯曲，无色，有7～12个隔膜。

2. **寄主作物**　豆薯、菜豆、豇豆、扁豆等豆科作物。

3. **病害症状**　主要为害叶片，发病初期产生水渍状褐色斑点，扩展后形成大小5～15mm的近圆形至不规则病斑，病斑边缘红褐色至棕褐色，中央淡褐色、浅灰色。空气相对湿度大时，病斑上生有灰色霉状物。发病严重时，叶片上密布病斑或病斑相互连成大片，致使叶片局部或全叶枯黄（图3-13）。

图3-13　叶斑病危害状（陈忠文，2008）

4. **发病规律**　病原菌以菌丝体和分生孢子在病残体中越冬，为翌年初侵染源。生长季节危害叶片致使田间发病，病部产生大量分生孢子并借风雨传播蔓延，反复进行再侵染。

病原菌喜高温高湿环境，发病最适温度为 28℃，多雨、重雾利于发病。连作地、偏施氮肥的地块及植株郁蔽的地块发病重。

5. 防治措施　精耕细作，高畦或高垄栽培。施足农家肥，少施氮肥，增施磷、钾肥，干旱时合理灌水，灌水后及时中耕。合理密植，防止茎叶郁蔽，增加株间通风透光。重病地与非豆科作物进行 2 年轮作。收获后清除病残并集中烧毁，随之深翻土地。发病初期及时进行药物防治。可选用 75% 百菌清可湿性粉剂 600 倍液，或 70% 代森锰锌可湿性粉剂 500 倍液，或 50% 硫磺·多菌灵可湿性粉剂 1 000 倍液，或 33.5% 喹啉铜悬浮剂 500 倍液，或 50% 春雷·王铜可湿性粉剂 800 倍液喷雾。

五、锈病

1. 病原菌　病原菌为豆薯层锈菌。夏孢子堆散生，橙褐色，稍隆起，有侧丝，拟包被细胞角状。夏孢子球形、近球形、卵形，淡黄色，密生短刺。冬孢子堆散生或群生，多角形，黑褐色，稍隆起。冬孢子棍棒形、长椭圆形或多角形，黄色至褐色，壁光滑，顶壁稍厚，排列成 2～6 层。

据 Shan 等（2006）报道，豆薯层锈菌的生活史可分为无性世代和有性世代，夏孢子和冬孢子分别是这两个世代的主要存在形式。夏孢子是造成锈病的主要病原形式。戴芳澜等（1991）研究表明，夏孢子大小因采集时间、地点和寄主的不同而异。谈宇俊等（2001）研究认为，在 13～24℃下，夏孢子的寿命可维持约 60d，在液氮中则可维持 3 个月。当空气相对湿度为 100%、室温为 8～36℃时，夏孢子萌发，萌发管的生长具有逆光性。冬孢子堆在夏孢子堆附近散生或群生，且埋藏于寄主叶片组织内，由 2～6 层冬孢子排列成栅状。夏孢子堆和冬孢子堆在叶的正反两面都可见到，以叶背面较多。夏孢子必须在水滴中才能萌发侵染，在湿度饱和的情况下，无水滴仍不能萌发，其萌发的温度范围为 8～28℃，24℃左右萌发率最高。光照对夏孢子的萌发有抑制作用，在太阳光直射下，即使有适宜的温、湿度也不能萌发，在弱光和黑暗中才能萌发。酸碱度对夏孢子萌发也有一定的影响，在 pH 为 2.2～10 时均能萌发，在 pH 为 4～6 偏酸性条件下萌发率较高。

锈病主要靠夏孢子进行传播蔓延及危害。夏孢子靠气流传播。

该病原菌较喜温暖、高湿的环境。夏孢子在 8～28℃范围内均可萌发，适温为 15～26℃，要求 85% 以上空气相对湿度。田间降水次数多、降水量大且持续时间长时豆薯锈病发病重。植株衰弱时病情明显加重。

据报道最早于 1899 年在中国吉林由豆薯层锈菌（*Phakopsora pachyrhizi* Syd.）引起大豆锈病，目前已在全球 39 个国家发现了由豆薯层锈菌引起的大豆锈病。1913 年，植物病理学家赛多（Sydow）在台湾的豆薯叶上获得一种锈菌，被命名为豆薯层锈菌新种（*Phakopsora pachyrhizi* Syd. nov. spec）。据 Shan 等（2006）报道，20 世纪 60 年代时，大豆锈病已成为热带、亚热带地区大豆生产的主要病害。我国先后在台湾、河北、四川、西藏、吉林、陕西、江西、福建、湖南、黑龙江、辽宁、湖北、广西、广东、贵州、云南、江苏、浙江、安徽、山东、甘肃、海南、河南及山西 24 个省份发现了该病。

2. 寄主作物　豆薯、大豆、葛等。谈宇俊等（1997）证实了国内 19 个省份的大豆锈病病原菌均为豆薯层锈菌。大豆属植物是锈菌最为理想的寄主，它常见的寄主还包括豆薯属（*Pachyrhizus*）、葛属（*Pueraria*）、扁豆属（*Lablab*）、豇豆属（*Vigna*）、猪屎豆属（*Crotalaria*）、羽扇豆属（*Lupinus*）和木豆属（*Cajanus*）。目前尚无豆科以外锈菌寄主的报道。

3. 病害症状　主要危害叶片，也可危害叶柄、茎蔓。叶片发病初期产生黄褐色小斑点，后斑点不断扩展并隆起形成橙褐色疱斑，破裂后散出棕褐色粉末，致叶片早枯。危害后期病叶上生出黑褐色三角形疱斑，破裂后散出黑色粉末。叶柄、茎蔓发病症状与叶片相似，但是疱斑稍长（图 3-14）。

图 3-14　锈病危害状（陈忠文，2008）

4. 发病规律　主要侵染叶片，叶柄、茎也能受害。发病初期，叶片上出现黄色点状病斑，此后病斑稍扩大，变为黄褐色小斑，无晕圈，迎光透视更为明显。侵染量大时，病斑直径可扩大到 0.3~1.0mm，且病斑逐渐隆起，形成夏孢子堆，成熟时病斑表皮破裂，放出很多黄褐色夏孢子，随风四处飞扬，再次侵染。植株一般从下部叶片开始染病，向上蔓延，受害叶片变黄后提早脱落。

5. 防治措施　选用抗病品种。豆薯品种间抗病性有明显差异，各地可通过对比鉴定后选用。选用地势高、土质疏松肥沃的地块，起垄或高畦种植。施足农家肥料，适时追肥，防旱，防早衰，增强植株抗病能力。据大豆试验显示，施钾肥可以减轻发病。每亩施用草木灰 75kg 或硫酸钾 20kg，能增强植株抗病能力，降低发病率。合理密植。田间空气相对湿度大有利于病原菌发生和侵染，发病严重。必须开沟作厢，做到雨后田干，降低田间空气相对湿度。药剂防治。在发病初期进行药剂防治，可控制病原菌再侵染。张泽民等（1994）试验得出三唑酮的防治效率可达到 90％以上，有效时间达 70d 以上。于发病初期，可选用 25％三唑醇乳油 1 000 倍液，或 40％氟硅唑乳油 8 000 倍液，或 50％硫黄悬浮剂 300 倍液，或 15％三唑酮可湿性粉剂 1 500 倍液，或 25％丙环唑乳油 3 000 倍液，或 50％萎锈灵乳油 1 000 倍液喷雾。百菌清能够明显减轻豆薯的产量损失。

六、细菌性叶斑病（细菌性褐斑病）

1. 病原菌学名　病原菌为丁香假单胞杆菌菜豆致病变种。细菌菌体短杆状，极生 1～4 根鞭毛，革兰氏染色阴性。

2. 寄主作物　豆薯、菜豆、豇豆、豌豆等。

3. 病害症状　主要危害叶片，也可危害叶柄、茎蔓。叶片发病，病斑呈多角形，直径 2～3mm，初期呈水渍状，淡绿色，半透明，后逐渐变淡褐色至褐色。空气相对湿度大时，病斑背面稍见黏性稀薄菌脓，菌脓干燥后转为稍带光泽的胶膜状物，好似病斑上涂了一层蛋清。发病严重时，病斑相互融合成较大的斑块，致使叶片局部干枯（图 3 - 15）。

图 3 - 15　细菌性叶斑病危害状

4. 发病规律　病原菌主要随病残体留在土壤中越冬，种子内外均可带菌。带菌种子可远距离传播，使用带菌种子出苗就可发病。土壤越冬病原菌借雨水溅射传播至苗上引起发病。发病后病部产生的病原菌通过风雨传播，经由伤口或自然孔口侵入。该病害田间再侵染频繁，病害发展很快。

病原菌喜高温、高湿条件。发病适宜温度为 25～27℃，多雨、多雾、重露有利于发病。偏施氮肥导致植株徒长，通透性差，易发病。

5. **防治措施**　选用抗病品种。种子播种前晒种，并用 2% 春雷霉素可湿性粉剂 500mg/L 浸种 2h 进行种子消毒。重病地与非豆科作物进行 2 年以上轮作。铲除田间杂草，尤其是豆科杂草。及时摘除初始病叶。收获后清除田间病残烧毁。加强肥、水管理，增施磷肥、钾肥，避免偏施、过量施氮肥。发现初始病株立即喷施农药，可用 30% 王铜悬浮剂 800 倍液，或 30% 碱式硫酸铜悬浮剂 500 倍液，或 25% 络氨铜水剂 500 倍液，或 50% 琥胶肥酸铜可湿性粉剂 500 倍液，或 77% 氢氧化铜可湿性粉剂 600 倍液，或 50% 春雷·王铜可湿性粉剂 800 倍液，或 80% 波尔多液可湿性粉剂 800 倍液喷施。

七、细菌性角斑病

1. **病原菌学名**　细菌性角斑病，由南京农业大学植物保护系许志刚、姬广海及原天津动植物检疫局魏亚东于 1996—1997 年在安徽省滁州市明光市嘉山集乡大郢村发现并命名。该病的病原菌属于丁香假单胞菌群的一个新的致病变种。豆薯上的角斑症状与大豆、菜豆疫病的症状相似。

2. **寄主作物**　寄主范围较广。主要寄生在豆薯、大豆和菜豆等豆科作物上。

3. **病害症状**　在豆薯叶片上产生黄褐色角斑，而在叶柄和茎上出现褐色线形病斑。

4. **发病规律**　叶片上产生黄褐色角斑，病斑初期为褪绿色小点，后逐渐扩大为褐色多角形水渍斑，大小为 2～4mm，周围有褪色晕圈，天气潮湿时，病斑上出现灰白色细菌溢，叶背较明显；严重时病斑联合成片，叶片枯黄脱落，影响产量和品质。

5. **防治措施**

(1) 选择抗病品种。选择抗病品种是消除细菌性角斑病较有效的方法。

(2) 加强通风除湿。降低田间空气相对湿度是有效控制病害的方法。在大田种植时，覆盖地膜，及时清除植株下部老叶，加强通风，创造不利于病害发生的环境条件。

(3) 药剂防治。一般认为铜制剂是防治细菌性角斑病的极佳药物。在开花结实期，喹啉铜、噻苯隆和氢氧化铜是安全性和稳定性较好的药物。另外，春雷霉素、噻唑锌等可有效预防和治疗细菌性角斑病。

八、立枯病

1. **病原菌学名**　立枯病又称"死苗"，主要由立枯丝核菌侵染引起。立枯丝核菌（*Rhizoctonia solani* Kühn）属半知菌亚门。菌丝有隔膜，初期无色，老熟时浅褐色至黄褐色，分枝处呈直角，基部稍缢缩。菌丝生长后期，由老熟菌丝交织在一起形成菌核。菌核暗褐色，不定型，质地疏松，表面粗糙。有性阶段为瓜亡革菌 [*Thanatephorus cucumeris*（Frank.）Donk]，属担子菌亚门，自然条件下不常见，仅在酷暑高温条件下产生。担子无色，单胞，圆筒形或长椭圆形，顶生 2~4 个小梗，每个小梗上产生 1 个担孢子。担孢子椭圆形，无色，单胞，大小为（6~9）μm×（5~7）μm。

2. 寄主作物　寄主范围广，除茄科、瓜类蔬菜外，一些豆科、十字花科蔬菜也能被侵染，目前已知有 160 多种植物可被侵染。

3. 病害症状　多发生在育苗的中后期。主要危害幼苗茎基部或地下根部，初为椭圆形或不规则暗褐色病斑，病苗早期白天萎蔫，夜间恢复，病部逐渐凹陷、缢缩，有的渐变为黑褐色，病斑会逐渐扩大并绕茎一周，最后植株干枯死亡，但不倒伏。轻病株仅见褐色凹陷病斑而不枯死。苗床湿度大时，病部可见不甚明显的淡褐色蛛丝状霉。

4. 发病规律　病原菌以菌丝和菌核在土壤或寄主病残体上越冬，腐生性较强，可在土壤中存活 2~3 年。混有病残体的未腐熟堆肥及在其他寄主植物上越冬的菌丝和菌核均可成为初侵染源。病原菌通过雨水、流水、有带菌土壤的农具及带菌的堆肥传播，从幼苗茎基部或根部伤口侵入，也可穿透寄主表皮直接侵入。病原菌生长的适宜温度为 17~28℃，12℃ 以下或 30℃ 以上的条件均会使病原菌生长受到抑制。土壤湿度偏高、土质黏重及排水不良的低洼地发病重。光照不足、光合作用差或植株抗病能力弱的情况下也易发病。

立枯病主要发生在豆薯苗期，时间为 4 月中下旬，幼苗发病后植株枯死，用陈种的田块发病较重（杨再学等，2007）。

5. 防治措施

（1）实行轮作。 与禾本科作物轮作可减轻发病。

（2）秋耕冬灌。 秋季深翻 25~30cmm，将表土病原菌和病残体翻入土壤深层腐烂分解。

（3）平整土地，适期播种。 一般以地表以下 5cm 地温稳定在 12~15℃ 时开始播种为宜。

（4）加强田间管理。 出苗后及时剔除病苗。

（5）药剂防治。 每亩用 40% 福·霜·敌磺钠可湿性粉剂 270g 兑水 60kg 喷雾或 70% 敌磺钠可溶粉剂 250g 兑水 60kg 喷雾。福·霜·敌磺钠水剂 100mL 兑水 60kg 喷雾或 25% 敌磺钠可湿性粉剂 250g 兑水 60kg 喷雾。

九、豆薯病毒病或豆薯花叶病

1. 病原　一种病毒，但毒源种类尚未明确。广西曾报道豆薯（沙葛）发生一种花叶病，由何种毒源侵染所致亦未指出。病毒属活体寄生物，主要在寄主活体内存活越冬。有关本病的毒源种类、寄主范围、传染媒介和途径及品种间抗病性差异等，有待进一步研究。初步观察表明，偏施、过施氮肥的田块及植株生长茂密的田块较多发病。

2. 病害症状　全株发病，顶部嫩叶症状尤为明显。顶部叶片明显变细小，叶面出现淡绿或浓绿相嵌的斑驳花叶状，有的老叶增厚，变得粗糙皱缩或扭曲，病株生长明显受抑制，贮藏根膨大受阻，结薯性能极差，产量大降。

3. 防治方法　尚无成熟的防治经验。据农作物病虫害诊断图片数据库及防治知识库介绍，建议抓好下述防治环节。

（1）引种或选育抗耐病品种。

（2）减少和清除侵染源。播前精选种子，剔除畸形等质量差的种子（也可试用10％磷酸三钠浸种15～20min，以清水处理作对照，进行探索性试验）。加强检查，及时挖毁初发病株（为防汁液传染，操作前后宜用肥皂水洗手并清洗工具）。收获前做好标记，确保从无病株中留种或选取茎蔓作插条。

（3）切断传染途径。在引蔓上架、摘心、摘侧蔓、摘副芽等农事操作前后宜用肥皂水洗手并清洗工具，以防汁液传染；注意观察虫媒传毒的可能性。

（4）加强肥水管理。在喷施叶面肥的同时加入黑皂或肥皂等有助于钝化毒源的物质（可参照芋病毒病的防治方法）。

（5）药剂防治。发病初期喷淋30％毒氟·吗啉胍可湿性粉剂1 000倍液或2％宁南霉素水剂2 000倍液、8％氨基寡糖素·宁南霉素可溶液剂600倍液、30％烟酸吗啉胍可溶粉剂600倍液。

第三节　贵州主要豆薯病虫害及防治措施

豆薯对环境的适应性很强，一般的土壤均能种植，而且它的抗性也比较强。但是在种植过程中，还是会受到一些病虫的危害，对豆薯产量和质量的影响是非常严重的。近年来，贵州省余庆县逐步发展成为远近闻名的豆薯种子生产地之一。种植区海拔580m左右。豆薯种植面积常年在60～70hm²。杨再学等（2007）在贵州省余庆县白泥镇开展了豆薯病虫种类调查，并提出了对应的防治技术。

一、主要病虫害

在贵州省各个豆薯种植适宜区，对豆薯生长危害较大的是地下害虫，它们的危害贯穿豆薯的整个生长期。在播种的时候会危害豆薯的种子；在幼苗期，主要危害幼苗的根部或茎基部；在贮藏根开始膨大以后，则会危害豆薯的地下贮藏根，对豆薯产量和质量的影响非常大。而主要的地下害虫有蛴螬、黄蚂蚁、地老虎等。据方军（2006）报道，危害豆薯的地老虎类害虫主要是小地老虎和八字地老虎，其中又以小地老虎危害最重。在苗期，地老虎类幼虫用咀嚼式口器将豆薯幼芽及幼苗咬断，使苗死亡，造成田间缺窝断行现象，严重影响产量。在地下贮藏根开始膨大时，地老虎类幼虫将膨大的贮藏根咬成不规则的缺刻，随着贮藏根的膨大，被害部位逐渐变黑，到能收获时，被害贮藏根变黑甚至腐烂而失去经济价值。杨再学等（2007）对贵州省余庆豆薯生产中发生的主要病虫种类进行调查，主要虫害有豆蚜、小地老虎、茶黄螨、铜绿丽金龟、黄蚂蚁、野蛞蝓、豆荚螟等，主要病害有立枯病、根腐病等。

二、发生特点

在豆薯苗期主要发生立枯病危害，幼苗发病后枯死，发生时期在 4 月中下旬，陈种的田块发生较重；野蛞蝓危害也较重，以幼体和成体危害豆薯幼苗，取食叶片和嫩茎，发生时期在 4 月中下旬；小地老虎主要发生在豆薯苗期，幼虫咬断植株，造成缺窝断行，发生时期在 5 月中下旬；在豆薯整个生长期均会发生蚜虫危害，主要是豆蚜集中在幼嫩茎叶上吸取汁液，发生时期在 6—7 月；螨类主要以茶黄螨在豆薯生长盛期危害，以幼螨和成螨危害豆薯叶片，影响产量，发生时期在 7 月上旬至 8 月下旬；在豆薯贮藏根膨大期主要有黄蚂蚁危害豆薯地下膨大的贮藏根，从而影响地下贮藏根的商品价值，发生时期在 7 月中旬至 9 月上旬；铜绿丽金龟在蛴螬阶段主要危害豆薯地下贮藏根，将贮藏根咬食成孔从而影响商品价值，发生时期在 6 月中旬至 8 月上旬，以沙质土壤发生较重；根腐病主要发生在豆薯根系，严重时整个植株死亡，发生时期在 6 月中旬至 8 月上旬；豆荚螟主要发生在结荚期至种子成熟，以幼虫蛀入豆荚内食害豆粒，初荚期受害，造成豆荚干瘪，鼓豆期受害，造成豆粒被食或破碎，影响种子产量和质量。

三、防治措施

针对豆薯生产过程中病虫害发生种类、发生特点、影响病虫害发生因子分析和防治上存在的问题，既要做到控制病虫危害，又要保证豆薯质量和产量，应采取以农业防治与科学施药相结合的"预防为主、综合防治"技术措施，并加强病虫预报，开展技术培训，做好以防治技术指导为主的组织工作，实施病虫害综合治理的对策。

1. 农业防治　进行轮作。通过水旱轮作、作物轮作等，可以消灭或减少病虫在土壤中的数量，从而减轻病害提高作物产量。

搞好种子处理，严禁使用陈种，在豆薯种子播种前再次筛选种子，除去不饱满种子，适当晒种，以提高发芽率。

播种前做好开沟排水工作，创造利于豆薯生长的环境，以提高豆薯抗病虫能力。

及时进行中耕除草，减少病虫害发生。

施用充分腐熟的农家肥。

2. 物理防治　使用频振式杀虫灯诱杀害虫，减少农药用量和使用次数，可在豆薯种植区按每台杀虫灯诱杀 2hm² 面积进行安装使用。据调查，该杀虫灯在余庆县水稻区使用取得效果良好，可诱杀 9 目 26 科 50 余种害虫。

在开展农事活动时人工捕杀小地老虎幼虫，人工摘除病叶等，可减轻病虫危害。

3. 化学防治　防治立枯病每亩用 3％甲霜·噁霉灵水剂 100mL 兑水 60kg 喷雾。防治小地老虎每亩用 50％辛硫磷乳油 1 000 倍液或 20％溴氰菊酯乳油 1 500 倍液喷雾。防治茶黄螨每亩用 1.8％阿维菌素乳油、0.3％印楝素乳油 1 500～2 000 倍液，或 40％炔螨特乳油 1 000 倍液，或 15％哒螨灵乳油 2 000 倍液，或 30％乙螨唑悬浮剂 12 000～18 000 倍液防治。一般每隔 10d 用药 1 次，连续防治 3 次。防治野蛞蝓每亩用 10％四聚乙醛颗粒剂 300～360g 于下午撒在豆薯苗根部。防治黄蚂蚁每亩用 50％辛硫磷乳油 1 000 倍液灌根。防治蚜虫每亩用 10％吡虫啉可湿性粉剂 20g，或 10％烯啶虫胺可溶液剂 20～30mL，兑水 60kg 喷雾，或 2.5％高效氯氟氰菊酯乳油 1 500 倍液喷雾防治。防治根腐病每亩用 3％甲霜·噁霉灵水剂 1 000 倍液防治。

第四节　豆薯草害及防治

在种植作物过程中，经常能看到一些杂草。杂草是生长在农田为害作物的非人工有意识栽培的野生草本植物，被称作"长错地方的植物"。杂草对于作物来说会有很多弊端：如杂草会成为很多小昆虫的"生存乐园"，易生成病虫害；与作物抢夺养分；增加了投入成本等。忽略了杂草的治理，会使虫害反复发生，影响病虫害的防治效果；害虫能在冬季躲在杂草里过冬，从而在翌年可能会加重病虫害的发生；一些杂草的生命力是非常顽强的，如同人们常说的"野火烧不尽，春风吹又生"。农田杂草直接或间接影响着农业生产。

农田杂草主要包括四大类：禾本科杂草、阔叶杂草、莎草科杂草和藻类。据农业农村部农业生态与资源保护总站近年调查，中国旱地杂草有 427 种。杂草丛生致使农作物产量和品质下降。

一、杂草的分类

1. 按形态学分类 根据杂草的形态特征，生产中常将杂草分为三大类。许多除草剂的选择性就是从杂草的形态获得的。

（1）禾草类。 主要包括禾本科杂草。茎圆形或略扁，具节，节间中空。叶鞘不开张，常有叶舌；叶片狭窄而长，平行叶脉，叶无柄。胚具有 1 片子叶。

（2）莎草类。 主要包括莎草科杂草。茎三棱形或扁三棱形，无节，茎常实心。叶鞘不开张，无叶舌。叶片狭窄而长，平行叶脉，叶无柄。胚具有 1 片子叶。

（3）阔叶草类。 包括所有双子叶植物杂草及部分单子叶植物杂草。茎圆形或四棱形，叶片宽阔，具网状叶脉，叶有柄。胚具有 2 片子叶。

2. 按生物学特性分类 杂草分为一年生杂草、越年生或二年生杂草、多年生杂草和寄生杂草。

（1）一年生杂草。 一年生杂草是农田的主要杂草类群。这类杂草以种子繁殖，幼苗、根、茎不能越冬，如狗尾草、马齿苋、稗、马唐、篇蓄、藜、狗尾草、碎米莎草、异型莎草等，种类非常多，一般在春、夏季发芽出苗，到夏、秋季开花，结实后死亡，整个生命周期在当年内完成。

（2）越年生或二年生杂草。 不仅能结籽传代，而且能通过地下根茎繁殖。此类杂草整个生命周期需要跨越 2 个年度，一般夏、秋季发芽，以幼苗或根芽越冬，次年夏、秋季开花结实后死亡，如三棱草、香附子、野胡萝卜、看麦娘、波斯婆婆纳等。

（3）多年生杂草。 可连续生存 3 年以上，一生中能多次开花、结实，通常第一年只生长不结实，第二年起结实。它不仅依靠种子繁殖，还能利用地下营养器官进行营养繁殖，甚至是主要的繁殖方式。如车前草、蒲公英、狗牙根、田旋花、水莎草、扁秆蔗草等，均可连续生存 3 年以上。

（4）寄生杂草。 寄生杂草如菟丝子、列当等是不能进行或不能独立进行光合作用合成养分的杂草，即必须寄生在别的植物上，靠特殊的吸收器官吸取寄主的养分而生存的杂草。半寄生杂草含有叶绿素，能进行光合作用，但仍需从寄主植物上吸收水分及部分必需营养，如桑寄生和独脚金等。

3. 按营养繁殖特性分类 多年生杂草又分为 6 种类型。

（1）根茎杂草。 地下根茎上有节，节上的叶退化，在适宜的条件下每个节生一个或多个芽，从而形成新枝。凡是有节的根茎断段，都可以长成新的植株并进行繁殖，如狗牙根等。

(2) 根芽杂草。此类杂草有大量的分枝和入土较深的根系，根上着生大量的芽，由芽生出新的萌芽枝，在直根中则积累大量营养物质供根芽出土需要，任何根的断段均易生产不定芽。

(3) 直根杂草。此类杂草既有主根，又有很多小侧根。主根入土很深，其下段很小或完全不分枝，在根茎处生出大量的芽，露出地面后便能形成强大的株丛。而由一小段根也可成为新的植株。这类杂草多以种子繁殖为主，如蒲公英、车前草等。

(4) 球茎杂草。在土壤中形成球茎，并靠球茎进行繁殖。如香附子，其种子繁殖能力弱，主要靠地下茎繁殖。地下茎膨大，球茎长出吸收根和地下茎，地下茎延伸一定程度后，顶端又膨大形成新的球茎，在新的球茎上又长出新的植株。球茎杂草繁殖速度快。

(5) 鳞茎杂草。在土壤中形成鳞茎，到生育的第 3 年，鳞茎便成为主要繁殖器官，如野蒜。

(6) 寄生杂草。不能进行或不能独立进行光合作用。制造养分的杂草必须寄生在别的植物上，靠特殊的吸收器官吸取寄主的养分而生活。如菟丝子等。

4. 按环境分类　可将杂草分为旱田杂草和水田杂草两大类。

二、豆薯生产除草技术与原则

杂草的种类多，适应性广，繁殖力强，种子寿命长，传播迅速，难以根除，必须因地制宜采用经济、有效的方法进行综合防除。主要的防治方法包括杂草检疫与种子清洁、农田环境清洁、合理轮作、土壤耕作、生物除草、化学除草等。

1. 人工综合除草技术

(1) 冬前深翻。对豆薯生产地作提前规划，通过冬前深翻，能杀灭部分香附子等杂草，降低越冬杂草基数。

(2) 水旱轮作。有条件的地区可以利用水旱轮作方式，该法能有效抑制杂草的发生并简化杂草群落的结构，减少豆薯田杂草。

(3) 合理密植。密植是一种有效的杂草防治措施之一。密植在一定程度上能降低杂草发生量，抑制杂草的生长。同时，培育壮苗促进豆薯苗早封行，可提高豆薯株的竞争性，抑制杂草的生长。

(4) 地膜覆盖。近年来兴起的地膜覆盖农业栽培技术，除具有保温、保水、保肥、改善土壤理化性质的作用外，还有抑制杂草生长的作用，同时也能促进豆薯植株生长发育，从而达到增加豆薯产量、提早上市、减少劳动力成本的目的。

（5）**中耕除草**。中耕除草是传统的除草方法，通过人工中耕和机械中耕可及时防除生长在田间的杂草，能有效杀灭豆薯生长中后期的行间杂草。在豆薯生长的整个过程中，除草时要抓住有利时机，做到除早、除小、除彻底，不得留下小草，以免引起后患。群众中耕除草总结出"宁除草芽，勿除草爷"，即要求把杂草消灭在萌芽时期。一般中耕除草主要在薯根膨大与开花结荚期前进行完毕。中耕除草针对性强，干净彻底，技术简单，不但可以防除杂草，而且可为豆薯提供良好的生长条件。

2. 化学除草技术

（1）**化学除草必遵循的原则**。化学除草是一项先进技术，只要使用得当，一般效果都比较理想。但多数化学除草剂的选择性很强，使用不当反而有害，因此农作物进行化学除草必须遵循以下原则：

选择适合不同作物的除草剂。每种除草剂适用对象不尽相同，选择性较强，除专用除草剂外，其他除草剂不能随便乱用，如草甘膦是灭生性除草剂，如果应用不当则会对作物造成很大危害甚至死亡。

掌握适宜的施用时期。除草剂的杀草效果与使用时期有关，要在杀草效果最好且对作物最安全时使用，如乙草胺对杂草的作用部位主要是芽鞘和幼根，因此这种除草剂在杂草出苗前使用效果较理想，而对大草无明显的杀死作用。

用药前要了解周围作物的种植情况。有些除草剂可杀死杂草而又对适宜的作物无害，可在这些作物上放心使用，但对有些作物却危害很大。

用药前要了解对后茬作物的影响。有些除草剂残效期长，施用不当则有可能对敏感的后茬作物造成危害。如阿特拉津是优良的玉米田除草剂，但它的残效期长，对豆类作物敏感；氟乐灵用于大豆、花生田，对高粱、谷子敏感，所以使用时要考虑到下茬作物的安排与种植时间。

施用农药要看天、看地、看庄稼。如在大雨前不要施用，以免因雨水冲刷造成除草剂流失或聚集，引起药效降低或产生药害，土壤过于干旱时也会降低效果；在苗期杂草较小，要选择内吸性除草剂为主，当杂草较大时，宜选择杀灭性除草剂。

严格掌握使用浓度与方法。由于除草剂的种类较多，而不同除草剂要求的使用浓度又不相同，因此使用前必须掌握其使用浓度和用药量。浓度太低或使用量太少，可能起不到除草作用；浓度太高或用药量过大，往往会使作物受到药害。一般来说，商品药外包装中均会给出具体的使用浓度和用量范围。在土壤有机质含量高或土壤含水量偏低的地块，应使用安全浓度的上限值，反之则使用下限值。

（2）**豆薯化学除草方式**。播前土壤处理如下。在贵州的豆薯生产，其土壤除草剂的使用主要是播前进行土壤处理。即在豆薯作物移栽或播种之前 10d 左右每亩用如草甘膦等除草剂，按使用浓度均匀喷施于整理好的土壤表面，若土壤干旱，在喷施除草剂前还需土壤保持湿润（漫灌——即灌即排，或喷水湿透）以保证形成一定深度的药物层，杂草萌芽或穿过药层时，接触吸收药剂则中毒死亡。使用除草剂10d之后播种、盖膜。这种处理方法能够减少除草剂的挥发和光解，最大限度地达到除草目的。

土壤处理主要药剂有50％乙草胺乳油、72％异丙甲草胺乳油、50％伏草隆可湿性粉剂、48％氟乐灵乳油、40％莎扑隆可湿性粉剂等，具体用量参照各药剂的使用说明。

出苗后茎叶处理。在播种前没有用药或防效不佳时，就要采取出苗后茎叶处理的方法来补杀。在豆薯1～3片复叶，杂草2～5叶期用药。每亩用10％喹禾灵乳油100mL或者用12.5％吡氟氯禾灵乳油50～70mL兑水40kg均匀喷雾。如果豆薯田中阔叶杂草多需要同时防治时，还应每亩加用25％虎威水剂50～60mL或者44％克莠灵水剂80～100mL。随着杂草叶龄增大，应适当加大用药量。施药后3h降水不影响药效。

三、豆薯生产主要杂草及防治

豆薯是喜温作物，生长环境相对较好，也适宜大部分杂草生存。危害重的杂草主要有牛膝菊、喜旱莲子草、小旱稗、荠、牛繁缕等50余种。

1. 牛膝菊（*Galinsoga parviflora* Cav.）　别名辣子草，英文名 Smallflower Galinsoga。属菊科牛膝菊属一年生草本植物，高可达80cm。茎纤细，叶对生，叶片卵形或长椭圆状卵形，有叶柄，头状花序半球形，有长花梗，总苞半球形或宽钟状，总苞片外层短，内层卵形或卵圆形，舌状花，舌片白色，筒部细管状，托片纸质，瘦果常压扁，7—10月开花结果（图3-16）。

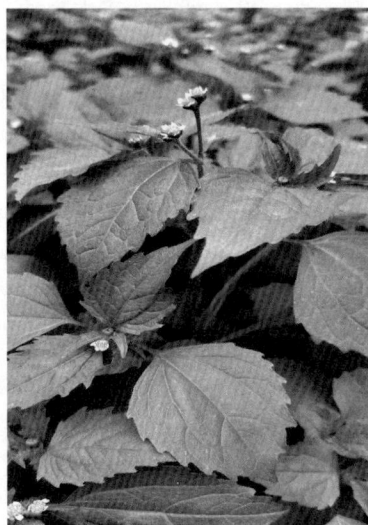

原产于南美洲，现分布于中国四川、云南、贵州、西藏等省份。生于林下、河谷地、荒野、河边、田间、溪边或市郊路旁。

牛膝菊防治措施：人工拔除。牛膝菊因其嫩茎叶具有特殊的香气且风味独特，可以当作野菜来吃，可炒食、做汤或作为火锅底料之一。有研究表明，田间前期覆盖小麦秆、碎木屑等能显著降低牛膝菊的出苗率。

图3-16　牛膝菊（陈忠文，2021）

胶孢炭疽菌可作为致病因子使牛膝菊发病。

在苗期使用扑草净、敌草隆等除草剂处理效果较好。

2. 金灯藤（*Cuscuta japonica* Choisyin Zoll.）　别名金灯笼、大菟丝子、黄丝藤、无娘藤，英文名 Japenese Dodder，俗名无量藤、天蓬草、飞来花、黄丝藤、金丝草、大粒菟丝子、红雾水藤、雾水藤、红无根藤、无头藤、金丝藤、山老虎、无根草、飞来藤、无根藤、金灯笼、无娘藤、菟丝子、大菟丝子、日本菟丝子。属旋花科（Convolvulaceae）菟丝子属（*Cuscuta*）一年生寄生缠绕草本植物。茎较粗壮，肉质，多分枝，无叶（图 3 - 17）。花无柄或近无柄，形成穗状花序；苞片及小苞片鳞片状；花萼碗状，肉质；花冠钟状，淡红色或绿白色；子房球状，平滑，无毛。蒴果卵圆形，近基部周裂。种子 1～2 个，光滑，褐色。花期 8月，果期 9 月。

图 3 - 17　金灯藤（陈忠文，2020）

分布于中国南北各地。寄生于草本或灌木上。越南、朝鲜、日本也有。金灯藤喜高温湿润气候，对土壤要求不严，适应性较强，是恶性寄生杂草，本身无根无叶，借特殊器官——吸盘吸取寄主植物的营养。金灯藤的寄生范围较广，可寄生于豆科、茄科、蔷薇科、无患子科等许多科的木本和草本植物，其根已退化，叶片退化为鳞片状，茎为黄色丝状物，纤细，肉质，绕于寄主植物的茎部，以吸器与寄主的维管束系统相连接，不仅吸收寄主的养分和水分，还造成寄主输导组织的机械性障碍，其缠绕寄主上的丝状体能不断伸长、蔓延。金灯藤生长迅速且繁茂，极易把整个植株覆盖，不仅影响叶片的光合作用，营养物质还易被菟丝子夺取，致使叶片黄化易落、枝稍干枯、长势衰落，轻则影响植株生长，重则致全株死亡。

防治措施：加强栽培管理，结合田间管理，一经发现立即铲除或于菟丝子种子未萌发前进行中耕深埋（3cm 以上）或连同寄生受害部分一起剪除，晒干并烧毁，以免再传播。

3. 喜旱莲子草［*Alternanthera philoxeroides*（Mart.）Griseb.］　别名空心莲子草、水花生、革命草、水蕹菜、空心苋，英文名 Alligator Alternanthera。属苋科（Amaranthaceae）莲子草属（*Alternanthera*）多年生草本植物。茎基部匍匐，管状，茎老时无毛，叶片矩圆形、矩圆状倒卵形或倒卵状披针形，顶端急尖或圆钝，具短尖，基部渐狭，两面无毛或上面有贴生毛及缘毛，叶柄无毛或微有柔毛。花密生，总花梗的头状花序，单生在叶腋，苞片及小苞片白色，苞片卵形，花被片矩圆形，白色，光亮，无毛，子房倒卵形，5—10月开花（图3-18）。

原产巴西，中国引种于北京、江苏、浙江、江西、湖南、福建，后逸为野生。生在池沼、水沟内。是中国亚热带及温带地区一种严重的外来多年生杂草。水陆均可生长，表型可塑性和入侵性很强，可入侵多种生境，生长迅速难以控制，

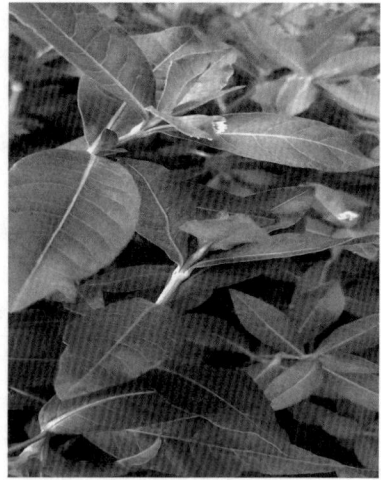

图3-18　喜旱莲子草（陈忠文，2021）

入侵某群落后，通常会形成大小不等的斑块状群落镶嵌体，随入侵时间的增加，它又会通过快速的分枝使覆盖面不断增加，最终导致物种多样性下降。

防治措施：侧重农业防治，在耕翻换茬时花大力气挖除在土中的根茎，然后务必晒干或烧毁；在种群密度较小或新发现的入侵地手工拔除，进行根除。

4. 小旱稗［*Echinochloa crusgalli*（L.）P. Beauv. var. *austrojaponensis* Ohwi］　又名稗子、救荒谷子，英文名 Barnyardgrass。植株高 20～40cm，叶片宽 2～5mm。该种与稗区别为叶片深绿色，叶鞘带紫色。圆锥花序较狭窄，软弱而下垂，小穗无芒或具短芒，圆锥花序的分枝贴向主轴；小穗长 7.5～3mm，常带紫色，脉上无疣基毛，但疏被硬刺毛，无芒或具短芒（图3-19）。分布于中国江苏、浙江、江西、湖南、贵州、台湾、广东、广西及云南。多生于沟边或草地上。适应性强，生长茂盛，影响其他作物生长。

防治措施：以封杀结合为主要策略。可以使用乙氧氟草醚或酰胺类或二硝基苯胺类除草剂进行土壤处理，失防的可以使用芳氧苯氧羧酸类或环己烯酮类除草剂茎叶处理。

图3-19　小旱稗

5. 荠［*Capsella bursa-pastoris*（L.）Medic.］　又名荠菜，英文名

Shepherspurse。属十字花科（Brassicaceae）荠属（*Capsella*）一年生或二年生草本植物。植株高可达 50cm，茎直立，基生叶丛生呈莲座状，叶柄长5～40mm，茎生叶窄披针形或披针形，总状花序顶生及腋生，萼片长圆形，花瓣白色，花果期4—6月（图3-20）。

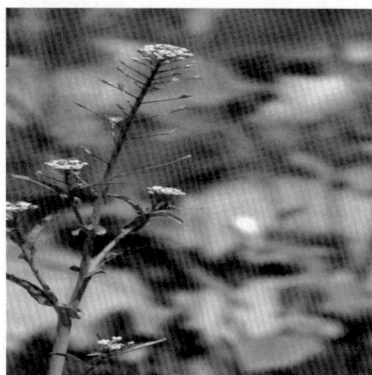

图3-20　荠（中国植物图像库，李敏）

荠生长在山坡、田边及路旁，野生，偶有栽培。中国各省份均有分布，全世界温带地区广泛分布（植物智，2019-12-19）。荠菜属耐寒蔬菜，喜冷凉湿润的气候，种子发芽的适宜温度为 20～25℃，生长的适宜温度为 12～20℃。气温低于 10℃或高于 22℃时，生长缓慢；湿度高，品质差。

荠菜对土壤要求不严，但是肥沃疏松的土壤能使其生长旺盛，叶片肥嫩，品质好。对土壤 pH 要求为中性或微酸性（刘建平，2010）。

防治措施：结合中耕拔除。

6. 鹅肠菜［*Stellaria aquatica*（L.）Scop.］　又名鹅儿肠、牛繁缕，英文名 Aquatic Malachium。属石竹科（Caryophyllaceae）鹅肠菜属（*Stellaria*）。全株光滑，仅花序上有白色短软毛。茎多分枝，柔弱，常伏生地面。叶卵形或宽卵形，长 2.0～5.5cm，宽 1.0～3.0cm，顶端渐尖，基部心形，全缘或波状，上部叶无柄，基部略包茎，下部叶有柄。花梗细长，花后下垂；萼片5，宿存，果期增大，外面有短柔毛；花瓣5，白色，2深裂几达基部。蒴果卵形，5 瓣裂，每瓣端再 2 裂。花期4—5月，果期5—6月（图3-21）。广泛分布于全国。生于荒地、路旁及较阴湿的草地（百度.百科）。

图3-21　鹅肠菜

繁缕［*Stellaria media*（L.）Cyrillus］又名拉拉秧、猪殃殃，英文名 Common Chickweed。属石竹科繁缕属，一年生或二年生草本（图3-22）。植株高10～30cm。茎俯仰或上升，基部多分枝常带淡紫红色，被1～2列毛。叶片宽卵形或卵形，长1.5～2.5cm，宽1.1～1.5cm，顶端渐尖或急尖，基部渐狭或近心形，全缘；基生叶具长柄，上部叶常无柄或具短柄。疏聚伞花序顶生；花梗细弱，具 1 列短毛，花后伸长，下垂，长 7~14mm；萼片 5，卵状披针形，长约 4mm，顶端稍钝或近圆形，边缘宽膜质，外面被短腺毛；花瓣白色，长椭圆形，比萼片短，深 2 裂达基部，裂片近线形；雄蕊 3~5，短于花瓣；花柱 3，线形。蒴果卵形，稍长于宿存萼，顶端 6 裂，具多数种子；种子卵圆形至近圆形，稍扁，红褐色，直径 1.0~1.2mm，表面具半球形瘤状凸起，脊较显著。花期 6—7 月，果期 7—8 月（植物智，2013-12-12）。为世界广泛分布品种。

　　其危害的主要特点为豆薯生长前期，与豆薯争水、肥，争空间及阳光；在作物生长后期，迅速蔓生，并有碍作物的收割，尤其是机械收割。

图 3-22　繁缕（陈忠文，2020）

　　防治措施：及时中耕除草。药剂防除可扑草净、溴苯晴、莠灭净、草甘膦、苯磺隆、麦草畏等。

　　7. 拉拉藤（*Galium spurium* L.）英文名 Tender Catchweed Bedstraw（图 3-23）。属茜草科（Rubiaceae）拉拉藤属（*Galium*）植物。为多枝、蔓生或攀缘状草本。茎四棱，棱上、叶缘及叶下面中脉上均有倒生小刺毛。叶 4~8 片轮生，近无柄，叶片条状倒披针形，长 1~3cm，顶端有凸尖头。聚伞花序腋生或顶生，单生或 2~3 个簇生，有黄绿色小花数朵；花瓣 4 枚，有纤细梗；花萼上也有钩毛，花冠辐射状，裂片矩圆形，长不及 1mm。果干燥，密被钩毛，每一果室有 1 颗平凸的种子。

　　分布于中国、日本、朝鲜、巴基斯坦等地区。生于海拔 350~4 300m 的山坡、旷野、沟边、林缘、草地（中国植

别名锯锯藤、爬拉秧、八仙草，

图 3-23　锯锯藤（陈忠文，2021）

物物种信息数据库，2020-08-21），是中国江淮之间旱地麦田的主要杂草（龙阳，2002），在作物生长前期，与麦苗争夺肥水及营养物质，造成作物生长瘦弱。

防治措施：苗期结合中耕人工拔除或于该杂草2～7轮真叶期使用除草剂。

8. 看麦娘（*Alopecurus aequalis* Sobol.）　英文名 Equal Alopecurus。属禾本科（Poaceae）看麦娘属（*Alopecurus*）一年生草本植物（图3-24）。秆少数丛生，细瘦，光滑，节处常膝曲，高15～40cm。叶鞘光滑，短于节间；叶舌膜质，长2～5mm；叶片扁平，长3～10cm，宽2～6mm。圆锥花序圆柱状，灰绿色，长2～7cm，宽3～6mm；小穗椭圆形或卵状长圆形，长2～3mm；颖膜质，基部互相连合，具3脉，脊上有细纤毛，侧脉下部有短毛；外稃膜质，先端钝，等大或稍长于颖，下部边缘互相连合，芒长1.5～3.5mm，约于稃体下部1/4处伸出，隐藏或稍外露；花药橙黄色，长0.5～0.8mm。种子细小而轻，千粒重仅0.76～0.83g。颖果长约1mm。花果期4—8月（中国植物志，1987）。分布于欧亚大陆之寒温和温暖地区、中国大部分省份，北美也有分布。生于海拔较低之田边及潮湿之地。

图3-24　看麦娘（陈忠文，2021）

日本看麦娘（*Alopecurus japonicus* Steud.），别名小青草、小鸡草、青梢草、小梢草，英文名 Japanese Alopecurus。属禾本科看麦娘属一年或二年生草本植物。秋冬季出苗，开白花，花果期4—6月，籽实随熟随落。为夏熟作物田杂草，对麦类作物、油菜和蔬菜危害较大，常和看麦娘混生，有时也成纯种群，局部地区发生数量大。分布于长江中下游地区，广东、广西、贵州、云南、陕西南部和河南也有分布，尤以江苏南部、安徽中部与南部为害甚烈。生于海拔较低之田边及湿地。与看麦娘相比，日本看麦娘竞争力更强，是主要的恶性杂草之一，分布极广，繁殖很快，危害严重。

防治措施：普通看麦娘容易防除，每亩用15%炔草酯可湿性粉剂50mL即可防除。日本看麦娘，防除较难，可以用甲基二磺隆、啶磺草胺、唑啉草酯等防除，使用时混用炔草酯，效果更佳。

9. 早熟禾（*Poa annua* L.）　英文名 Whitetopped Bluegrass。属禾本科（Poaceae）早熟禾属（*Poa*）一年生或冬性禾草植物。秆直立或倾斜，质软，高可达30cm，平滑无毛。叶鞘稍压扁，叶片扁平或对折，质地柔软，常有横脉纹，顶端急尖呈船形，边缘微粗糙。圆锥花序宽卵形，小穗卵形，含小花，绿色；颖质薄，外稃卵圆形，顶端与边缘宽膜质，花药黄色，颖果纺锤形，4—5月开花，6—7月结果（图3-25）。分布于中国南北各省份：江苏、四川、贵州、云南、广西、广东、海南、台湾、福建、江西、湖南、湖北、安徽、河南、山东、新疆、甘肃、青海、内

图3-25　早熟禾（陈忠文，2021）

蒙古、山西、河北、辽宁、吉林、黑龙江。欧洲、亚洲及北美均有分布。生长在海拔100～4 800m的平原和丘陵的路旁草地、田野水沟或荫蔽荒坡湿地。

防治措施：早熟禾通过分蘖，由短根茎把诸多株丛联系起来，形成稠密的"草网"，一旦成丛，其他植物很难入侵，而且再生能力强，危害性较大。一般通过豆薯等作物出苗后及时拔除。

10. 雀麦（*Bromus japonicus* Thunb.）　又名燕麦、火燕麦、燕麦草、杜姥草、牛星草，英文名 Japanese Bromrgrass。属禾本科（Poaceae）雀麦属（*Bromus*）一年生草本植物。秆直立，高可达90cm。叶鞘闭合，叶舌先端近圆形，叶片两面生柔毛。圆锥花序舒展，向下弯垂；分枝细，小穗黄绿色，密生小花，颖近等长，脊粗糙，边缘膜质，外稃椭圆形，草质，边缘膜质，微粗糙，顶端钝三角形，芒自先端下部伸出，基部稍扁平，成熟后外弯；内稃两脊疏生细纤毛；小穗轴短棒状，5—7月开花结果（图3-26）。

分布于中国辽宁、内蒙古、河北、山西、山东、河南、陕西、甘肃、安徽、江苏、江西、湖南、湖北、新疆、西藏、四川、云南、台湾；欧亚温带广泛分布，北美有引种。生长在海拔50～3 500m的山坡林缘、荒野路旁、河漫滩湿地。

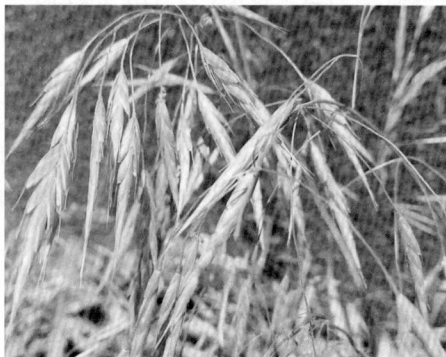

图3-26　雀麦（百度百科）

雀麦作为一种杂草，繁殖力、再生力强，适应性广，传播途径多，对豆薯生产造成一定影响。故应加强防治。

防治措施：施用腐熟的农家肥，使混在肥料中的杂草种子在高温发酵时失去活力，防止带入大田；合理轮作倒茬，对发生雀麦草的地块实行与玉米、马铃薯等作物轮作，经过中耕锄草，即可将雀麦草除掉；人工除草和使用除草剂。

11. 野燕麦（*Avena fatua* L.）　又名乌麦、燕麦草，英文名 Wild Oat。属禾本科（Poaceae）燕麦属（*Avena*）一年生草本植物（图 3‑27）。须根较坚韧。秆直立，光滑无毛，高 60～120cm，具 2～4节。叶鞘松弛，光滑或基部者被微毛；叶舌透明膜质，长 1～5mm；叶片扁平，长10～30cm，宽4～12mm，微粗糙，或上面和边缘疏生柔毛。圆锥花序开展，金字塔形，长10～25cm，分枝具棱角，粗糙；小穗长 18～25mm，含 2～3 小花，其柄弯曲下垂，顶端膨胀；小穗轴密生淡棕色或白色硬毛，其节脆硬易断落，第一节间长约3mm；颖草质，几相等，通常具 9 脉；外稃质地坚硬，第一外稃长 15～20mm，背

图 3‑27　野燕麦（陈忠文，2021）

面中部以下具淡棕色或白色硬毛，芒自稃体中部稍下处伸出，长2～4cm，膝曲，芒柱棕色，扭转。颖果被淡棕色柔毛，腹面具纵沟，长6～8mm。花果期4—9 月（植物智，2019-12-19）。广布于中国南北各省份；也分布于欧、亚、非三洲的温寒带地区，并且北美也有，生于荒芜田野或为田间杂草。

防治措施具体如下。

秋深耕：在冬前深耕24～27cm，将野燕麦籽深埋地下，第二年基本无野燕麦。

作物轮作：通过密植作物小麦、豌豆等与玉米等作物轮作，可通过中耕来灭除当年生野燕麦。在严重地块可进行种植苜蓿等绿肥或通过刈割防除野燕麦。

施用腐熟的厩肥。

播前土壤处理：在豆薯播种前用化学除草剂燕麦畏对土壤进行处理。处理前将地整平呈待播状，趁表土墒足每亩用 40%燕麦畏乳油 200mL 对水 50kg，施药后 2 小时以内耙地深度 10cm，使药土混匀。土壤墒情较差时，用 40%燕

麦畏乳油 250mL，每亩对水 50kg 进行喷雾。

12. 棒头草（*Polypogon fugax* Nees ex Steud）　英文名 Common Polypogon。属禾本科（Poaceae）棒头草属（*Polypogon*）一年生草本植物（图 3 - 28）。秆丛生，基部膝曲，大都光滑，高 10～75cm。叶鞘光滑无毛，大都短于或下部者长于节间；叶舌膜质，长圆形，长 3～8mm，常 2 裂或顶端具不整齐的裂齿；叶片扁平，微粗糙或下面光滑，长 2.5～15cm，宽 3～4mm。圆锥花序穗状，长圆形或卵形，较疏松，具缺刻或有间断，分枝长可达 4cm；小穗长约 2.5mm（包括基盘），灰绿色或部分带紫色；颖长圆形，疏被短纤毛，先端 2 浅裂，芒从裂口处伸出，细直，微粗糙，长 1～3mm；外稃光滑，长约 1mm，先端具微齿，中脉延伸成长约 2mm 而易脱落的芒；雄蕊 3，花药长 0.7mm。颖果椭圆形，1 面扁平，长约 1mm（中国植物物种信息数据库，2013-11-30）。分布于中国南北各地；朝鲜、日本、俄罗斯、印度、不丹及缅甸等国也有分布。棒头草具有广泛的适生性，经常生长于低注、潮湿、土壤肥沃的地区，属于喜湿性杂草，可以在作物田、蔬菜田、苗圃、育秧田、城市绿地等生长，尤以水改旱时生长量大。

图 3 - 28　棒头草（陈忠文，2021）

防治措施：采取人工、化学、机械、替代控制等综合防治方法。具体如下。

人工除草：结合农事活动在杂草萌发后或生长时期直接进行人工拔除或铲除，或结合中耕施肥等农耕措施剔除杂草。

机械防治：利用农机具或大型农业机械在播种前进行各种耕翻、耙、中耕松土等，直接杀死、刈割或铲除杂草。

化学防治：可以施用乙草胺或吡氟酰草胺在播后苗前通过土壤处理的方法有效防除棒头草。

替代控制：利用塑料薄膜覆盖或播种其他作物（或草种）等方法进行除草。

13. 泽漆（*Euphorbia helioscopia* L.）　又名漆茎、猫儿眼睛草、五凤灵枝、五凤草、绿叶绿花草、凉伞草、五盏灯、五朵云、白种乳草、五点草、五灯头草、乳浆草、肿手棵、马虎眼、倒毒伞、一把伞、乳草、龙虎草、铁骨伞、九头狮子草、灯台草、癣草，英文名 Sun Euphorbia。属大戟科（Euphorbiaceae）大戟属（*Euphorbia*）一年生草本植物（图3-29）。根纤细，长7～10cm，直径3～5mm，下部分枝。茎直立，单一或自基部多分枝，分枝斜展向上，高10～30cm，直径3～5mm，光滑无毛。叶互生，倒卵形或匙形，长1～3.5cm，宽5～15mm，先端具牙齿，中部以下渐狭或呈楔形；总苞叶5枚，倒卵状长圆形，长3～4cm，宽8～14mm，先端具牙齿，基部略渐狭，无柄；总伞幅5枚，长2～4cm；苞叶2枚，卵圆形，先端具牙齿，基部呈圆形。花序单生，有柄或近无柄；总苞钟状，高约

图3-29　泽漆（陈忠文，2021）

2.5mm，直径约2mm，光滑无毛，边缘5裂，裂片半圆形，边缘和内侧具柔毛；腺体4，盘状，中部内凹，基部具短柄，淡褐色。雄花数枚，明显伸出总苞外；雌花1枚，子房柄略伸出总苞边缘。蒴果二棱状阔圆形，光滑，无毛；具明显的三纵沟，长2.5～3.0mm，直径3～4.5mm。种子卵状，长约2mm，直径约1.5mm，暗褐色，具明显的脊网；种阜扁平状，无柄（植物智，2020-08-26）。

随着除草剂的连续使用，耕草相发生了明显变化。泽漆生长势强、繁殖系数大、适应性广。现已由次要杂草上升为恶性杂草，与作物争肥争光争空间，对产量影响极大（周训芝等，1998）。

防治措施：主要包括人工除草、化学防治、替代控制等综合防治方法。具体如下。

人工除草：结合农事活动在杂草萌发后或生长时期直接进行人工拔除或铲

除，或结合中耕施肥等农耕措施剔除杂草。

化学防治：待泽漆出齐后使用麦草完、麦草敌等除草剂最经济（周训芝等，1998）。

替代控制：利用塑料薄膜覆盖或播种其他作物（或草种）等方法进行除草。

14. 阿拉伯婆婆纳（*Veronica persica* Poir.）　又名波斯婆婆纳，英文名 Iran Speedwell。属车前科（Plantaginaceae）婆婆纳属（*Veronica*）铺散多分枝草本植物。植株高可达 50cm。叶片短柄，卵形或圆形，腋内生花的称苞片，边缘具钝齿，两面疏生柔毛。总状花序很长；花梗比苞片长，裂片卵状披针形，花冠蓝色、紫色或蓝紫色，雄蕊短于花冠。蒴果肾形，网脉明显，种子背面具深的横纹，3—5月开花（图3-30）。

图3-30　阿拉伯婆婆纳（陈忠文，2021）

原产于亚洲西部及欧洲。分布于中国华东、华中及贵州、云南、西藏东部及新疆。阿拉伯婆婆纳生于路边、宅旁、旱地夏熟作物田，特别是麦田中，对作物造成严重危害。

防治措施：制定合理的种植轮作制度，形成不利于杂草生长和种子保存的生态环境，缩短土壤种子库内杂草籽实的寿命，降低第二年的杂草基数，达到杂草管理的科学性和长效性，控制阿拉伯婆婆纳等喜旱性杂草的发生。旱轮作改为水旱轮作，可有效地控制这种杂草的发生；绿麦隆、绿磺隆、甲磺隆、禾草丹、除草醚等除草剂能够有效地杀灭该种；刺盘孢属（*Colletotrichium*）某些真菌可使该种染炭疽病。

15. 绊根草［*Cynodon dactylon*（L.）Pers.］　亦称狗牙草，英文名称 Bermuda-grass。早熟禾科（Poaceae）多年生禾草（图3-31），原产地中海地区。植株通常高

图3-31　绊根草（陈忠文，2020）

10～40cm，叶短而平展。茎直立，细长穗状花序 4～5 枚，顶生，其上生小穗。匍匐茎和根状茎延伸而长成密集的草皮，通常在北美温暖地区种作草坪及高尔夫球场，亦用作牧草（园林在线，2010-02-13）。

发生期长，生命力强，繁殖迅速，蔓延快，成片生长，不怕践踏，危害较重。

防治措施：锄草或用药，在晚夏，大多数杂草结籽时用锄头或用灭生性除草剂灭除。在作物种植前或收获后，对地表已经萌发或残存的部分使用草甘膦进行处理。可以采用精喹禾灵或高效氟吡甲禾灵或烯草酮直接处理。

16. 白茅 [*Imperata cylindrica* (L.) P. Beauv.]

别称茅针、茅根，英文名称 Lalang Grass。属禾本科（Poaceae）白茅属（*Imperata*）多年生草本植物（图 3-32）。植株具粗壮的长根状茎。秆直立，高 30～80cm，具 1～3 节，节无毛。叶鞘聚集于茎基部，甚长于其节间，质地较厚，老后破碎呈纤维状；叶舌膜质，长约 2mm，紧贴其背部或鞘口具柔毛，分蘖叶片长约 20cm，宽约 8mm，扁平，质地较薄；秆生叶片长 1～3cm，窄线形，通常内卷，顶端渐尖呈刺状，下部渐窄，或具柄，质硬，被有白粉，基部上面具柔毛。圆锥花序稠密，长 20cm，宽达 3cm，小穗长 4.5～6.0mm，

图 3-32　白茅（陈忠文，2020）

基盘具长 12～16mm 的丝状柔毛；两颖草质及边缘膜质，近相等，具 5～9 脉，顶端渐尖或稍钝，常具纤毛，脉间疏生长丝状毛，第一外稃卵状披针形，长为颖片的 2/3，透明膜质，无脉，顶端尖或齿裂，第二外稃与其内稃近相等，长约为颖之半，卵圆形，顶端具齿裂及纤毛；雄蕊 2 枚，花药长 3～4mm；花柱细长，基部多少连合，柱头 2，紫黑色，羽状，长约 4mm，自小穗顶端伸出。颖果椭圆形，长约 1mm，胚长为颖果之半。花果期 4—6 月。

喜光，稍耐阴，喜肥又极耐瘠，喜疏松湿润土壤，相当耐水淹，也耐干旱，适应各种土壤，黏土、沙土、壤土均可生长。以疏松沙质土地生长最多，在沙土地上生长繁殖最旺盛，危害最严重。生于低山带平原河岸草地、农田、果园、苗圃、田边、路旁、荒坡草地、林边、疏林下、灌丛中、沟边、河边堤埂、草坪、沙质草甸、荒漠与海滨，竞争扩展能力极强（植物智，2019-12-19）。

白茅侵占地上和地下部空间，影响草坪光合作用，很容易形成草荒，同时

地上部分是一些病菌害虫的寄宿地，是褐飞虱和灰飞虱的寄主（徐立荣，2008）。

防治措施：利用播种初期，白茅个体小、数量少，在防除上要抓住时机，及时进行人工拔草和药剂防除，争取治早治少。这时白茅尚小，对除草剂敏感，药剂防除易奏效，省药省时。播种前通过深翻土壤，边翻边拣除，或采取冬翻，尽可能将茅根切碎、晒土，结合使用茅草净稀释400倍液喷雾，从出苗后到抽穗初期施用均有很好的防除效果。如杂草过大或已经木质化，在第一次用药后有复发或新芽生长出来后再用一遍，可以将其彻底根除。

17. 香附子（*Cyperus rotundus* L.）　别名莎草、香头草、回头青、三棱草、旱三棱、三棱子，英文名称 Nutgrass Flatsedge。属莎草科（Cyperaceae）莎草属（*Cyperus*）植物（图3-33）。匍匐根状茎长，具椭圆形块茎。秆稍细弱，高15～95cm，锐三棱形，平滑，基部呈块茎状。叶较多，短于秆，宽2～5mm，平张；鞘棕色，常裂成纤维状。叶状苞片2～3枚，常长于花序，或有时短于花序；具3～10个辐射枝，辐射枝最长达12cm；穗状花序轮廓为陀螺形，稍疏松，具3～10个小穗；小穗斜展开，线形，长1～3cm，宽约1.5mm，具8～28朵花；小穗轴具较宽的、白色透明的翅；鳞片稍密地覆瓦状排列，膜质，卵形或长圆状卵形，长约3mm，顶端急尖或钝，无短尖，中间绿色，两侧紫红色或红棕色，具5～7条脉；雄蕊3，花药长，线形，暗血红色，药隔突出于花药顶端；花柱长，柱头3，细长，伸出鳞片外。小坚果长

图3-33　香附子（陈忠文，2020）

圆状倒卵形、三棱形，长为鳞片的1/3~2/5，具细点。花果期5—11月。

广布于世界各地；在中国分布于陕西、甘肃、山西、河南、河北、山东、江苏、浙江、江西、安徽、云南、贵州、四川、福建、广东、广西和台湾等省份。生长于山坡荒地草丛中或水边潮湿处（植物智，2020-06-16）。

香附子的地下根茎具有很高的药用价值，具有理气解郁、调经止痛的功效，主要用于肝郁气滞、消化不良、月经不调、经闭痛经、寒疝腹痛、乳房胀痛及胸、胁、脘腹胀痛。炮制香附子的工艺不同，其性能和用途也各异，生香附子解表止痛，醋炒香附子消积止痛，酒炒香附子通络止痛，炒炭香附子止血（符致坚等，2016）。

虽然香附子具有一定的医药价值，但因为香附子每年都会通过它的块茎、根茎、鳞茎和种子繁殖，在杂草生长季节，香附子3d左右就可以出苗，种子和根茎都能发芽，而且会生成新的植株或块茎，新生块茎再长出新植株，一株接着一株会不断地生长。现在香附子已经被列为世界十大恶性杂草之首，其防治难度有多大可想而知。

防治措施：可以通过人工防治、机械防治、合理使用化学药剂等措施进行防治。具体如下。

人工防治：结合农事活动，如在杂草萌发后或生长时期直接进行人工拔除或铲除，或结合中耕施肥等农耕措施剔除杂草。

机械防治：结合农事活动，利用农机具或大型农业机械进行各种耕翻、耙、中耕松土等，在播种前、出苗前及各生育期等不同时期除草，直接杀死、刈割或铲除杂草。

合理使用化学药剂除草：选用灭草松、氟磺胺草醚、甲咪唑烟酸等除草剂进行防治。

18. 节节草（*Equisetum ramosissimum* Desf.） 别名土麻黄、黄麻黄、木贼草，英文名称Branched Horsetail。属木贼科（Equisetaceae）木贼属（*Equisetum*）中小型蕨类植物（图3-34）。根茎直立、横走或斜升，黑棕色，节和根疏生黄棕色长毛或光滑无毛。地上枝多年生。枝"一"字形，高20~60cm，中部直径1~3mm，节间长2~6cm，绿色，主枝多在下部分枝，常形成簇生状；幼枝的轮生分枝明显或不明显；主枝

图3-34 节节草（陈忠文，2021）

有脊5～14条，脊的背部弧形，有一行小瘤或有浅色小横纹；鞘筒狭长达1cm，下部灰绿色，上部灰棕色；鞘齿5～12枚，三角形，灰白色、黑棕色或淡棕色，边缘（有时上部）为膜质，基部扁平或弧形，早落或宿存，齿上气孔带明显或不明显。侧枝较硬，圆柱状，有脊5～8条，脊上平滑或有一行小瘤或有浅色小横纹；鞘齿5～8个，披针形，革质但边缘膜质，上部棕色，宿存。孢子囊穗短棒状或椭圆形，长0.5～2.5cm，中部直径0.4～0.7cm，顶端有小尖突，无柄（中国植物物种信息数据库）。

中国以外分布于日本、朝鲜半岛、蒙古国、非洲、欧洲、北美洲。中国分布于北京、天津、河北、山西、内蒙古、辽宁、吉林、黑龙江、上海、江苏、浙江、安徽、福建、江西、山东、河南、湖北、湖南、广东、广西、海南、重庆、四川、贵州、云南、西藏、陕西、甘肃、青海、宁夏、新疆、台湾（植物智，2021-02-22）。生长在海拔100～3 300m（中国植物物种信息数据库）。

防治措施：可以通过人工防治、替代控制、机械防治与合理的轮作等措施进行防治。具体如下。

人工防治：结合农事活动，在整地时直接进行人工拔除或铲除地下根茎，或结合中耕施肥等农耕措施剔除杂草。

替代控制：对接市场，提早或延迟上市，采用播种后覆盖薄膜等方法进行除草。

机械防治与合理的轮作：在节节草大量发生的地块，有效的方法就是机械防治如深翻或者秋翻地等，或者进行合理的作物轮作如水旱轮作等。

19. 凹头苋（*Amaranthus blitum* L.）　别名野苋、人情菜，英文名称Emarginate Amaranth。属苋科（Amaranthaceae）苋属（*Amaranthus*）三被组植物，一年生晚春杂草（图3-35）。株高10～30cm，全体无毛；茎伏卧而上升，从基部分枝，淡绿色或紫红色。叶片卵形或菱状卵形，长1.5～4.5cm，宽1～3cm，顶端凹缺，有一芒尖，或微小不显，基部宽楔形，全缘或稍呈波状；叶柄长1.0～3.5cm。花成腋生花簇，直至下部叶的腋部，生在茎端和枝端者成直立穗状花序或圆锥花序；苞片及小苞片矩圆形，长不及1mm；花被片矩圆形或披针形，长1.2～1.5mm，淡绿色，顶端急尖，边缘内曲，背部有一隆起中脉；雄蕊比花被片稍

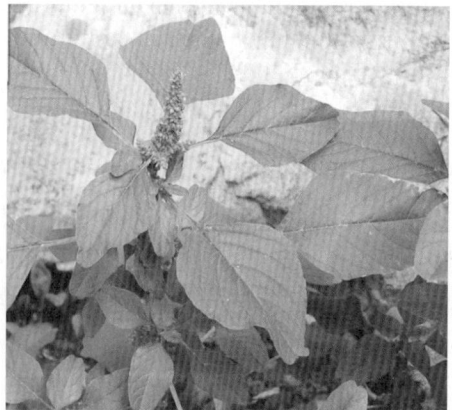

图3-35　凹头苋（陈忠文，2021）

短；柱头 2～3 个，果熟时脱落。胞果扁卵形，长 3mm，不裂，微皱缩而近平滑，超出宿存花被片。种子环形，直径约 12mm，黑色至黑褐色，边缘具环状边。花期 7—8 月，果期 8—9 月（植物智，2019-12-19）。

凹头苋原产于热带非洲，除降水稀少的干旱区和半干旱区外，在中国东北、华北、华东、华南及陕西、云南、新疆等地区广泛发生。广泛分布于温带、热带和亚热带，日本、阿根廷、澳大利亚、荷兰及非洲北部的一些国家也有分布（中国饲用植物志 第一卷，1987）。

防治措施：将农田里面的及农田外边的杂草清除干净，避免杂草的种子散落而继续的繁殖。施用充分腐熟好的农家肥料，将混入农田中的杂草种子清除干净。实行科学合理的轮换耕作制度，防止杂草发芽或是促使其发芽，根除杂草。利用耕翻、耙、中耕等土壤耕作关键技巧是长时间以来灭除杂草的根本方法，而且也是目前农业生产上的关键措施。利用地膜覆盖方法，消灭棚内的杂草。

20. 刺苋（*Amaranthus spinosus* L.）　别名土苋菜、刺刺菜、野勒苋、勒苋菜，英文名称 Spiny Amarath，Theorny Amarath。属苋科（Amaranthaceae）苋属（*Amaranthus*）一年生草本植物（图 3-36）。株高 30～100cm；茎直立，圆柱形或钝棱形，多分枝，有纵条纹，绿色或带紫色，无毛或稍有柔毛。叶片菱状卵形或卵状披针形，长 3～12cm，宽 1.0～5.5cm，顶端圆钝，具微凸头，基部楔形，全缘，无毛或幼时沿叶脉稍有柔毛；叶柄长 1～8cm，无毛，在其旁有 2 刺，刺长 5～10mm。圆锥花序腋生及顶生，长 3～25cm，下部顶生花穗常全部为雄花；苞片在腋生花簇及顶生花穗的基部者变成尖锐直刺，长 5～15mm，在顶生

图 3-36　刺苋（陈忠文，2021）

花穗的上部者狭披针形，长 1.5mm，顶端急尖，具凸尖，中脉绿色；小苞片狭披针形，长约 1.5mm；花被片绿色，顶端急尖，具凸尖，边缘透明，中脉绿色或带紫色，在雄花者矩圆形，长 2.0～2.5mm，在雌花者矩圆状匙形，长 1.5mm；雄蕊花丝略和花被片等长或较短；柱头 3，有时 2。胞果矩圆形，长约 1.0～1.2mm（植物智，2019-12-19）。

分布于中国陕西、河北、北京、山东、河南、安徽、江苏、浙江、江西、湖南、湖北、四川、重庆、云南、贵州、广西、广东、海南、香港、福建、台

湾等地（中华人民共和国生态环境部，2019-08-10）。日本、印度、中南半岛、马来西亚、菲律宾、美洲等地有分布。生长在旷地、园圃、农耕地等。

刺苋被列入 2010 年 1 月 7 日环境保护部发布的中国第二批外来入侵物种名单（中华人民共和国生态环境部，2019-08-10）。

防治措施：可以通过人工防治、合理增加种植密度、合理化学除草等措施进行防治。具体如下。

人工防治：人工、畜力进行中耕除草。

合理增加种植密度：此法可覆盖地面，减少杂草生长危害，并能增加收入，还可防止水土流失。

合理化学除草：根据豆薯作物、土壤类型和气候条件等因素，选用适宜的除草剂品种。仔细操作，控制浓度，以避免发生药害。

21. 铁苋菜（*Acalypha australis* L.）　别名铁苋草、人苋、猫眼草、蚌壳草等，英文名称 copperleaf herb。属大戟科（Euphorbiaceae）铁苋菜属（*Acalypha*）一年生草本。株高 0.2～0.5m。小枝细长，被贴毛柔毛，毛逐渐稀疏（图 3 - 37）。叶膜质，长卵形、近菱状卵形或阔披针形，长 3～9cm，宽 1～5cm，顶端短渐尖，基部楔形，稀圆钝，边缘具圆锯，上面无毛，下面沿中脉具柔毛；基出脉 3 条，侧脉 3 对；叶柄长 2～6cm，具短柔毛；托叶披针形，长 1.5～2.0mm，具短柔毛。雌雄花同序，花序腋生，稀顶生，长 1.5～5.0cm，花序梗长 0.5～3.0cm，花序轴具短毛，雌花苞片 1～2 枚，卵状心形，花后增大，长 1.4～2.5cm，宽 1～2cm，边缘具三角形齿，外面沿掌状脉具疏柔毛，苞腋具雌花 1～3 朵；花梗无；雄花生于花序上部，排列呈穗状或头状，雄花苞片卵形，长约 0.5mm，苞腋具雄花 5～7 朵，簇生；花梗长 0.5mm；雄花花蕾时近球形，无毛，花萼裂片 4 枚，卵形，长约 0.5mm；雄蕊 7～8 枚；雌花萼片 3 枚，长卵形，长 0.5～

图 3 - 37　铁苋菜（陈忠文，2021）

1.0mm，具疏毛；子房具疏毛，花柱 3 枚，长约 2mm，撕裂 5～7 条。蒴果直径 4mm，具 3 个分果爿，果皮具疏生毛和毛基变厚的小瘤体；种子近卵状，长 1.5～2.mm，种皮平滑，假种阜细长；花果期 4—12 月（植物智，2019-12-19）。

生于海拔 20～1 200m 平原或山坡较湿润的耕地和空旷草地，有时生于石灰岩山疏林下。

中国除西部高原或干燥地区外，大部分省份均有分布。俄罗斯远东地区、朝鲜、日本、菲律宾、越南、老挝也有分布。

铁苋菜可以嫩叶食用，营养丰富，富含蛋白质、脂肪、胡萝卜素和钙，为南方各地民间野菜品种之一。

防治措施：可以通过人工防除、农业防除、化学防除等措施进行防治。具体如下。

人工防除：结合豆薯播种前整地并将铁苋菜深埋于土层下，之后结合田间管理人工拔除。

农业防除：实行水旱轮作或合理增加种植密度以抑制该杂草生长。

化学防除：播种前使用安全、合理的除草剂进行防除。

22. 黄花蒿（*Artemisia annua* L.）　别名黄蒿、黄香蒿、臭蒿、香蒿、蒿子、青蒿、草蒿、犰蒿等，英文名称 Sweet Wormwood。属菊科（Asteraceae）蒿属（*Artemisia*）一年生草本植物（图 3-38）。植株有浓烈的挥发性香气。根单生，垂直，狭纺锤形；茎单生，高 100～200cm，基部直径可达 1cm，有纵棱，幼时绿色，后变褐色或红褐色，多分枝；茎、枝、叶两面及总苞片背面无毛或初时总苞片背面微有极稀疏短柔毛，后脱落无毛。叶纸质，绿色；茎下部叶宽卵形或三角状卵形，长 3～7cm，宽 2～6cm，绿色，两面具细小脱落性的白色腺点及细小凹点，三回栉齿状，叶羽状深裂，每侧有裂片 5～8枚，裂片长椭圆状卵形，再次分裂，小裂片边缘具多枚栉齿状三角形或长三角形的深裂

图 3-38　黄花蒿（陈忠文，2021）

齿，裂齿长 1～2mm，宽 0.5～1.0mm，中肋明显，在叶面上稍隆起，中轴两侧有狭翅而无小栉齿，稀上部有数枚小栉齿，叶柄长 1～2cm，基部有半抱茎的假托叶；中部叶二回栉齿状，叶羽状深裂，小裂片栉齿状三角形。稀少为细短狭线形，具短柄；上部叶与苞片叶一回栉齿状，叶羽状深裂，近无柄。花头状花序球形，多数，直径 1.5～2.5cm，有短梗，下垂或倾斜，基部有线形的小苞叶，在分枝上排成总状或复总状花序，并在茎上组成开展、尖塔形的圆锥花序；总苞片 3～4 层，内、外层近等长，外层总苞片长卵形或狭长椭圆形，中肋绿色，边膜质，中层、内层总苞片宽卵形或卵形，花序托凸起，半球形；

花深黄色，雌花 10～18 朵，花冠狭管状，檐部具 2 裂齿，外面有腺点，花柱线形，伸出花冠外，先端 2 叉，叉端钝尖；两性花 10～30 朵，结实或中央少数花不结实，花冠管状，花药线形，上端附属物尖，长三角形，基部具短尖头，花柱近与花冠等长，先端 2 叉，叉端截形，有短睫毛。果：瘦果小，椭圆状卵形，略扁。花果期 8—11 月（植物智，2019-12-19）。

黄花蒿遍及全国，东部分布在海拔 1 500m 以下地区，西北及西南分布在海拔 2 000～3 000m 地区。广泛分布于欧洲、亚洲的温带、寒温带及亚热带地区，向南延伸分布到地中海及非洲北部，亚洲南部、西南部。生长环境适应性强，中国东部、南部省份生长在路旁、荒地、山坡、林缘等处；其他地区还生长在草原、森林草原、干河谷、半荒漠及砾质坡地等，也见于盐渍化的土壤上，局部地区可成为植物群落的优势种或主要伴生种。

黄花蒿喜温暖、阳光，忌水浸，不耐荫蔽。光照对青蒿素含量的影响较大，对土壤质地及 pH 要求不严，pH 5.4～5.7 对叶片产量及青蒿素含量无大的影响，但性喜开阔向阳的湿润环境，宜排水良好、微偏酸性的少宿根性草本植物的黄壤、冲积土和紫色土（韦美丽等，2005）。

黄花蒿入药，作清热、解暑、截疟、凉血用，还作外用药，亦可用作香料、牲畜饲料。黄花蒿含挥发油，并含青蒿素、黄酮类化合物等。青蒿素，为抗疟的主要有效成分（植物智，2019-12-19）。

防治措施：主要通过人工排除进行防治。具体如下。

人工排除：播种前结合整地，清除。待黄花蒿种子成熟前，连根拔除，或作药用，或烧毁，或厩肥腐熟，或深埋等处理，避免来年发生。

23. 鬼针草（*Bidens pilosa* L.）　别名鬼钗草、虾钳草、蟹钳草、对叉草、粘人草、粘连子、豆渣草，英文名称 Spanishneedles。属菊科（Asteraceae）鬼针草属（*Bidens*）一年生草本。茎直立，钝四棱形，高 30～100cm，钝四棱形，无毛或上部被极稀疏的柔毛，基部直径可达 6mm。茎下部叶较小，3 裂或不分裂，通常在开花前枯萎；中部叶具长 1.5～5.0cm 无翅的柄，三出，小叶 3 枚，很少为具 5 小叶的羽状复叶；两侧小叶椭圆形或卵状椭圆形，长 2.0～4.5cm，宽 1.5～2.5cm，先端锐尖，基部近圆形或阔楔形，有时偏斜，不对称，具短柄，边缘有锯齿；顶生小叶较大，长椭圆形或卵状长圆形，长 3.5～7.0cm，先端渐尖，基部渐狭或近圆形，具长 1～2cm 的柄，边缘有锯齿，无毛或被极稀疏的短柔毛；上部叶小，3 裂或不分裂，条状披针形。头状花序，直径 8～9mm，花序梗长 1～6cm（结果时长 3～10cm）的花序梗。总苞基部被短柔毛，苞片 7～8 枚，条状匙形，上部稍宽，开花时长 3～4mm，结果时长至 5mm，草质，边缘疏被短柔毛或几无毛，外层托片披针形，结果时长 5～6mm，干膜质，背面褐色，具黄色边缘，内层较狭，条状披针形。无舌状花，盘花筒状，长约 4.5mm，冠檐 5 齿裂。花果期 8—10 月。瘦果黑色，条形，略扁，具棱，长 7～13mm，宽约 1mm，上部具稀疏瘤状突起及刚毛，顶端芒刺 3～4 枚，长 1.5～2.5mm，具倒刺毛（植物智，2019-12-19）。

主要有羽叶鬼针草（*Bidens maximowicziana* Oett.）和柳叶鬼针草（*Bidens cernua* L.）两个种。前者分布于我国黑龙江、吉林、辽宁和内蒙古东部，生于路旁及河边湿地，西伯利亚东部、朝鲜、日本也有分布。后者分布在北美、欧洲、亚洲及中国大陆多个省份，生长于海拔 200～3 680m 的地区，一般生于沼泽边缘、草甸及水中（黔农网，2016-06-30）。

白花鬼针草（*Bidens pilosa* L. var. *radiata* Sch.-Bip.）为变种，与鬼针草的区别主要在于头状花序边缘具舌状花 5～7 枚，舌片椭圆状倒卵形，白色，长 5～8mm，宽 3.5～5mm，先端钝或有缺刻（图 3-39）。主要分布于华中、华南、西南各省份。生于村旁、路边及荒地中。广泛分布于亚洲和美洲的热带和亚热带地区（植物智，2019-12-19）。

鬼针草分布于中国华东、华中、华南、西南各省份。生于村旁、路边及荒地中。广泛分布于亚洲和美洲的热带和亚热带地区。喜长于温暖湿润气候区，以疏松肥沃、富含腐殖质的砂质壤土及黏壤土为宜。为一年生晚春性杂草。以种子繁殖，一般 4 月中旬至 5 月种子发芽出苗，发芽适温为 15～30℃，5 月上、中旬大发生高峰期，8—10 月为结实期。种子可借风、流水与粪肥传播，经越冬休眠后萌发（寿海洋等，2014）。

图 3-39　白花鬼针草（陈忠文，2021）

防治措施：可以通过农业防治、合理化学除草等措施进行防治。具体如下。

农业防治：在鬼针草开花之前人工铲除，或是在豆薯播种前清除鬼针草残留的种子，并结合耕翻、整地，消灭土表杂草种子；定期进行水旱轮作，减少杂草的发生。

合理化学除草：每亩用 30～50mL 25%的氟磺胺草醚水剂兑水 40kg，均匀喷雾，效果较好。

24. 马兰（*Aster indicus* L.）　别名鱼鳅串、路边菊、蟛蜞、水兰、卤地菊、黄花龙舌草、黄花曲草、鹿舌草、黄花墨菜、龙舌草等，英文名称

Ammophila arenaria。属菊科（Asteraceae）紫菀属（Aster）多年生草本植物。根状茎有匍枝，有时具直根。茎直立，高 30～70cm，上部有短毛，上部或从下部起有分枝。基部叶在花期枯萎；茎部叶倒披针形或倒卵状矩圆形，长 3～6cm，宽 0.8～2.0cm，顶端钝或尖。叶片基部渐狭成具翅的长柄，边缘从中部以上具有小尖头的钝或尖齿或有羽状裂片，上端变小，全缘，基部急狭无柄，全部叶稍薄质，两面或上面有疏微毛或近无毛，边缘及下面沿脉有短粗毛，中脉在下面凸起。头状花序单生于枝端并排列成疏伞房集。总苞半球形，横直径 6～9mm，竖径高 4～5mm；总苞片 2～3 层，覆瓦状排列；苞片外层倒披针形，长 2mm，内层倒披针状矩圆形，长达 4mm，顶端钝或稍尖，上部草质，有疏短毛，边缘膜质，有缘毛。花托圆锥形。舌状花 1 层，15～20 个，管部长 1.5～1.7mm；舌片浅紫色，长达 10mm，宽 1.5～2.0mm；管状花长 3.5mm，管部长 1.5mm，被短密毛。瘦果倒卵状矩圆形，极扁，长 1.5～2.0mm，宽 1mm，褐色，边缘浅色而有厚肋，上部被腺及短柔毛。冠毛长 0.1～0.8mm，弱而易脱落，不等长。花期 5—9 月，果期 8—10 月（植物智，2019-12-19）。

　　主要变种有 3 种。多型变种〔*Kalimeris indica* （L.）Sch.-Bip. var. *polymorpha* (Vant.) Kitam.〕叶倒卵状矩圆形，下部及中部叶通常长 4～10cm，宽 2～5cm，有 2～4 对深裂片，裂片条形；上部叶条形，全缘，或有一对裂片，上面被疏毛或近无毛；基部叶有浅齿，与上一变种相同；总苞片倒卵状矩圆形（图 3-40）。分布于中国长江流域（四川、湖北、湖南、江西、安徽、江苏）；也分布于中国陕西南部（洋县）、贵州（遵义、纳雍）及云南。多型变种的瘦果常有较少的腺或较明显的微毛。狭叶变种〔*Kalimeris indica* （L.）Sch.-Bip. var. *stenophylla* Kitam.〕叶条状披针形，下部及中部叶有浅齿，近无毛。茎常多分校，总苞片倒卵状矩圆形。分布于中国江苏、江西、

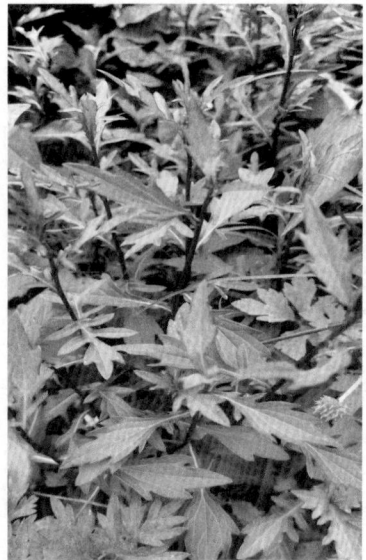

图 3-40　多型变种马兰
（陈忠文，2021）

河南及山西南部。狭苞变种〔*Kalimeris indica* （L.）Sch.-Bip. var. *stenolepis* (Hand.-Mazz.) Kitam.〕叶条状披针形至狭披针形，顶端渐尖，下部及中部叶有浅齿；总苞片狭披针形，顶端尖。分布于中国江苏、浙江、福建、安徽、湖北、陕西南部、四川东部、湖南、广东、江西等省份（植物智，

2019-12-19）。

防治措施：主要通过人工排除进行防治。

人工排除：播种前结合整地，清除其地下根。或结合马兰具有能清热解毒、散瘀止血、利湿、消食、消积等药用价值，不断地剪去嫩梢供人们食用或药用，以达到除草的目的。

25. 刺儿菜（*Cirsium arvense* var. *integrifolium* Wimm. & Grab.）　别名小蓟、青青草、蓟蓟草、刺狗牙、刺蓟、枪刀菜、小恶鸡婆、野红花、小刺盖、刺菜、猫蓟、青刺蓟、千针草、刺蓟菜、青青菜、萋萋菜、刺角菜、木刺艾、刺杆菜、刺刺芽、刺杀草、荠荠毛、刺萝卜、小蓟姆、刺儿草、牛戳刺、刺尖头草、七七牙等，英文名称 cephalanoplos。属菊科（Asteraceae）蓟属（*Cirsium*）多年生草本，具匍匐根茎植物（图 3-41）。茎有棱，幼茎被白色蛛丝状毛（丰城金桥商贸网，2014-07-20）。生叶和中部茎叶椭圆形、长椭圆形或椭圆状倒披针形，顶端钝或圆形，基部楔形，有时有极短的叶柄，通常无叶柄，长 7～15cm，宽 1.5～10cm，上部茎叶渐小，椭圆形或披针形或线状披针形，或全部茎叶不分裂，叶缘有细密

图 3-41　刺儿菜（陈忠文，2021）

的针刺，针刺紧贴叶缘。或叶缘有刺齿，齿顶针刺大小不等，针刺长达3.5mm，或大部茎叶羽状浅裂或半裂或边缘粗大圆锯齿，裂片或锯齿斜三角形，顶端钝，齿顶及裂片顶端有较长的针刺，齿缘及裂片边缘的针刺较短且贴伏。全部茎叶两面同色，绿色或下面色淡，两面无毛，极少两面异色，上面绿色，无毛，下面被稀疏或稠密的绒毛而呈现灰色的，极少两面同色（灰绿色），两面被薄绒毛。头状花序单生茎端，或植株含少数或多数头状花序在茎枝顶端排成伞房花序。总苞卵形、长卵形或卵圆形，直径 1.5～2.0cm。总苞片约 6层，覆瓦状排列，向内层渐长，外层与中层宽 1.5～2.0mm，包括顶端针刺长5～8mm；内层及最内层长椭圆形至线形，长 1.1～2.0cm，宽 1.0～1.8mm；中外层苞片顶端有长不足 0.5mm 的短针刺，内层及最内层渐尖，膜质，短针刺。小花紫红色或白色，雌花花冠长 2.4cm，檐部长 6mm，细管部细丝状，长 18mm，两性花花冠长 1.8cm，檐部长 6mm，细管部细丝状，长 1.2mm。瘦果淡黄色，椭圆形或偏斜椭圆形，外力压扁后长 3mm、宽 1.5mm，顶端斜

截形。冠毛污白色，多层，整体脱落；冠毛刚毛长羽毛状，长 3.5cm，顶端渐细。花果期 5—9 月（中国植物物种信息数据库，2013-10-28）。

刺儿菜为中生植物，适应性很强，任何气候条件下均能生长，普遍群生于摺荒地、耕地、路边、村庄附近，为常见的杂草。

除西藏、云南、广东、广西外，几乎遍布全国各地。分布于平原、丘陵和山地。欧洲东部和中部、西伯利亚及远东、蒙古国、朝鲜、日本均有分布（中国植物物种信息数据库，2013-10-28）。

防治措施：主要通过人工防治、合理使用除草剂进行防治。具体如下。

人工防治：人工直接排除，或结合使用机械排除、割、锄等措施。

合理使用除草剂：从对作物安全角度，推荐使用"异噁草松＋氟磺胺草醚"或者使用大剂量灭草松等。

26. 马唐［*Digitaria sanguinalis*（L.）Scop.］　英文名称 crabgrass。属禾本科（Poaceae）马唐属（*Digitaria*）一年生草本植物（图 3 - 42）。秆直立或下部倾斜，膝曲上升，高 10～80cm，直径 2～3mm，无毛或节生柔毛。叶鞘短于节间，无毛或散生疣基柔毛；叶舌长 1～3mm；叶片线状披针形，长 5～15cm，宽 4～12mm，基部圆形，边缘较厚，微粗糙，具柔毛或无毛。总状花序长 5～18cm，4～12 枚成指状着生于长 1～2cm 的主轴上；穗轴直伸或开展，两侧具宽翼，边缘粗糙；小穗椭圆状披针形，长 3.0～3.5mm；第 1 颖小，短三角形，无脉；第 2 颖具 3 脉，披针形，长为小穗的 1/2 左右，

图 3 - 42　马唐（陈忠文，2021）

脉间及边缘大多具柔毛；第 1 外稃等长于小穗，具 7 脉，中脉平滑，两侧的脉间距离较宽，无毛，边脉上具小刺状粗糙，脉间及边缘生柔毛；第 2 外稃近革质，灰绿色，顶端渐尖，等长于第 1 外稃；花药长约 1mm（中国植物物种信息数据库，2019-12-19）。

马唐是一种生态幅相当宽的广泛分布的中生植物。从温带到热带的气候条件均能适应。它喜湿、好肥、嗜光照，对土壤要求不严格，在弱酸、弱碱性的土壤上均能良好地生长。广泛生长在田边、路旁、沟边、河滩、山坡等各类草本群落中，甚至能侵入竞争力很强的狗牙根、结缕草等群落中。在疏松、湿润而肥沃的摺荒或弃垦的裸地上，往往成为植被演替的先锋种之一，甚至能形成以马唐为优势的先锋群落（贾慎修，1995）。

　　广泛分布于两半球的温带和亚热带山地；在中国分布于西藏、四川、新疆、陕西、甘肃、山西、河北、河南及安徽等地（中国植物物种信息数据库，2019-12-19）。马唐是危害农田、果园的杂草（中国植物物种信息数据库，2019-12-19）。马唐属于秋熟旱地作物恶性杂草（陈树文等，2007）。

　　防治措施：马唐生命力强，能产生大量的杂草种子并大量繁衍后代。根据其发生特点，应建立以化学除草为主、人工拔草为辅的防治措施。

　　27．小蓬草（*Erigeron canadensis* L.）　别名小白酒菊、加拿大蓬、小飞蓬、飞蓬、破布艾、鱼胆草、竹叶艾、臭艾、小山艾，英文名称 Candian fleabane，horse-weed。属菊科（Asteraceae）飞蓬属（*Erigeron*）一年生草本植物（图 3-43）。根纺锤状，具纤维状根。茎直立，高50～100cm 或更高，圆柱状，多少具棱，有条纹，被疏长硬毛，上部多分枝。叶密集，基部叶花期常枯萎，下部叶倒披针形，长 6～10cm，宽 1.0～1.5cm，顶端尖或渐尖，基部渐狭成柄，边缘具疏锯齿或全缘，中部和上部叶较小，线状披针形或线形，近无柄或无柄，全缘或少有具 1～2 个齿，两面或仅上面被疏短毛边缘常被上弯的硬缘毛。头状花序多数，小，直径 3～4mm，排列成顶生多分枝的大圆锥花序；花序梗细，长 5～10mm，总苞近圆柱状，长 2.5～4.0mm；总苞片 2～3 层，淡绿色，线状披针形或线形，顶端渐尖，外层约短于内层之半，背面被疏毛，内层长 3.0～3.5mm，宽约 0.3mm，边缘干膜质，无毛；

图 3-43　小蓬草（陈忠文，2021）

花托平，直径 2.0～2.5mm，具不明显的突起；雌花多数，舌状，白色，长 2.5～3.5mm，舌片小，稍超出花盘，线形，顶端具 2 个钝小齿；两性花淡黄色，花冠管状，长 2.5～3.0mm，上端具 4 或 5 个齿裂，管部上部被疏微毛；瘦果线状披针形，稍用力扁压后长 1.2～1.5mm，被贴微毛；冠毛污白色，1层，糙毛状，长 2.5～3.0mm。花期 5—9 月（植物智，2019-12-19）。

　　原产于北美洲，中国南北各省份均有分布。常生长于旷野、荒地、田边和路旁，为一种常见的杂草。是中国分布最广的入侵物种之一。通过分泌化感物质抑制邻近其他植物的生长［中国外来入侵物种名单（第三批）］。

　　防治措施：可以通过人工拔除、化学防治、机械防治等措施进行防治。具体如下。

人工拔除：通常通过苗期人工拔除。

化学防治：在豆薯等作物播种后至出苗前，每公顷用 25％可湿性粉剂 3 750g兑水 525kg 均匀喷布土表。

机械防治：在小蓬草结果前清除，防止种子散落。

28. 鳢肠 ［*Eclipta prostrata*（L.）L.］ 别名墨旱莲、旱莲草、墨烟草、墨头草、墨菜、猢狲、猪牙草，英文名称 Yerbadetajo。属菊科（Asteraceae）鳢肠属（*Eclipta*）一年生草本植物。茎直立，斜升或平卧，高达 60cm，通常自基部分枝，茎被贴生糙毛。叶长圆状披针形或披针形，无柄或有极短的柄，长 3～10cm，宽 0.5～2.5cm，顶端尖或渐尖，边缘有细锯齿或有时仅波状，两面被密硬糙毛。头状花序直径 6～8mm，有长 2～4cm 的细花序梗；总苞球状钟形，总苞片绿色，草质，5～6 个排成 2 层，长圆形或长圆状披针形，外层较内层稍短，背面及边缘被白色短伏毛；外围的雌花 2 层，舌状，长 2～3mm，舌片短，顶端 2 浅裂或全缘，中央的两性花多数，花冠管状，白色，长约 1.5mm，顶端 4 齿裂；花柱分枝钝，有乳头状突起；花托凸，有披针形或线形的托片。托片中部以上有微毛；瘦果暗褐色，长 2.8mm，雌花的瘦果三棱形，两性花的瘦果扁四棱形，顶端截形，具 1～3 个细齿，基部稍缩小，边缘具白色的肋，表面有小瘤状突起，无毛。花期 6—9 月（图 3 - 44）。

图 3 - 44　旱莲草（陈文忠，2018）

世界热带及亚热带地区广泛分布。中国各省份均有分布（中国植物志，2013-10-21）。生于河边，田边或路旁。喜湿润气候，耐阴湿。

防治措施：可以通过人工除草、机械防治、化学防除等措施进行防治。具体如下。

人工除草：结合农事活动，如在杂草萌发后或生长时期直接进行人工拔除或铲除，或结合中耕施肥等农耕措施剔除杂草。

机械防治：结合农事活动，利用农机具或大型农业机械进行各种耕翻、耙、中耕松土等，在播种前、出苗前除草，直接杀死、刈割或铲除杂草。

化学防除：播种前用土壤处理剂扑草净、异恶草酮、丙炔氟草胺等，茎叶处理剂用三氟莎草醚、灭草松、乳氟禾草灵等。

29. 野艾蒿（*Artemisia lavandulifolia* DC.） 别名细叶艾、荫地蒿、野艾、小叶艾、狭叶艾、苦艾等，英文名称 Artemisia lavandulaefolia。属菊科（Asteraceae）蒿属（*Artemisia*）多年生草本植物，有时为半灌木状，植株有香气。主根稍明显，侧根多；根状茎稍粗，直径4～6mm，常匍地，有细而短的营养枝。茎少数，成小丛，稀少单生，高50～20cm，具纵棱，分枝多，长5～10cm，斜向上伸展；茎、枝被灰白色蛛丝状短柔毛。叶纸质，上面绿色，具密集白色腺点及小凹点，初时疏被灰白色蛛丝状柔毛，叶片生长后期毛稀疏或近无毛，背面除中脉外密被灰白色密棉毛；基生叶与茎下部叶宽卵形或近圆形，长8～13cm，宽7～8cm，二回羽状全裂或一回全裂、二回深裂，具长柄，花期叶萎谢；中部叶卵形、长圆形或近圆形，长6～8cm，宽5～7cm，二回羽状全裂或一回全裂、二回深裂，每侧有裂片2～3枚，裂片椭圆形或长卵形，长3～5cm，宽5～7cm，每枚裂片具2～3枚线状披针形或披针形的小裂片或深裂齿，长3～7mm，宽2～3mm，先端尖，边缘反卷，叶柄长1～2cm，基部有小型羽状分裂的假托叶；上部叶羽状全裂，具短柄或近无柄；苞片叶3全裂或不分裂，裂片或不分裂的苞片叶为线状披针形或披针形，先端尖，边反卷。头状花序极多数，椭圆形或长圆形，直径2.0～2.5mm，有短梗或近无梗，具小苞叶，在分枝的上半部排成密穗状或复穗状花序，并在茎上组成狭长或中等开展，稀为开展的圆锥花序，花后头状花序多下倾；总苞片3～4层，外层总苞片略小，卵形或狭卵形，背面密被灰白色或灰黄色蛛丝状柔毛，边缘狭膜质，中层总苞片长卵形，背面疏被蛛丝状柔毛，边缘宽膜质，内层总苞片长圆形或椭圆形，半膜质，背面近无毛，花序托小，凸起；雌花4～9朵，花冠狭管状，檐部具2裂齿，紫红色，花柱线形，伸出花冠外，先端2叉，叉端尖；两性花10～20朵，花冠管状，檐部紫红色；花药线形，先端附属物尖，长三角形，基部具短尖头，花柱与花冠等长或略长于花冠，先端2叉，叉端扁，扇形。瘦果长卵形或倒卵形。花果期8—10月（图3-45）。

多生于低或中海拔地区的路旁、林缘、山坡、草地、山谷、灌丛及河湖滨草地等。

分布于中国黑龙江、吉林、辽宁、

图3-45 野艾蒿（陈忠文，2021）

内蒙古、河北、山西、陕西、甘肃、山东、江苏、安徽、江西、河南、湖北、湖南、广东（北部）、广西（北部）、四川、贵州、云南等省份；日本、朝鲜、蒙古国及西伯利亚东部及远东地区也有分布（中国植物物种信息数据库，2020-09-29）。

防治措施：可以通过人工除草、机械除草、化学除草等措施进行防治。具体如下。

人工除草：结合翻犁整地，手工捡拾到田地外集中处理。

机械除草：大面积条件下，以拖拉机及其他工具带动达到机械除草目的。

化学除草：选用合理的除草剂在播种前 7～10d 施用。

以上除草方式，可同步进行。

30. 尼泊尔蓼 [*Persicaria nepalensis*（Meisn.）H. Gross] 　英文名称 Nepal polygonum。属蓼科（Polygonaceae）蓼属（*Persicaria*）一年生草本植物（图 3-46）。茎外倾或斜上，自基部多分枝，无毛或在节部疏生腺毛，高 20～40cm。茎下部叶卵形或三角状卵形，长 3～5cm，宽 2～4cm，顶端急尖，基部宽楔形，沿叶柄下延成翅，两面无毛或疏被刺毛，疏生黄色透明腺点，茎上部较小；叶柄长 1～3cm，或近无柄，抱茎；托叶鞘筒状，长 5～10mm，膜质，淡褐色，顶端斜截形，无缘毛，基部具刺毛。花序头状，顶生或腋生，基部常具 1 叶状总苞片，花序梗细长，上部具腺毛；苞片卵状椭圆形，通常无毛，边缘膜质，每苞内具 1 花；花梗比苞片短；花被通常 4 裂，淡紫红色或白色，花被片长圆形，长 2～3mm，顶端圆钝；雄蕊 5～6，与花被近等长，花药暗紫色；花柱 2，下部合生，柱头头状。瘦果宽卵形，双凸镜状，长 2.0～2.5mm，黑色，密生洼点。无光泽，包于宿存花被内。花期 5—8 月，果期 7—10 月（中国植物志）。

图 3-46　尼泊尔蓼（陈忠文，2021）

喜阴湿，生于海拔 200～4 000m 的菜地、玉米地及水边、田边，路旁湿地或林下、亚高山和中山草地、疏林草地。

除新疆外，我国均有分布。国外朝鲜、日本、俄罗斯、阿富汗、巴基斯坦、印度、尼泊尔、菲律宾、印度尼西亚及非洲也有分布（中国植物志）。

　　防治措施：苗期中耕除治。用都尔、氟乐灵、莠去净、阔叶净、苯达松、恶草酮等除草剂防治。

　　总之，旱地杂草很多，因地域分布而异，书中所列举的仅仅是部分。豆薯种植区一定要根据豆薯农作物的生长发育规律和田间杂草危害程度，坚持以农业防治为主、化学防治为辅和以土壤处理为主、茎叶喷雾防治为辅的防治原则，在控制杂草的关键时期实施，以达到增收增效的目的。

豆薯高产高效栽培技术

居地气候、环境、种植习惯不同，种植豆薯的方式也不同。随着科学技术的发展和栽培技术的提高，人们开始探索如何在有限的土地上获取更大的经济效益，提高复种指数，种植高效益作物，发展更多的保护地栽培模式，实现高产、高效是非常必要的。据报道，间套作是多熟种植的主要组成部分，主要分布于亚洲、非洲和拉丁美洲，欧洲和北美洲也开始采用。据粗略估计，世界间套作面积达 1 亿 hm² 以上，在没有扩大土地面积的前提下，间套作可以使产量提高 20%～50%，合理的种植密度和复合群体结构是高产的关键（宁堂原等，2007）。豆薯间套作可使经济效益提高 21.49%～142.65%（陈忠文等，2011；李康等，2009）。而开展豆薯设施栽培，如日光温室栽培，豆薯贮藏根选择在元旦和春节上市，每千克销售价在 25 元左右，按每亩收贮藏根2 500kg，一个占地333m² 的日光温室销售豆薯贮藏根的毛收入在 31 203 元左右，扣除生产成本和其他支出，净利润可达 26 000 元（陈怀勐等，2011）。可以说，豆薯高产高效栽培是进行种植业结构调整、实现农业增效及农民增收、增强农产品竞争力的有效途径之一。

第一节　豆薯露地栽培技术

一、播前准备

1. 种植地选择与整理　为了提高单产、品质，应选择阳光充足、日照时间长、土壤肥力中上等、排灌方便的松软土壤作为栽培地。

(1) 土壤的选择和前茬作物的选择。豆薯对土壤的适应性较广，但适宜的土壤 pH 为 6.5～7.0。吴青等（2003）认为，于黏性土壤中栽培豆薯其贮藏根发育不良、外皮粗糙、纤维多、外观和食用性均差。张连平（2011）认为，在黏性壤土中栽培豆薯，则贮藏根细长、表皮粗糙、纤维多、色泽差。有研究人员发现，如果在同一地块连续多年种植豆薯，则需增施化肥。故选择前茬作物时应选上一年未栽培过豆薯、大豆、花生、蚕豆、豌豆、赤豆、绿豆、豇豆、菜豆和扁豆等豆类作物，未栽培过苜蓿、紫云英、田菁、白车轴草、黄香草木樨等绿肥和饲料作物，未栽培过儿茶、决明、甘草、黄芪、葛、苦参等药用植物的地块，以减少病虫害的发生。前茬作物最好为禾本科、茄科作物。由于豆薯一般生育期长达 180d 以上，因此与前茬作物基本是轮作，即在同一块田地上，有顺序地在季节间或年间轮换种植不同的作物或复种组合的一种种植方式，是用地养地相结合的一种生物学措施。中国早在西汉时就实行休闲轮作。北魏《齐民要术》中有"谷田必须岁易""麻欲得良田，不用故墟""凡谷田，绿豆、小豆底为上，麻、黍、故麻次之，芜菁、大豆为下"等记载，已指出了作物轮作的必要性。通过轮作换茬，可以使根系深浅不同、吸收养分种类不同的作物互相搭配，达到全面利用土壤养分、提高作物产量、实现用地与养地相结合的目的。

合理轮作能够产生很高的生态效益和经济效益。豆薯作物的许多病害如细菌性叶斑病（细菌性褐斑病）、黑心病、根腐病等都通过土壤传播，如与非寄主作物实行轮作，便可消灭或减少这种病原菌在土壤中的数量，减轻病害。对于危害贮藏根的蛴螬、黄蚂蚁等，轮作不感虫的作物后，可使其在土壤中的虫卵减少，减轻危害。轮作同时也是综合防除杂草的重要途径，因不同作物栽培过程中所运用的农业措施不同，对田间杂草有不同的抑制和防除作用。江西省南城县农业局的邓清等（2003）强调，豆薯不要连作，认为应 2～3 年轮作 1 次。如与一些密植的谷类作物轮作，通过密植作物封行（垄）后对一些杂草产生抑制作用，减少这部分杂草对豆薯的危害；与玉米、棉花等中耕作物轮作，通过中耕消除对豆薯有害的杂草。一些伴生或寄生性杂草，如小麦田间的燕麦草、豆科作物田间的菟丝子，轮作后由于失去了伴生作物或寄主，能被消灭或被抑制从而减少对豆薯的危害。一般豆薯种植于旱地，条件允许时，通过水旱轮作在淹水情况下使一些旱生型杂草丧失发芽能力，同时能增加水田土壤的非毛管孔隙，提高氧化还原电位，有利土壤通气和有机质分解，消除土壤中的有毒物质，防止土壤发生次生潜育化过程，可促进土壤有益微生物的繁殖，改变土壤的生态环境。不同作物从土壤中吸收养分的种类和多少各不相同。如禾本科作物对氮和硅的吸收量较多，而对钙的吸收量较少；豆科作物吸收大量的钙，而吸收硅的量极少。因此，两类作物轮换种植，可保证均衡利用土壤养分，避免养分片面消耗。禾本科作物和多年生牧草有庞大根群，可疏松土壤、改善土壤结构，且可借豆薯根瘤菌的固氮作用，补充土壤氮素。

另外，豆薯根为直根系，一般可深达地下 40～70cm，可以利用浅根作物溶脱而向下层移动的养分，把深层土壤的养分吸收转移上来，残留在根系密集的耕作层供下茬轮作作物吸收利用。因此，科学安排豆薯茬口进行轮作，可恢复并提高土壤肥力，减轻病虫危害，增加豆薯贮藏根产量，改善品质，是一项极其重要并且极为有效的农业增产措施。

（2）增施有机肥。 农家肥是指含有大量有机物质、动植物残体、排泄物等，经充分腐熟后制成的缓效肥料。有机肥具有如下优点。一是提高肥料的利用率。有机肥含有多种养分但相对含量低，释放缓慢，而化肥单位养分含量高、成分少、释放快，两者合理配合施用，相互补充，有机质分解产生的有机酸还能促进土壤和化肥中矿质养分的溶解，有利于作物吸收，提高肥料的利用率。二是改良土壤、培肥地力。有机肥施入土壤后，有机质能有效地改善土壤理化状况和生物特性，熟化土壤，增强土壤的保肥供肥能力和缓冲能力，能为作物的生长创造良好的条件。三是提高抗旱耐涝能力。有机肥施入土壤后，可增强土壤的蓄水保水能力，在干旱情况下，可提高作物的抗旱能力，施入有机肥还可以提高土壤孔隙度，使土壤变得疏松，改善植物根系的生态环境，促进根系发育，提高作物耐涝能力。四是增加产量、提高品质。有机肥中含有丰富的有机物和各种营养元素，能为农作物提供营养，有机肥腐解后，能为土壤微生物提供能量和养料，促进微生物活动，加速有机质分解，产生的活性物质等不仅能促进作物的生长，还能提高农产品的品质。五是减轻环境污染。尽量使用充分腐熟的农家肥，还肥于田，达到减轻环境污染的目的。

由于有机肥具有来源广泛、成本较低、养分比较全面、肥效稳定而持久、能够改善土壤结构、肥效长等优点，因此深受种植户青睐。但有机肥大部分养分都以复杂的有机态存在，需要经过微生物转化分解才能释放出各种有效成分供作物吸收利用，这个过程是比较慢的，但是相对而言肥效比较长，其肥效可延续 3~5 年，故有机肥只适合做底肥，一般不宜作种肥和追肥使用。一般每亩施腐熟有机肥 2 000~3 000kg，结合整地翻压于土中。

（3）整地。 将选择好的豆薯地清除前作残茬及杂草、石块，种植地需深松耕 30~40cm，打破犁底层，做到土层深浅适宜、疏松、无大土块。翻犁时每亩施用三元复合肥（氮 15%、磷 15%、钾 15%）20~50kg，结合有机肥翻混于 20cm 左右土层中。做成高 20cm、宽 1m 的畦或垄，畦或垄之间 30cm，每畦或垄长以 15~20m 为宜，以南北走向为佳，保证田间阳光充足及较好的通透性，等待播种。

春旱比较严重的地区，冬翻后应将土壤耙碎耙平，促进土壤熟化。播种前需再进行精细耕地，使土质松软，平整后再开沟播种。地势低洼的地块，可在犁耙后起垄，四周开好排水沟，防止苗期受涝。整地开沟时还需考虑进水和排水的路线，以使灌排水通畅。

2. 品种选择与种子处理

（1）品种选择。 结合当地市场、消费习惯和气候等因素，选择豆薯贮藏根形状为扁圆形、扁球形、纺锤形或圆锥形的早熟种或晚熟种。可供选择的品种有贵州余庆豆薯 1 号、四川遂宁豆薯、成都牧马山豆薯、台湾马来种、广西水东沙葛、广东顺德沙葛等。建议参照附录中国内唯一地方标准《贵州省豆薯种子生产技术规程》(DB52/T 853—2013)之附录 B 中的豆薯种子质量要求执行(表 4 - 1)。

表 4 - 1　豆薯种子质量要求

级别	纯度 不低于/%	净度 不低于/%	发芽率 不低于/%	水分 不高于/%
原种	98	98	85	11
良种	96	98	85	11

(2) 种子处理。 随着《中华人民共和国种子法》的实行,种子的生产加工经营日趋规范,一般所购得的豆薯种子基本上经过风选、筛选和粒选,以及消除秕粒、小粒、破粒、有病虫害的种子和各种杂物等步骤,在播种前无须再次精选。只要将所购豆薯种子适当晒种 1~2h,以促进种子后熟和酶的活动、降低种子内抑制发芽物质含量、提高发芽率和杀菌即可。在我国南方由于豆薯播种期雨水充沛,一般用干种子直接播种;而在北方春季干旱地区,则需要浸种催芽后播种或育苗移栽,一般播前用 30℃温水浸种 3~4h,置于 25~30℃的条件下催芽,待芽初出即进行播种。据山东省青岛市即墨区农业局隋雪德等(2009)介绍的方法,将种子放于 40~50℃温水中浸 30~50h(其间换水 2~3次),之后用两层湿毛巾夹着转放于容器内催芽,催芽时间约 100h,其间每隔 12h 左右用温水冲洗 1 次种子,待 80%以上种子萌芽时即可播种。育苗则将催好芽的种子置入冷床培育,当苗高 5~7cm 时即可栽于大田垄上。移栽时间在胶东地区大约为谷雨前后,如在谷雨前移栽必须采用小拱棚保护。谷雨后,最好在 5 月 5 日后移栽,可以不加拱棚保护,覆盖地膜能增产。生长季节短的地区可育小苗移栽。

3. 不同贮藏根膨大比例的豆薯种子与下代贮藏根关系　陈忠文等人 2007年依据当地农户有自留自繁自引种子的习惯,在农户生产的豆薯种子田中翻挖,选取了贮藏根膨大比例各异的品种或品系的种子,共采集了 380 份样本,分类出 10 份(农户)贮藏根膨大比例各异的豆薯种子:0%(处理 1)、17.65%(处理 2)、37.80%(处理 3)、55.56%(处理 4)、60.00%(处理 5)、70.00%(处理 6)、80.00%(处理 7)、90.20%(处理 8)、98.00%(处理 9)和 100%(处理 10)共 10 个样本各 1kg,进行试验。对各处理小区贮藏根产量结果整理如表 4 - 2 所示。可直观地看出,处理间贮藏根产量差异明显,其中处理 2(贮藏根膨大比例为 17.65%的豆薯种子)实收产量 36.9kg,折合亩产量为 5 293kg,最高;处理 10(贮藏根膨大比例为 100%的豆薯种子)实收产量 34.6kg,折合亩产量为 4 963kg,居第二位;处理 4(贮藏根膨大比例为 55.56％的豆薯种子）实收产量 32.4kg，折合亩产量为 4 647kg。处理 2、处理 10、处理 4 分别比处理 1（贮藏根膨大比例为 0％的豆薯种子）增产 66.97％、56.56％和 46.59％。

表 4‑2　不同贮藏根膨大比例的豆薯种子的贮藏根产量结果

处理	小区产量/kg					折合亩产量/kg	位次
	Ⅰ	Ⅱ	Ⅲ	合计	平均		
1	22.2	22.6	22.5	67.3	22.4	3 213	10
2	39.0	35.1	36.5	110.6	36.9	5 293	1
3	32.3	28.9	26.3	87.5	29.2	4 188	5
4	29.0	34.8	33.5	97.3	32.4	4 647	3
5	26.1	31.1	26.5	83.7	27.9	4 002	6
6	23.7	21.4	31.1	76.2	25.4	3 643	9
7	27.2	22.6	30.0	79.8	26.6	3 815	8
8	29.9	22.7	29.6	82.2	27.4	3 930	7
9	27.5	31.3	30.0	88.8	29.6	4 246	4
10	30.8	37.5	35.4	103.7	34.6	4 963	2
合计	287.7	288.0	301.4	877.1	29.24	4 194	

方差分析表明：处理间贮藏根产量差异达 1％极显著水平。以各处理的平均数进行多重比较结果如表 4‑3 所示。

表 4‑3　不同贮藏根膨大比例种子豆薯产量差异比较

处理	小区平均产量/kg	差异显著性 $F_{0.01}$ (18，9)
2	36.9	A
10	34.6	AB
4	32.4	AB
9	29.6	B
3	29.2	B
5	27.9	BC
8	27.7	BC
7	26.6	BC
6	25.4	BC
1	22.1	C

由表 4‑3 可以看出：处理 2 与处理 9、处理 3、处理 5、处理 8、处理 7、处理 6、处理 1，处理 10、处理 4、处理 9 与处理 1 产量差异也达 1％极显著水平；处理 10、处理 4、处理 9、处理 3、处理 5、处理 8、处理 7、处理 6 两两

间产量差异未达 1%极显著水平，可能与贮藏根平均单个重量有关（表 4-4），即贮藏根平均单个重量的产量名列前茅。

表 4-4　不同贮藏根膨大比例种子豆薯农艺性状考查结果

处理	总株数	贮藏根膨大的株数占全部株数的比例/%	贮藏根单个重量/g	贮藏根形状					贮藏根表面纵沟及须根数				须根数/条
				圆锥形	圆圆形	扁圆状	棒状	其他	无	浅	中	深	
1	150	96.7	221	√						√			2.5
2	150	98.0	392	√						√			1.1
3	150	96.0	346	√						√			2.2
4	150	96.0	324	√							√		3.1
5	150	98.0	279	√						√			2.4
6	150	96.0	254	√						√			2.1
7	150	96.0	266	√						√			1.1
8	150	96.7	277	√						√			3.2
9	150	98.0	296	√							√		4.4
10	150	98.0	369	√						√			2.2

另外，从表 4-4 看到：各处理下一代贮藏根膨大的比例非常接近，都在 96%～98%，且农艺性状表现基本一致，即贮藏根外形均为圆锥形，纵裂表现为浅或中，贮藏根表面须根数少均为 1.1～4.4 条。试验结果表明，作为种子进行生产的豆薯，其贮藏根膨大与否，与其下一代贮藏根膨大没有直接关联。

二、播种方法

播种是指将播种材料按一定数量和方式，适时播入一定深度土层中的作业。播种适当与否直接影响作物的生长发育和产量。

1. 播种时间的确定　不同作物有不同的生长温度范围，作物的整个生育期应当均在可生长的温度范围之内。播种时不仅要保证种子萌发和出苗的温度，还要保证收获期不遭受冻害。一般应结合当地气候，尽量避开病虫害的高发期，综合判断确定播种日期。豆薯喜温喜光，生育期要求较高的温度条件。豆薯发芽的适宜温度为 25～30℃，在此条件下发芽快、出芽粗壮（刘明月，1982）。陈怀劢等（2011）将豆薯种子在 30℃左右的水里浸泡 10～12h，种子吸水膨胀后，用纱布包好放在 25～30℃条件下催芽，每天用温水漂洗 2 次，4～5d 后发芽。地上部及开花结荚期适宜温度为 25～30℃。贮藏根生长发育对温度的适应范围较广，可在较低温度条件下膨大生长，但温度低于 15℃时生长发育会受抑制。由于豆薯生育期较长，所以我国长江流域的大部分地区一般在 3 月中下旬至 5 月上旬播种，偏北方地区应尽早播种，露地播种可在晚霜过后立即进行。山东等地可在 4 月中下旬播种。播种稍晚，则由于生长期不足而大大影响产量。台湾南部地区农民一般在秋冬季播种，为配合耕作制度之需要，播种期早晚相差 1 个月以上。随着科学技术的进步，运用塑料大棚或日光温室等设施，可以根据市场需求随时播种。

据季景元（1963）的试验研究得出，种子用亚麻适宜早播，而纤维用亚麻则适宜晚播。这说明种植时期适当与否，亦影响作物之产量与品质。韩青梅（1996）用泰国交令种及珠仔种为试验材料，研究播种期对豆薯产量与品质的影响。韩青梅于 1991 年及 1992 年秋季分别在台湾省高雄市农业改良场进行试验，泰国交令种和珠仔种的播种日期均为 9 月 5 日、9 月 20 日、10 月 5 日及10 月 20 日，结果显示（表 4 - 5），在豆薯贮藏根重量及产量方面，均以 9 月20 日播种者最优，以 10 月 20 日播种者最差，两个品种结果相同。提早于 9月 5 日播种，气温较高；而延迟至 10 月底播种，气温又太低。一般豆薯生长发育的最适温度为 25℃，气温太高与太低对豆薯生长发育均不利。因此，豆薯在高雄地区应以 9 月中上旬播种较为适宜。

表 4 - 5　不同播种时期对豆薯贮藏根园艺性状及产量的影响（韩青梅，1996）

品种	种植时期	平均重量/ g	平均直径/ cm	平均硬度/ (kg/cm)	平均甜度/ %	产量/ (kg/m²)
珠仔种	9 月 5 日	231.0	9.2	0.88	5.68	30.54
	9 月 20 日	263.8	9.7	0.88	5.93	33.27 *
	10 月 5 日	224.3	8.8	0.88	5.43	29.85
	10 月 20 日	208.0	8.6	0.88	5.15	27.50
泰国交令种	9 月 5 日	239.0	10.0	0.88	5.83	31.87
	9 月 20 日	268.3	10.5	0.88	5.73	35.77 *
	10 月 5 日	230.5	9.5	0.88	5.40	30.74
	10 月 20 日	214.3	9.6	0.88	5.30	28.53

注：* 表示该品种播种期与其他播种期间产量差异达 5% 显著水平。

2. 播种量的确定　单位面积内所用种子的数量称为播种量。计算方法如下：

每亩播种量（kg）=每亩计划育株数/每千克种子粒数×种子纯度×种子发芽率。

在生产实际中，播种量应视土壤质地、温度、病虫草害情况、播种前后土壤墒情、种子大小、播种方式等，适当增加播种量 50%～400%。

根据豆薯种子粒重，一般亩用种量为 3.0～4.5kg。播种方式采用条播或开厢窝播。

3. 播种方式　播种方式即种子在单位面积土地上的分布方式。常见的方式有撒播、条播、穴播等。

(1) 穴播。穴播即在播行上每隔一定距离开穴播种。按 150～200cm 宽开厢作畦。一般有两种方式：一是用锄头轻挖 4～5cm 深的播种穴，每穴播种 2粒，种子平排于定植穴两端，注意不让其相互挤挨在一处；二是打穴播种，用直径 2.5cm 的小棍棒等距离打穴，穴深 2～3cm，逐穴播种 1 粒。播后立即覆盖过筛净土 1～2cm。株行距以 25cm×（20～23）cm 为宜，早熟品种可增加密度至 10cm×18cm 或 12cm×18cm，一般每亩用种量为 3.0～4.5kg，基本苗保证在 10 000～20 000 株。点播能保证株距和密度，有利于节省种子，便于间苗、中耕。采用精量播种机播种，可按一定的距离和深度，精确地在每穴播下 1 粒或 2 粒种子，还可结合播种撒入除草剂和农药，可大大节约种子，减少间苗、定苗作业，但对整地和种子质量的要求较高。

(2) 条播。条播即将种子成行地播入土层中。特点是播种深度较一致，种子在行内的分布较均匀，便于进行行间中耕除草、施肥等管理措施和机械操作。条播是目前广泛应用的一种方式。按行距及播幅的不同，条播又有 2 种不同规格。①宽畦条播。畦宽 100～200cm，畦间距 40cm 左右，行间距离一般为 15～30cm。②窄垄条播。垄宽 100cm，高 20cm 左右。垄间距 25cm 左右，每垄种植 4 行，窝距 10～25cm。

早春播种为了提高地温、提早上市和防止大雨冲刷造成种子裸露，通常播种后在畦面平铺覆盖地膜，待幼芽拱土时及时揭膜通风炼苗。另外为了节省人工除草时间，避免杂草滋生影响幼苗生长，一般于播种前 10d 用 10% 草甘膦水剂 60 倍液，或 41% 草甘膦水剂 300 倍液喷洒防除 1 次，效果较好。

(3) 育苗移栽。培养土的制备。培养土质量的好坏对秧苗生长发育的影响很大，为了培育壮苗，要求培养土肥沃、疏松，呈微酸性或中性，保水排水性能良好，不带病虫和杂草种子。要使培养土具备上述优良性状，必须经过科学配制、堆沤发酵、药剂消毒等过程。一般选择肥沃的菜园土为培养土，但不要使用同科蔬菜的园土。园土最好在 8 月高温时挖取，经充分烤晒后，打碎、过筛，筛好的园土应储存于室内或用薄膜覆盖，保持干燥状态备用。充分腐熟的有机肥料如人畜粪尿、其他栏粪或堆厩肥、食用菌下脚料等是主要的营养源，其含量应占培养土的 20%～30%。未经腐熟的有机肥带有病原菌较多，易侵害秧苗。也可将有机肥与园土混合堆积起来，待完全腐熟后再使用。于大约 1 000kg 培养土中再加入尿素 1kg、氯化钾 0.5kg、过磷酸钙或钙镁磷肥 2kg。炭化谷壳或草木灰能增加钾素，使土壤疏松、透气、颜色变深，能多吸收太阳热能，提高土温，其含量可占培养土的 20%～30%。谷壳炭化时应掌握好适宜的程度，一般以谷壳完全炭化，但仍基本保持原形为宜。如缺乏谷壳，也可用种植食用菌后的废棉籽屑代替，与园土、有机肥一同堆沤发酵。应在播种育苗前的40～50d完成堆沤发酵。

根据当地季节和市场需求确定适当播种期，以营养钵育苗移栽为好。如用薄膜覆盖苗床保温育苗，可将播种期提前，并提早上市。播种时每穴播种子2～3粒。在移栽前间去多余的弱苗，每穴只留1株生长健壮的秧苗。作畦移栽时，畦宽180～200cm，沟宽40cm，每畦栽5～6行，行距25～30cm，株距15～25cm，在苗高10～12cm时移栽。

4. 播种深度对贮藏根形状的影响　播种过深，延迟出苗，幼苗瘦弱，根状茎或胚轴伸长，根系不发达；播种过浅，表土易干，不能顺利发芽，造成缺苗断垄。一般在干旱、沙土地、土壤水分不足、种子粒大等情况下，播种宜深；对于黏质土壤、土壤水分充足的地块、小粒种子、子叶出土的双子叶作物，播种宜浅。

陈忠文2007年研究了豆薯播种深度对贮藏根形状的影响。试验采用正交设计 L_9（3^4）338-1、338-2、335-1 为 3 个品系，花序长度 1、2、3 分别代表24.7cm、34.5cm、46.0cm。试验在余庆县白泥镇上里村下窑组姚元才责任地实施，海拔600m，黄壤土，前作水稻。2007年4月6日播种，4月19日出苗，5月30日至6月3日打顶抹芽，7月31日挖取贮藏根。研究结果见表4-6。

表4-6　豆薯花序长度与播种深度二因素三水平正交试验 L_9（3^4）设计与结果

| 试号 | 因素 | | | | 贮藏根 | | | | | | | | |
| | 花序长度/ cm | 空闲 | 播种深度/cm | 空闲 | 产量/ kg | 纵径/ cm | 横径/ cm | 形状指数 | 形状 | | | | |
									圆锥	扁圆	纺锤	棒柱	其他
1	1 (338-2)	1	15	2	10.9	6.9	7.6	0.91	√				
2	2 (338-1)	1	1	1	9.1	6.7	7.9	0.85	√				
3	3 (335-1)	1	5	3	8.0	5.5	8.1	0.68		√			
4	1 (338-2)	2	5	1	11.8	7.6	11.9	0.68		√			
5	2 (338-1)	2	15	3	9.5	7.4	8.4	0.75	√				
6	3 (335-1)	2	1	2	12.0	8.1	8.7	0.96	√				
7	1 (338-2)	3	3	3	9.0	7.3	9.5	0.84	√				
8	2 (338-1)	3	5	2	12.0	7.7	8.2	0.81	√				
9	3 (335-1)	3	15	1	8.5	6.2		0.75				√	
指Ⅰ	31.70	28.00	30.10	29.40									
标Ⅱ	30.60	33.30	31.80	34.90									
和Ⅲ	28.50	29.50	28.90	26.50	T= 90.80								

注："空闲"列中1、2、3代表应用正交试验表安排因素时拟安排的因素水平，指标和Ⅰ、Ⅱ、Ⅲ代表试验因素水平和，7代表试验因素产量总和。

为了便于对贮藏根形状进行分析比较，对贮藏根形状指数（贮藏根纵径/横径）进行方差分析（表 4 - 7），结果表明，不同播种深度（1～15cm）对豆薯贮藏根形状的影响未达到 10% 的差异水平。尽管试验因素主效应不显著，但可以通过各因素主效应在总平方和中所占的比率来分析、解释因素的影响情况。通过计算可知，豆薯播种深度对贮藏根形状的影响率为 31.47%[*]。

表 4 - 7　豆薯试验贮藏根形状指数结果的方差分析

处理因素	平方和（SS）	自由度（df）	均方和（V）	比值（F）	显著性
花序长度	0.000 2	2	0.000 1		
播种深度	0.038 4	2	0.019 2	3.14	$F_{0.10}$ (2, 6) =3.46
误差	0.036 8	4	0.009 2		
合并误差	0.037 0	6	0.006 1		

三、种植密度与贮藏根产量

合理密植是增加作物产量的重要措施，通过调节植物单位面积内个体与群体之间的关系，使个体发育健壮，群体生长协调，达到高产的目的。对豆薯而言，从理论上来说，单位面积上的株数越多、单个贮藏根越重，产量越高。但在生产实践中这两个因素是相互制约的。在稀植条件下，单位面积上植株数量较少，地上通风透光良好，地下肥水充足，个体得到充分发育，单个贮藏根大且重，但因总量少，产量不会高；而过度密植时，虽然群体大、贮藏根个数多，但因植株个体之间争光、争水、争肥等，最后导致单个贮藏根小，同样不能获得高产。所以，豆薯株距、行距要多少才算合理，必须根据自然条件（土壤、肥力、光照、水分等）、品种特性、耕作施肥和其他栽培技术水平而定。

1. 不同种植密度下豆薯贮藏根产量差异显著　豆薯贮藏根产量是由单位土地面积上的作物群体的产量，即由个体器官数量所构成。一般来说，随着种植密度的增加，单位面积的贮藏根数会增多，有利于提高产量。但是，当单位面积上的植株（贮藏根）数增加到一定程度之后，单位面积贮藏根产量并不因此而增多，甚至反而减少。因此，种植密度并非产量构成的单一因素，要做到产量构成各个因素协调发展，实现最佳组合。陈忠文等（2013）进行了豆薯品种（系）、种植密度、肉质根采收期三因素 L_{18} （6×3^6）混合正交试验，地点在贵州省余庆县白泥镇原子营村，海拔 560m，黄壤土，前作蔬菜，地力中下等。于 2011 年 4 月 14 日直播，分别于当年 8 月 10 日、30 日和 9 月 20 日收获并称得鲜重。结果见表 4 - 8。

---

　[*] 豆薯播种深度对贮藏根形状的影响率＝（播种深度因素的平方和—播种深度因素的自由度×误差均方）/总平方和×100%＝31.47%。

表 4-8　豆薯品系、密度、采收三因素混合正交试验 L_{18}（6×3^6）方案与结果

试验号	品系	密度 （cm×cm）	空闲	采收期	空闲	空闲	空闲	贮藏根产量/kg
1	1	15×15	1	1（8月10日）	1	1	1	50.0
2	1	15×20	2	2（8月30日）	2	2	2	51.0
3	1	15×30	3	3（9月20日）	3	3	3	49.5
4	2	15×15	1	2（8月30日）	2	3	3	56.0
5	2	15×20	2	3（9月20日）	3	1	1	79.0
6	2	15×30	3	1（8月10日）	1	2	2	37.0
7	3	15×15	2	1（8月10日）	3	2	3	37.0
8	3	15×20	3	2（8月30日）	1	3	1	45.0
9	3	15×30	1	3（9月20日）	2	1	2	61.0
10	4	15×15	3	3（9月20日）	2	2	1	72.0
11	4	15×20	1	1（8月10日）	3	3	2	41.0
12	4	15×30	2	2（8月30日）	1	1	3	36.0
13	5	15×15	2	3（9月20日）	1	3	2	73.0
14	5	15×20	3	1（8月10日）	2	1	3	30.0
15	5	15×30	1	2（8月30日）	3	2	1	37.0
16	6	15×15	3	2（8月30日）	3	1	2	57.0
17	6	15×20	1	3（9月20日）	1	2	3	60.0
18	6	15×30	2	1（8月10日）	2	3	1	29.5
	Ⅰ	150.5　345.0	305.0	224.5	301.0	313.0	312.5	T=901.0
	Ⅱ	172.0　306.0	305.5	282.0	299.5	294.0	320.0	CT=45 100.555 6
	Ⅲ	143.0　250.0	290.5	394.5	300.5	294.0	268.5	$\sum Y^2$=48 890.500 0
水平 产量 之和	Ⅳ	149.0						SST=3 789.444 4
	Ⅴ	140.0						SS₁=45 315.500 0－ CT=214.944 4
								SS₂=45 860.166 6－ CT=759.611 0
	Ⅵ	146.5						SS₄=47 592.416 6－ CT=2 491.861 0
								SSₑ=323.028 0

注：①"品系"列数字1、2、3、4、5、6为1～6号品系。"空闲"列数字1、2、3代表应用正交试验表安排因素时拟安排的因素水平。

②小区面积为105cm×840cm。

T：各处理试验结果之和

CT：修正项＝指标（贮藏根）总和的平方/指标数据个数（正交表试验次数×重复数）

$\sum Y^2$：指标平方＝处理（贮藏根产量）平方和

SST：总平方和＝所有贮藏根产量数据平方之和－修正项

SSe：误差平方和＝（所有贮藏根产量值平方之和－各个重复产量值平方和）/试验重复数

SS_1、SS_2、SS_4分别为品系平方和、种植刻度平方和、贮藏根采收期平方和。

方差分析结果表明，豆薯种植密度对贮藏根产量的影响达1%极显著差异水平，影响率为17.86%。

试验较优条件下（9月20日采收贮藏根、种植密度15cm×15cm、品系2），每亩贮藏根产量5 519.6～5 559.2kg（$F_{(2,13)}=9.17>F_{(0.01)}=6.70$）。

文西强等（2009）对豆薯的密度进行研究。试验品种为余庆地瓜1号。采用随机区组设计，3次重复，小区长4.8m、宽3.6m，小区面积17.28m²，重复间及四周留30cm的过道，四周栽5行保护行。

试验地设在余庆县白泥镇子营社区彭毕昌农户责任地，海拔580m，黄壤土，肥力中等，年平均日照时数1 241h。

播种前亩施复合肥30kg作基肥。2008年4月16日播种，每穴播2粒种子，出苗后苗高10cm进行匀苗，每穴留1苗，同时用6%四聚乙醛颗粒剂穴施，每穴施5～6粒防治蜗牛、蛞蝓危害幼苗。苗高35cm时亩施复合肥20kg作追肥，同时进行摘心，防止地上部分徒长，促进地下贮藏根膨大。开花期及时摘除花蕾，以减少养分消耗。9月15日采收豆薯贮藏根。试验结果表明种植密度导致豆薯贮藏根产量差异显著。3个处理中，每亩种植66 700株，贮藏根亩产量最高，为6 847.6kg，居第1位；每亩种植16 675株，亩产量为2 331.4kg，居第2位；每亩种植7 411株，亩产量最低，为1 137.5kg，居第3位（表4-9）。

表4-9　不同种植密度豆薯产量比较

| 处理 | 小区产量/kg | | | | 折合亩产量/kg | 差异显著性LSD法 | | 位次 |
	Ⅰ	Ⅱ	Ⅲ	平均		1%	5%	
A（66 700株/亩）	171.9	183.2	177.1	177.4	6 847.6	A	a	1
B（16 675株/亩）	63.1	57.2	60.9	60.4	2 331.4	B	b	2
C（7 411株/亩）	30.8	27.9	29.7	29.5	1 137.5	C	c	3

经LSD测验种植密度对豆薯产量影响显著，不同种植密度间豆薯产量差异达1%极显著水平。

2. 种植密度影响豆薯农艺性状及品质　从表4-10可知，豆薯柄长、横径、纵径随种植密度增大而减小，单株产量随种植密度增大而降低。豆薯大薯（贮藏根单个重200g以上）比例随种植密度增大而降低，豆薯中薯（贮藏根单个重100～200g）比例、小薯（贮藏根单个重100g以下）比例随种植密度增大而提高。这是由于随着种植密度加大使单株营养面积减少所致。减少豆薯小薯率有利于提高豆薯产量,生产上要求选择光照条件好、肥力中上的田块种植豆薯。

表4-10　不同种植密度豆薯经济性状考查结果

处理	平均柄长/cm	平均纵径/cm	平均横径/cm	豆薯分级/%			单株平均产量/g	理论亩产量/kg
				大薯率	中薯率	小薯率		
A (66 700 株/亩)	2.08	6.95	6.05	8.60	70.35	20.10	107.5	7 170.3
B (16 675 株/亩)	2.15	8.47	6.17	25.70	66.20	8.10	139.5	2 326.2
C (7 411 株/亩)	2.60	9.00	6.57	41.40	54.30	4.30	158.5	1 174.6

韩青梅在1991年和1992年于台湾省高雄市农业改良场农场研究了不同种植密度对豆薯产量及品质的影响。试验田沙质壤土,以泰国交令种及珠仔种(外来种)为供试材料,试验设计采用裂区设计,以品种为主区,种植密度为副区,重复4次,小区面积7.5m²,种植密度分4种行株距,分别为30cm×30cm (A)、30cm×25cm (B)、40cm×30cm (C)、40cm×25cm (D)。采用点播法播种,每穴播2粒种子,于1991年10月5日播种。试验结果如表4-11所示,种植密度对泰国交令种贮藏根单个重影响颇大,其中以行株距为40cm×30cm的平均单个贮藏根重量最重,为269g,其次是行株距为40cm×25cm的平均单个贮藏根重量,为267g,但两者间差异不显著。30cm×30cm与30cm×25cm两者平均单个贮藏根重量差异不显著,但与行距40cm的差异达极显著。因此认为行距对豆薯贮藏根重量的影响较株距大。豆薯贮藏根平均直径大小也是株行距为40cm×30cm的最大,平均直径达10.6cm,行株距为40cm×25cm的直径次大,平均10.5cm,但两处理间差异未达显著性差异水平。行株距30cm×30cm的直径为9.3cm,行株距为30cm×25cm的直径最小,仅为9.1cm,此两者间差异亦不显著。直径的大小对贮藏根重量的影响最大,贮藏根越重则直径越大,反之则越小,故行距对直径的影响也比株距大。硬度影响豆薯的储运,硬度高者较耐储运,各株行距间贮藏根的硬度比较,以40cm×25cm的最硬,平均每平方厘米可承受7.822N的重力,但各处理间差异不大。甜度影响风味,甜度越高者,风味越佳,反之则差,各处理间甜度以Brix表示,平均值为4.1~4.3,差异不显著。不同株行距对产量的影响很大,在各处理间差异达极显著水平,以30cm×25cm的产量最高,平均每0.1公顷

产量达3 147kg，30cm×30cm 者次之，平均每 0.1 公顷产量达2 678kg，40cm ×30cm 的产量最低，每 0.1 公顷产量仅为2 240kg。珠仔种在不同种植密度下的贮藏根重、直径、硬度、甜度及产量等各方面的表现均和泰国种有相似的结果。行距宽，豆薯贮藏根较重，直径较大，但总产量偏低。行株距对硬度及甜度影响不大，但对豆薯的大小和产量影响较大，两品种均以株行距为 30cm× 25cm 的产量最高。

表 4-11　不同种植密度对豆薯贮藏根园艺性状及产量的影响（韩青梅，1996）

品种	行株距/ cm	种植株数/ （株/m^2）	平均单个 重/g	平均直 径/cm	平均硬度/ （N/cm^2）	平均甜 度/Brix	产量/ （kg/m^2）
	40×30	8.333	249	9.6	8.62	4.3	2.075*
珠仔种	40×25	10.000	246	9.5	8.62	4.2	2.460
	30×30	11.111	220	8.3	8.62	4.1	2.444
	30×25	13.333	211	8.1	8.72	4.1	2.813
	40×30	8.333	269	10.6	8.62	4.2	2.240*
泰国交 令种	40×25	10.000	267	10.5	8.72	4.3	2.670
	30×30	11.111	241	9.3	8.62	4.2	2.678
	30×25	13.333	236	9.1	8.62	4.1	3.147

注：＊表示同栏内该密度贮藏根产量与其余密度贮藏根产量差异用 Duncan's 多变域法测定达 5% 显著水平差异，而其余密度贮藏根产量两两间差异未达 5% 显著水平。

四、田间管理措施

田间管理是指大田生产中，作物从播种到收获的整个栽培过程所进行的各种管理措施，即为作物的生长发育创造良好条件的劳动过程。豆薯的田间管理涉及播种（或移栽）直至收获所采取的一系列田间农业技术措施，包括间苗、定苗、补苗、施肥、排灌、去叶、打顶及防治病虫杂草等。豆薯作物要丰产，就要加强田间管理。田间管理可以调节好作物与环境的关系、个体与群体的关系、作物营养生长和生殖生长的关系，以获得较高的贮藏根产量。

豆薯整个生长期的管理原则是前促、中控、后保。前期以植株生长为核心，促进地上部分生长，苗期管理的主要目标是苗齐、苗壮，叶色浓绿，根系发育良好，尽可能促使豆薯早生快发。施肥以氮磷肥为主，出苗 60d 内将 90% 的肥料施入田间；中期要控制茎叶生长，其营养供给地下贮藏根；后期不能使叶色过早发黄，以保持叶片的光合效率，多制造养分供给地下贮藏根，施肥以钾肥为主，适当补施氮肥，收获前 30d 应将肥料全部施入田间。

1. 发芽期保持土壤湿润状态　发芽期土壤含水量至少应占最大持水量的60%～70%，以保证种子正常萌发。土壤通气状态好，有利于根系的生长，确保正常出苗。春季农作区大多冬春干旱的情况下不利于出苗和幼苗生长，在有水源灌溉的条件下，视天气及土壤情况进行灌溉。可用喷灌、沟灌、滴灌等方式，以土湿而不烂根为宜。

2. 幼苗期及时破膜出苗、间苗、补苗　一般播种 12～15d 后幼苗出土。将薄膜扎洞，引幼苗出膜，在幼苗基部将地膜盖紧压严。第 1 对基生叶（单叶）出现后及时进行间苗、补苗，每穴留苗 2～3 株。苗齐后去弱留壮，根据用途，作贮藏根生产，每窝定苗 1 株，作种子生产，每窝定苗 2 株。补苗时尽量选择阴天将幼苗带土团移栽。

3. 发棵期及时松土除草与合理施肥　苗期要及时松土除草和追肥，每松 1 次土，浇 1 次腐熟人粪尿，促其早发。一般待第 2 片真叶长出时，每亩用尿素 5kg、过磷酸钙 5kg，兑清粪水 1 000kg 作提苗肥。当苗高 7～8cm 或长出 5～6 片真叶时，结合锄草追肥，每亩用尿素 10kg、过磷酸钙 5kg，兑清粪水 1 000kg。如基肥充足，能满足生长发育的养分需求，苗长势良好，则不再追肥。待长出 7～11 片叶或出现花序后，每亩追施氮磷钾三元复合肥 15～20kg，共追 1～2 次，间隔 20d 左右。种子生产则在豆薯出现花蕾后，结合除草每亩施氮磷钾三元复合肥 15～20kg 或在初花期适当施用花荚肥，每亩用磷酸二氢钾和硼肥（硼酸 H_3BO_3 或硼砂 $Na_2B_4O_7 \cdot 10H_2O$）各 200g 兑水 60kg 喷施，以提高结实率，促进籽粒饱满。所施肥料应距植株适当距离并盖土，防止伤根。

2009 年，据山东省青岛市即墨区农业局隋雪德等人介绍，豆薯在当地前期生长较缓慢，应采用肥水促进，但用氮肥不能过多，应以磷、钾为主，辅以氮肥，防止碳氮比失调，还应注意中耕除草。

4. 薯根膨大与开花结荚期植株调整　当豆薯植株长到 30cm 左右高度时，及时摘除侧蔓及花蕾、花序，以节省养分，促进贮藏根膨大。当植株长至 20 节左右时，摘心，控制顶端生长，保留其叶片，以进行光合作用，促进贮藏根形成。对于打顶抹枝以提高产量，不同的研究者给出了不同的数据。Martinez（1936）指出，在墨西哥，非繁殖性修剪产量增加了 7 倍。Castellanos 等（1996）在测试 3 个产量最高的墨西哥品种时，产量增大 140%～340%，而 Grum 等（1996）在汤加测试 32 份材料时，产量增长 7%～39%。Séraphin Zanklan（2007）研究认为，摘除花序能使贮藏根增产 50%～100%。刘明月（1992）认为，进行植株调整比不调整增产 50%～60%。这些研究成果表明，打顶抹枝是必需的。另外，Grum 等（1996）在汤加进行连续 2 个季节的 3 次田间试验未证实品种来源与打顶抹枝之间的相关性，通过对 32 个豆薯品种的打顶抹枝与环境效应的研究，发现打顶抹枝能均匀地提高各品种的贮藏根产量。此外，尽管这些材料在贮藏根形状、可溶性糖和干物质含量上有所不同，但打顶抹枝对这些品质性状没有任何影响。在贵州等地的豆薯贮藏根生产中一般不用搭架支撑，但在广西等一些热量充沛的地方，豆薯植株生长过快，要保证叶片的数量（因为叶片是制造养分的器官），则必须搭架支撑。一般待苗高15cm时进行搭架，据李玉敏等（2003）报道搭架能使贮藏根增产25%～30%。刘明月（1992）则认为搭架能比爬地栽培增产70%左右。搭架多用竹竿，直径2～4cm、高1.2cm，每个植株使用1根竹竿，留高1m左右。为防大风将竹竿刮倒，可将3～4根竹竿在顶部用绳或布条扎在一起防风。当蔓长20cm时进行人工引蔓上架，将蔓逆时针方向缠绕在竹竿上。在植株长至20片叶左右时进行摘心，控制侧枝生长须进行4次左右，每次间隔5～7d。如果前期主蔓生长旺盛，刚萌发的腋芽（第1个侧枝）可不用抹除，待主蔓长至1m长时去掉生长点，使叶片肥大，以提供养分供给贮藏根吸收利用。此时去掉主蔓的生长优势，叶腋内的腋芽已大量萌生，可使豆薯枝繁叶茂。侧枝生长旺盛时，每个叶腋内都藏着3～5个侧枝生长点，若抹去第1个侧枝，则将很快地从第1个侧枝旁边生出2个新的侧枝——再生侧枝。这些侧枝（包括第1侧枝在内）长势快而旺，据胡世风（1998）观察，从侧枝生出之日起，在3～4d内就可超过主枝，对地下贮藏根膨大影响较大，若不及时抹除，则造成产量低、上市晚，达不到高产的目的。因此，整枝打叉是达到高产的主要环节。一般在引蔓上架后抹除侧枝。胡世风（1998）介绍了一种除侧枝方法，首先制作好除侧枝工具，钢锯条2根，长度13cm左右。用细绳或铁丝把两根锯条从两头捆在一块，带眼的一头眼内用小细绳结个环，待除侧枝时套在小手指上用。除去侧枝时，用左手拿住主蔓，以免摆动，把绳环套在右手的小指上，手拿锯条，在刚抹掉的侧枝两旁（叶柄和主茎的交叉点两旁）轻轻来回锯几下，使所锯之处破皮露出木质部为止，彻底破坏主蔓两旁的再生侧枝生长点，2d过后便可结疤。从此侧枝永不再萌生（注意不要把叶片碰掉）。也可用手指甲刮坏生长点，但该法可能会对人体皮肤有伤害。刘仕龙（1994）报道了湖南省益阳市黄家仑村村民田迪夫在700m²豆薯田内改全田施多效唑为用脱脂棉球点涂腋芽，找到了控制腋芽分枝的有效办法，具有节省用药、早结薯、高产高效、简便易行的明显优势。点涂腋芽主要把握住"两适"关键：一是适量，即用15%多效唑可湿性粉剂5g，兑水1.5～2.0kg，用玻璃瓶盛好药液，用毛笔或小竹枝扎脱脂棉球涂药水于叶腋间，若浓度太小，用量过少，则起不到抑制腋芽分枝的作用；二是适时，一般主蔓长到70cm、有10～12片叶时，抢在主蔓腋芽萌发露头、转入与贮藏根生长并进前及时涂药，株株涂到，每腋不漏，视薯苗长势，既可一次到位，也可分批进行，但务必在晴天涂药，涂药后8h内遇雨淋洗，要注意查看，若腋芽再起，需立即补涂。该法可使侧枝一次抹除，再不萌生，大大减少了劳动。

郑东（1992）研究了不同浓度青鲜素对豆薯侧芽生长及贮藏根的影响，找出了既能抑制侧芽又不致影响产量的适宜浓度，为生产应用提供了依据。试验分别于 1986 年和 1987 年的 4—7 月在华南农业大学蔬菜场进行。供试豆薯品种为南海沙葛[*]，青鲜素为有效成分含量 35% 的白色粉剂。试验设 5 个处理，即浓度为 1 000 mg/kg、1 500 mg/kg、2 000 mg/kg、2 500 mg/kg 和无喷药区（对照），3 次重复，小区面积 133.4 m²，随机排列。豆薯植株在 17～19 片叶时打顶。在豆薯打顶以后的第 3 天喷第 1 次药，事先将 2cm 以上的侧芽和花芽摘除。以后每隔 14d 喷 1 次，全期可喷药 3 次。喷药方法按所需的浓度，将青鲜素用田间清水配成药液，每亩喷 35kg 药液，用背负式喷雾器对豆薯叶面进行均匀喷洒，以叶面有水珠而不致滴下为宜。为了避免药液蒸发过快，喷药在无风的 14 时以后进行。第 1 次喷药后，每小区选 10 株作调查，每隔 7d 调查 1 次侧芽的发生及生长情况，共调查 5 次，在调查的同时将侧芽摘除，收获时统计小区产量。1986 年和 1987 年的试验结果表明，喷洒不同浓度的青鲜素对豆薯侧芽的生长都有抑制作用，浓度越高，抑制效果越明显；2 500 mg/kg 和 2 000 mg/kg 处理的侧芽生长量仅为对照的 2.0% 和 3.9%，而 1 500 mg/kg 和 1 000 mg/kg 处理的也只有对照的 13.1% 和 19.2%（1986 年和 1987 年两年的平均值）。

试验（表 4 - 12）的方差分析结果表明：浓度为 1 000 mg/kg 和 1 500 mg/kg 的青鲜素对豆薯贮藏根产量的影响（1986 年和 1987 年 F 值分别为 0.28 和 0.82）均未达 5% 的显著差异水平 $[F_{0.05}(5.14)]$。

表 4 - 12　不同浓度的青鲜素对豆薯贮藏根的影响（郑东，1992）

年份	处理浓度/ (mg/kg)	调查株数/ 株	小区贮藏根重/kg	亩产量/ kg	产量比较/ %	单株贮藏根重/kg	250g 以下	
							个数	占总数%
	对照	99	57.25	2 863	100.0	0.58	8	8.1
	1 000	100	57.25	2 863	100.0	0.57	12	12.0
1986	1 500	99	56.50	2 825	98.6	0.57	11	11.1
	2 000	101	53.50	2 675	93.4	0.53	16	15.8
	2 500	100	48.75	2 478	86.6	0.49	23	23.0

---

　[*]《种子法》示出台之前，豆薯作为小宗作物，没有强制进行审定或登记要求，"南海沙葛"大概是以当地地域名称种植的豆薯品种称谓。

（续）

年份	处理浓度/（mg/kg）	调查株数/株	小区贮藏根重/kg	亩产量/kg	产量比较/%	单株贮藏根重/kg	250g以下	
							个数	占总数%
	对照	115	58.50	2 925	100.0	0.51	12	10.4
	1 000	114	57.75	2 888	98.7	0.51	15	13.2
1987	1 500	116	57.45	2 873	98.2	0.50	17	14.7
	2 000	115	54.00	2 700	92.3	0.47	26	22.6
	2 500	113	47.75	2 388	81.6	0.42	33	29.2

　　打顶抹芽完毕后，植株上部叶片逐渐肥大，根部开始膨大，这时正是营养生长和生殖生长并进的时期，摄取养分集中，是决定豆薯产量高低的关键时期，对缺肥的地块必须适时补充一定量的养分（肥料），促使贮藏根膨大。胡世风（1998）的方法是顺豆薯行在行中间开沟，每亩施25kg磷肥，随施随封沟。

　　此生育阶段地上部茎叶生长进入旺盛期，地下贮藏根膨大，是对水分的敏感期。此时期也是雨水集中的时期，若土壤通气性差，则根系易早衰，影响产量和品质。此期应注意疏通畦沟排水防涝。生长中后期的叶片肥大而密，易造成田间郁蔽，通风不良。这时要逐渐剪下部分老叶，遇干旱适量浇水，保证产量。隋雪德等（2009）报道山东省青岛市即墨区豆薯生长中后期不得受旱，特别是贮藏根膨大期，此时适时适量浇水能增产，并能提高豆薯的商品价值。

　　5. 病虫害防治方法　在苗期主要防治蝼蛄和地老虎等虫害，前者一般每亩用6%的四聚乙醛颗粒剂200g于下午撒在豆薯苗根部即可。防治地老虎可用2.5%溴氰菊酯乳油12～16mL或50%辛硫磷乳油400mL兑水60kg喷雾或人工捕杀。苗生长中后期主要防螨类为害，在发病初期每亩用50%代森锰锌可湿性粉剂100g加25%多菌灵可湿性粉剂100g或50%甲基硫菌灵可湿性粉剂100g兑水60kg喷雾。隋雪德等（2009）报道山东省青岛市即墨区豆薯病害主要有根腐病、枯萎病、锈病等，可用杀菌剂防治。虫害有根蛆、蚜虫、豆象等，以综合防治为主，另加杀虫剂防治。

五、采收

　　1. 适时收获　豆薯末花期过后，叶片逐渐枯黄，上部有机物快速向贮藏根转运，从而使贮藏根的干物质增加，个体增大，物质含量达到最高值，水分含量下降，适宜收获。豆薯播种后，一般要在5～6个月后，贮藏根已相当大时收获。在我国长江流域及西南地区，早中熟品种在9月收获，晚熟品种在10月下旬至11月上旬收获；在华南地区，早中熟品种在7—8月收获，晚熟品种在 9—12 月收获。因使用目的不同，收获的时期亦不同。用于水果生食的以贮藏根脆嫩味甜、多汁时收获为佳，宜早采收。用于食品和工业加工的贮藏根则应尽量延长收获期，使贮藏根内部物质转化以达到加工要求。

陈忠文等（2013）进行了不同品种（系）、种植密度和贮藏根采挖期对产量影响的三因素正交试验。试验材料选用由陈忠文通过 6 年选育、性状趋于稳定的豆薯品系 1、2、3、4、5、6 号。各品系生育期相近。

试验种植密度（株行距）根据生产实际设高（15cm×15cm）、中（15cm×20cm）和低（15cm×30cm）3 个水平，对应每亩种植株数分别为 29 644 株、20 212 株和 14 822 株；贮藏根采收期则按每 20d 分 3 个水平（次）采收，由于有 6 个豆薯品系，故选用 L_{18}（6×3^6）混合正交（表 4 - 13）。小区面积为 8.82m^2（105cm×840cm）。试验小区种植密度：一水平为株距 15cm×15cm，即每小区 82 窝，折合每亩种植 29 644 株；二水平为株距 15cm×20cm，即每小区 40 窝，折合每亩种植 20 212 株；三水平为株距 15cm×30cm，即每小区 26 窝，折合每亩种植 14 822 株。贮藏根采收期一、二、三水平分别为 8 月 10 日、8 月 20 日和 9 月 10 日。

试验在余庆县白泥镇原子营村草坪村民小组实施，海拔 560m，黄壤土，前作蔬菜，土壤肥力中下等。整地时每小区均匀施 0.5kg 氮磷钾三元复合肥（15-15-15），用锄翻混于 20cm 深土层后，于 2011 年 4 月 14 日播种，4 月 28 日出苗，5 月 6 日用清粪水浇施 1 次，6 月 24 日至 7 月 15 日断蔓梢和侧枝稍，分别于 8 月 10 日、8 月 30 日和 9 月 20 日采收并称取贮藏根鲜重（表 4 - 8）。

对试验结果进行方差分析（表 4 - 13）表明，品系对贮藏根产量的影响差异未达 5% 显著水平，种植密度和采收期对产量的影响达 1% 极显著差异水平。因此，仅就贮藏根产量而言，在本试验中选择豆薯贮藏根采收期时，以采收期越晚种植密度越大为好，品系的影响不大，可任意选择。

表 4 - 13　方差分析结果

方差名称	平方和（SS）	自由度（df）	均方和（V）	比值（F）	显著性 0.05	显著性 0.01
品系*	214.944 4	5	42.988 8	1.06		
种植密度	759.611 0	2	379.805 5	9.40① 9.17*②	3.8	6.7
采收期	2 491.861	2	1 245.930 5	30.85③ 30.10*④		
误差	323.028 0	8	40.378 5			
误差*	537.972 4	13	41.382 4			

注：* 为调整项。①③代表 5% 显著性水平下比值，②④代表 1% 极显著条件下的比值。

　　试验得出贮藏根采收期和种植密度因素显著，从中选出显著因素较好的生产条件，而对于不显著因素，其水平可以任意确定。本试验的最佳条件为种植密度在 15cm×15cm，折合每亩种植 29 644 株，于 9 月 20 日采收，选择品系 2 号，则可以获得贮藏根最高亩产量 4 333.2kg。

　　较优条件下的豆薯贮藏根产量估计值（μ优）：

　　μ优＝显著因素较优水平的指标平均值之和－（显著因素个数－1）×总平均数

　　本试验显著因素贮藏根采收期的较优水平为 3 水平（9 月 20 日），种植密度的较优水平为 2 水平，在试验设计表中均有 6 次重复，试验显著因素共 2 个，故：

　　μ优＝345.0/6＋394.5/6－（2－1）×901.0/18＝73.20（kg），折合贮藏根亩产量 5 535.4kg。

　　我们知道，农业生产不可能长期在稳定生产条件下进行，也就是说，今后若均按照种植密度为 15cm×15cm，于 9 月 20 日采收，选择品系 2 号，其贮藏根的产量均恰好为 5 535.4kg，预期产量围绕某一个值上下波动，即变动半径 δ_a（kg）。

$$\delta_a \ (\text{kg}) = \sqrt{F_a \ (1, \ \tilde{f_e}) \ \widetilde{SS_e} / \ (\tilde{f_e}.n_e)}$$

　　式中，$F_a \ (1, \ \tilde{f_e})$ 是以 1 作为分子自由度，以 $\tilde{f_e}$ 作为分母自由度，查出的相应的 F 临界值（α＝0.05 或 0.01）。$\tilde{f_e}$＝不显著因素自由度之和＋误差自由度 f_e。$\widetilde{SS_e}$＝不显著因素平方和＋误差平方和 SS_e。n_e＝有效重复数＝试验数据的总个数/（1＋显著因素自由度之和）。

　　本试验中，$\tilde{f_e}$＝5＋8＝13，$F_{0.01} \ (1, \ 13)$＝9.07，$\widetilde{SS_e}$＝214.944 4＋323.028 0＝537.972 4，n_e＝18/（1＋2＋2）＝3.6，故：

$$\delta_{0.01} = \sqrt{F_a \ (1, \ \tilde{f_e}) \ \widetilde{SS_e} / \ (\tilde{f_e}.n_e)} = \sqrt{F_{0.01} \ (1, \ 13) \ \widetilde{SS_e} / \tilde{f_e}.n_e} =$$
$$\sqrt{9.07 \times 537.972 \ 4 / \ (13 \times 3.6)} = 10.2 \ (\text{kg})。$$

　　本试验的结果表明：贮藏根采收期和种植密度因素高度显著，较优条件为选择品系 2 号、种植密度在 15cm×15cm、于 9 月 20 日采收，该较优生产条件下其贮藏根的产量有望达到 5 535.4kg，我们有 99% 的概率按前述条件安排生产，则其贮藏根亩产量在 5 525.2～5 545.6kg。

　　用正交表进行试验，自由度很小，对试验结果进行显著性检测时，还需要知晓各试验因素对试验结果的影响大小来综合解释。

　　某因素的影响率（ρ）＝（该因素平方和－自由度×调整均方）/

总平方和×100%

豆薯品系因素的影响率（ρ）＝〔（214.944 4－2×41.382 4）/（214.944 4＋759.611 0＋2 491.861 0＋323.028 0）〕×100％＝3.48％。同理，计算得出种植密度因素的影响率为17.86％，采收时间因素的影响率为63.57％。

通过豆薯品种（系）、种植密度、贮藏根采收期三因素 L_{18}（$6×3^6$）混合正交试验，结果表明，豆薯采收期和种植密度对贮藏根产量的影响达1％极显著差异水平，品系对贮藏根产量影响未达5％水平，影响率分别为63.57％、17.86％和3.48％。本试验较优条件下贮藏根亩产量为5 525.2～5 545.6kg，并认为在条件许可的情况下，采收期越晚则产量越高。

2. 收获时间　豆薯贮藏根皮薄，务必在霜冻前收获完毕，窖藏过冬，防止冻害腐烂，可供应至翌年2月。一般来说，设施栽培或保护地栽培，应根据市场需求确定收获时间。无论何时采收，都宜选择晴天的上午收获，尽量避开下雨天或土壤含水量高时采收，否则烂薯现象十分严重且影响商品外观。收获时应做到"四轻"，即轻刨、轻装、轻运、轻放。尽量不要碰伤贮藏根，最大限度减少伤口，减少病菌侵入的可能性。用于贮藏的豆薯宜在9—10月采收。中午在田间晾晒便于附在贮藏根上的泥土脱落，然后剔除腐烂、染病、畸形贮藏根，大小分开，于下午运回，置于通风、阴凉、干燥的地方。

3. 分级处理　分级时除去表皮沙土，剔除畸形、破损的贮藏根，按照单个贮藏根重进行分级包装，一般分为250g以上、50～250g和50g以下3个等级。

4. 堆放及储藏　豆薯的贮藏根肥大，肉洁白，脆嫩多汁，收获季节气温较高，如不及时采取措施储藏起来，很容易失水"糠心"，甚至腐烂，失去食用价值。一般情况下，豆薯贮藏根采收后就可随即销售，秋冬季亦可储藏1～5个月，因为收获期气温较高，需要在阴凉处冷处理3～5d，使贮藏根充分释放田间热量，等候储藏。晾干的贮藏根可包装堆放或散堆。

六、豆薯贮藏根储藏

豆薯贮藏根是人们食用和加工利用的部分。提早采收的豆薯贮藏根不耐储藏，可作水果，或凉拌、炒食。老熟贮藏根应防寒储藏，能陆续供应至翌年2月，也可加工成淀粉，即制成沙葛粉后销售。储藏时一定要控制好温度，才能保证豆薯的品质。

豆薯喜温怕冷，储藏期间对温度、湿度、氧气等都有着严格要求，在收获季节，大量的豆薯贮藏根从田间采收后，在常温下管理稍有不当容易出现腐烂、病变或发芽等情况，造成损失，因而应根据贮藏根储藏期间物质变化特点，采取相应的储藏保鲜技术。

1. 储藏生理

（1）呼吸作用。植物在新陈代谢过程中一个重要的能量转变过程就是呼吸作用，即植物体内生活细胞，在酶的作用下逐渐氧化的过程，以提供植物生命活动所需的大部分能量。呼吸作用中释放的能量一部分以高能化合物腺嘌呤核苷三磷酸（ATP）形式储存，当 ATP 水解时释放出来的能量一部分可用于植物体内生物合成、离子积累和物质主动运输等，另一部分则转变为热能而散失。影响呼吸的外部因素主要有温度、O_2 和 CO_2 浓度、光照等。一般休眠的种子、块根、块茎或树木的休眠芽代谢微弱，呼吸速率低。豆薯贮藏根在储藏期间生命活动仍在进行，呼吸作用是这一阶段最重要的生理活动。在 O_2 充足的情况下，贮藏根进行有氧呼吸，淀粉转化为糖，糖再分解，释放出 CO_2、水和热量。在 O_2 不足的情况下进行缺氧呼吸，产生酒精、CO_2 和较少的热量，酒精和 CO_2 过多时会使贮藏根中毒腐烂。储藏期间，温度越高，呼吸作用越强。王雅娟等（1987）研究了豆薯贮藏根在室内不同储藏方式下呼吸强度变化，入储 1 个月时，不同储藏法储藏的豆薯贮藏根呼吸强度都有轻度下降，但挂藏（室内悬挂储藏）的要比膜藏（在装放豆薯贮藏根的工具外包裹塑料薄膜储藏）和篓藏（竹篓等储存，下同）的呼吸强度下降幅度大（图 4-1），因为膜藏和篓藏豆薯贮藏根聚在一起，呼吸热难以散失，储温比挂藏的要高，所以呼吸强度下降极慢。入储到第 2 个月时，随着气温的降低，挂藏和篓藏的豆薯贮藏根呼吸强度下降仍很缓慢，但膜藏豆薯贮藏根的呼吸强度下降幅度很大，这是由于膜内积累了少量的 CO_2 抑制了呼吸作用、乙烯作用和酶活性的缘故。豆薯入储到第 2 个半月至第 3 个月时，因受低温影响而发生冷害，这时篓藏和膜藏豆薯贮藏根的呼吸强度反而显著上升，这是因为篓藏和膜藏豆薯贮藏根受冷害后引起淀粉水解酶的活性增强，加速淀粉水解为糖，致使呼吸基质

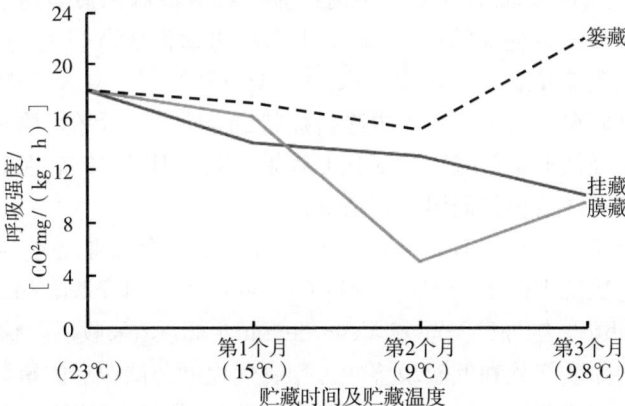

图 4-1　不同简易储藏法豆薯贮藏根呼吸强度的变化（王雅娟等，1987）

浓度加大，呼吸作用增强。且豆薯受伤后刺激薯内产生乙烯，乙烯又直接刺激呼吸作用上升。而挂藏豆薯因暴露于空间中，O_2 充足，能保持较大的有氧呼吸比重，所以在同样低温条件下，低温伤害较轻。但是受冷害后仍以膜藏方法储藏的豆薯呼吸强度最低。

(2) 贮藏根愈伤组织的形成。豆薯薯皮是由木栓化的细胞组成的，它能防止病菌侵入和减少水分散失，增加耐储性。当贮藏根碰伤后，伤口表面薄壁组织的数层细胞内，淀粉粒消失，细胞壁加厚，呈木栓化，形成新的薯皮（愈伤组织），虽然没有色素，但有保护功能。因此，使伤口迅速愈合形成愈伤组织，对储藏是有利的。高温高湿的条件下，形成愈伤组织较快；反之则较慢。据报道，豆薯贮藏根最适储藏温度为 13~18℃，最适储藏空气相对湿度为65%~70%，当温度在 13℃ 以下时发生冷害。当茎蔓干枯后，掘取贮藏根，去蔓及根端，分级包装。豆薯对低温敏感，在温度13~18℃、空气相对湿度 65%~70%的条件下可储存半年以上，13℃ 以下发生冷害，18℃ 以上则易发芽。储存温度 0℃、5℃、10℃、15℃ 和常温（21℃）下，储存期限分别为0.3~0.5 个月、0.3~0.5 个月、0.3~0.5 个月、7~10 个月和6~8 个月。

郭碧珊（2008）研究认为豆薯主要冷害的症状为腐烂及褐化，而冷害会使豆薯丧失商品价值。研究结果显示豆薯贮藏根在 9℃ 及以下温度储藏即有可能发生冷害。储藏于低温环境中的豆薯贮藏根若再增温至 25℃ 时，其呼吸速率及乙烯释放速率皆有上升现象，与冷害的严重程度成正相关，随着储藏时间延长而有加剧的情形。储藏于 6℃ 及以下温度 2 周或 9℃ 3 周时腐烂；储藏于 9℃ 或低于 9℃ 温度下 1 周褐化严重。储藏于 12℃ 及以上温度 1~4 周，则无明显冷害现象出现，贮藏根颜色明度高彩度低，呼吸速率及乙烯释放速率也低。若再降低温度至 10℃，豆薯在 2 周内无冷害症状，故 2 周 9℃ 应为豆薯贮藏根的冷害临界温度。9℃ 储藏 2 周后，不需回温，贮藏根褐化情形马上显现，且随回温时间延长褐化颜色加深；1℃ 储藏 1 周后再回温 48h 以上褐化才会显现。豆薯贮藏根低温储藏后，再移至 15℃、20℃、25℃、30℃ 及 35℃ 下回温，以 20℃ 以上温度回温所引发的贮藏根冷害症状最为明显。豆薯贮藏根经聚乙烯袋包装处理对于降低低温储藏造成褐化的效果有限，但可以减轻腐烂程度。利用温度驯化处理不能改善其低温伤害情况。

Edmundo Mercado-Silvaa 等（1998）研究了 5 个商业上重要的豆薯品种（阿瓜杜尔塞 Agua Dulce、奎斯支维娜 Cristalina、圣胡安 San Juan、圣米格利托 San Miguelito、维加德圣胡安 Vega de San Juan），采收后，保存在 10℃ 和 13℃ 环境中的品质变化和低温敏感性。用腐烂程度、储藏后的重量损耗、内部的颜色和质地（变化）、呼吸速率和离子泄漏等参数来评估低温敏感性差异的参数。在室温 10℃ 下 1 周后发生损伤症状，所有品种对低温非常敏感，豆薯

维加德圣胡安和圣米格利托的贮藏根均不能在 10℃ 条件下储藏。贮藏根在
13℃ 条件下储藏超过 5 个月，显示一些内部品质的变化，重量损失超过 35%。

王雅娟等（1987）认为豆薯在储藏中受到意大利青霉、苹果黑星病菌和甘
薯长喙壳菌的侵染，使豆薯发霉腐烂。其研究结果（表 4-14）表明豆薯在储
藏中无论是入储的第 1 个月还是入储的第 2 个月，均以挂藏豆薯的发病率最
低，膜藏豆薯的发病率最高。这是膜藏的膜内温度较高，空气相对湿度较大，
有利于病原菌繁殖的缘故。但方差分析表明挂藏、篓藏和膜藏豆薯的发病率差
异不显著（$F_{(2,5)}=2.68<F_{(0.05)}=19.00$）。

表 4-14　不同储藏方法储藏的豆薯发病率（王雅娟等，1987）

单位:%

重复	第1个月			第2个月			总发病率		
	1	2	3	1	2	3	1	2	3
Ⅰ	6.25	7.54	7.67	11.25	8.54	9.89	17.50	17.08	17.58
Ⅱ	3.85	3.33	9.37	4.85	10.00	10.42	8.70	13.33	19.79
平均	5.05	5.94	8.53	8.05	9.27	10.16	13.10	15.21	18.69

注：1 为挂藏，2 为篓藏，3 为膜藏。

(3) 营养物质的变化。 豆薯贮藏根在储藏期间，各种物质都会发生变化。

①含水量的变化。贮藏根含有较多的水分，一般达 81% 以上。储藏期
间水分逐渐减少，储藏温度越高，空气相对湿度越低，水分的损失越快、越
多。王雅娟等（1987）研究了豆薯储藏根储藏后的失重变化，豆薯在储藏过
程中由于蒸腾失水和呼吸消耗，重量减轻（表 4-15）。王雅娟等（1987）分
析其主要原因是入储的第 1 个月气温较高，空气相对湿度较低，故蒸腾失水
比较严重。然而在相同条件下，以挂藏豆薯的失重率最高，膜藏豆薯的失重
率最低。这是因为膜藏豆薯不直接暴露于空气中，受空气流速影响小，膜内
空气相对湿度较大。

表 4-15　几种储藏方法储藏的豆薯失重率（王雅娟等，1987）

单位:%

重复	第1个月			第2个月			总失重率		
	1	2	3	1	2	3	1	2	3
Ⅰ	9.95	6.15	4.92	5.05	5.50	5.50	15.00	11.67	9.79
Ⅱ	9.48	7.00	4.94	6.06	3.63	3.00	15.54	10.63	7.49
平均	9.71	6.57	4.62	5.55	4.52	4.23	15.27	11.20	8.86

注：1 为挂藏，2 为篓藏，3 为膜藏。

失重率方差分析结果（表 4 - 16）表明，各处理间的失重率有显著差异，达 5％显著差异水平。

表 4 - 16　失重率方差分析（王雅娟等，1987）

变因	平方和（SS）	自由度（df）	均方（MS）	比值 F	$F_{0.05}$	$F_{0.01}$
处理	42.15	2	21.07	28.60	19.00	99.00
重复	0.92	1	0.92	1.25	18.51	98.49
误差	1.47	2	0.74			
总计	44.54	5				

②淀粉和糖的变化。贮藏根中含有一定量的淀粉和糖。在储藏过程中淀粉的一部分转化为糖、糊精和水，糖的一部分为呼吸所消耗，另一部分则存于贮藏根内。因此，豆薯储藏一段时间后贮藏根中的糖含量会有所提高。王雅娟等（1987）对豆薯采用挂藏（豆薯贮藏根悬挂在室内）、篓藏（豆薯贮藏根装入竹篓中）和膜藏（豆薯贮藏根装入竹篓中后，在篓外套薄膜），并进行了室内常温储藏试验，通过对储藏豆薯的淀粉、总糖、还原糖、抗坏血酸含量的测定，以及失重率、发病率等的检测表明，膜藏能获得比挂藏和篓藏较好的储藏效果。

③淀粉含量的变化。淀粉是植物体内贮藏的高分子碳水化合物，它可以分解为葡萄糖、麦芽糖等。豆薯贮藏根在储藏过程中由于代谢作用，其淀粉含量有相应变化。王雅娟等（1987）研究表明豆薯入储至 1 个月时，各种储藏方法储藏的豆薯淀粉含量均有下降，但幅度很小。入储至 2 个月时，由于温度下降，淀粉水解为糖的速度显著加快。入储至第 3 个月，由于冷害干扰了正常代谢，淀粉水解为糖的速度显著加快，但挂藏和膜藏的豆薯淀粉含量下降幅度要比篓藏的小（图 4 - 2）。

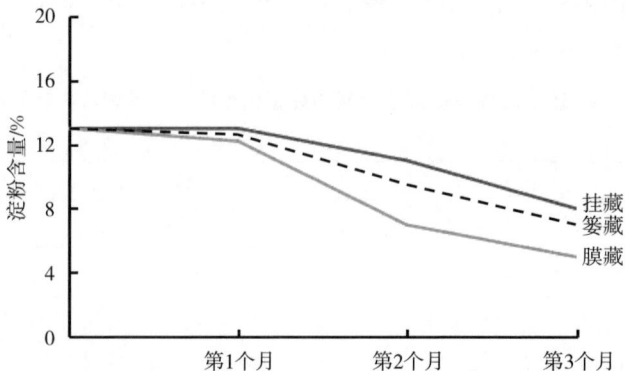

图 4 - 2　不同简易储藏法豆薯贮藏根淀粉含量的变化（王雅娟等，1987）

④糖含量的变化。王雅娟等（1987）研究发现豆薯入储 1 个月后，总糖和还原糖含量与入储时相比略有上升，各种简易储藏方法相差不显著，认为是由于入储的第 1 个月气温较高，蒸腾失水较严重，干物质相对有所增加，糖的含量略有上升。随着储期延长，由于呼吸消耗，到入储 2 个月时总糖和还原糖含量都有下降。其中篓藏的下降程度比挂藏和膜藏都大，因篓藏的呼吸强度大于挂藏和膜藏，因而消耗的糖较多。到入贮 3 个月时，由于遭受冷害，正常代谢受到干扰，水解酶活性增强，淀粉水解为糖的速率加快，总糖和还原糖含量都明显升高，其中膜藏豆薯总糖和还原糖升高的幅度大于挂藏和篓藏，因膜藏豆薯在遭受冷害后，呼吸强度比篓藏和挂藏都低，因此糖的消耗量少，豆薯含糖量相对增高。篓藏豆薯储藏至 3 个月时，总糖和还原糖含量比挂藏和膜藏豆薯低。

⑤果胶质变化。在储藏过程中，贮藏根中部分原果胶质转变为可溶性果胶质，而且总量也在减少，从而使组织变松软，导致抗病力下降。

⑥抗坏血酸的含量变化。豆薯在储藏期间，第 1 个月因气温较高，抗坏血酸的损失量较大，第 2 个月损失较小，第 3 个月遭受冷害后，抗坏血酸损失量显著加大（图 4 - 3）。3 种储藏方法中以挂藏豆薯抗坏血酸损失量最大，其次是篓藏，膜藏损失量最少。因膜藏的膜内有少量 CO_2 积蓄，O_2 量相对减少，氧化活性降低，抗坏血酸氧化损失量也相应减少。

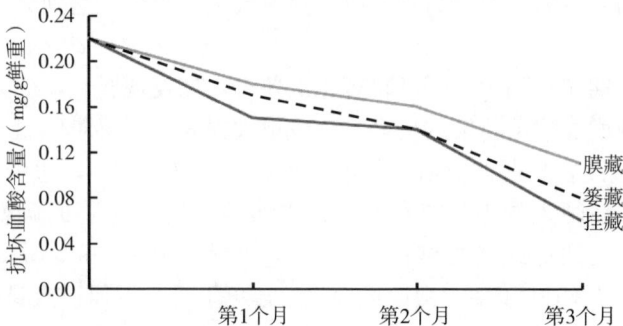

图 4 - 3　不同简易储藏法豆薯贮藏根抗坏血酸含量的变化（王雅娟等，1987）

2. 储藏技术　豆薯种植户往往缺乏储藏技术，收获后处理不当，每年因腐烂造成的损失达 20%（张晓玲等，2010）。因此，一种操作简便、经济适用、效果良好的储藏技术是必需的。

3. 地窖贮藏豆薯及贮藏期管理　选地势高燥、土质黏重、地下水位低、排水良好的地方建窖，大小以储藏 400～600kg 为宜。先从地面垂直向下挖出一个直径 60～80cm，深 100～150cm 的直井，然后由底部向四周辐射状挖掘，挖成一个高 2m，底部直径 3m，顶部呈拱形的窖。据陈忠文 2012 年调查，在贵州省安顺市一些地区（海拔 1 100m 左右）地窖的做法是先挖直径 80cm 左右，深 1.5～2m 的直井，然后横向挖成 1m 宽、长 2～3m、高 1.5m 左右的"十"字形储藏室，井口围土做盖或门，再于其上搭盖遮雨棚，四周挖排水沟。如果启用旧地窖，要先刮去窖内表面泥土 3～4cm，修平窖壁、窖底，再用 5～15g/m² 硫黄，点燃密闭熏蒸 24h，然后充分通风，也可以用 1% 甲醛溶液喷洒，密闭 2d 通风换气后使用。无论是新窖还是旧窖，贮藏根入窖前，需铺撒一层生石灰，使窖内干燥，空气相对湿度保持在 65%～70%。窖内挂温度计和湿度表。

豆薯入窖时要做到"四轻"（轻刨、轻装、轻运、轻放）、"七无"（无病斑、无虫眼、无损伤、无冻害、无水浸、无深沟、无露头青）。将豆薯贮藏根沿窖壁堆放，装窖不能太满，不要堆放过高，堆放量为整个窖空间的 1/2 即可。每堆豆薯之间要留一个宽约 30～40cm 的"预口"不放豆薯，窖中部留 40～60cm 的空地，以便检查和翻倒时用。

豆薯贮藏根入窖前可用次氯酸盐浸泡处理，捞出晾干后入储。

加强储藏期的管理，主要是调节好温度、空气相对湿度和气体，以温度为主。入窖初期，贮藏根呼吸旺盛，释放 CO_2、水、热量都较多，若窖内空气相对湿度较大，易使贮藏根染病。可在气温较低时的早、晚敞开窖口通风，降温排湿。方法是在凌晨 2 时至 6 时外界气温较低时，打开窖盖，以迅速降温。当白天气温回升时，要及时封盖，以免热空气进入窖内。遇到突冷天气时，仍要注意保温。

储藏中后期应每隔 10～15d 检查 1 次薯窖，如发现腐烂，应立即拣出，不可倒窖，以免增加病菌传染的机会，造成更大损失。豆薯对低温非常敏感，低于 13℃ 易发生冷害。此期应适当保温（保持在 13℃ 以上），避免受低温危害。通风换气应选在晴天的中午进行。每次进窖检查时，为避免缺氧，应打开窖口，先用点燃的油灯或蜡烛试探窖内 CO_2 含量，火不灭时，方可进窖检查，如火熄灭，证明 CO_2 较多，须扇风换气后才可下窖，以保证人身安全。

地窖是自然气调系统，具有空气相对湿度大（65%～70%）、温度稳定（13～15℃）、空气基本静止、窖内含有一定的 CO_2（2%～4%）等优点，采用此法储藏豆薯经济简便，适合农家普遍采用。

第二节　豆薯的间作套种栽培技术

间作套种是指在同一块土地上按照一定的行株距和占地的宽窄比例种植不同种类的农作物。间作套种是运用群落的空间结构原理，以充分利用空间和资源为目的而发展起来的一种农业生产模式，也可称为立体农业。一般把几种作物同时期播种称为间作，不同时期播种称为套种。间作套种是我国农民的传统经验，是农业上的一项增产措施，其共同点是两者都有两种或多种作物的共生期，区别是套种共生期只占全生育期的小部分，而间作共生期占全生育期的大部分或几乎全部。套种选用生长季节不同的两种作物，一前一后结合在一起，两者互补，使田间始终保持一定的叶面积指数，充分利用光照和时间，提高周年总产量。间作套种能够合理配置作物群体，使作物高矮成层，相间成行，有利于改善作物的通风透光条件，提高光能利用率，充分发挥边行优势，有增产作用。

豆薯产量高，有较高的经济价值，生长耐瘠薄，是理想的间作套种作物，有利于土地肥力的使用最大化，能够提高土壤利用率。豆薯还有较强的抗病虫能力，能阻挡或减轻同田作物病虫危害。试验证明，只要良种配合良法，实施高水平栽培措施，就能使豆薯优质高产。

一、西瓜与豆薯套种技术

此项技术主要是针对西瓜生长后期瓜蔓逐渐枯萎，豆薯从播种至出苗时间相对较长这些特性而进行的一种套种模式。

陈忠文等（2011）进行了西瓜与豆薯套种技术探讨，尝试在种植西瓜行间的空闲地套种豆薯，结果表明亩产值可达3 987.58元，比单一种植西瓜增收875.00元，增幅21.94%，比种植一季水稻（每亩产量651.4kg，每千克1.96元）增收2 710.84元，能取得明显的经济效益。利用豆薯茎、叶含毒素的特点，可抵御虫害，减少农药施用量，具有一定的生态效益。

1. 茬口安排　西瓜新红宝在4月12日浸种催芽，4月20日播种盖农膜，6月12日整地播种豆薯余庆地瓜1号。

2. 整地与施底肥　将土地翻犁，碎土整平后，每亩施腐熟厩肥3 000kg作底肥。按宽200cm开沟，亩施氮磷钾三元复合肥（12-8-25）25kg，覆土起垄，垄宽80cm。

3. 大田种植　在垄上种植1行西瓜，每行株距75cm。西瓜行间种植9行豆薯。西瓜与豆薯间距40cm，豆薯行距15cm，每行株距13.3cm。

4. 田间管理

（1）追肥。 待西瓜苗出土后及时破膜护苗。4～5片真叶期追肥，每亩用碳酸氢铵1kg兑清粪水淋苗，至蔓长100cm时，用氮磷钾三元复合肥25kg兑清粪水淋根一次。

豆薯余庆地瓜1号3～4片真叶期每亩用尿素5kg、过磷酸钙5kg，兑清粪水1 000kg作提苗肥。当苗高7～8cm或长出5～6片真叶时，结合中耕锄草追肥，每亩用尿素10kg、过磷酸钙5kg，兑清粪水1 000kg淋苗一次。

（2）**整枝**。西瓜蔓叶繁茂，任其生长瓜蔓相互重叠，不仅影响密植程度和共生作物，而且结瓜迟。进行单蔓整枝，每株仅留主蔓，摘除全部侧蔓。在幼瓜生长至直径 10cm 大小时，留 6～8 片叶摘心，使养分集中供应瓜果生长。

余庆地瓜 1 号则待苗高 30cm 左右时摘心，摘除主茎顶端后一周左右开始打侧蔓和去蕾，此后见侧蔓和花蕾就摘除，以控制顶端生长，节省养分的消耗，促进贮藏根形成和膨大。

（3）**西瓜留瓜**。西瓜留第 2 雌花上结的瓜。采收前 10d 翻瓜，将瓜轻轻转动，使阴面见光，共翻瓜 2～3 次，可使西瓜受光均匀、色泽一致、瓜形端正、提高质量。

（4）**病虫害防治**。主要对西瓜进行病虫害防治，出苗后采用 70％噁霉灵可湿性粉剂 600～800 倍液喷淋茎基部或灌根，防治苗期立枯病、猝倒病、炭疽病等；中后期用 50％多菌灵可湿性粉剂 600～800 倍液防治蔓枯病、炭疽病等。豆薯因其茎、叶含毒素，所以虫害极少，全田不进行药剂处理。

5.**采收**　于 2008 年 7 月 22 日采收西瓜，采收期 93d。10 月 18 日采收豆薯贮藏根，采收期 119d。

总结试验认为，西瓜套作豆薯栽培是提高土地利用率的有效途径。

西瓜、豆薯均具有蔓茎生长习性，共生共荣是套作成功的关键，故选择中熟、幼苗较弱、前期生长缓慢、植株长势和分枝能力中等的西瓜品种新红宝与苗期长势强、中早熟的豆薯品种余庆地瓜 1 号套作。

二、旱地宽厢宽带套种豆薯技术

旱地宽厢宽带套种豆薯技术是针对贵州旱地面积大、作物种植类型多、单位面积产量和收入都不高的具体情况，经多年试验、示范推广总结形成的一项增产增效技术。它通过科学调整高秆作物行距（厢面或带幅），提高各季作物对土地资源、光能资源的有效利用率，提高光合作用效率，协调作物个体与群体之间的关系，充分利用边际效应，最大限度发挥边际效应增产优势，改善作物通风透光条件，从而达到增产增收的目的。李康等（2009）开展玉米与豆薯、辣椒、番茄、甘薯套种试验，并进行了旱地宽厢宽带套种不同经济作物效益分析，开展旱地宽厢宽带套种不同经济作物，提高旱地单位复合产值。试验研究结果表明，每公顷玉米套种豆薯余庆地瓜 1 号复合产值达 43 668.00 元，纯利润达 33 271.50 元，投产比达 1：4.2，比净作玉米纯利润增 26 577.00元。显然，套作能增加效益。

试验在贵州省余庆县大乌江镇凉风村桂花组杨胜华责任地内进行，面积2 800m²，地势平坦，向阳，海拔 920m，黄壤土，肥力中上等。供试材料：玉米为遵玉 3 号，辣椒为单生红，茄子为紫长茄，甘薯为脱毒红薯 1 号，番茄为以色列 114，花生为黔花生 1 号，由余庆县大乌江镇农业服务中心提供，豆薯为余庆地瓜 1 号，由原余庆县种子管理站提供。

试验在同一地块进行，设 7 个处理，不设重复。2.67m 开厢，玉米占幅 1m，种 2 行玉米，行距 1.33m，窝距 20cm，每亩栽 2 500 株。套种作物占 1.67m 带幅，辣椒种植 3 行，退窝 30cm，每亩栽 4 500 株；茄子种植 3 行，退窝 40cm，每亩栽 3 400 株；番茄种植 2 行，退窝 33cm，每亩栽 3 000 株；花生种植 4 行，退窝 24cm，每亩栽 7 000 株；甘薯种植 3 行，退窝 27cm，每亩栽 6 500 株；净作玉米行距 83cm，窝距 28cm，每亩栽 2 800 株。

茬口安排：玉米 3 月 29 日播种，4 月 16 日移栽，8 月 15 日成熟，8 月 16 日测产验收；辣椒、番茄和茄子均于 3 月 2 日播种，5 月 6 日移栽；花生 5 月 6 日播种，5 月 15 日出苗；豆薯 5 月 3 日播种；甘薯 3 月 1 日育苗，5 月 7 日移栽（表 4-17）。各套种作物均按生育进程进行田间管理，适时收获，产值进行累加。

表 4-17　各处理作物茬口衔接时间（李康等，2009）

处理	播种时间/（月/日）	移栽时间/（月/日）	收获期/（月/日）	与玉米共生期/d
玉米净作	3/29	4/16	8/15	—
玉米套作辣椒	3/2	5/6	8/22—10/5	101
玉米套作番茄	3/2	5/6	7/25—9/12	101
玉米套作茄子	3/2	5/6	8/8—10/15	101
玉米套作豆薯	5/3	—	10/10	104
玉米套作花生	5/6	—	9/27	101
玉米套作甘薯	3/1	5/7	10/18	100

各处理作物经济效益分析：本试验结果表明（表 4-18），玉米套种豆薯亩产值最高达 2 911.20 元，纯收入达 2 218.10 元，投产比达 1:4.2，比净作玉米每亩增纯收入 1 771.80 元。套种作物比净作玉米产值高，经济效益十分显著。

表 4-18　各处理作物经济效益比较（李康等，2009）

处理	套作作物产量/（kg/hm²）	套作作物市场单价/（元/kg）	套作作物产值/（元/hm²）	玉米套作复合产值/（元/hm²）	单位总投入/（元/hm²）	纯收入元/（hm²）	投产比
玉米净作	7 402.5	1.60	11 844.00	11 844.00	5 149.50	6 694.50	1:2.3
玉米套作辣椒	12 184.5	1.40	17 058.30	28 626.30	8 179.50	20 446.80	1:3.5

（续）

处理	套作作物产量/（kg/hm²）	套作作物市场单价/（元/kg）	套作作物产值/（元/hm²）	玉米套作复合产值/（元/hm²）	单位总投入/（元/hm²）	纯收入元/（hm²）	投产比
玉米套作茄子	11 352.0	1.20	13 622.40	25 190.40	7 872.00	17 318.40	1∶3.2
玉米套作西红柿	18 681.0	1.00	18 681.00	30 249.00	8 175.00	22 074.00	1∶3.7
玉米套作花生	2 280.0	6.00	13 680.00	25 248.00	7 426.50	17 821.50	1∶3.4
玉米套作豆薯	32 100.0	1.00	32 100.00	43 668.00	10 396.50	33 271.50	1∶4.2
玉米套作甘薯	18 714.0	0.50	9 357.00	20 925.00	7 446.00	13 479.00	1∶2.8

试验结果表明，旱地宽厢宽带套种中，玉米套种适合当地生产的豆薯、番茄、辣椒、花生、茄子，产值较高，投产比达1∶（2.3～4.2）。实行旱地宽厢宽带套种豆薯技术因进行合理分带，能使作物在时间和空间上达到同地同季作物应用的差异互补，在玉米单产保持相对稳定的前提下，套种经济作物能获得较高的经济效益，可在全县大面积示范推广。

三、豆薯间作大豆栽培技术

合理安排农作物的间作套种，可充分利用地力、光能，实现一季多收，高产高效。采用豆薯套种大豆模式，要选择生育期相对较短或者采收早、株型相对紧凑的大豆品种进行搭配，方能取得理想效果。关于豆薯套作大豆技术，夏爱如（2008）对浙江省温州市泰顺县新浦乡豆薯套种大豆栽培技术进行了总结，具体内容如下。

1. 品种搭配 豆薯选用植株长势中等、叶片较小、贮藏根膨大较早、生长期较短、贮藏根扁圆形或纺锤形、皮薄、纤维少、贮藏根单个重 0.4～1.0kg 的台湾马来种。春大豆宜选用株型紧凑、茎秆粗壮、抗倒伏性强、荚型大、品质优、口感好、生育期短的萧恩 8901。

2. 整地与施肥 豆薯是喜温喜光蔬菜，且生育期长，需肥量大，宜选择土层深厚、疏松、排水方便的壤土或砂壤土。在晴好天气作畦，畦面宽 1m，沟深 15cm，每亩用腐熟的基肥 4 000～5 000kg，另加草木灰 10kg 均匀撒在畦面上，耙细、整平。

3. 播种 一般在 3 月下旬播种，选晴好天气在畦两边 10cm 处起沟，沟深 5～6cm，每亩用氮磷钾三元复合肥 10～15kg 均匀撒在沟中，并与泥土拌匀后浇水。待水渗干后，在沟内每隔 3～4cm 播豆薯种子 1 粒，覆土 3～4cm。同时在两沟中间种春大豆，株距 15cm，穴深 3～4cm，每穴播大豆种子 3～4 粒，再每亩施钙、镁、磷肥 5～7.5kg，盖土，然后将地膜覆盖在畦面上，四周用泥土压实。

4. 田间管理

(1) 查苗、补苗、破膜出苗。 大豆播后 5～7d，子叶出土，将薄膜扎孔引苗出土。豆薯播后 20d 幼苗出土。大豆、豆薯第 1 对真叶出现后进行间苗、补苗。大豆每穴留 2～3 株，豆薯每穴留 1 株。

(2) 中耕、除草、浇水、施肥。 在 5 月下旬当豆薯苗高 7～8cm 时揭去地膜，进行中耕、除草、浇水、施肥、培垄。揭膜后浇第 1 次水，以后每 5～7d 浇水 1 次，植株出现花序，贮藏根进入膨大期时，每 3～5d 浇水 1 次，保持地面湿润，雨季防止渍涝。揭膜后施 1 次肥，每亩用腐熟人粪尿 1 500～2 000kg 或尿素 15～20kg，出现花序后，每隔 20d 每亩施复合肥 15～20kg，连续 2～3 次。在上支架前，将行间土分 2 次培到株间，培成高 15～18cm 的小高垄。

(3) 植株调整。 当苗高 15cm 时，设置支架，引蔓上架。生长期要及时摘除侧蔓及花蕾花序，以节省养分，促进贮藏根膨大。当植株长至 20 节左右，主蔓爬到架上 2m 时，摘心，控制顶端生长，促进贮藏根形成。

5. 加强病虫害防治

病菌主要来源是越冬的寄主和带毒种子。田间发病主要通过蚜虫传播。天气干燥少雨，蚜虫发生多，病虫害发生严重。防治方法：选用无病种子，及时防治蚜虫，苗期供给足够的肥水，保证幼苗生长健壮，提高抗病虫害能力。对豆薯病毒病在发病初期要连续用 20% 吗胍·乙酸铜可湿性粉剂 150～200g 兑水 60kg 进行 2～3 次防治。此外，防治蚜虫还可选用菊酯类药剂。豆荚螟的幼虫蛀食花蕾和豆荚，造成豆粒蛀孔，幼虫还能蛀食嫩茎及叶肉，造成落花落果，严重影响产量和品质。在花荚期对豆荚螟初孵幼虫可用溴氰菊酯及菊酯类药剂进行防治。

6. 采收

5 月下旬至 6 月上旬，豆薯苗要培垄时，黄豆籽粒已经饱满成熟，抓紧采黄豆青荚上市。豆薯生育期长，在地上部不受冻的前提下，尽可能延长生长期，以提高产量。

四、黄瓜豆薯套种技术

豆薯套作，不但生育期搭配上要选择"一早一晚"相组合，即主作物成熟期应早些，副作物成熟期应晚些，而且株型搭配上要选择"高矮胖瘦"相组合，即高秆作物与矮秆作物搭配。株型松散、枝叶繁茂、横向发展的作物与株型紧凑、枝叶纵向发展的作物搭配，以利于通风透光，如黄瓜与豆薯的搭配。在根系生长上选择"一深一浅"相结合，即深根作物与浅根作物搭配，以充分利用各层土壤中的营养和水分。虽然豆薯与黄瓜都是直根系作物，但黄瓜根系远不及豆薯深入地下。为较好地解决季节矛盾，提高土地利用率，增加单位面积产值，长江中下游地区宜采取黄瓜套种豆薯模式，实现土地增效。据刘善臣（1996）介绍，黄瓜和豆薯在湖南省东安县芦洪市镇每年套种面积都在 70～80hm^2，每亩可产黄瓜2 300～2 500kg、豆薯4 000～5 000kg，亩产值7 000～8 000元。具体技术要点如下。

1. 整地施肥　选择富含有机质、能灌能排的砂壤土，在秋末冬初非瓜类蔬菜前茬收获后，深翻土地。在黄瓜定植前 10～15d 结合整地每亩施入堆沤发酵的猪牛粪1 500kg、过磷酸钙 50kg、草木灰 500kg、腐熟人粪尿 400kg。开好三沟，包括地块边沟、地中"十"字沟和种植厢（畦）沟，并南北向开厢（也可不开厢），厢面宽 2m，厢沟宽 40cm。东西向种植。豆薯播种时还应施入腐熟猪牛粪1 000kg、过磷酸钙 40kg、氮磷钾三元复合肥 50kg。基肥占总施肥量的 50%。

2. 茬口安排　黄瓜于 2 月末至 3 月初播种育苗（不浸种催芽），3 月中下旬定植，6 月上中旬拉秧。豆薯于黄瓜搭架时播种在黄瓜行间，共生约 70d。

3. 适期播种、定植　于 3 月中下旬定植黄瓜，6 月上中旬拉秧，与豆薯共生约 70d。黄瓜选用早熟的品种东安早黄瓜或湘黄瓜 1 号、湘黄瓜 2 号，于 2 月末至 3 月初播种育苗（不浸种催芽），播前苗床要浇透水，并喷 50% 敌磺钠400 倍液消毒，用塑料小拱棚育苗。出第 1 片真叶时（即春分前后）抢冷尾暖头定植，行距 106cm，株距 26cm。豆薯选用广东早沙葛，于黄瓜搭架时播种在黄瓜行间，行距 53cm，株距 13cm，每穴播 1 粒，相邻两行的豆薯穴呈"品"字形排列，以利于豆薯贮藏根膨大。

4. 加强田间管理

(1) 水肥管理。黄瓜定植后浇清水活苗，活苗后结合第 1 次中耕，每亩施腐熟猪粪1 500kg 于黄瓜苗附近，再覆土盖住猪粪，以保持土壤疏松和湿润。黄瓜喜湿、怕涝、不耐旱，故幼苗期要适当供水，结瓜期需水量大，应及时供水。黄瓜施肥以"少吃多餐"为原则，切忌浓肥伤根死苗。幼苗期淋稀薄粪水，结瓜期以氮、钾化肥与腐熟人粪尿配合施用为宜，一般每次每亩施尿素4～5kg、氯化钾 3～4kg，或氮磷钾三元复合肥 10kg 加腐熟人粪尿 150kg。结瓜盛期用 0.5% 尿素溶液加 0.2% 磷酸二氢钾溶液进行叶面施肥。黄瓜倒苗后，对豆薯结合中耕施肥 3～4 次，用法用量同黄瓜施肥。

(2) 中耕培土。黄瓜活苗后开始中耕，每隔 4～5d 中耕 1 次，共 3～4 次。中耕深度应由深到浅，以防伤根。豆薯在黄瓜倒苗后中耕 3～4 次，每隔6～7d 1 次。

(3) 植株调整。黄瓜苗高 35～40cm 时，搭架绑蔓。架高 2m 以上，每株苗插 1 根棍，相邻 2 行的 6～8 根棍捆成"人"字形架。结瓜盛期摘除老叶、黄叶及多余的雄花和卷须。当豆薯苗高 15～20cm 时插棍绑蔓，并及时扯掉黄瓜蔓，以免影响豆薯生长。豆薯每 2 株苗搭一根棍，搭架方法同黄瓜。豆薯蔓长 1m 时打顶（除去生长点）、摘花，并去侧蔓 4～5 次。

5. 防治病虫害　对危害黄瓜的黄守瓜、瓜蚜，用敌百虫防治。防治黄瓜霜霉病、角斑病、枯萎病等，用百菌清、多菌灵进行喷雾或灌根。

第三节　豆薯的设施栽培技术

设施栽培是通过建造温室和大棚，形成一定的生态环境，使光照、湿度、水、气、土壤等方面更适于豆薯生长，同时可以抵御外界不良环境影响，如低温、干旱、风害、冰雹等。根据作物阶段生育规律，人为控制温度、光照、湿度、营养，达到预期的生产目的，如提早或延迟上市等，以获得良好的经济效益。

设施栽培是促进高效农业规模化的有效途径。发展设施农业，可有效提高土地产出率、资源利用率和劳动生产率，提高农业素质、效益和竞争力，既是当前农业农村经济发展新阶段的客观要求，也是克服资源和市场制约、应对国际竞争的现实选择，对于保障农产品有效供给、促进农业发展及农民增收、增强农业综合生产能力具有十分重要的意义。

目前比较常见的豆薯设施栽培技术有日光温室栽培、大棚栽培、地膜覆盖。

一、日光温室豆薯越冬高效栽培技术

日光温室是节能日光温室的简称，又称暖棚，依靠阳光来维持室内一定的温度水平，以满足蔬菜作物生长的需要。日光温室的建造一定要具有良好的采光屋面，能最大限度地透过阳光；保温和蓄热能力强，能最大限度地减少温室散热，温室效应强；温室的长、宽、脊高、后墙高、前坡屋面和后坡屋面等规格尺寸及温室规模要适当。一般上部覆盖一定厚度的草苫在寒冬保暖。日光温室结构要抗风压、雪载能力强；温室结构要求充分合理地利用土地，尽量节省非生产部分占地面积；建造时应因地制宜，就地取材，注重实效，降低成本。日光温室的结构各地不尽相同，分类方法也比较多。按墙体材料分，主要有干打垒土温室、砖石结构温室、日光温室和复合结构温室等；按后屋面长度分，有长后坡温室和短后坡温室；按前屋面形式分，有二折式、三折式、拱圆式、微拱式等；按结构分，有竹木结构、钢木结构、钢筋混凝土结构、全钢结构、全钢筋混凝土结构、悬索结构、热镀锌钢管装配结构等。北方一些农村大部分是就地取土夯筑墙而成简易温室，草苦主要靠人工覆盖。而在经济较发达的地方，日光温室是用钢管和塑料膜建立起来的，机械化普遍。

由于冬季气温低，光照时间短，自然就会影响到棚内蔬菜光合作用的正常进行，特别是在连续出现阴雨天的情况下，光照就更加重要。而很多农民在冬季日光温室蔬菜管理过程中，往往只注重保温管理，而忽视了蔬菜的采光要求，导致蔬菜因光合作用受阻而发生病变，造成减产。陈怀勐等（2011）对豆薯日光温室的选择、豆薯品种选用、适时播种、大棚管理等进行了有益探索，于2010年引进豆薯品种，分别在北京、河北等地进行日光温室栽培。如果豆薯在元旦和春节上市，可作为节日礼品菜进行销售，每千克销售价格在25元左右。每亩产量在2 500kg左右，一个占地333m²的日光温室销售豆薯的毛收入在31 500元左右，扣除生产成本和其他开支，净利润可达26 000元。

1. 日光温室选择　由于豆薯喜温，生长期较长，北方栽培宜选择采光和保温性好的单坡面有后坡的日光温室，要求在寒冷冬季最低温度不低于8℃，如果有加温设施或供暖设备则更好。

2. 品种选择　北方日光温室栽培应选用早熟品种，如贵州兴义红籽豆薯、贵州黄平豆薯等。

3. 适期播种　播种前应及时清理前茬作物残体，并采用机械深翻土地，然后密闭温室，先进行杀菌消毒，每亩用45％百菌清烟剂500g熏烟。再用杀虫剂杀虫，在温室里放置30％敌敌畏烟剂，50m长的温室放置4盒，点燃后人员迅速撤离。翌日先打开温室上下风口，让药剂的气体散尽，再进行农事操作。为提高豆薯产量，播种前每亩施腐熟农家肥1 500kg、饼肥150kg、氮磷钾三元复合肥20kg。撒完肥后用温室专用旋耕机旋耕2遍，使土质细碎，土壤和肥料充分混匀。然后按照大行距70cm、小行距60cm作小高畦，畦高15～20cm。用平耙把畦面耙平。

豆薯种子发芽需要足够水分，在清理前茬作物后，应浇透水，以20cm土层湿润为度。由于豆薯不耐涝，所以不适于大水漫灌，在作畦后，需沿温室的东西方向先铺设滴灌系统主管道，然后根据每畦的距离铺设支管道，并在播种前检查滴灌管是否有跑冒滴漏等现象，如果有要及时采取补漏等措施。豆薯种子发芽需要较高温度，加之种皮较厚，干籽直播发芽慢而且不齐，生产上多采用催芽播种。催芽时先将种子在30℃左右的水里浸10～12h，种子吸水膨胀后捞起，用纱布包好放在25～30℃条件下催芽，每天用温水漂洗2次。经过4～5d，待50％以上种子发芽时分批拿出播种。

一般地温稳定在15～20℃时直播。华北地区日光温室栽培要求在元旦至春节收获，故宜在春茬蔬菜收获后播种，一般不要推迟到6月底。60cm宽的畦面上种2行，行距25～30cm。可穴播，每穴播种4～5粒，覆土5～6cm

厚，每亩用种量为 2.0～2.5kg。经 5～8d 出苗后，应酌情及时补苗、间苗，每穴留 2 株，每亩约 10 000 株。

4. 田间管理

（1）温度管理。 如果播种时间偏晚，温度较高，播种后应及时覆盖遮阳网，并将上下风口全部打开，降低温室的温度，减少土壤水分流失，以利于种子出土。当幼苗长到 10～15cm 高时，逐渐撤掉遮阳网，以利于幼苗生长。7—8 月外界温度较高时，把温室的下部棚膜全部打开，以利于通风降温，由于在上棚膜前已经安装了防虫网，故可阻止昆虫入室。9—10 月，外界温度逐渐降低，把温室的下部棚膜重新覆上，进行保温。温室的温度上午控制在 28～30℃，下午控制在 22～25℃，夜间控制在 18～20℃。11—12 月，当外界温度降到 0℃以下时，应以保温为主。温室温度上午控制在 25～30℃，下午控制在 20～22℃，夜间最低不能低于 5℃，尽量延长豆薯的生长期，以提高产量，如果能在元旦、春节上市，可大大提高豆薯的经济效益。

（2）水分管理。 豆薯种子发芽出土需要充足的水分。出苗前，如果畦面土壤缺水，应及时打开滴灌进行补水，补水时间控制在 1.0～1.5h。由于豆薯生长势比较强，应适当控制浇水量，一般 25～30d 浇 1 次水即可。在雨季，应及时关闭上下风口，防止雨水进入温室。11 月以后，外界温度降低，豆薯贮藏根仍在膨大期，需保持适宜的土壤含水量，既不能缺水，也要防止土壤水分过多，以保持较高的地温。

（3）合理施肥。 在施足基肥的基础上，苗期每亩可用冲施肥 7.5kg 随水冲施。贮藏根膨大期加大追肥量，每亩可用冲施肥 10～15kg，随水冲施，一般施用 2～3 次。

（4）植株调整。 当豆薯幼苗生长到 30～40cm 高时，及时用塑料绳吊起来，以利于通风透光。如果吊线过晚，豆薯幼苗相互缠绕在一起，不但吊起来很费力，而且容易把幼苗折断。当植株长到架顶时，宜及时把主蔓摘心，以控制其生长速度。摘除主茎顶端后注意去除侧枝，防止出现疯长的现象。由于豆薯叶片含有豆薯酮和豆素，可引起皮肤瘙痒、红肿等症状，故在进行摘心时应采取一些防护措施，以防止汁液对人体造成伤害。10 月中旬，豆薯开始开花，如果需要留种，可选择中上部开花的种子，如果不留种，则应全部摘掉，以防止与贮藏根争夺养分。

5. 病虫害防治

播种后，如果有蛴螬、地老虎、金针虫啃食幼苗，可使用 40%辛硫磷乳油 1 500～2 000 倍液灌根。豆薯的抗病性比较强，一般较少发生病害，必要时可以喷施一些广谱性的杀菌剂来预防病害的发生，如 65%代森锰锌可湿性粉剂 500 倍液、70%甲基硫菌灵可湿性粉剂 1 000 倍液、50%多菌灵可湿性粉剂 800～1 000 倍液，每 7～10d 喷 1 次，交替使用。

6. 采收　进入 12 月后，日光温室豆薯已经成熟，可根据市场需要择期进行采收。先用镰刀把地上部的植株割断，清理干净，然后用铁锹把贮藏根挖出来。采收时应注意防止机械损伤，否则不利于储藏。

7. 食用方法　豆薯食用部分为白色贮藏根，口感脆嫩，汁多，味微甜。可洗净去皮生食，也可以切细丝加糖，调食醋凉拌，口味颇佳，是佐餐下酒的美味佳肴。

二、大棚豆薯早熟丰产栽培技术

豆薯在南方一般为露地栽培，由于生育期长，收获时正值南方蔬菜旺季，价格偏低，效益并不可观，如果运用大棚早熟栽培技术，则可抢在淡季上市，经济效益极高（图 4-4）。

图 4-4　大　棚

1. 整地

(1) 园地选择。以选择地势高燥、排水良好、土层深厚且疏松肥沃的砂壤土菜园地为宜，否则种出的豆薯皮色差、品质低，在收获前作蔬菜后立即翻耕，冻垡，每亩施入腐熟有机肥 1 000kg。

(2) 整地要求与规格。黄胜万等（2008）及程真奇（2005）认为，种植豆薯前 1 个月施足有机肥，每亩施鸡粪 1 500～2 000kg 或菜籽饼 250～300kg及氮磷钾三元复合肥 50kg。用旋耕机或犁耙翻耕 2 次，使基肥较快腐熟，使土壤细碎、土肥均匀，并搭建好 6m 宽竹棚。播种前 15d，深耕细耙，整平土地，整好地后立即扣棚，提高地温。在 6m 宽的单体竹棚尾作 7 畦，按 80cm一畦，畦截面呈梯形，上宽 40cm、下宽 60cm，畦沟宽 20～35cm，沟深 15～18cm。每隔 6～8 畦，畦沟应多留 15cm 宽作为大棚工作行。

2. 播种

（1）播期。豆薯为耐热作物，芽苗怕冻，播种期把握不准易受冻害，会因返工而延误农时，具体播种期以当地环境条件结合预计上市时期、大棚保温条件等因素确定。程真奇（2005）总结，江西省乐平市乐港镇大棚豆薯适播期为 2 月 20 日至 3 月 20 日，黄胜万等（2008）认为，适宜的播种期是 2 月 25 日至 3 月 20 日，均认为在平均气温 12℃以上抢晴天播种，否则，若未选择最佳播种期会造成喜温豆薯芽苗受冻，烂种死苗。播种时应"寒头观望，寒尾催芽"。

（2）选种。选用籽粒大小、色泽相近且饱满的种子。根据预计上市时期、大棚保温条件、品种特性、百粒重、计划种植面积等因素确定种植密度，计算用种量。程真奇（2005）总结，经多年提纯复壮的乐平地方良种乐平豆薯，成熟较早，每亩播种量 1.5kg。若类似贵州高海拔地区种植余庆地瓜 1 号豆薯，每亩播种量需要 3～4kg。

（3）催芽。豆薯发芽要求具备一定的温度和湿度等条件。播种时应根据当地的气候、土壤、大棚质量等条件确定是否进行催芽。程真奇（2005）认为，直接播种难以成功，应先催芽后播种，催芽前用温水 20～30℃浸种 12～24h，催芽温度 25～35℃，也可以用湿布包裹种子放炉边催芽，温度不能过高，过高会"烧包"，每天用温水淋洗 1～2 次，沥干，一般发芽需要 2d，按发芽先后，择芽长 3～5cm 的种芽分批播种。黄胜万等（2008）认为，用温水浸种 5～6h，于 25～28℃温度下催芽，每天用温水冲洗一遍以免烂种，待 50％以上种子露白即可直播。

3. 播种方法

（1）播种规格。在做好的高畦（畦与畦间距 20cm，畦面宽 50cm）上直播豆薯形成宽窄行，株距 16～18cm，每亩种植 10 000～11 000 株。

（2）打穴播种。为了提高播种工效并控制规格，农户一般自制豆薯专用打穴器进行播种。打穴器用两根木棒做成倒 T 形，下端安 6～8 个锥柱状凸起，间距 17～18cm，按压打穴，方便快捷。打穴后每穴放 1 粒种芽，盖松土后轻微镇压。

4. 苗期管理

（1）出苗管理。使豆薯苗达到"早、全、齐、壮"，是实现豆薯高产丰收的关键。黄胜万等（2008）认为，主要是控制好田间土壤湿度，田间土壤过干豆薯易受冻，过湿易烂种。棚内土壤过干时选择在晴天中午，距播种行 3～5cm 用喷壶淋水；过湿时可在中午前后两头打开棚膜，加强通风排湿。董红霞（2004）对南方塑料大棚内空气相对湿度及温度的调控结果表明，降湿效果最好的是"熏烟＋地膜覆盖"。大棚内温度保持在 30～35℃。同时做到查苗补棵，确保实现一次全苗。当苗高 10cm 时轻施苗肥，一般结合苗期中耕除草进行，在豆薯株边开小沟，每亩施氮磷钾三元复合肥 15～20kg，施后覆土，结合培土保苗促根促早发。防寒防冻工作一直坚持到 2 片真叶全展，根茎木质化后，此时豆薯抗寒力较强。若出苗期管理得当，一般 3～7d 发芽，7d 不发芽的应立即挖穴检查，损毁严重者应考虑重播。

（2）支架引蔓。 当豆薯茎蔓长至 20～30cm 时就必须支架引蔓，否则茎蔓相互缠绕难以分离。支架方法为用直径 1.0～1.5cm、长 1.0～1.2m 的竹竿在豆薯窄行畦上支成"人"字形架，支架每 2 株 1 个，上端用钢绳固定，然后把豆薯蔓旋绕于竹竿上。引蔓顺序为先中间后两边，最后大棚两侧掀膜引蔓。大棚中上部农膜保留 15d 左右除膜。

（3）追肥促苗。 引蔓后应进行中耕除草，根据苗情及时追肥，促苗上架。追肥方法是每亩用饼肥 50～75kg，拌氮磷钾三元复合肥 25～30kg，雨后或灌溉时条施或穴施于畦侧及豆薯株间，然后在畦上培土覆盖。亦可用 10～15kg 复合肥于雨前撒施畦面若干次。

（4）植株调整。 当蔓长到 1.0～1.2m 时，就应对主蔓进行摘心打叉控蔓，控制地上部分生长。在豆薯生长过程中，豆薯腋芽易长侧蔓，要经过 4～5 次抹腋芽，同时要求把侧芽和花芽全部抹除，使养分集中于主蔓上，使叶片肥大，使营养集中供应地下贮藏根生长，以达到早熟高产的目的。

5. 中后期管理

（1）喷叶促架。 程真奇（2005）认为，豆薯打顶后，每隔 7～10d 叶面喷施 1 次 0.2％磷酸二氢钾溶液，共喷 3～4 次，以促进叶面生长，提高光合效率。此时雨水渐多，要做好排水工作。

（2）促产早收。 为了获取更高利润，一般适当提早采收上市，有条件的可以使用一些生长促进剂，如三十烷醇（$C_{30}H_{62}O$），能够促进发芽、生根、茎叶生长及开花，具有使农作物早熟，提高结实率，增强抗寒、抗旱能力，增加产量，改善产品品质的作用。程真奇（2005）认为，当豆薯顶部叶片肥大、叶色深绿时，向叶面喷施硼肥（0.2％～0.5％）和三十烷醇 15～20mg/L 各 2 次，促进养分向根部运输，使贮藏根尽快膨大。当畦面大部分出现宽度 1.0～1.5cm 裂缝时，证明贮藏根已膨大，单个重达到 350～400g 时应及时采挖，抢档上市，注意不要损伤贮藏根。

三、地膜覆盖栽培技术

地膜覆盖栽培也称护根栽培，是 20 世纪 70 年代末期从国外引进的一项现代农业增产技术，即利用太阳的光能，人工控制和改善土壤和近地气层小气候的光、热、水状况，为作物创造适宜的环境条件。其特点是用透明或有色的塑料薄膜把适播农田封盖起来，造成不同于露地栽培的农田土壤环境，增温保墒，蓄水防旱，保持土壤疏松，在一定程度上起到抑制杂草生长、压碱、促进作物根系发育等作用，从而促进作物增产并改善作物品质，提高经济效益（图4-5、图4-6）。

图4-5　豆薯地膜覆盖后的苗期长势（陈忠文，2008）

图4-6　豆薯地膜覆盖管理——破膜引苗出土、除草
（梁月红，拍摄于广西壮族自治区东兴市江那村，2009）

　　地膜覆盖栽培的方法很多，主要有高畦（垄）覆盖栽培、平畦覆盖栽培和双膜覆盖栽培。豆薯是喜温作物，一般露地栽培的播种期是地温稳定超过12℃以后。地膜覆盖的豆薯，可在温室内提前20d左右育苗，当豆薯苗露出心叶时，即可定植，如此可比露地栽培提早20～30d播种，收获期提早15～20d，可提高产量，增加效益。

冯万忠（1980）对地膜覆盖后田间小气候效应研究的结论如下：在试验田内特选定 6 月的 5 个晴朗天气（1980 年 6 月 2、7、11、21 和 23 日）进行了土壤深度为 0cm、5cm、10cm、15cm、20cm 的地温测量，覆地膜的土面增温显著，日平均温度达 6.2℃，0cm、5cm 土层温度差为 2.6℃，而 10cm、15cm 和 20cm 3 个土层，每个土层之间的温度平均相差 0.6℃；地膜覆盖可储存太阳光能和热，使大部分蔬菜作物出苗期提前 7～10d；经初步观测，晴天中午在距地面 15cm 高度上测得地膜的反射率可达 14%，相同高度测得露地的反射率为 3.5%，覆地膜的植株下部叶子多 15% 的光照；使土壤理化性质得到改善，并且土温增高、土壤溶质吸收加快，促进根系发育，因而植株生长旺盛、早熟、产量高，取得了增产增收的良好效果。李玉敏等（2003）在晋州市 4 个乡镇 12 个村进行不同方式的试验示范，采用等行距起垄地膜覆盖点播种植，行距 50cm，每亩种植 6 000～7 000 株，一茬栽培平均每亩产贮藏根 3 500～4 000kg，搭架栽培的每亩产贮藏根 5 000kg 以上。

朱宗轩等（1985）总结了豆薯地膜覆盖的优点。一是提高成苗率。地膜覆盖可提高土温 2～3℃，加快种子发芽和幼苗生长，可提早 9d 发芽，成苗率达 99%，比不盖膜的成苗率高 19%，而且生长整齐。二是提早上市。盖膜比不盖膜可提早 25d 上市，且盖膜的豆薯贮藏根偏圆、色白、皮薄、味甜、脆嫩，而不盖膜的豆薯贮藏根偏圆尖、麻黄色、皮厚、味淡、肉粗。盖膜贮藏根重最大达 1.9kg，不盖膜贮藏根重最大仅为 1.25kg。三是经济效益高，地膜覆盖豆薯比不盖膜增收 62.2%（表 4 - 19），经济效益显著。

表 4 - 19　豆薯种植地膜覆盖经济效益比较（朱宗轩等，1985）

| 处理 | 面积/hm² | 折算成单位投入/（元/hm²） | | | | | 折算成单产/（kg/hm²） | 折算单位产值/（元/hm²） | 折算成单位纯收入/hm² | 增长/% |
		地膜	化肥	种子	投工	合计				
盖膜	0.113	600.00	460.50	412.50	330.00	1 803.00	91 200	18 240.00	16 437.00	
不盖膜	0.033		460.50	412.50	480.00	1 353.00	71 790	11 486.40	10 133.40	
增减		600.00				450.00	19 410	6 753.60		62.2

注：每公顷投工 480 个，每个工按 1.00 元成本计算；盖膜豆薯产量按每千克 0.20 元计算，因提早上市超 20d，价值高，不盖膜豆薯每千克按 0.16 元计算。

1. 施足基肥，畦高泥碎　为满足豆薯整个生育期对养分的需要，在翻耕整地时，每亩施腐熟饼粕肥 5kg、腐熟猪牛栏粪 1 500kg、过磷酸钙 12.5kg、氯化钾 5kg。春季低温多雨，应抢晴整地，畦作龟背形，畦面泥一定要打碎整平，以免顶破地膜。采取高垄栽培，有利于排除渍水，垄高 26.7～33.3cm，垄面宽 36.6～40cm，沟宽 26.7～33.3cm，每垄播种 2 行，行距 20cm，株距

13.3～16.5cm，每穴 1 粒。

2. 认真盖膜、及时剪孔　盖膜前喷施 1 次除草剂，然后把膜盖得平整严实，四周用细土压紧，使之保温和防止水分蒸发。待幼苗长到 3～4 片真叶时及时剪成"十"或"×"形孔，洞口以 6～8cm 为宜，并用细土压住洞口周围地膜，以免通风透气、杂草丛生。

3. 加强管理

(1) 早施提苗肥。待幼苗长至 13～16.5cm 高时及时追施 1 次提苗肥，每亩用尿素 2.5kg 或碳酸氢铵 12.5kg，兑水 2 200～3 000kg 淋浇苗。

(2) 培土插杆。豆薯苗长至 100cm 高时，揭膜，培土，后用竹竿插于株与株之间，牵苗卷竿，以利于通风透光和整枝。

(3) 合理灌水。豆薯既怕涝又怕旱，雨季要清沟排水，干旱太久需灌"跑马水"。

(4) 打顶整枝。当豆薯长出真叶 15～16 片时，把顶心打掉，以后每隔 3～4d 巡田 1 次，发现新枝和花蕾应及时抹掉。

(5) 喷矮壮素。摘顶心后，喷施矮壮素可抑制新枝的生长，有利于贮藏根的生长。

文西强等（2011）进行了不同栽培方式、不同豆薯品系的随机区组试验，结果认为不同豆薯品系覆膜与不覆膜栽培方式下，豆薯产量差异达 1‰极显著水平；A、C、D、F 品系不覆膜比覆膜产量高，差异达 1‰极显著水平；B、E 品系覆膜比不覆膜产量高，差异达 1‰极显著水平。在不覆膜栽培方式下，以 C 品系亩产量最高，为 2 380.0kg，商品性较好；覆膜栽培方式下，以 E 品系亩产量最高，为 1 973.3kg，商品性较好，口感好。

试验材料为豆薯 A、B、C、D、E、F 6 个品系，均由原余庆县种子管理站提供。

试验地设在贵州省余庆县大乌江镇龙口屯村民何平友农户责任地，土地类型为梯土，海拔 520m，前作玉米，黄壤土，肥力中等，光照条件好。

试验设处理 1 为覆膜，处理 2 为不覆膜 2 个处理。随机区组设计，3 次重复。小区长 3m，宽 1m，行距 20cm，株距 10cm，小区及重复间留 30cm 的走道，四周栽 5 行花生作保护行。

播种前每亩施 40kg 氮磷钾三元复合肥作底肥，整平后作厢。2009 年 4 月 3 日播种，出苗后，覆膜处理的及时破膜，防高温烧苗；3 叶期每亩用尿素 10kg，兑清粪水 500kg 浇灌；8 叶期每亩用尿素 8kg、磷酸二氢钙 20kg、硫酸钾 8kg，兑清粪水 800kg 浇灌。苗高 40cm 时摘心。9 月 8 日收获贮藏根。

试验结果显示，不同栽培方式对豆薯品系产量影响显著。不同栽培方式豆薯产量结果表明（表 4 - 20），各品系不同栽培方式下亩产量为 1 000.0～

2 380.0kg，以 C 品系不覆膜亩产量最高，为2 380.0kg，然后是 E 品系覆膜，亩产量为1 973.3kg，A 品系不覆膜亩产量为1 962.2kg，居第 3 位，亩产量最低是 B 品系不覆膜，为1 000.0kg。

表 4-20　不同栽培方式豆薯品系产量比较

品系（处理）	3m² 小区产量/kg			3m² 平均产量/kg	折合亩产量/kg
	I	II	III		
A_1	4.72	4.85	4.81	4.79	1 064.4
B_1	6.62	6.90	6.71	6.74	1 497.8
C_1	7.21	7.45	7.45	7.37	1 637.8
D_1	5.71	6.00	6.13	5.95	1 322.2
E_1	8.78	9.00	8.85	8.88	1 973.3
F_1	6.37	6.45	6.30	6.37	1 415.6
A_2	8.66	9.00	8.83	8.83	1 962.2
B_2	4.33	4.50	4.67	4.50	1 000.0
C_2	10.60	11.00	10.52	10.71	2 380.0
D_2	8.20	8.50	8.14	8.28	1 840.0
E_2	7.61	8.00	7.81	7.81	1 735.6
F_2	8.06	8.50	8.60	8.38	1 862.2

进一步分析表明，不同栽培方式下豆薯各品系产量差异显著（表 4-21）。A、C、D、F 品系不覆膜比覆膜产量高，差异达 1% 极显著水平；B、E 品系覆膜比不覆膜产量高，差异达 1% 极显著水平；在不覆膜栽培方式下，C 品系亩产量最高，为 2 380.0kg，覆膜栽培方式下，E 品系亩产量最高，为 1 973.3kg。结果说明，不同豆薯品系对覆膜反应有差异。

表 4-21　不同栽培方式下豆薯品系产量差异显著性

品系（处理）	3m² 小区平均产量/kg	差异显著性	
		5%	1%
C_2	10.71	a	A
E_1	8.88	b	B
A_2	8.83	b	B
F_2	8.38	c	C
D_2	8.28	c	C
E_2	7.81	d	D
C_1	7.37	e	E
B_1	6.74	f	F

（续）

品　系 （处理）	3m² 小区平 均产量/kg	差异显著性	
		5%	1%
F₁	6.37	g	G
D₁	5.95	h	H
A₁	4.79	i	I
B₂	4.50	j	J

不同栽培方式影响豆薯品系生育进程。所有豆薯品系覆膜比不覆膜提早2d出苗，第1片真叶全展提早3d，第6片真叶全展提早2d，贮藏根膨大期提早2d。

不同栽培方式影响豆薯品系经济性状。不同栽培方式下豆薯品系经济性状（表4-22）存在差异：豆薯品系贮藏根长5.7～7.0cm，A品系覆膜贮藏根最长，为7.0cm，B品系不覆膜、F品系覆膜贮藏根最短，为5.7cm；豆薯品系贮藏根宽5.3～7.4cm，A品系覆膜贮藏根最宽，为7.4cm，E品系不覆膜贮藏根最窄，为5.3cm；柄长0.4～1.3cm，A品系不覆膜柄最长，为1.3cm，A品系覆膜柄最短，为0.4cm；单株贮藏根重56～90g，E品系覆膜单株贮藏根最重，为90g，A品系覆膜单株贮藏根最轻，为56g。

表4-22　不同栽培方式豆薯品系经济性状及商品性比较

品系 （处理）	贮藏根 纵径/cm	贮藏根 横径/cm	柄长/cm	平均贮藏根 单个重/g	理论亩产 量/kg	贮藏根分级/%		
						小薯	中薯	大薯
A₁	7.0	7.4	0.4	56	1 070.3	72.1	19.8	8.1
B₁	6.5	6.4	0.6	64	1 536.1	65.7	18.5	15.8
C₁	5.9	5.9	0.7	77	1 569.3	67.0	23.7	9.3
D₁	6.2	6.4	1.1	70	1 337.9	46.5	39.5	14.0
E₁	6.5	6.6	1.1	90	2 000.2	40.0	42.0	18.0
F₁	5.7	6.0	1.1	79	1 439.7	65.8	28.1	6.1
A₂	6.1	6.4	1.3	76	2 000.2	58.3	38.3	3.4
B₂	5.7	5.7	1.1	59	996.5	61.8	22.4	15.8
C₂	5.8	6.1	0.6	67	2 427.1	57.1	39.3	3.6
D₂	6.5	5.4	1.3	64	1 991.7	75.2	15.0	9.8
E₂	6.2	5.3	1.2	74	1 776.1	68.5	20.4	11.1
F₂	6.4	6.4	0.9	79	1 878.6	80.4	19.6	0.0

注：小薯为100g以下，中薯为100～200g，大薯为200g以上。

不同栽培方式影响豆薯品系贮藏根商品性。从表4-22可以看出，不同栽培方式下豆薯品系小薯率为40.0%～80.4%。其中，E品系覆膜小薯率最低，为40.0%；第2是D品系覆膜，小薯率为46.5%；F品系不覆膜小薯率最高，为 80.4%。豆薯品系中薯率为 15.0%～42.0%。其中，D 品系不覆膜中薯率最低，为 15.0%；E 品系覆膜中薯率最高，为 42.0%。豆薯品系大薯率为 0.0%～18.0%。其中，F 品系不覆膜大薯率最低，为 0.0%；E 品系覆膜大薯率最高，为 18.0%。

豆薯品系 A、B、C 覆膜比不覆膜小薯率高，豆薯品系 D、E、F 覆膜比不覆膜小薯率低；豆薯品系 A、B、C 覆膜比不覆膜中薯率低，豆薯品系 D、E、F 覆膜比不覆膜中薯率高；豆薯品系 A、C、D、E、F 覆膜比不覆膜大薯率高，B 豆薯品系覆膜和不覆膜大薯率相同。这说明 D、E、F 豆薯品系在覆膜环境下商品性较好。

对试验结果进行口感测评认为，不同栽培方式影响豆薯品系口感。E 品系覆膜处理口感最好，其余品系口感相近。

试验认为，C 品系可以选育成低海拔地区露地栽培品种，E 品系可以选育成设施栽培品种。

目前豆薯品系中未有设施栽培的专用品种。试验认为可以通过定向选择方式育成设施专用品系如 E 品系，设施栽培可以使豆薯提早上市，从而提高种植豆薯的经济效益。

CHAPTER 5 | 第五章

豆薯种质资源与育种

第一节 中国豆薯种质资源与保护

一、豆薯种质资源保护

1. 种质资源现状 种质资源是豆薯生产和遗传改良必不可少的物质基础，也是进行生物学研究的重要材料，在种质资源创新和利用工作中占有重要的地位。Marten Sørensen（1996）将豆薯种质资源分为三大类：野生/退化、地方品种和栽培品种，分别收集到 53 个、211 个和 5 个（表 5-1）。

表 5-1 豆薯项目种质资源收集（每类可用种质数量）（Marten Sørensen，1996）

材料类型	*P. erosus*	*P. ahipa*	*P. tuberosus*	*P. panamensis*	*P. ferrugineus*
野生/退化	27	—	5	1	20
地方品种	136	20	55	—	—
栽培品种	5	—	—	—	—

我国收集到的豆薯种质资源数量与其他蔬菜品种种质资源数量相比显得极为稀少。据中国农业科学院蔬菜研究所李锡香（2002）介绍，到 2000 年底，全国已经入库（圃）保存的蔬菜种质资源共计 30 736 份，涉及 21 科 67 属 132 种和变种，以种子繁殖的蔬菜种质 29 198 份，其中包括豆薯 25 份，这些种质均保存在国家农作物种质资源长期库和国家蔬菜种质资源中期库中。这些资源的 90% 以上是已被生产淘汰或濒于灭绝的地方老品种。而在中国作物种质资源信息网只查询到沙窖大种沙葛（种质库编号 Ⅱ10A010，来源于广东顺德区）、都斛沙葛（种质库编号 Ⅱ10A005，来源于广东台山县）、细种沙葛（种质库编号 Ⅱ10A003，来源于广东新会县）、柳州凉薯（种质库编号 Ⅱ10A007，来源于广西）、抚州地瓜（种质库编号 Ⅱ10A008，来源于江西抚州市）、大种凉薯（种质库编号 Ⅱ10A009，来源于江西萍乡市）和木马山地瓜（种质库编号 Ⅱ10A004，来源于四川成都市）屈指可数的 7 个品种，未见从国外引进资源，所以谈不上进行有效的种质资源评价或性状筛选工作，从而进行一般性状记载（农艺性状和形态特征、生育期及产量性状的描述）和特定性状评价（针

对育种需要对某种抗性或品质进行系统鉴定和基因分析），导致生产上使用的品种遗传基础非常贫乏。其主要原因还是人们对豆薯作物的功能与用途缺乏深入了解，在育种栽培方面未引起足够的重视。

豆薯起源于美洲热带安第斯山脉与亚马孙河交汇地区，并在南美洲和中美洲、南亚、东亚和太平洋地区种植，已有两千多年的栽培历史，在长期的种植过程中，经过自然选择和人工选择，形成了丰富多彩、类型各异的豆薯种质资源，为相关研究奠定了坚实的物质基础。因此，我国应加大从国外引进豆薯种质资源的力度，让种质资源工作者进行形态特征和主要农艺性状的观察记载，逐步探索对某种特性进行鉴定、研究。育种、遗传、生理、生化、植保等学科的科学工作者根据种质资源工作者提供的材料进行深入研究、鉴定，然后将结果提交种质资源研究单位，加以汇总、整理、分析并记入档案，为选择育种材料提供科学依据。

从庞大的资源中选择代表性样本，阐明豆薯遗传多样性规律和基因组进化特点，不但是资源深度评价和有效利用的关键，也是豆薯功能基因组研究的热点。

澳大利亚学者 Fankel 和 Brown 于 1984 年提出核心种质的概念，认为核心种质是保存种质资源的一个核心子集，以最少数量的遗传资源最大限度地保存整个资源群体的遗传多样性，同时代表了整个群体的地理分布。因此，核心种质可以作为种质资源群体研究和利用的切入点，从而提高整个种质库的管理和利用水平。一般来讲，核心种质是从现有种质中按照科学的取样方法与技术，选出约 10% 样品组成，在一定程度上，代表了某一种及其近缘野生种的形态特征、地理分布、基因与基因型的最大范围的遗传多样性。对于促进种质交流、利用及基因库管理具有重要的学术和实用意义。核心种质的材料必须具有最大的遗传差异，这些差异主要表现为不同材料在基因型上的差异，以及不同基因型对环境反应的差异。因此，准确评价不同材料间在遗传上的相似性则是合理构建核心种质的前提。

2. 种质资源的繁殖保存　植物种质资源保存是指利用天然或人工创造的适宜环境保存种质资源，使个体中所包含的遗传物质保持其遗传完整性和活力，并能通过繁殖将其遗传特性传递下去。

保存类型有两种，即原生境保存和非原生境保存。

原生境保存是将植物的遗传材料保存在它们的自然环境中。原生境保存的地方多是植物保护区。在我国，豆薯原生境保存显然不存在。

非原生境保存则是将植物的遗传材料保存在不是它们的自然生境的地方。非原生境保存地点有植物园、种子库、种质圃、试管苗库、超低温库等。具体保存方法有四种，即种植保存、贮藏保存、离体保存和基因文库保存。目前，豆薯种质资源在我国大概只有种植保存和贮藏保存。

豆薯虽然是闭花授粉，但仍然有昆虫或风携带同作物同品种同株或异株花粉授粉受精产生杂交种子。在豆薯种质的繁殖过程中，关键是保持其遗传完整性。因此，应采用较大的繁殖群体，一般不少于 200 株，以确保收获足量种子，从而有效地保持品种的遗传特性，当繁殖的豆薯豆荚成熟后，应及时在豆荚爆裂前期带荚收获，一般在豆荚成熟且未爆裂时，摘除主茎上剩余的枯叶，于第 1 结荚处割断主茎，将主茎 20 根左右扎成 1 捆，运送至避雨、方便脱粒、通风处，挂在杆或绳上晾干，选择晴天脱粒，避免机械混杂，对种子进行认真清选，选择饱满的种子入库保存。

豆薯种质资源保存有两种形式，即长期保存和中期保存。长期保存由中国农业科学院国家种质库负责，入库种子密封在金属罐、铝箔袋、塑料复合薄膜袋、玻璃瓶内，储藏在温度 −20～−10℃、空气相对湿度小于 60% 的设施条件下，生活力可以保持 20 年以上。凡是入选国家种质库进行长期保存的豆薯种质资源，都要在原产地进行两年的基本农艺性状鉴定，对鉴定数据进行整理并编目，同时繁殖足量和高生活力的种子，送交国家种质库保存。根据国家种质库要求，入库材料的种子量应达到 500g 以上，发芽率在 85% 以上，纯度为 98% 以上，含水量在 6% 以下，并且要求种子无病虫损害、无破碎粒、无秕粒等。

豆薯种质的中期保存目前只有国家种质库负责，所保存的材料主要用于分发、鉴定、评价和利用研究。据黄胜琴等（1996）研究，豆薯种子不耐储藏，开放储藏的种子平均寿命（半活期）为 11～12 个月。低温低湿是豆薯种子储藏的较佳条件。超干处理种子，将含水量降至 6.43% 可获得低温低湿的储藏效果，继续干燥脱水则不利于储藏，水分平衡是超干种子萌发的必要条件。相关地方种质库尚待完善，建议在国家有关项目的支持下，由中国农业科学院统一加强对我国豆薯种质入库长期保存工作，由全国各有关单位参与豆薯种质资源的繁殖和入库保存工作。

二、豆薯种质资源的独特性

1. 抗病虫性　豆薯植株地上部的种子、茎、叶中均含杀虫的鱼藤酮成分，对病虫害抗性极强，很少有病虫害发生，相比于化学防治，具有保护和改善农田生态环境、不污染环境、对人畜安全、有利于延缓害虫抗药性的发生和发展等作用。豆薯在连续种植的情况下，对一些病虫也具有连续而持久的抑制作用。在环保型生产地的周边种植豆薯，能阻挡病虫侵袭，符合环保型生产的要求，顺应了当今绿色生产潮流。

2. 耐旱、耐瘠　豆薯主根竖直向下，明显而发达，侧根呈匍匐状分布于主根周围，可以吸取地下深层的水分，在干旱缺水的情况下，仍能正常生长发育，保持或接近正常产量。豆薯地下膨大的贮藏根存在亲水物质，从而形成了大量的结合水，也有极强的保水能力，因此耐旱。同时，豆薯作为豆科作物，与土壤中的根瘤菌共生固氮，除供应自身生长所需的氮素外，还有少部分留在土壤中供下茬作物利用，因而较非豆科作物更具耐瘠能力。

3. 栽培管理省本省工　贵州省余庆县农业局、余庆县科技局等相关单位领导和专家于 2008 年 10 月 15 日对余庆地瓜 1 号贮藏根生产情况进行了测产验收。评价项目面积2 134.4m²，收获豆薯贮藏根9 912kg，总收入4 956.00元。加权平均贮藏根亩产量3 097.5kg，按每千克 0.50 元计算，折合亩产值1 548.75元，亩投入904.30 元，投产比 1：1.71，扣除种子、化肥及用工等生产费用后每亩生产利润为 644.40 元。

对照面积 3 134.9m²，收稻谷总产量 2 727.9kg，加权平均亩产量580.4kg，按当年市场价每千克 1.96 元计算，折合亩产值1 137.58元，亩投入676.40 元，投产比 1：1.68，扣除种子、化肥及用工等生产费用后每亩生产利润为 461.20 元。

评价项目与对照项目相比每亩投入 904.3 元，比水稻多 33.69%；每亩产值1 548.75元，比水稻高 36.14%；每亩生产利润 644.40 元，比水稻高 39.74%；每工日净产值为 90.30 元，比水稻高 7.14%；成本纯收益率 71.3%，比水稻高4.52%。推广应用 74.90hm²，总产量11 131.18t，产值达 556.56 万元，示范项目达到预期效果。

我国适宜豆薯生长的区域面积较大，若加大开发利用力度，更能显示豆薯的巨大优势，对保障粮食安全和农民增收有重要意义。

4. 富营养性　豆薯富含各种营养成分，包括蛋白质、脂肪、各种氨基酸、脂肪酸、膳食纤维、矿物质及微量元素。其中贮藏根含有丰富的水分、糖类、蛋白质及一些矿物质、维生素等。

豆薯种子含水分 8.11%、灰分 4.32%、蛋白质 39.50%、脂肪 25.81%、糖类 22.26%。Leidi 等（2003）研究表明，豆薯种子蛋白含量为 25.2%～31.4%、油脂含量为 18.7%～22.4%、游离氨基酸含量为 0.26%～0.41%。Morales-Arellano 等（2001）发现豆薯种子中白蛋白是主要成分，占 52.1%～31.0%；其次是球蛋白，占 30.7%～27.5%。麻成金等（2008）研究表明，豆薯种子油脂含量为 28.43%、含有肉豆蔻酸 0.21%、棕榈酸 28.93%、花生酸 0.88%、硬脂酸 5.64%、二十二烷酸 1.78%、木蜡酸 1.33% 6 种饱和脂肪酸，以及油酸 31.20%、亚油酸 29.26%、二十碳烯酸 0.37% 3 种不饱和脂肪酸（占脂肪酸总量的 60.83%），还含有谷甾醇 3.09%、γ-谷甾醇 5.42%等。

5. 多功能性　豆薯是钾、钙及糖类的良好来源，有生津解渴、清凉去热、解酒毒、抗感冒及降血压、降血脂等辅助功效。

三、豆薯种质资源利用

1. 种质创新改良　在鉴定评价的基础上，我国有关单位利用各地优异豆薯种质开展了育种工作，通过系统选育等手段，培育出一批早熟、优质、高产、抗性强等综合性状优良的新品种（系），如四川省双流区一带的牧马山地瓜、江西省萍乡市的萍乡大种凉薯、江西省抚州市的抚州地瓜、贵州省余庆县的余庆地瓜1号等（陈忠文等，2007）。这些品种的育成与推广，在豆薯生产上发挥了重要作用，取得了良好的经济效益。近年来，研究人员利用我国现有豆薯资源，重点培育功能成分含量高、适合加工的豆薯新品种，以促进豆薯保健食品的开发，满足市场需求和增加农民收入。

2. 种质资源共享　在我国现有豆薯生产、育种和研究成果的基础上，应进一步加大宣传推广力度，以促进对种质资源的获取。同时，应根据需求，积极向利用者提供豆薯种质资源，使豆薯种质资源在生产和研究领域发挥出应有的作用。国家有关部门应建立农作物种质资源共享平台，通过网络平台发布我国部分及国外引进豆薯资源的相关信息，为取得和利用豆薯资源提供方便。中国农业科学院国家种质库负责豆薯种质资源的长期保存和分发利用，并继续开展豆薯资源收集、鉴定和编目工作，通过展示、合作研究等途径，积极促进豆薯种质资源在生产、育种和其他研究中的广泛应用。

四、豆薯种质资源的未来

1. 加强豆薯种质资源的收集与保护　自古以来，粮食等农产品都是商人囤积居奇的投机品，垄断既可以牟取暴利，也可以控制人或害人，正所谓有人预言：谁控制了粮食，谁就控制了世界上所有的人。近年来有人甚至提出了"种子战""基因战"的口号，说明人们已经认识到"谁控制了种子（种质），谁就控制了农业的未来"。进入21世纪以来，世界各蔬菜育种强国如日本、以色列、荷兰、美国、韩国等的各大种子公司纷纷进入我国蔬菜种子市场就是一个例证。因此，对种质资源的拥有量和对其研究利用的程度就成为一个国家育种水平和科研实力的标志，并直接关系到一个国家的农业战略安全。

我国的豆薯资源收集非常欠缺，亟待开展资源考察和收集工作。先是对现有材料作系统分析，从中发现存在的空白，同时调研生产和科研需求，有针对性地开展豆薯资源收集与保护。一方面收集与保护本地现有的品种资源，另一方面着重引进一些国外品种资源。由于豆薯起源于南美洲，加之人们对该作物的重视不够，导致豆薯资源严重匮乏，因而引进国外的种质资源是对本地品种资源的巨大补充和完善。如高蛋白质、高淀粉豆薯品种的选育和利用已成为豆薯育种者和加工利用者共同关注的重点，贝宁共和国波多诺伏桑海中心的科学家萨克兰·塞拉芬对豆薯在西非环境中生长和生产粮食的潜力进行了研究，在一个干旱地点和一个灌溉地点种植了 34 种基因型的豆薯，并对豆薯进行除花和不除花两种处理。在测试的 33 种特征中，几乎所有的特征均显示出很大的基因变异。这种特征及容易播种的特性使豆薯这种农作物很受种植者的欢迎。

2. **深入评价和发掘优异特性**　豆薯起源于南美洲，应加强起源分类方面的研究，进一步明确豆薯物种多样性及其分布规律，研究不同种间和品种间的相互关系，为豆薯资源开发利用奠定良好基础。同时采取技术手段，从形态学、分子学和生物化学方面对豆薯品种、类型、生态型进行研究。利用现代生物技术，开展豆薯优异特性及基因研究，挖掘其高产、优质、抗病虫、耐瘠特性。

3. **加强种质资源创新与利用方法研究**　采用种间和品种间杂交、物理诱变、化学诱变等方法，结合分子标记选择技术，创造综合性状优异、高产、优质、抗病性强的豆薯新种质，为育种和其他研究提供丰富的遗传材料。利用各种途径，向广大豆薯生产、育种和研究人员展示我国的优良豆薯种质资源，同时应根据需求，积极向利用者提供豆薯种质资源，使其在生产、育种和其他研究中发挥出应有的作用。

总体来说，豆薯是重要的多用途作物，对粮食增产和农民增收有重要意义。豆薯起源于南美洲，在我国收集保存的豆薯种质资源非常有限，加之我国的豆薯种质收集工作尚不完善，鉴定和评价只是初步的，优异特性及其基因发掘工作极为薄弱，因此应加强豆薯种质资源开发的基础性工作，深入开展鉴定和评价研究，以促进豆薯种质资源保护和利用工作的开展。

第二节　豆薯品种选育

农作物新品种，作为人类智力劳动成果，在农业增产、增效和农作物品质改善中起着至关重要的作用。品种选育是新品种开发的重要工作，我国历来十分重视品种选育工作。中华人民共和国成立以来，我国农业科技工作者共培育出主要农作物新品种 6 000 多个，成为保持我国粮食生产持续发展的重要因素。此外，农作物优良品种在改善品质、提高产量、满足人类特殊需要方面也具有举足轻重的作用。

一、育种目标

尽管豆薯拥有诸多经济、环境和营养上的优势，但是在世界各地大部分地方它并不怎么出名。随着全球人口不断增加，耕地面积逐年减少，生态环境日益恶化，中长期粮食供需矛盾加剧，粮食安全形势日趋严峻，已有科学家把解决问题的出路投向豆薯生产。这是因为豆薯投入少产出多，适应性强，抗旱，耐瘠，营养丰富，具有特殊的保健作用。对豆薯营养价值的再认识，有望使其成为重要的粮食和饲料作物，甚至成为重要的工业原料和新型生物能源。豆薯具有重要的经济价值，有广阔的开发利用前景，其产业化开发离不开专用型品种的选育，但当前仍受到诸多因素的制约，如何解决这些问题是今后豆薯育种工作取得突破性进展的关键。

当前我国豆薯品种主要为食用品种，而适合产业化发展的专用特色品种极少，如高淀粉型品种，此类品种可用于淀粉加工、燃料乙醇生产等。在育种目标总的趋势中产量一直是重要的，指标优质的要求也正逐渐提高，抗病性由单抗到多抗，用途由兼用到专用。由于中国豆薯栽培区域广，生态区各不相同，对抗病性状的要求亦不相同。因此，育种目标制定前应对企业和市场需求进行预测，以市场为导向，适应农业现代化的要求，育成品种应以可获取较大经济效益为目标。产量要求不低于当地推广品种，并具备早收高产、薯形美观、味道好、商品性好、抗病毒病、耐储性好等特点，故应对选择目标有所认识。

(1) 丰产性。产量是一个品种在具体条件下生长发育的综合表现，受本身一系列性状的直接影响，同时也受许多产量限制因素的影响。产量包括单株产量和单位面积产量，是生产力的表现，这两者之间有密切的关系。就生产而言，单位面积产量更为重要。豆薯的单位面积产量是由单位面积株数和单个贮藏根重构成的，在选育时两个性状应兼顾。

豆薯食用以地下膨大的贮藏根为主，其育种产量指标为 75 000 kg/hm²，其种植行距为 20～30cm，株距为 15～30cm，要求贮藏根单个重 250g 以上。

(2) 稳产性。豆薯品种的稳产性一方面与品种固有的抗逆性、适应性有密切的关系，另一方面受当地自然气候条件、耕作水平等的影响。这就要求育种目标有针对性、地区性，要能体现当地的特点。

虽然豆薯自身有一定的固氮能力，但在育种目标上，还是以选择对环境条件要求不严格、耐瘠的品种为宜。

(3) 株型。株型是影响豆薯群体产量的重要性状。豆薯株型主要包括植株长度、叶片数、节间长度、主茎粗细、分枝部位及花序长度等。株型对解决豆薯群体间和群体内个体矛盾，协调群体和个体之间的生长发育，提高水分、肥料、光能利用率都有影响。选择主茎粗壮、植株高度适中、节间短、分枝部位与出叶量适中、叶片肥厚宽大、叶色深绿、花序中短（<45cm）的紧凑株型，具有较大的增产潜力。

根据我国目前豆薯生产条件和产量水平，陈忠文（2014）认为比较理想的株型模式应为植株高度 300cm 左右，主茎节数 25 个左右，分枝部位为 9～11

节间，花序长度 25～45cm，作水果鲜食或蔬菜用的贮藏根单个重 250～500g，若以饲料或制取淀粉为目的的品种则单个重越大越好。

(4) 生育期。 根据生育期的长短，豆薯有早熟种（180d 左右）和晚熟种（190d 以上）之分。早熟种的特点为植株生长势中等，叶片较小，贮藏根膨大较早，生长期较短。贮藏根扁圆形或纺锤形，皮薄，纤维少，单个重 0.4～1.0kg，常作鲜食或炒食。晚熟种的特点为植株生长势强，生长期长，贮藏根成熟较迟。

我国豆薯主要分布于长江流域。由于地区的自然条件、耕作栽培制度及市场需求差异，对品种熟性的要求也不同，故应注意不同地区选育不同生育期的品种，以满足各地区不同的需要。

品种的早熟性和高产性存在一定的矛盾，早熟品种生育期短，同化产物积累相对较少，单株生产力稍低。生产实践证明，生育期短的优良品种辅以相应的栽培技术也能实现高产，只要同时注意早熟性和丰产性的选择，完全可以选育出早熟高产的品种。

豆薯早熟高产品种的形态特征是植株叶片稍小、分枝部位偏低、茎干细小、株型紧凑、粒重偏小等。

(5) 品质和专用性。 随着人民生活水平的提高和生活的多样化，研究选育豆薯优质和超高产新品种对保证我国粮食安全和提高人民生活水平具有重要意义，豆薯或许能成为人类健康的新食物来源。因此，选育优质、高产、多抗并重、品质优良的品种，是豆薯育种目标之一。

豆薯品种的专用性即其特殊性，因此其品种选育除产量目标外还要考虑高淀粉（贮藏根）、高蛋白质、高油脂（种子）、菜用、药用等多种目标的选育。

二、豆薯品种选育

到目前为止，虽然中国各地适宜豆薯种植区域的气候条件、耕作制度、环境因素存在差异，但对豆薯的使用都仅限于水果生食和作蔬菜加工，故对豆薯品种的要求也不高，仅仅对贮藏根外形（扁圆形、圆锥形、圆瓣形等）有习惯性需求。随着我国农业产业结构调整及对豆薯营养、保健价值的深入认识，豆薯已不仅仅是水果、蔬菜或饲料的补充，而是会成为重要的食物来源（淀粉）、工业原料和生物制药作物，具有一定的经济价值。其育种目标根据种子产业的市场化正向高淀粉含量（贮藏根）、菜用、高油含量（种子）、杀虫等多样性品种方向发展。

豆薯品种选育工作的进展情况，以及具体方法如下。

1. 引种 把外地或国外的新作物、新品种或品系，以及研究用的遗传材料引入当地，经过试验、鉴定，从中选出适宜当地种植，生产力明显高于当地生产品种或作为育种材料的方法称为引种。实践证明，引种是利用外地良种较快地解决当地生产缺乏良种和充实本地育种材料的有效措施，具有简便易行、成本低、见效快的优点。从外国或其他地区引种，早已成为许多国家和地区开拓种质资源以改良作物品种的一项重要基础工作。有的通过引种，发展本地区原来没有的新品种，有的通过试种、筛选、鉴定，从引入作物中选择优良品种，有的则是为了引进新性状、新基因供育种利用。而引种能否成功，取决于引种地区与原产地区的生态条件差异程度，差异越小则引种越容易成功。故引种时需要考虑的生态条件包括气温、日照长度、纬度、海拔、土壤、植被、降水分布及栽培技术水平等，其中气温和日照长度是决定性因素，而纬度和海拔则与气温和日照长度密切相关。就目前了解的情况看，豆薯在我国华北（河北邯郸）到西南（云南西双版纳）线以东由西向东引种均取得成功。

引种虽然比较简单，但不是随意引种都会成功，需要遵循已有实践规律。豆薯属于喜温作物，受光照和温度的影响较大，有南种北引植株茎蔓变长、开花延迟、生育期延长、表现晚熟的现象，如豆薯在河北省晋州市只能开花，但不能结成熟饱满的种子（李玉敏等，2003）；由低纬度或海拔向高纬度或海拔引种则可能出现地下贮藏根不膨大的情况，如从广东佛山（N 23°02′，海拔6.5m 左右）引到贵州毕节豆薯种植区（N 26°21′—N 27°46′，海拔1 100～1 500m），就出现部分豆薯根部不膨大的现象，当地群众称之为毛藤。

因此，由低纬度的南方地区向高纬度的北方地区引种，应选择生育期短的早中熟品种，并适当早播，以便在早霜来临前成熟；由高纬度的北方地区向低纬度的南方地区引种，应选择中晚熟品种，并适当推迟播种。

当然，引种一定要坚持试验、示范、推广的原则，同时不能忽视病虫的检疫工作。

2. 选择育种　选择育种就是根据育种目标通过人工选择从各类遗传资源中选择出优良的自然变异单株或集团，经过鉴定比较，遴选育成新品种的育种方法。这种优中选优的选择方法在作物育种中被广泛采用。豆薯是自交作物，选择育种从群体中选择自然变异，不易出现突破性的品种。

(1) 单株选择法。单株选择法又称系谱法或系统育种法。根据育种目标从田间选择具有优良性状的变异单株，并严格选择优良单株的后代而培育成新品种的方法。这种方法简单易行、收效显著，是豆薯的主要选育方法之一。

单株选择根据育种目标，在田间种植群体中选择具有优良性状的变异单株。一般从以下几个方面进行选择：一是在当地有较强的适应性和抗逆性的推广品种中选择；二是在示范园、良种繁殖田中选择；三是从新资源、新种质、多种生态类型中选择。因为要选择不同遗传基因，所以入选类型多，每个类型要有一定数量入选，标准要严格、准确。

单株选择方法具体操作如下。

第1年，第1次在盛花期，标记植株健壮、株型紧凑、抗逆性强、花序中短且集中的单株；第2次在成熟期，着重标记籽粒大且饱满、株型紧凑、成熟一致的健壮单株；在贮藏根采收期选择形状、大小一致的单株。对入选单株要挂牌编号，按株收获，并考察株粒数、荚粒数、株粒重、千粒重、籽粒性状和整齐度等，严格选优去劣，优先入选贮藏根形状、大小、营养物质等符合育种目标、株型紧凑、荚粒数较多、籽粒整齐、饱满、光亮、千粒重高的单株。入选单株种子分别保存备用。对表现较好但不够入选标准的单株进行同品种混收，翌年种植于选种田，从中继续选种。

第2年，进行株行试验。将上年入选的单株种子种成株行。每个单株种1行30株，每隔10行或20行种1行原品种及当地推广品种作对照。生育期间进行观察和评定，选优去劣的标准要高，优良单株经测产、考种明显优于对照的入选为株系。分离株行，继续选择优良单株，翌年再进行株行试验。不良株行则彻底淘汰。

第3年，进行株系比较。将上年入选株行的种子按株系种成小区，每区5行，行长5m，行株距（25～30）cm×（20～25）cm，尽量与大田生产相同。间比法或随机区组排列，重复3次，以当地推广品种作对照。在豆薯生育过程中，按豆薯植物学性状和生物学特性观察记载。开花期和成熟期进行田间评选。收获时取样考种，根据产量、考种结果、田间记载和田间评选结果进行决选，选出最好株系作为品系，用作翌年品系比较试验和扩大繁殖种子。

第4年，进行品系比较。将上年入选为品系的种子按品系种成小区，每区5行，行长5m，株行距同大田。对比法或随机区组排列，重复3次，以当地推广品种的原种为对照，生育期间对主要经济性状和其他特性进行全面细致的观察记载。收获后进行测产和考种。

品系比较试验一般要进行2～3年。表现优异的品系即可成为新育成的品种，参加品种区域试验。

豆薯为自花授粉作物，大多数个体属同质结合，通常第1次单株选择就有明显的效果。

（2）多次混合选择法。 多次混合选择是从品种群体中选择植株高度、籽粒性状和成熟期等方面相似的优良单株混合脱粒，与原品种进行比较，从而培育成新品种的方法。多次混合选择法就是在第2年混种，以后连续选择几代，直至所选的后代性状基本一致，成为新品种为止。

多次混合选择法的程序是单株选择、混系比较、混系繁殖。

第1年在原始群体中选择符合育种目标、性状一致的优良单株，混合脱粒。

第 2 年把上年入选单株混合脱粒的种子分成 2 份：一份与原品种种在同一地块进行特征特性鉴定和产量比较，另一份在另一地块种植继续选择优良单株，混合脱粒。

第 3 年把上年隔离区内入选单株混合脱粒种子仍分成 2 份：一份与原品种和推广品种进行比较，性状优良、整齐一致且比原品种和推广品种增产显著的品种，就可参加产量比较试验；另一份继续隔离繁殖，提供区域试验和生产示范的种子。

混合选择获得的群体是由经过连续选择的优良单株组成的，其性状与纯度都有所提高。同时，群体内的各个体间的遗传基因仍稍有差异，可保持较高的生活力和产量，避免因遗传基础引起生活力衰退，而且工作简单易行，能很快从群体中分离出最优良的类型，所生产的种子数量又便于生产利用。这种方法对混合严重的品种群体进行单一性状改良，如生育期、产量、植物形态特征等，有较好的效果；其缺点是由于选择时是根据当代表现型进行的，虽然表现型在一定程度上也反映了基因型，但外表性状，特别是一些产量上的数量性状，经常受环境条件的影响表现特殊。因此，难免把一些在优良环境条件下表现良好但基因型并不合乎要求的个体也选取在内，在经过混合脱粒、混合播种后，就很难在后代中剔除那些不符合要求的个体，选择效果受变异程度和变异类型的影响，所以，只有原品种群体里有许多变异类型时，才会采用这种方法。

（3）集团选择法。集团选择法就是在原品种或原群体里，按植株不同性状选择各种类型的优良单株混合脱粒组成集团，与原品种、推广品种进行比较、鉴定，选出符合要求的、产量高的集团，培育成新品种。集团选择可依据株型、开花期、生育期、粒色等性状进行选择。具体做法如下。

第 1 年，在原始群体中，按其相似的生物学特性和形态特征选择单株，分成若干群体或集体，然后将同一类型的植株混合脱粒保存。

第 2 年，将上年入选的集团材料分成 2 份，一份种植在小区用于进行比较、鉴定各集团与原品种、推广品种的差别，从中选出优良集团；另一份种在隔离区内繁殖，继续选择优良单株，混合脱粒做翌年播种用种。

第 3 年，将上年入选的优良集团相对应的隔离区内繁殖的种子分成 2 份，一份种成小区，与当地推广品种进行产量比较，比当地推广品种显著增产的集团则参加品种产量比较试验、示范；另一份隔离种植，为翌年区域试验、生产示范提供种子。

集团选择法获得的每一个集团，实质上就是进行一次混合选择法和多次混合选择法获得的。

（4）株系集团选择法。在豆薯育种中，为了克服单一选择方法的缺点，提高选择效果，常常把集团选择和单株选择结合起来应用，称株系集团选择法。

即先选群体集团，再选优良单株。经与分析鉴定比较，选出优良株系，繁殖成一个品种或几个单系合并成一个品种群体。

3. 杂交选育　杂交育种就是通过品种间杂交创造新变异而选育品种的方法。杂交可使杂交后代的基因重组，产生各种各样的变异类型，并从中选育出新品种。杂交选育是豆薯创造新类型和选育新品种的重要途径。

(1) 杂交亲本选配的基本原则。亲本选配和育种目标的制定要符合豆薯的实际。

①互补原则。双亲优缺点互补指一个亲本上的优点在很大程度上克服了另一个亲本的缺点。亲本优良性状多，主要性状突出，不良性状少又较易克服，双亲主要性状的优缺点互补。亲本优良性状多，其后代性状就会有较好的表现，出现优良类型的机会就会增多。

②适应原则。用当地推广优良品种或地方品种作亲本，由于在当地栽培时间较长，对当地的自然、栽培条件较适应，综合性状一般较好，即后代容易适应当地条件，较易育成新品种。

③远亲原则。利用生态类型差异较大、亲缘关系较远的材料作为亲本。因为不同生态类型、不同地理来源和亲缘关系的品种有不同的遗传基础和优缺点，因而杂交后代的遗传基础将更加丰富，会出现更多的变异类型甚至超亲性状。同时，在不同生态条件下产生的双亲杂交，可能育出适应性较强的新品种。

④配合力原则。配合力是指某一亲本品种与其他若干品种杂交后，杂交后代在某个性状上表现的平均值。用配合力好的品种作亲本，容易得到好的后代，选出好品种。当杂交亲本确定后，还应考虑母本和父本组合的配对原则，即，母本选择适应当地条件的当地品种，短蔓种选育中短蔓品种，栽培种和野生种杂交或远缘杂交选栽培种；父本选择性状遗传力强的品种，其后代容易适应当地的自然条件和栽培条件。

(2) 杂交方式。杂交方式是由亲本的类型决定的。如果按亲本的类型分，可以是优异亲本×优异亲本，或优异亲本×改良亲本，或改良亲本×改良亲本。第1种类型是期望直接出品种，因此两个亲本之间是互补的。第2种杂交方式优异亲本×改良亲本，目的是改良优异亲本的某一性状，这种改良可能不是一次杂交就可以完成的。例如，一个现有品种缺少某一性状，而改良亲本具有这个性状并且是新资源。由于是新资源，在利用它的同时也会引入一些不良性状。这就需要多次杂交，也就是有目的地选择这一性状的同时用优异亲本多次回交。作亲本时，杂交的方式也可以是新资源之间的相互杂交，或者是改良亲本×改良亲本。

当杂交组合配对确定后，要根据育种目标和亲本特点确定正确的杂交方式。常用的杂交方法如下。

单交又称成对杂交（A/B），即 2 个不同品种间进行一次杂交。这种方法简单易行、收效较快，当双亲的优缺点能够互补，性状与育种目标基本符合时，一般都采用此法。

复交又称复合杂交，即选用 2 个以上亲本的多次杂交。通常有以下 3 种方式。一是三交，即 3 个亲本的复交；二是双交，即 4 个亲本的复交；三是四交。复交可将几个亲本的优良性状集合在一起，但后代的遗传基础更加复杂，性状分离范围更大，不容易稳定，育成一个品种所需时间较长。应用复交时，一般应将综合性状好、适应性较强、有一定丰产性的亲本放在最后一次杂交，以便增强杂种后代的优良性状。

回交是两个亲本杂交所产生的后代（F_1），与双亲之一重复进行杂交。参加回交的亲本称轮回亲本，父本和母本均可作轮回亲本。回交用于恢复优异亲本的性状，即轮回亲本类型。回交至少进行 3 次。

多父本混合授粉杂交，选择多个父本品种的花粉混合后，对一个母本品种进行混合授粉，即 A/（B+C+D）。这是根据受精选择性和多重性的原理进行的，其杂交后代具有较强的生物学适应性和较高的生产力，易于发展多个亲本的遗传性。

4. 豆薯开花特点与杂交技术

（1）豆薯的花器结构。豆薯花序为总状花序，着生在主茎或分枝的叶腋上。每个花序有 10～35 节，每节有 1～8 朵花，但一般整枝花序只有 1～8 朵小花结实。开花顺序由基部往上开。花白色、紫色和白间紫色（图 5-1、图 5-2）。

图 5-1　豆薯花序与花色（陈忠文，2013）

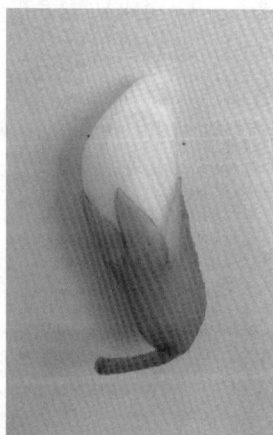

图 5-2　豆薯花小花（陈忠文，2013）

(2) 豆薯的开花习性。 豆薯茎上第 1 个花序着生在植株 9～13 节的叶腋中，其具体着生节位因品种、栽培密度、肥水管理而异。整株开花顺序由下往上开，每个花序开花一般从下往上开，也有从 2、3 节开始开花 1～3 朵，再往上数 1～2 节开 1～2 朵，边开花边结荚。初期开的花成荚率较高，每荚成粒率也较高，每荚粒数较多而且籽粒饱满；后期顶端开的花常成秕荚或脱落。由于全株开花与结荚无明显的界限，统称花荚期。豆薯陆续开花、结荚、成熟，一般 9～13 节花序结的荚因与上部结荚时间间隔过长而爆裂，因此在种子生产上一般将低节位花序作侧芽摘除。

豆薯为自花授粉作物，遇蜜蜂等昆虫也可异交结实。授粉发生在花冠开启以前。每株豆薯花期持续 20～25d。豆薯从花蕾膨大到见花冠持续 2～3d，从见花冠至花冠半长（约 6～7mm）约 1d，此时为去雄时间，从花冠半长至花朵开放持续 1～2d。每天 15 时至 17 时花丝伸长，花药抵至柱头，花药破裂，花粉大量落在柱头上，完成授粉。翌日 9 时前开花，先是旗瓣基部张开，渐至平展，再是翼瓣靠近旗瓣的一边向外张开，然后旗瓣向上扬超过 90°，完成开花过程。若田间湿度过低（<65%），则旗瓣可能不张开。15 时以后，旗瓣开始萎蔫。若未受精，花朵第 3 天开始脱落。豆薯授粉后 24～36h 完成受精，受精后子房发育成豆荚，子叶细胞充满胚腔，干物质开始积累，形成种子。子房膨大到荚长、荚宽和荚厚的最大值（长 13cm，宽 1.5cm）需要 20～25d。

豆薯花朵虽然较大，但由于花柱弯曲，去雄时很容易折断，一般杂交成功率只有 10% 左右，这是豆薯杂交育种主要的限制因素之一。若方法得当、技术熟练，杂交成功率会提高。

(3) 材料仪器药品。 材料：选择花期相遇的白色花、紫色花和白间紫色花豆薯植株。仪器用具：放置杂交用具的瓷盘、锐尖镊子、剪刀、小塑料挂牌、盛酒精棉球的小玻璃瓶、铅笔等。药品：70% 乙醇溶液。

(4) 杂交方法步骤。 具体步骤如下。

①母本选株选花。母本杂交材料选择具有本品种典型特征特性、生长健壮的植株（图 5-3）。在豆薯初花期，选择主茎 14～16 节间、花序 3～8 节的花蕾。一般植株 14 节间以下花序受光照不足影响，每个花序 8 节以上的花蕾会受肥水不足影响，花蕾幼荚易脱落。

在母本中，以花蕾花冠伸半长时去雄为宜，过长已经自交，花蕾太小，雌蕊柱头未发育成熟。去雄后将所选定的花蕾旁的花蕾及幼荚等全部去掉。此时花的形态特征是花冠刀尖形，呈白色、浅紫色或白间紫色，色泽鲜亮，长 0.6～0.7cm。花冠超过此长度，可能为已完成自交将要开放的花朵。

②去雄。选择在非雨天 15 时到 18 时去雄。操作时，用左手拇指和食指

图5-3　杂交亲本选择（陈忠文，2012）

捏住欲去雄花蕾的基部，稍微用力压花冠，右手用镊子在花蕾腹缘龙骨瓣联合处微压撑开龙骨瓣，露出花药，然后斜插入镊子，小心去掉10枚雄蕊（花药），绝对不能碰伤柱头。若镊子夹破花药，在下一朵花操作前用酒精棉擦拭（图5-4）。去雄的关键是要准确无误，既要彻底去除雄蕊，又要保证柱头或花柱组织在去雄时不受伤，尽可能保持小花内的温度、水分不发生变化。

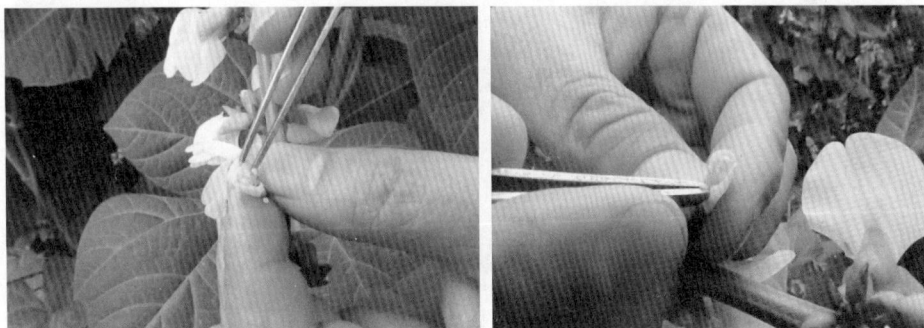

图5-4　豆薯杂交去雄操作（陈忠文，2013）

③授粉。父本应选择花冠长超过0.7cm且旗瓣未张开和柱头上附有新鲜、干燥、橘黄色花粉的花蕾作为授粉花。用镊子将父本花药顺着母本柱头的弯曲形状小心套进碰到柱头上完成授粉，不要伤及柱头，调整好位置，以父本花不易脱落为度（图5-5）。

操作结束后，去掉杂交同节其余的小花和花蕾。空气相对湿度较低时，杂交结束后用附近豆薯叶片包覆，以延长有效授粉时间。

图 5-5　豆薯杂交及套袋（陈忠文，2012）

④挂牌。用铅笔在塑料挂牌上注明父母本（组合）名称或代号、杂交日期及杂交人姓名等标记，将塑料牌挂在做好杂交的花柄上。3d 后对授粉小花进行检查，未脱落者说明杂交基本成功，随即去掉同节花序轴上其他小花及花蕾，既可避免混淆，又可集中养分供应杂交小花，减少花荚脱落，以提高杂交率。

⑤检查。授粉后 2～3d 检查杂交是否成功。每天记录天气情况、每个组合所授粉的花蕾数；每天检查落花现象，并观察杂交荚生长发育状况。授粉成功的花已长出小荚，未杂交成功的花已脱落。落花的及时摘牌。以后每隔一定时间检查杂交荚旁边的花蕾并及时去除。

⑥收获。一般杂交后 95d 左右，豆荚出现成熟色以后即可收获。不要提早或推迟收获。杂交荚成熟后及时收获，将杂交结荚的荚连同小纸牌按不同的母本分别装入信封内，每个亲本进行室内考种。

⑦考种。记录播种期、出苗期、真叶平展期、始花期、开花期、成熟期。成熟后收获的各株都进行室内考种，包括蔓长、主茎节数、主茎分枝数、分枝始节、花序始节、单株荚数、单株粒数、百粒重等，计算每个品种的平均数和标准差与亲本进行比较，估计杂种优势。

记录地下部贮藏根重量、外观形状、纵沟数量、贮藏根上须根数、纵横径、手撕去皮性、口感等经济性状。

统计方法：统计出父母本杂交结荚率、F_1 的平均数及每个组合的超亲优势率、中亲优势率、负超亲优势率、负中亲优势率。计算公式为：

中亲优势 $Z = [(F_1 - P) / P] \times 100\%$

超亲优势 $C = [(F_1 - HP) / HP] \times 100\%$

负向中亲优势 F＝［（F₁－LP）/LP］×100％

上式中 P 为中亲平均值，即（P₁＋P₂）/2；HP 为高亲值；LP 为低亲值。

(5) 诱变育种。诱变育种是指人为地利用物理、化学因素诱导动植物的遗传特性发生变异，再从变异群体中选择符合人们某种要求的单株或个体，进而培育成新的品种或种质的育种方法。它是继选择育种和杂交育种之后发展起来的一项现代育种技术。根据诱变因素不同，可分为物理诱变育种和化学诱变育种。

物理诱变育种应用较多的是辐射诱变，即用 α 射线、β 射线、γ 射线、X 射线、中子和其他粒子、紫外辐射及微波辐射等物理因素诱发变异。当通过辐射将能量传递到生物体内时，生物体内各种分子便产生电离和激发，接着产生许多化学性质十分活跃的自由原子或自由基团。它们继续相互反应，并与周围物质特别是大分子核酸和蛋白质反应，引发分子结构的改变。其中尤其重要的是染色体损伤。由于染色体断裂和重接而产生的染色体结构和数目的变异即染色体突变，而 DNA 分子结构中碱基的变化则造成基因突变。那些带有染色体突变或基因突变的细胞，经过细胞世代将变异了的遗传物质传至性细胞或无性繁殖器官，即可产生生物体的遗传变异。目前一种新型高效的物理诱变方法——氦气常压室温等离子体诱变育种技术广泛应用于细菌、真菌、放线菌、霉菌、藻类、大型真菌、植物及动物细胞中。以高纯氦气为工作气体，利用射频辉光放电原理，在常温常压状态下产生高能量的等离子体，其富含的高能化学活性粒子能够使菌株、植物或动物细胞产生高强度遗传物质损失，进而利用细胞启动紧急修复机制，产生种类多样的错配位点，最终形成了遗传稳定、种类丰富的突变株。

化学诱变除能引起基因突变外，还具有和辐射相类似的生物学效应，如引起染色体断裂等，常用于处理迟发突变，并对某特定的基因或核酸有选择性作用。化学诱变剂主要有烷化剂、核酸碱基类似物、抗生素等。

化学诱变主要用于处理种子，也可以处理植株。种子处理时，先在水中浸泡一定时间，或以干种子直接浸在一定浓度的诱变剂溶液中处理一定时间，水洗后立即播种，或先将种子干燥、储藏，以后播种。植株处理时，简单的方法是在茎秆上切一浅口，用脱脂棉把诱变剂溶液引入植物体，也可对需要处理的器官进行注射或涂抹。化学诱变剂大都是潜在的致癌物质，使用时必须谨慎。

①诱变材料选择。诱变材料的选择是诱变育种成败的关键之一。

选用综合性状好、纯度高的品种。由于诱变育种现有水平所限，目前仅对改良单一性状有较好的效果，故要求选用的品种应综合性状好，以改进它们的个别缺点为目标。育种实践也证明，我国利用诱变方法选育成功的品种，多数情况是通过改良推广品种中的个别缺陷而取得的新品种。例如水稻原丰早和小麦川辐 1 号分别由原推广品种科字 6 号和川育 5 号经 γ 射线和 β 射线处理育成的。

a. 选用杂交材料。杂交材料的基因型是杂合的，不稳定、易诱变，可增加突变类型，提高诱变效果。辐射处理 F_1 种子，其性状重组机会增多，F_2 许多性状的变异幅度都显著增大。如大豆铁丰 18 是由编号为 45-15 的株系与编号为 5621 的株系杂交的 F_1 种子用 γ 射线照射后选育成功的。

b. 选用单倍体。单倍体诱发产生的突变易于识别和选择，诱变最易见效，而且突变体加倍后即可获得稳定的后代，可缩短育种年限。但单倍体的生活力较弱，诱变处理后死亡率较高。随着生物技术的发展，目前越来越多地采用花药培养的愈伤组织进行诱变。

c. 选用多倍体。一般情况下，随染色体倍数的增加，作物抗诱变损伤的能力提高，并能提高突变率。一些研究表明分别用茄属、大麦和小麦等作物的二倍体、四倍体和六倍体，种子的发芽力无显著差异，而幼苗存活率和生长情况则随染色体倍数增加而增加。与二倍体相比，四倍体和六倍体的染色体畸变和诱变 2 代的叶绿素突变均缓慢降低。

②诱变后代处理。经诱变处理产生的诱变一代，以 M_1 表示。

M_1 一般不进行选择，而以单株、单穗或以处理为单位收获。由于受射线等诱变因素的抑制和损伤，M_1 的发芽率、出苗率、成株率、结实率一般较低，发育延迟，植株矮化或畸形，并出现嵌合体。但这些变化一般不能遗传给后代，且诱变引起的遗传变异多数为隐性。

M_2 可根据育种目标及性状遗传特点选择优良单株（穗）。多数变异是不利的，但也能出现早熟、矮秆、抗病、抗逆、品质优良等有益变异，变异频率为 0.1%～0.2%。因此，诱变二代是变异最大的世代，也是选择的关键时期。

M_3 至 M_5 连续在变异单株后代中选择优良变异单株。诱变三代以后，随着世代的增加，性状分离减少，有些性状一经获得即可迅速稳定。

M_6 认真观察比较，选择稳定性一致的优良变异单株，将相近的单株合并成品系，比较其产量等性状。

M_7 繁殖优良品系，进行示范和适应性试验。

M_8 提供品种区域试验和生产试验。经过几个世代的选择就能获得稳定的优良突变系，再进一步试验育成新品种。具有某些突出性状的突变系，还可用作杂交亲本。

人工诱变作为作物育种中创造变异的一种重要手段，可以帮助人们获得数以万计有利用价值的种质资源。由于不同科、属、种及不同品种植物的辐射敏感性不同，其对诱变因素反应的强弱和快慢也各异。据报道豆科的大豆敏感性大于禾本科的水稻、大麦大于十字花科的白菜。因此，开展豆薯人工诱变工作，可能使我国豆薯种质资源极度匮乏的境况得到重大改善。

（6）分子育种。 传统育种方法属于杂交育种，品种改良主要受种原变异之限制，而不同物种间的杂交颇为困难，育种成果难有大突破。利用基因工程技术进行作物品种改良，是指以遗传工程技术，将特定基因或性状导入缺乏此基因或特性的目标作物中的育种方法。因此利用基因工程技术进行作物品种改良，可以突破种原的限制及种间杂交的瓶颈，创造新性状或新品种。特别对豆薯作物育种有借鉴作用。

所谓分子育种就是根据育种目标，通过在 DNA 分子水平上的操作，对植物基因组进行改良（如引入外源基因和改良内源基因），创造具有符合人类需求的新性状（如抗虫、抗病、抗除草剂等）的植物，或通过适当的选择和繁殖直接形成一个新品种，或用它作为种质通过杂交育种途径育成一个新品种。

分子育种所涉及的学科很广，如分子生物学、分子遗传学和育种学等，是一个高度综合的边缘学科。

分子育种是现代分子生物学技术在传统育种中应用发展起来的，传统育种是基础，是分子育种的材料，大多需要应用传统育种技术对材料进行进一步的选择和改良，才能选育出符合要求的新品种。因此，只有两者结合，才有可能解决一些过去无法解决的育种难题。通常包括分子标记辅助育种和遗传修饰育种（转基因育种）。

①分子标记辅助育种。即利用分子生物学技术，对一个目标性状进行分子标记，如限制性片段长度多态性（RFLP）、简单重复序列（SSR）、随机扩增多态性（RAPD），当分子标记与性状有连锁时，根据分子标记表型从 DNA 水平上直接选择目标性状。这种高效和精确选取目标性状的技术称为分子标记辅助育种，其优点是排除环境对基因型表达的干扰。

②遗传修饰育种。即利用分子生物学技术，把经过分离和人工构建的基因，通过适当的基因转化方法导入受体细胞的基因组中，得到基因产物和生物活性的表达，并能遗传至后代的过程。其优点是克服有性杂交的生殖隔离，实现不同物种间的基因交流。

分子育种很明显不能等同于转基因。利用先进的生物学技术，科学家们可以在不改变作物基因的前提下改变其性状，或者仅仅是通过分子标记的方法筛选优良品种。有一些分子标记仅仅是测序，检测单核苷酸多态性，根本不涉及基因调控。从这些方面来看，分子育种显然不是转基因。但是在分子育种中，确实也包含基因工程。如果转入的新基因可以遗传，则会产生新的物种，若不能遗传，则不能产生新的物种。但是分子育种手段筛选出的新品种（不是新物种），它们的优良性状都是可以被遗传的。

三、我国豆薯育种中存在的问题

我国目前种植的豆薯品种屈指可数，仅存几个带有地域性称谓的品种如四川牧马山地瓜、贵州黄平地瓜（现已名存实亡）、广东顺德沙葛、江西萍乡凉薯及台湾珠仔种和马来种等。极其狭窄的遗传基础造成品种遗传多样性降低，缺乏优异的种质资源，选育突破性的新品种相当困难，此外抗性种质资源严重缺乏。因此，拓宽豆薯育种基础已是当务之急。

第三节　豆薯生产用品种介绍

一、余庆地瓜 1 号

1. **审定编号**　黔审菜 2006004 号。
2. **选育单位**　余庆县种子管理站。
3. **品种来源**　从贵州省余庆县本地小地瓜中选育而成。
4. **选育经过**　余庆县种子管理站陈忠文等人从 1988 年开始在本地种植的小地瓜（籽粒微白色，当地称白籽地瓜）中获得变异株，经多代自交选育而成，于 1996 年稳定，其植株长势较强、单株结荚数、荚粒数、贮藏根产量高于原有品种，籽粒呈浅褐色，近种脐部有红褐色斑，明显区别于原品种，并定名为余庆地瓜 1 号。2002—2005 年，在余庆县进行对比试验，结果表明（表 5 - 2）余庆地瓜 1 号贮藏根产量比对照牧马山地瓜增产 7.01%，比本地地瓜增产 10.79%。余庆地瓜 1 号采收期 120～140d，具有早熟、高产、抗病、皮薄、肉质细嫩等优点。

表 5 - 2　余庆地瓜 1 号贮藏根产量比较试验结果（陈忠文等，2007）

品种	贮藏根亩产量/kg							
	2002 年	2003 年	2002—2003 年平均	2002—2003 年平均增产/%	2004 年	2005 年	2004—2005 年平均	2004—2005 年平均增产/%
余庆地瓜 1 号	3 119.4	3 014.4	3 066.9	7.01	3 612	4 435	4 023.5	10.79
牧马山地瓜	2 951.8	2780.3	2 866.0					
本地地瓜					3 275	3 988	3 631.5	

2004—2005 年，在贵州省进行多点试验和生产试验、示范，结果表明（表5 - 3）余庆地瓜平均贮藏根亩产量3 174.3kg，比对照增产 11.98%。2006年 2 月经贵州省农作物品种审定委员会审定，定名为余庆地瓜 1 号。

表 5-3　余庆地瓜 1 号区试验贮藏根产量汇总（陈忠文等，2007）

试验地点	试验面积/ m²	亩产量/ kg	比对照/ (±%)	对照品种
贵阳市乌当区下坝镇	1 667.5	2 422.2	10.30	（牧马山地瓜）
安顺市镇宁布依族苗族自治县丁旗镇	1 334.0	2 668.0	8.67	（佛山地瓜）
都匀市大坪镇	533.0	4 536.0	12.50	（当地品种）
黔东南苗族侗族自治州丹寨县兴仁镇	1 276.8	3 116.0	27.18	（牧马山地瓜）
铜仁市万山区谢家桥街道办事处	667.0	3 068.0	−4.30	（当地品种）
遵义市余庆县白泥镇	1 200.6	4 267.0	9.55	（牧马山地瓜）
小计及平均	6 678.9	3 174.3	11.98	

5. 特征特性　余庆地瓜 1 号全生育期 190d 左右（收获种子），贮藏根采收期为 120～150d。苗期长势较强，茎蔓生，长 2.0～2.4m。总状花序，每花序 10～22 节，每节有花 1～4 朵，开花顺序由基部往上开。花为白色蝶形花，萼片合生，花萼黄绿色。荚果扁平条形，长 10～13cm，宽 1.2～1.5cm，嫩荚有刺毛，内含种子 9～12 粒，种子近方形，较宽，两面呈微凸镜状，较窄的三侧边有槽纹。籽粒呈浅褐色，近种脐部有红褐色斑，千粒重 170～180g。根为直根系，主根上端逐渐膨大成为可食用的贮藏根。贮藏根膨大较早，多数情况下呈圆锥形，少数扁圆形，表皮浅黄色，表面有 0～4 条浅纵沟，皮薄而坚韧，易剥离，纤维少，单个贮藏根平均重 0.5～2.5kg，最大重 5.5kg，一般亩产 2 000kg 以上（图 5-6）。

图 5-6　余庆地瓜 1 号种子、贮藏根、豆荚（陈忠文，2009）

6. 贮藏根栽培技术要点

（1）**土地选择与整理。**一般以选择土壤疏松、易排水地块种植为宜，最好在黄壤土上种植。

（2）**播种时间。**一般在 4 月上旬至 5 月上旬直播，低热地区或提早上市进行薄膜覆盖生产可提早至 3 月中下旬。行距 25cm，株距 20～23cm。每穴播 1～2 粒种子，浇透水，播后覆土 2～3cm。

（3）**田间管理。**及时间苗、补苗、破膜出苗、施肥提苗。苗期或贮藏根膨大期遇干旱要保证有充足的水分供应。

(4) 植株调整。一般苗高110cm（约22片复叶）左右时打顶，或出苗后60～70d打顶，除去侧蔓和生长过快而成的花蕾，以后见侧蔓和花蕾就摘除。

(5) 病虫害防治。苗期主要防治蛴螬和地老虎等虫害，贮藏根膨大期主要防治蛴螬。

(6) 适时采收。结合市场需求，一般以在7—10月采收为宜。

7. 适宜种植区域　该品种适宜在贵州省遵义市、毕节市、安顺市、贵阳市、黔南布依族苗族自治州、黔东南苗族侗族自治州等地及与这些地方生态条件相似的地区种植。湖南省娄底市、怀化市等地，云南省东川区、曲靖市等地及重庆江津区等地亦可种植。

8. 种子生产技术要点

(1) 基地选择。选择海拔600m以下，且光照充沛、排灌方便、土壤肥沃、方圆2 500m以内无其他豆薯种植的区域为宜。

(2) 施足底肥，适时播种。于3月10日前耕翻土地，每亩备足1 500～2 000kg腐熟有机肥、50kg左右氮磷钾三元复合肥（15-15-15），于3月中旬至4月上旬按垄宽110cm开沟施肥，覆土起垄，垄高25～30cm，在保障土壤湿润条件下喷施除草剂，10d后按株距30cm双行错窝播种，覆土1～3cm，在施用防蛴螬药后盖薄膜。

(3) 加强田间管理。播种后12～15d及时破膜引苗、间苗、补苗和定苗，每窝留2株苗。

(4) 植株调整。第4片真叶平展后及时支架，并人工引蔓上架。苗高100～110cm时控制顶端生长，保留22片左右真叶，见侧蔓及时摘除。

(5) 病虫害防治。在苗期防治蛴螬和地老虎，生长中后期主要防治叶螨等螨类害虫，在初花期至结荚期防治豆荚螟。

(6) 去杂去劣。拔除混杂株、变异株、病株、劣株。分别于现蕾前和现蕾时各进行1次。

(7) 采收与加工。待种荚90％以上颜色由绿色变黄褐色时，将蔓分段采收，挂在避雨通风处晾干后，待天晴及时脱粒、过筛、风簸，除去秕粒，定量包装。

二、牧马山地瓜

1. 审定编号　无。

2. 选育单位　无。

3. 品种来源　四川省双流、彭山一带。

4. 选育经过　当地农民自选繁育。

5. 特征特性　牧马山地瓜为豆科豆薯属中能形成贮藏根的栽培种，一年生或多年生草质藤本植物。

根为直根系，须根多。主根上端逐渐膨大成为扁圆形或纺锤形贮藏根。一般情况下只形成一个贮藏根，但若主根受伤，则侧根膨大，形成 2 个或更多较小的贮藏根。贮藏根表皮为浅黄色，皮薄而坚韧，易剥离。茎蔓生，高 2m 以上，右旋缠绕，横切面圆形，被黄褐色茸毛，每节发生侧蔓。叶为三出复叶，互生，浓绿色，表面光滑。顶生小叶棱形，具托叶。花为总状花序，自茎基部第 5～6 节起，节节可抽生花序。第 1 花序有 20 余节，每节有花 2～4 朵，花为紫蓝色或白色蝶形花。荚果，扁平条形，长 10～13cm，宽 1.2～1.5cm，嫩荚有刺毛不能食用，内含种子 8～10 粒。种子近方形，扁平，黄褐色间有槽纹，千粒重 200～250g。

6. 适宜种植区域　长江流域豆薯种植区。

7. 栽培要点

(1) 整地。 冬前结合深翻每公顷施腐熟的基肥60 000～75 000kg，加草木灰1 500～2 250kg。耙细、整平，做成宽 100～150cm 的平畦。

(2) 播种期。 一般在气温稳定通过 15℃时即可播种，南方在 3—5 月，北方地区应尽早播种。露地播种可在晚霜过后立即进行。山东等地在 4 月中下旬进行。播种前用 30℃温水浸种 3～4h；后置于 25～30℃室内催芽，待芽初出即进行播种。

(3) 田间管理。 播种后 12～15d 幼苗出土。第 1 对基生叶出现后进行间苗、补苗，使幼苗株距为 15cm，并将薄膜扎洞，引幼苗出膜，在苗基部将地膜盖紧压严。

(4) 中耕、培垄。 当苗高 7～8cm 时（一般在 5 月下旬）揭去地膜，进行浇水追肥。待土表稍干，即进行中耕松土保墒。结合中耕进行锄草、培垄。将行间土分 2 次培到株间，做成小高垄，垄高 15～18cm。待支架后停止中耕培土。

(5) 植株调整。 苗高 15cm 时进行支架。支架多用竹竿，可支成"人"字形架或篱架，架高 2m 左右，人工引蔓上架。生长期及时摘除侧蔓及花蕾、花序，以节省养分，促进贮藏根膨大。当植株长至 20 节左右、主蔓爬到架顶时摘心，控制顶端生长，促进贮藏根形成。

(6) 浇水、追肥。 揭开地膜后浇第 1 次水，保持土壤见干见湿，之后每 5～7d 浇 1 次水。地上部出现花序后，地下部进入膨大期，应增加浇水次数，保持地面湿润，每 3～5d 浇 1 次水。雨季及时排除积水，防止涝害。在基肥充足的情况下，揭膜后追施尿素一次，每公顷施 225～300kg。出现花序后，每 20d 左右追施 1 次氮磷钾三元复合肥，每公顷施 225～300kg，共追 2～3 次。

追肥时应距植株稍远些，防止影响贮藏根质量。

(7) 采收。 在地上部不受冻的前提下，应适当延长生长期，以提高产量。山东地区多在酷霜来临前的 10 月中旬至 11 月上旬采收。每公顷产量可达30 000～45 000kg。

三、萍乡大种凉薯

1. 审定编号　无。

2. 选育单位　无。

3. 品种来源　不详。

4. 选育经过　当地农民自选繁育。

5. 特征特性　萍乡凉薯贮藏根肥大，呈扁圆形，高 12.5cm，横径15.8cm，表皮淡黄色，有深纵沟 3～4 条，皮薄易剥，一般单个重 0.5～1.0kg，最大可达 5kg。贮藏根入土较浅，纤维少，组织疏松，水分多，肉白色，脆嫩味甜，品质佳。茎蔓性右旋，主茎能生出侧枝。三出复叶，小叶扁纺锤形。5～10 节开始着生总状花序，花期长，开花顺序自下而上。荚果长 12～20cm，宽约 1.5cm。未成熟荚果为绿色，以后逐渐转黄色至棕褐色。每个荚果有种子 8～10 粒，成熟后呈黄色或棕褐色。种子有毒，忌食。该品种为中熟品种，生育期 180d 左右，性喜高温，尤其是种子发芽及开花结籽均需高温。萍乡地区豆薯生长后期温度较低，种子不易成熟，但贮藏根仍能继续膨大。贮藏根形成及膨大期均需充足光照（孙德才，1993）。

根系较发达，耐旱、耐瘠的能力较强。对土壤的要求以具有中等以上肥力、表土深厚高燥的壤土或砂壤土为宜，忌连作。

6. 栽培要点

(1) 整地作畦，施足基肥。 翻耕 20cm，畦宽 1.33m（含 1 个畦沟），株行距 20cm×33cm，畦高 23～27cm。基肥：每亩施腐熟猪粪 2 000kg、草木灰400kg、氮磷钾三元复合肥 50kg。开沟开穴浇撒于穴内。

(2) 适时播种，合理间苗。 长江流域一般于 4 月上中旬播种，山区可迟播至 5 月上旬。种子应选择符合该品种特征特性的黄色或棕褐色饱满种子，青色种子未完全成熟不宜使用。一般采用干籽直播，也有浸种催芽后播种的，但技术如掌握不好，种子易腐烂。育苗移栽较少见。每穴播种子 3～4 粒，每亩播种量 2～2.5kg。播后盖黄泥或火土灰，厚约 1cm。出苗后及时间苗，每穴留好苗 1 株。

(3) 植株调整。 为使营养物质尽量转移到贮藏根，须进行植株调整。先是抹腋芽、摘花，一般待芽、花序约 10cm 时摘去。植株长到 1.5m 高时打顶心。抹芽摘花工作要经常进行。每株苗插 1 根竹竿作为支架，一般相邻两行每 4 株于1m高处扎捆以防被风吹倒。支架宜早进行，一般于苗高30cm以内，第一次追肥培土上行后进行。

(4) 追肥和田间管理。豆薯追肥应视田间土壤肥力状况和植株生长情况确定。一般在苗高18～23cm时追第1次肥，每亩施腐熟猪粪1 500～2 000kg，尿素5kg，并随即培土上行和支架。第2次追肥在盛花期进行，每亩施40％腐熟猪粪2 000kg。中后期注意保持土壤适当湿度，以利于贮藏根生长。

(5) 采收。豆薯在国庆节前后即可陆续采收上市，最迟在11月上旬采收完毕，以防霜冻。

7. 适宜区域　我国长江流域普遍栽培。分布于江西萍乡市、丰城市、上饶市、南城县、宁都县等地。

四、台湾珠仔种

1. 审定编号　不详。

2. 选育单位　不详。

3. 品种来源　不详。

4. 选育经过　不详。

5. 特征特性　贮藏根形呈圆锥形。茎浓紫青色，顶生小叶，叶色浓绿，其叶片中间上部亦有浅缺刻。种子较小，千粒重平均为202g。单个贮藏根平均重231.5g，平均直径8.8cm。

五、泰国交令种

1. 审定编号　无。

2. 选育单位　不详。

3. 品种来源　不详。

4. 选育经过　不详。

5. 特征特性　贮藏根扁圆形。千粒重平均为202g，单个贮藏根重平均达253.3g，平均直径达10cm。

六、田阳大凉薯

1. 审定编号　无。

2. 选育单位　不详。

3. 品种来源　不详。

4. 选育经过　不详。

5. 特征特性　产于广西，分枝性强。贮藏根扁圆锥形，长12～15cm，横径18～20cm，有纵沟3～4条，皮淡黄色。肉白色。单薯重1.5～2.5kg，最大达 4～5kg。

七、水东沙葛（旱沙葛）

1. **审定编号**　无。
2. **选育单位**　不详。
3. **品种来源**　不详。
4. **选育经过**　不详。
5. **特征特性**　产于广东、广西，生长势中等，早熟。贮藏根扁纺锤形，长 8cm，横径 10cm，皮薄，淡黄色。肉白色，脆嫩多汁，纤维少。单薯重 0.5kg。

八、顺德沙葛

1. **审定编号**　无。
2. **选育单位**　不详。
3. **品种来源**　广东顺德农家品种。
4. **选育经过**　不详。
5. **特征特性**　植株缠绕蔓生，茎圆柱形，绿色，节间长 13cm，粗壮，缠绕，草质藤本，稍被毛，有时基部稍木质。贮藏根纺锤形或扁球形，一般直径在 18cm 左右，横径 16cm，皮薄，淡黄色，肉白色，单薯重 0.7～1.0kg，纵沟 4～6 条。羽状复叶，具 3 小叶；托叶线状披针形，长 5～11mm；小托叶锥形，长约 4mm；小叶菱形或卵形，长 4～18cm，宽 4～20cm，中部以上不规则浅裂，裂片小，急尖，侧生小叶的两侧极不等，仅下面微被毛。总状花序，长 15～30cm，每节有花 3～5 朵；小苞片刚毛状，早落；花萼长 9～11mm，被紧贴的长硬毛；花冠浅紫色或淡红色；旗瓣近圆形，长 15～20mm，中央近基部处有 1 个黄绿色斑块及 2 枚胼胝状附属物，瓣柄以上有 2 枚半圆形、直立的耳；翼瓣镰刀形，基部具线形、向下的长耳；龙骨瓣近镰刀形，长 1.5～2cm；雄蕊二体，对旗瓣的 1 枚离生；子房被浅黄色长硬毛，花柱弯曲，柱头位于顶端以下的腹面。荚果带形，长 7.5～13cm，宽 12～15cm，扁平，被细长糙伏毛；种子每荚 8～10 粒，近方形，长、宽均为 5～10mm，扁平。花期 8 月，结荚果期 11 月。中熟，生长期 180d，生长势旺盛，耐热，较耐湿，病虫害少，品质中上，鲜食或煮食均可。

6. **种植适宜区域**　我国台湾、福建、广东、海南、广西、云南、四川、贵州、湖南和湖北等省份均有栽培。

7. **栽培要点**　播种期 3—4 月，选择排水良好的砂壤土种植，直播，畦宽 2m（含沟），植 4 行，株距和行距均为 16cm，穴播种子 2 粒或移栽小苗，留 1

株，及时插竹引蔓，株高 150cm 时摘顶，经常摘除侧芽。播种前施基肥，生长前期施薄肥，摘顶后培肥。收获期 7—9 月，贮藏根亩产量约2 530kg。

九、遂宁地瓜

1. **审定编号**　无。
2. **选育单位**　不详。
3. **品种来源**　不详。
4. **选育经过**　不详。
5. **特征特性**　产于重庆市、四川遂宁市等。长势中等，贮藏根圆锥形，长12～14cm，横径 10cm，单薯重 250g，味甜，多汁，中熟。

第四节　豆薯的良种繁育

新品种推广的过程总伴随着种子的繁殖。原已推广品种为保证纯度及典型性，必须提纯更新并扩大繁殖。豆薯种子生产过程中随着繁殖代数的增加，会发生品种纯度降低、典型性弱化、种性变劣等退化现象。因此，保证豆薯种子质量和种子用量是提高豆薯贮藏根产量和推进豆薯应用的重要措施之一。

一、豆薯品种的混杂与退化

朱绍琳等（1964）对陆地棉退化的研究认为变异是退化的前提，有了变异才有可能发生退化，变异大的性状也较容易退化。新品种推广后，在遗传组成上建立了新的遗传平衡并保持稳定，当在不利的环境条件下或管理不当的情况下，由于突变、迁移和遗传漂移等因素，新品种的基因型频率和基因频率易发生变化，遗传平衡会遭到破坏，自然选择作用会使种性改变，趋向变劣，失去品种典型性，表现退化。

导致豆薯品种混杂、退化的原因是多方面的。不同地区、不同生产环境下对种子生产的认识和责任不同都有可能导致豆薯品种混杂、退化，一般认为主要有以下几个方面的原因。

1. **机械混杂**　指种子在生产和流通的各个环节，因条件限制或人为因素导致异品种混入的现象。如装种工具因附着不同品种的种子而造成混杂，农机具清理不净而在加工等过程中引起混杂，前茬品种贮藏根在田间自然生长和当年种植的豆薯混收在一起也会造成混杂。如不及时清除机械混杂，会导致生物学混杂。

2. **生物学混杂**　主要是由于在良种繁育过程中隔离不严格而发生的不同亚种、变种、品种或类型之间的天然杂交造成的。虽然豆薯是自花授粉作物，但也存在天然杂交的现象，不同品种相邻种植，也容易造成生物学混杂导致原有品种优良种性的改变，群体中出现杂株、劣株，产量、品质下降。陈忠文等（2014a）通过豆薯不同花色性状品种（系）的自然异交试验，以及对虫媒异交的调查研究表明，豆薯天然异交率为 $0.26\%\sim4.16\%$，为自花授粉作物，并提出在豆薯种子生产上，单纯的隔离距离应在 50m 以上。虽然在豆薯开花期蜜蜂等昆虫的活动其目的不是采粉，而是吸食子房处的花蜜，但难免在吸食期间黏带花粉而传播，从而产生异交结实，导致生物学混杂。因此，从事豆薯种子生产时，还应根据蜜蜂等昆虫的活动范围加大隔离距离。

豆薯天然异交率的测定。将豆薯花色相对性状作为标记，开白色花的余庆地瓜 1 号与开紫色花的牧马山地瓜等距离、等量种植，即行距 55cm，株距 30cm，各种植 4 行，同田同行向临近种植，任其自由传粉。将所收获种子第 2 年分开种植，每窝均双株留苗。调查杂色花株数，按下式计算天然异交率。天然异交率＝（F_1 中白色花或紫色花株数/F_1 总株数）×100%。

将开白色花的余庆地瓜 1 号与开紫色花的牧马山地瓜在豆薯种子生产区随机种植，测量种植距离，每窝单株留苗，统计 F_1 开白色花的余庆地瓜 1 号（系）中的紫色花株数，计算杂色株比例。

观察昆虫对豆薯花粉的传播。

结果分析。不同花色豆薯品种邻近种植存在异花授粉结实现象，F_1 豆薯紫色花对白色花为显性性状。

研究结果表明（表 5 - 4）：不同花色豆薯品种邻近种植，在第 2 代植株中，开白色花的余庆地瓜 1 号豆薯品种出现紫色花株占 4.16%，应来自自然风及昆虫传粉；而开紫色花的牧马山地瓜中则无白色花植株。以上结果一方面说明了豆薯是可以异花授粉结实的，另一方面说明了豆薯紫色花相对白色花为显性性状。

表 5 - 4　不同花色品种（品系）邻近种植 F_1 异色花株及比例（陈忠文等，2014a）

品种	种植规格	种植方式	第 2 代种植			异色花株数			异色花株率/%
			年份	面积/m^2	株数	白色	紫色	其他	
余庆地瓜 1 号	宽行 70cm，窄行 40cm，株距 30cm	起垄种双行、地膜覆盖、留双株	2007	500	3 030	2 782	126	0	4.16
牧马山地瓜			2007	500	3 030	0	3 030	0	0

随着隔离距离的加大，豆薯 F_1 异交结实率降低。

现已知豆薯是一种自花授粉作物，花粉隔离型即由两片龙骨瓣合生形成一个隔离空间，不仅使外部花粉难以进入，而且可以使花粉受到保护，不易受昆虫吞食和雨水淋湿，即使如此，仍然存在个别植株或个别花朵偶然发生天然杂交的现象。通过长期观察发现豆薯花朵颜色——紫色花对白色花，紫色为显性性状。为了直观地得出豆薯异交结实情况，陈忠文等（2014a）用余庆地瓜1号（白色花）与牧马山地瓜（紫色花）进行杂交，通过调整种植距离，统计紫色花植株在所有植株中所占的比例，进而计算豆薯的异交率，为豆薯种子生产提供隔离安全距离依据。调查统计2010—2012年的豆薯异交结果（表5-5）显示：在15m内，豆薯的异交率达到2.35%～2.59%；15～50m异交率达到0.26%～1.48%。出现异交率幅度变化，与不同花色品种（系）相互间的风向位置及蜜蜂密度有很大关联。

表5-5 豆薯不同花色品种（系）随机种植异交结果（陈忠文等，2014a）

品种（系）	2010年种植距离/m	2011年 F₁			2011年种植距离/m	2012年 F₁			2012年种植距离/m	2013年 F₁		
		总株数	紫色花株数	异交率/%		总株数	紫色花株数	异交率/%		总株数	紫色花株数	异交率/%
YQDS07-2	20～28	419	3	0.72	30～40	419	3	0.72	20～30	1 792	12	0.67
YQDS07-3	16～22	217	3	1.38	30～40	404	3	0.74	—			
YQDS07-4	5～10	464	12	2.59	30～40	404	6	1.48	23～33	3 822	10	0.26
YQDS07-1	15～20	282	1	0.71	30～40	424	3	0.71	—			
YQDS07-5	—				10～15	424	10	2.35	26～30	3 456	15	0.43
余庆地瓜1号	≥50	385	2	0.52	30～40	290	3	1.03	—			
YQD2011*	—				12～20	290	5	1.72	30～40	1 719	61	0.35

注：*为白夹紫色品系。

影响豆薯花粉传播的主要是蜜蜂与熊蜂，且具有偶然性。

在豆薯开花期观察，花丛中主要活动的是蜜蜂，其次是少量的熊蜂。进一步地观察还发现蜜蜂或熊蜂的活动并非用腿上的"刷子"将花粉转移到后腿上的花粉夹钳，再经过夹钳的处理使花粉变成小球并被装入"花粉篮"贮存，而是用喙吸食花蜜。多数情况下，蜜蜂或熊蜂在豆薯花冠半伸期至始开期，将喙在萼片与旗瓣和翼瓣结合处插入子房处吸食花蜜，偶尔在盛开期后腿着落龙骨瓣与花药、柱头处，因此蜜蜂或熊蜂携带花粉导致豆薯异交结实。

栽培品种中发生机械混杂，增加了天然杂交的机会，也会导致生物学混杂。

3. 栽培技术和生境条件不良 豆薯品种的优良性状都是在一定的生态环境条件和栽培技术条件下，经人工选择和自然选择的综合作用而形成的。各个优良性状的表现，都要求特定的生境条件和栽培技术，若这些条件得不到满足，其优良性状便得不到充分表现，就会导致豆薯良种种性变劣、退化。

二、防止豆薯良种混杂退化的措施

豆薯品种退化是一个比较复杂的问题。其根本原因在于缺乏完善的良种繁育制度，包括人为的管理不当和生物本身的自然变异。因此，防止豆薯品种退化应从以下几个方面着手。

1. 健全良种繁育体系　合理的良种繁育体系是加速良种繁育基本的组织保证。

(1) 选择种子生产基地。在选择种子生产基地时，要综合考虑基地的土壤结构、气候条件、肥力条件、生产管理水平、机械化作业水平、隔离条件、种子生产者素质及植物检疫要求等。确定种子繁殖田时，应当建立种子生产档案，以保证种子生产的可追溯性。通过生产基地建立豆薯良种繁殖区，集中繁殖原种 1 代、2 代，繁殖的种子按统一规划，用作大田用种。

(2) 种子繁殖隔离。豆薯种子繁殖隔离是杜绝外来花粉污染、防止生物学混杂、保持品种优良性的重要一环。据陈忠文等（2014a）观察，豆薯种子生产隔离主要在于空间隔离，防止风和昆虫传粉，繁殖隔离距离要求在 50m 以上，养殖蜜蜂应在 2 500m 以外。

(3) 制定亲本种子的提纯方案。虽然豆薯是自花授粉作物，但仍有较高的天然杂交率，一地同时种植几个品种极易引起混杂、退化，良种保纯困难，需要进行亲本种子的提纯复壮工作，使其优良种性得以持久保持。目前生产上常用的种子提纯复壮方法有二圃制、三圃制、株系循环法。其中，株系循环法操作简便、原种生产周期较短、繁殖系数较高、提纯效果较好、生产成本较低。关于株系循环法定义：以育种单位的原种为材料，与该品种区域试验同步进行，以株系（行）的连续鉴定为核心，品种的典型性和整齐度选择为主要手段，在保持优良品种特征特性的同时，稳定和提高品种的丰产性、抗性和适应性。初期进入保种的株系行数不超过 100 行，保种完成后长期保留 30～50 个株系，每株系种一小区，通过调节小区种植面积，调剂产种量的多少，然后留种以供翌年继续种植，其余种子混系种植在基础种子田中，翌年即可繁殖原种，保种基础种子田和原种田呈同心环布置，严格异品种隔离，防止生物学混杂和机械混杂（陆作楣等，1999）。

(4) 严格去杂去劣。田间去杂去劣一般分别在苗期和露瓣期至始开期进行，根据品种绝大多数植株的性状表现，淘汰种子田中的杂株和劣株。脱粒、精选时剔除异色籽粒。多次去杂去劣可以有效地去除杂株，提高繁殖种子纯度，是防止品种混杂退化很重要的环节。

(5) 建立良种库和严格的种子入库制度。国家应在不同生态区或试验站点建立豆薯低温良种库，由种子部门管理。为防止发生机械混杂，无论繁育哪级豆薯良种，都必须把好"五关"，即出库关、播种关、收割关、脱粒关和入库关。收获时必须认真执行单收、单运、单打、单晒、单藏的"五单"原则。种子应有标准专用袋。种子袋上有标签（作物种类、品种名、生产地、生产年限、编号），由专人保管，定期检查，注意防止霉变。

2. 认真做好育种家种子和原种生产工作　各国都有其种子生产的标准程序。我国提出了从作物新品种审定到应用于大田生产全过程的四级种子（育种家种子、原原种、原种、良种）生产技术规程。

（1）育种家种子。即在品种通过审定时，由育种者直接生产和掌握的原始种子，具有品种的典型性，遗传稳定，形态特征和生物学特性一致，纯度100%，产量及其他主要性状符合审定时的原有水平。育种家种子用白色标签作标记。

（2）原原种。即由育种家种子直接繁殖而来，具有品种的典型性，遗传性稳定，形态特征和生物学特性一致，纯度100%，比育种家种子多一个世代，产量及其他主要性状与育种家种子基本相同。原原种用白色标签作标记。

（3）原种。即由原原种繁殖的第1代种子，遗传性状与原原种相同，产量及其他主要性状指标仅次于原原种。原种用紫色标签作标记。

（4）良种。即由原种繁殖的第1代种子，遗传性状与原种相同，产量及其他主要性状指标仅次于原种。良种用蓝色标签作标记，直接用于大田生产。有时若种子量不够还可再繁殖一代用于大田生产。由于农家自己留种，实际上所获二三级良种主要用于留种田，经繁殖后扩大到全部大田生产。

生产育种家种子的方法通常为三圃法（单株选择圃、株行圃、混繁圃），于该品种典型性最好的种植地块中，选拔300个典型植株，分别脱粒，按种粒性状再淘汰非典型植株。每株各取50粒种子，翌年分别种成15m行长的株行，生育及成熟期间淘汰不典型株行，将余下株行分别收获脱粒，经过室内对各行种粒的典型性鉴别淘汰后，混合在一起，繁殖一次即成为高纯度的育种家种子。为进一步提高育种家种子的纯度，可在典型的株行中再选拔一次典型单株，作为下一轮株行的材料。所生产的育种家种子，根据《中华人民共和国种子法》第二十五条规定：国家实行植物新品种保护制度；国家鼓励和支持种业科技创新、植物新品种培育及成果转化；取得植物新品种权的品种得到推广应用的，育种者依法获得相应的经济利益。育种者按合同每3~4年轮流向授权种子企业供种一次。育种单位也可进行一次株行提纯后，连续3~5年用混合选择法或去杂去劣法生产育种家种子。待纯度有下降倾向时，再进行一次三圃法的提纯。豆薯种子生产过程中，由于机械混杂和天然杂交，很易使生产应用的品种失去应有的典型性，而豆薯结荚成熟期由于高温多雨、病虫害侵染、粗放的收获脱粒与储藏措施不当，又易使种粒霉烂、破损，导致活力下降。因此，应该强调豆薯种子的质量，严格要求豆薯种子的生产和管理流程。

3. 做好豆薯原种生产　原种是种子田的播种用种，其质量的好坏直接关系到提纯复壮的效果，因此对其纯度、典型性、生活力、丰产性等指标要求特别严格。一般经过提纯复壮的原种，都应具有原品种的典型性，而且种子质量高。陈忠文等（2013）制定了豆薯的原种质量标准：纯度不低于98%，净度不低于98%，并且无危险性病虫和杂草种子，含水量不高于11%，发芽率大于85%。

建立原种繁殖基地、繁殖豆薯良种原种并定期更换生产用种是保持和提高原种纯度和种性的一项根本性措施。豆薯原种的生产是一项技术性较强的工作。原种生产，可采用单株选择、分系比较、混系选择法，即建立株行圃、株系圃和原种圃，具体做法如下。

第1年，精选典型优良单株。所选单株的质量将直接关系到生产原种的质量，因此选择单株要严、准，标准要一致。选择单株可在纯度较高、生长良好、整齐一致的原种圃、种子田或大田中按原品种典型性和丰产性的要求进行。所谓典型性就是原品种的典型性状，包括生育期、株型、分枝部位、茎色、叶色、花色、粒形、粒色等。丰产性包括生长势、株荚数、荚粒数、千粒重、籽粒饱满度等。选择生长健壮、丰产性好、无病虫害的典型优良单株。选择时应注意因栽培条件和地区特性而引起的某些性状的变异。选择单株一般分2次进行。第1次在始花后，根据生长势、花色等进行初选，选单株作标记。第2次在成熟期根据地下膨大部形状、节间长短、生育期、分枝部位、粒色、粒形、籽粒饱满度等，对初选单株进行复选，并作标记。中选单株有80%左右的荚果呈深黄色时分别收获，然后进行室内考种、脱粒，考察株粒数、粒重、粒形、粒色和籽粒整齐度。根据单株生产力和籽粒典型性进行选择，单株粒数不少于200粒。当选单株种子要进行精选，保留相同数量的种子，分别装袋编号，供翌年种植株行圃。在收获入选单株的同时，还应在同一地块及时收获一部分本品种原始种子，去杂去劣，留作翌年株行圃的对照用。

为了保存品种的优良遗传性，需要选择适量的单株。因此在保证质量的前提下可适当地多选一些单株，初选株不少于300株，复选株不少于100株。

第2年，设置株行圃，其作用在于比较和鉴定各当选单株后代的优劣和纯杂程度。为了减少试验误差、提高鉴定的准确性，株行圃应设在地势平坦、肥力均匀的地块。播种前要绘制田间设计图，采用顺序排列，按图种植，并编号插牌。播种时将上年当选株的每株种子种成3~4行，单粒点播，行距35~40cm，株距23~25cm，行长根据种子数量决定，每隔9行株行设1行对照，对照行的种子数量要与株行的种子数量相等。为了便于及时观察记载，应准备田间记载本两本（分正本、副本）。田间观察记载用副本，并及时抄录于存档正本上。抄录后要认真核对，以免有误。田间观察记载和管理固定专人，在整个生育期间认真系统地进行观察和鉴定。苗期观察记载出苗期、出苗性。现蕾期观察记载现蕾始期、生长势、整齐度等。开花期观察记载开花始期、叶色、叶形、生长整齐度等。成熟期观察记载豆荚黄熟期、粒色、落粒性、品种典型性（膨大根形状）等。根据以上田间观察鉴定开花结实期和成熟期，并保留符合目标性状的株行，随时淘汰不符合本品种典型性状的株行。凡在这两个时期内任一株行出现不符合标准的单株，就要淘汰整个株行，淘汰株行相邻的两行也应在收获时淘汰，对一些虽符合本品种典型性，但生长势弱、生长不够整齐或缺苗在 10％ 以上的株行，也应在收获时淘汰，被淘汰的株行植株要带出圃外，并在记载本上作"淘汰"标记。凡符合标准的株行要保留，在记载本上作"当选"标记。如果某一株行表现特别优良或某一性状特殊优异，在记载本上作"特优"或"特异"标记。特别优良的株行可优先繁殖。某一性状特殊优异时，可作为育种材料处理，收获时，先收淘汰株行，后收特优或特异株行，最后收当选的株行和对照行。当选株行和特优或特异的株行应进行室内考种，考察籽粒形状、色泽、整齐度、千粒重等，要分别脱粒、计产。根据考种和测产的结果决选出产量高、品质好的株行，分别精选留种，装袋编号。每个当选株行保留相同数量的种子。株行圃的淘汰率一般为 30％～50％。

第 3 年，设置株系圃。设置株系圃是为了进一步鉴定和繁殖当选株行材料。将上年当选的株行种分别种成小区，每个小区的行数和行长可根据种子量来决定，一般不少于 6 行。采用稀条播法，播种量不超过常规播种量的 50％。每隔 4 个小区设 1 个对照，对照区的种子采用上年株行圃保护区中经过去杂去劣的种子。田间观察记载项目、选优汰劣方法和标准同株行圃。当选的株系要进行室内考种决选（考种项目同株行圃）。入选株系种子混合精选，作为翌年原种生产的种子。

入选株系一般不应少于供试株系的 60％。

4. 豆薯良种生产的主要措施　豆薯种子生产除育种家种子的生产采用三圃法外，其他各级种子生产均为繁殖过程。在这一系列过程中，个别环节的失误与差错，会造成全部种子质量等级下降，甚至失去作种子的价值。因此种子生产要注意规范化。

(1) 种子田的建立。豆薯种子生产应设置等级种子田，采用指定级别的种子播种。

(2) 土地选择。豆薯种子田用地应肥力均匀，耕作细致，从而易判别杂株。品种间应有宽 8～10m 的防混杂带。

（3）播种。 豆薯种子田的播种密度宜略微偏大，做到精量播种。行距便于田间作业及拔杂去劣。播种期尽量提早。整地保墒良好，一播全苗。

（4）田间去杂去劣。 去杂工作是保证种子纯度的关键，可分 3 次进行。第 1 次在幼苗期，豆苗第 1 对真叶展开后，根据下胚轴色泽及第 1 对真叶形状去杂，并去除畸形苗、病苗；第 2 次是在开花期，按花色、叶形、叶色、叶大小等去杂，拔除不正常弱小植株，并结合拔除大草；第 3 次去杂在成熟期，按熟期、毛色、荚色、荚大小、株型及生长习性严格去杂。选用植株中上部的花序开花结籽。必须控制每株的花序数和结荚数，以保证产量和质量。晚熟种选中部花序采种，其余花序摘除。

（5）杂草防除。 应通过中耕除草或施用药剂把杂草消灭在幼小阶段。结荚期须彻底消除大草，降低种子含草籽率。

（6）收获。 豆薯整株豆荚 95％呈现品种原有色泽、叶片大部分枯黄时，人工除去叶片，从距结荚节间 15～20cm 处切断主蔓，抽出支撑竹竿，每 20～30 株扎成把，运至通风阴凉处晾干。待所有豆荚变成褐色，部分豆荚开始爆裂时，于晴天机械脱粒，应防止损伤豆粒。筛选、风簸、装袋。收获豆薯植株的运送、堆垛、晒场及脱粒机械与麻袋仓库的清理，全过程务必细致彻底，防止混杂。

（7）储藏。 种子含水量是影响种子储藏寿命的重要因素。大批豆薯种子的储藏，种子含水量应在 11％以下。黄胜琴等（1996）研究了不同储藏时期豆薯种子含水量的变化，发现新采购的种子含水量较高（12.3％），经太阳晒后可降至 9.44％。开放储藏种子在 1 年时间内不同时期含水量不同，其中 3 月、4 月及 6 月可达到高峰，11 月、12 月及翌年 1 月、2 月出现低含水量。15℃、空气相对湿度 45％条件下种子含水量维持在 7.5％左右。黄胜琴等认为豆薯种子不耐储藏，开放储藏种子的平均寿命（半活期）为 11～12 个月。低温低湿是豆薯种子储藏的较佳条件。超干处理种子将含水量降至 6.43％可获得低温低湿的储藏效果。超干处理的豆薯种子含水量降至 5.08％后很难再降低（图 5-7）。

黄胜琴等（1996）进一步研究各种条件下储藏豆薯种子发芽率和简化活力指数的变化表明，豆薯种子开放储藏 11～12 个月后种子发芽率降至 50％左右，简化活力指数［发芽率（％）×幼苗平均长度（cm）］由 3.71 降到 0.78。预先超干种子处理能使豆薯种子获得低温低湿（15℃，空气相对湿度 45％）的储藏效果，种子含水量继续下降时，种子寿命不延长。而当含水量降至约 5.08％时，储藏效果不如开放储藏（图 5-8）。

不适宜的种子含水量是种子劣变的重要因子。Leopold 等（1989）认为，当种子含水量减至没有游离水而只有胶体结合水存在时，种子新陈代谢会降低

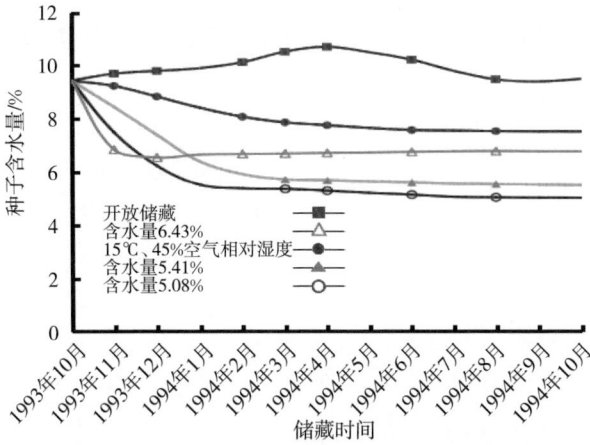

图 5-7　各种储藏条件下不同时期豆薯种子含水量的变化（黄胜琴等，1996）

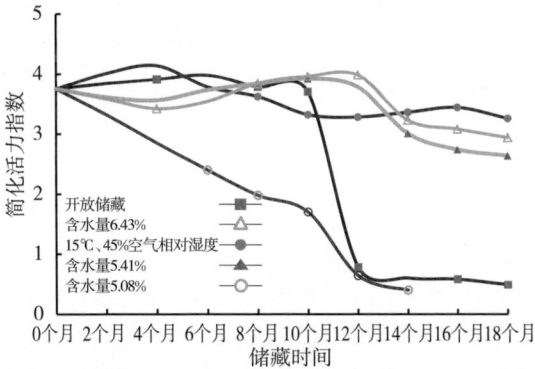

图 5-8　不同储藏条件下豆薯种子简化活力指数的变化（黄胜琴等，1996）

到非常微弱的程度。这种状态下的种子有利于储藏。种子短时间内由不适宜的含水状态迅速进入安全水分状态有利于种子活力的保持，超干处理可代替低温而降低成本消耗，从而在许多蔬菜种子中获得推广，但对豆薯种子这类淀粉性种子含水量不宜降至 5% 或以下，且种子储藏安全含水量下限为 6% 左右。该结论与 Eillis 等（1990）认为淀粉性种子含水量在 5% 时具较好的储藏潜能，进一步脱水则很难提高种子寿命的观点一致。

　　文西强等人 2003 年测定豆薯种子脱粒后的水分变幅为 11.1%～14.2%，发芽率为 90%～96%，脱粒后不同水分含量的种子储藏 3 个月，种子发芽率没有明显变化。说明豆薯种子脱粒后储藏 3 个月是安全的，这与豆薯种子脱粒后不晒种即销售的情况相符。而脱粒时水分含量在 11% 左右（不超过 11.5%），储藏 12 个月后发芽率下降达 90% 以上；水分含量在超过 11.5% 时，发芽率则降至 86% 以下。

第五节　影响豆薯种子高产的因素

一、环境因素

1. 气候因素　全球气候变化主要表现为温室效应和降水不均。豆薯是喜温作物，不同品种在全生育期所需要的有效积温相差很大。在低海拔地区，7月中旬至8月中旬正处在高温条件下，高温（＞35℃）促进豆荚迅速发育老化，结果导致豆薯多花多荚而不实。保证开花结荚期的温度为25～30℃。肖成全等（2012）观察了余庆地瓜1号全生育期187d，需日照673.8h，需总积温3 978.5℃；0cm地温积温4 925.8℃；5cm地温积温4 651.1℃；10cm地温积温4 583.5℃；15cm地温积温4 551.1℃；20cm地温积温4 366.9℃。由于年际间活动积温有差异，有提高的趋势，但对选择晚熟品种应慎重。

进入贮藏根膨大期与开花结荚期，豆薯群体冠层所接受的光照是极为不均匀的，一般晴天时上部光强充足，中、下部光照不足。陈忠文（2008）研究发现，鼓粒期遮光花序数下降极为明显，达64.41％，结荚数下降63.39％，最终种子减产75.98％，对种子产量影响极大。贵州省余庆白泥镇、兴义市等地的豆薯种子生产地的光照要求为年日照1 341h以上，否则不能成熟。

降水不均造成的干旱对豆薯生产不利。豆薯种子产量与开花、结荚、鼓粒期的降水量和土壤水分有密切的关系。开花期雨水量大，花粉吸收水分过多破裂失去活力；在豆薯开花后，遇到较长时间的干旱，特别是伏旱，使豆薯花粉失水，活力下降甚至死亡，严重时叶片蔫萎、枯黄，幼荚停止生长，乃至全株死亡。在耕层浅、缺乏水源浇灌的地块，豆薯荚不实的现象更为严重，结实减少对豆薯种子产量的影响很大。据陈忠文等人观察，在田间空气相对湿度72％时，豆薯开花量最多，低于64％或超过78％时开花大为减少。因此，要实现豆薯种子优质高产，必须处理好生育期的水分供给工作。

2. 土壤因素　豆薯种子生产要求用土层深厚、疏松、富含有机质、排水良好的壤土或砂壤土。另外，空气中 CO_2 含量的增加和温度的升高有利于豆薯种子增产。

3. 媒介因素　虽然豆薯是自花授粉作物，但仍然存在自然授粉现象。陈忠文等（2014a）对豆薯紫色花品种牧马山地瓜与白色花品种余庆地瓜1号相距种植观察表明，在种植距离为5～15m时，第2年白花品种（系）中紫色花植株率达到2.59％～2.35％，蜜蜂和熊蜂有吸食豆薯花蜜、携带花粉的可能（图5-9）。故豆薯种子生产连片种植，在开花期有一定风速和熊蜂存在的情况下，或者放养蜜蜂，有可能增加种子产量。

图 5-9 蜜蜂吸食花蜜 (陈忠文，2013)

二、栽培管理因素

1. 轮作制度因素 豆薯种子生产忌重茬。据调查，贵州省余庆县白泥镇陆家寨自 1993 年起连年生产豆薯种子，重茬豆薯种子减产严重的地块减产近 1/3。减产的主要原因是豆薯根腐病害及蛴螬、小黄蚂蚁等虫害发生严重，导致豆薯贮藏根腐烂，不能为种子提供充足的营养物质，使小粒、瘪粒增多，产量下降。为减少寄生病害蔓延和害虫繁殖，避免土壤肥力偏耗，应采取水旱轮作制度，有利于各种作物全面增产，而且也能起到防止病虫害发生的作用。

2. 品种选择因素 晚熟品种产量虽然高，但盲目选择易造成贪青晚熟。因此，选择品种应优先考虑市场需求，选择适应性强、熟期适宜、抗病及抗逆性强、高产稳产的品种。

3. 播种期因素 适时早播是豆薯种子丰产的重要基础。播期的选择主要是受温度和无霜期的影响，另外土壤水分也是限制播期的重要因素。在同一地方适宜播种期内，随着播种期的后延，气温逐渐升高，豆薯生长加快，营养生长期缩短，供应生殖生长的营养不足，种子产量降低，同时种子色泽变深。不同播种期的植株形态略有差异，随着播种期推迟，植株叶片相对增大，主茎直径变小，节间增长。

4. 施肥因素 氮、磷、钾及其他多种中微量元素是豆薯生育和干物质积累不可缺少的营养成分。这些营养元素供应是否充足直接影响着光合产物的形成及其积累与分布。陈忠文等在 2007 年研究了豆薯开花期增施磷钾肥对种子生产的影响。试验于豆薯开花结荚期进行施肥处理，处理 1 为 0.5kg 氮磷钾三元复合肥兑水 40kg 灌根，处理 2 为 98% 磷酸二氢钾 100g 兑水 60kg 进行叶面喷施 1 次，处理 3 为 98% 磷酸二氢钾 100g 兑水 60kg 叶面喷施 2 次，间隔 7d，对照为不施肥。采用大区对比法，每区面积 39.75m² （3.75m×10.60m），不设重复。试验在贵州省余庆县白泥镇村下窑组余庆地瓜 1 号种子生产田进行，于 2007 年 4 月 8 日播种，株距 40cm，双行错位深窝播种，每窝 3～4 粒种子，覆土 2～3cm，保留 3～4cm 深的小窝，浇透水，盖上地膜。试验地犁耕耙碎，耙平后，每亩施足量的氮磷钾三元复混肥 25kg，然后拉绳开沟，沟深 15～20cm，复土起垄，垄高 15～20cm，宽 60cm。播种后 8d 幼苗出土，将薄膜扎洞，引幼苗出膜，在苗基部将地膜盖紧压严。每穴留苗 2 株。待第 2 片真叶长出时，每亩施尿素 7kg 兑清粪水 1 000kg 作提苗肥。苗高 15cm 时，进行支架。当主茎蔓长 20cm 时人工引蔓上架，将蔓逆时针方向缠绕在支撑条上。在植株长至 18 叶左右时进行摘心。每亩用 15% 哒螨灵乳油 2 000 倍液兑水 40kg 防治茶黄螨危害。当 90% 以上种荚颜色由绿色变黄褐色时，将蔓分段采收，挂在避雨通风处晾干，选晴天进行脱粒，过筛、风簸以除去秕粒，然后储藏。结果表明（表 5-6）：开花结荚期叶面喷施磷酸二氢钾和用氮磷钾三元复合肥灌根都有助于增加豆薯种子结实率和千粒重，以间隔 7d 2 次叶面喷施效果最好，单株豆荚数比对照增长 26.10%，豆粒数比对照增长 4.24%，千粒重比对照增长了 3.82%。

表 5-6　开花结荚期施用磷钾肥对豆薯单株豆荚数和
种子千粒重的影响

处理	每亩株数/株	单株豆荚数/个	单株粒数/粒	千粒重/g	理论单产/kg
1	4 411	19.16	148.7	187.205	235.26
2	4 411	21.33	122.7	193.336	223.19
3	4 411	23.33	147.3	189.871	287.81
对照	4 411	18.5	141.3	182.885	210.87

开花结荚期无论是叶面喷施或是灌根施磷钾肥，都可使种子产量增长 0.30%～14.51%，亩产值增加 201～957 元（表 5-7）。

表 5-7　不同处理的余庆地瓜 1 号种子产量结果

处理	小区产量/kg	折合亩产量/kg	比对照增长		
			亩产量/kg	亩产值/元	增长率/%
1	13.5	226.5	6.7	201	0.30
2	13.6	228.2	8.4	252	10.38

（续）

处理	小区产量/kg	折合亩产量/kg	比对照增长		
			亩产量/kg	亩产值/元	增长率/%
3	15.0	251.7	31.9	957	14.50
对照	13.1	219.8	—	—	—

注：种子价按 2007 年市场收购价每千克 30 元计算。

在氮、磷、钾三要素中，磷、钾肥对产量影响较大。因此，在计算施肥时，应优先确定磷、钾肥用量，然后再按照比例确定其他养分用量。在确定施氮量时，应研究根瘤的固氮能力和土壤及肥料中氮的实际利用率，其他肥料要研究土壤含量与肥料中含量的实际利用率。

5. 田间管理因素　在豆薯生育期内，主要的田间管理任务是除草、施肥、排灌水、防治病虫害及打顶抹芽等。通过播种前的土壤深耕翻犁、人工与化学除草结合、覆盖塑料薄膜等措施可有效防治杂草，同时起到防旱、保墒、提高地温的作用。化学灭草应根据田间杂草基数和种类采用高效安全的药剂配方，避免产生药害。病虫害的防治要根据预测预报采取及时有效的防治措施。雨水多时要及时排除，出现旱情时及时采取灌溉措施。及时打顶抹芽，控制顶端生长，避免无益的养分消耗。生长调节剂主要选用能抑制生长剂型，但应根据田间豆薯的长势来选择适宜的施用时期和剂量。

（1）产量构成因素的影响。 与大多数作物一样，豆薯种子产量构成中包括种植密度、单株结荚数、荚粒数和百粒重。这些因素越优越、越合理则产量越高。陈忠文等（2013）对所育成的豆薯新品种余庆地瓜 1 号进行了播种期、种植密度、主蔓留叶数、花序留花数对种子产量影响的研究。

试验按一次回归正交试验设计，设置播种期（X_1）、种植密度（X_2）、主蔓留叶数（X_3）和花序留花数（X_4）四因素。

播种期、种植密度、主蔓留叶数、花序留花数与种子产量的一元回归正交试验的水平取值及编码值如表 5-8 所示。

表 5-8　豆薯试验的水平取值及编码（陈忠文等，2013）

名称	播种期 X_1	种植密度 X_2/ （cm×cm）	主蔓留叶数 X_3/ 片	花序留花数 X_4/ 朵
下水平（−1）	3 月 25 日	81×82（每亩 1 000 穴）	10	6
上水平（+1）	4 月 23 日	81×27（每亩 3 000 穴）	22	20
零水平（0）	4 月 9 日	81×41（每亩 2 000 穴）	16	13
变化区间（Δ）	15d	1 000	6	7

小区面积 16.605m²（405cm×410cm），小区间距及小区与保护行间距均为 40cm。零水平处重复 2 次。各处理田间随机排列。各小区处理见表5-9。

表5-9　余庆地瓜1号四因素一次回归正交试验设计方案与结果（陈忠文等，2013）

试号	X_0	X_1	X_2	X_3	X_4	X_1X_2	X_1X_3	X_1X_4	X_2X_3	X_2X_4	X_3X_4	Y
1	1	−1	−1	−1	−1	1	1	1	1	1	1	1.90
2	1	−1	−1	−1	1	1	1	−1	1	−1	−1	1.63
3	1	−1	−1	1	−1	1	−1	1	−1	1	−1	2.17
4	1	−1	−1	1	1	1	−1	−1	−1	−1	1	2.99
5	1	−1	1	−1	−1	−1	1	1	−1	−1	1	2.72
6	1	−1	1	−1	1	−1	1	−1	−1	1	−1	1.90
7	1	−1	1	1	−1	−1	−1	1	1	−1	−1	3.00
8	1	−1	1	1	1	−1	−1	−1	1	1	1	3.53
9	1	1	−1	−1	−1	−1	−1	−1	1	1	1	2.99
10	1	1	−1	−1	1	−1	−1	1	1	−1	−1	1.36
11	1	1	−1	1	−1	−1	1	−1	−1	1	−1	2.17
12	1	1	−1	1	1	−1	1	1	−1	−1	1	4.07
13	1	1	1	−1	−1	1	−1	−1	−1	−1	1	2.44
14	1	1	1	−1	1	1	−1	1	−1	1	−1	3.36
15	1	1	1	1	−1	1	1	−1	1	−1	−1	1.09
16	1	1	1	1	1	1	1	1	1	1	1	4.62
17	1	0	0	0	0	0	0	0	0	0	0	3.56
18	1	0	0	0	0	0	0	0	0	0	0	3.50
B_j	41.94	2.26	3.38	5.34	4.98	−1.54	−1.74	3.88	−1.7	3.34	8.58	
d_j	16	16	16	16	16	16	16	16	16	16	16	
b_j	2.621 3	0.141 3	0.211 3	0.333 8	0.311 3	−0.096 3	−0.108 8	0.242 5	−0.106 3	0.208 8	0.536 2	

注：B_j、d_j、b_j 分别表示统计分析中的因素水平结果之和、自由变、均方。

试验在贵州省余庆县白泥镇上里村赤土坝组李德高责任田进行，海拔650m，前作豆薯种子生产。每亩施过磷酸钙 20kg、硫酸钾 10kg，翻混入15cm 土层，细碎、耙平。试验各处理播种后覆盖塑料薄膜，其他农事操作同当地豆薯种子生产。

对试验结果（表 5-9）进行计算分析，得豆薯种子产量 Y 与播种期（X_1）、种植密度（X_2）、主蔓留叶数（X_3）和花序留花数（X_4）交互作用的回归方程为：$Y=2.621\ 3+0.141\ 3X_1+0.211\ 3X_2+0.333\ 8X_3+0.311\ 3X_4-0.096\ 3X_1X_2-0.108\ 8X_1X_3+0.242\ 5X_1X_4-0.106\ 3X_2X_3+0.208\ 8X_2X_4+0.536\ 2X_3X_4$。

从回归系数绝对值大小比较出各影响因素的作用大小：主蔓留叶数与花序留花数的互作＞主蔓留叶数＞花序留花数＞播种期与花序留花数互作＞种植密度＞种植密度与花序留花数互作＞播种期＞播种期与主蔓留叶数互作＞种植密度与主蔓留叶数互作＞播种期与种植密度互作。

方程中的 X_1X_2、X_1X_3 和 X_2X_3 项回归系数的绝对值很小，说明它们对豆薯种子产量的影响较小，予以剔除，得方程为：$Y=2.621\ 3+0.141\ 3X_1+0.211\ 3X_2+0.333\ 8X_3+0.311\ 3X_4+0.242\ 5X_1X_4+0.208\ 8X_2X_4+0.536\ 2X_3X_4$。

一次回归设计的显著性检验如表 5-10。

表 5-10　豆薯四因素一次回归方程的方差分析（陈忠文等，2013）

变异来源	平方和（SS）	自由度（df）	均方（V）	比值（F）	显著水准（α）
X_1	0.319 2	1	0.319 2	0.69	
X_2	0.714 0	1	0.714 0	1.55	
X_3	1.782 2	1	1.782 2	3.89	0.05
X_4	1.550 0	1	1.550 0	2.82	0.10
X_1X_4	0.940 9	1	0.940 9	2.05	
X_2X_4	0.697 2	1	0.697 2	1.52	
X_3X_4	4.601 0	1	4.604 5	10.01	0.01
回归	10.610 5	7	1.515 8		$F_{0.10}(7, 8)=2.62$
剩余	3.678 7	8	0.459 8	3.3	$F_{0.05}(7, 8)=3.50$
总计	14.289 2				$F_{0.01}(7, 8)=6.18$

方差分析结果表明回归方程在 10% 下显著。对豆薯种子产量的影响中，主蔓留叶数与花序留花数的互作达到 1% 极显著水平，主蔓留叶数达到 5% 显

著水平，花序留花数达到 10% 水平。

为进一步了解试验研究领域（因素的上下取值）内部的拟合好坏，还需要利用零水平处的重复试验对回归方程的可靠性进行验证，一般进行 t 值检测。

本试验零水平豆薯贮藏根产量平均值（Y_0）＝零水平处 2 次重复试验的产量之和/重复次数，即 $Y_0 = (Y_{01} + Y_{02})/2 = (3.56 + 3.50)/2 = 3.53$。

计算 t 值，$t = $ | X_0 列回归系数之和－零水平试验的平均值 Y_0 | / $\sqrt{剩余均方和}$ 。

本试验中，$t = $ | $2.621\ 3 - 3.53$ | / $\sqrt{0.458\ 9} = 1.341$。

查 t 值表，得出以（N-P-1）为自由度，在一定显著水准 α 下的 t_α（N-P-1）值。当下述关系成立时，即 $t = $ | X_0 列回归系数之和－零水平试验的平均值 Y_0 | / $\sqrt{剩余均方和} < t_\alpha$（N-P-1）值时 [N 为总自由度，P 为回归自由度]，则说明回归方程中的常数项 b_0（即 X_0 列回归系数 b_0）与零水平处试验指标的平均数 Y_0 之间无显著性差异，即试验所得到的回归方程不仅在试验点上与试验结果拟合较好，而且在被研究的区域中心与实测值拟合情况也较好。

本试验中，查表得 $t_{0.01}$（16-7-1）$= t_{0.01}$（8）$= 3.355$，即 $t < t_{0.01}$（8），故所得一次回归方程可靠，可以利用一次回归正交设计的旋转性作预报。

首先计算试验指标的平均值＝（试验 N 次指标＋重复 M 次指标）/（$N + M$）。

本试验豆薯贮藏根产量平均值＝（1.90＋1.63＋……＋3.50）/（16＋2）＝2.722 2

将所得到的一次回归方程中的常数项系数（b_0）更替为考虑重复试验在内的全部贮藏根产量的平均值，得到新方程为：$Y = 2.722\ 2 + 0.141\ 3X_1 + 0.211\ 3X_2 + 0.333\ 8X_3 + 0.311\ 3X_4 + 0.242\ 5X_1X_4 + 0.208\ 8X_2X_4 + 0.536\ 2X_3X_4$

将因子取值按照线性变换公式 $X_j = (Z_j - Z_{0j})/\Delta_j$（$X_j$ 为因素，Z_j 为因素编码值水平，Z_{0j} 为因素零水平；Δ_j 为因素的变化区间）求得相应的编码值，代入一次回归方程，经给定一个观测点后应试可推断指标大致在什么范围。

研究结果表明，回归方程中的常数项与零水平处试验种子生产量的平均数之间无显著差异，即回归方程不仅在试验点上与试验结果拟合较好，而且在被研究的区域中心也与实测值的拟合较好。

将一次回归方程中的常数项改用考虑重复试验在内的全部产量的平均值代替，并折换为亩产量的新方程为：

$$Y=109.347\ 0+5.675\ 8X_1+8.487\ 6X_2+13.408\ 3X_3+12.504\ 5X_4+9.740\ 9X_1X_4+8.387\ 0X_2X_4+21.538\ 4X_3X_4$$

试验得出豆薯主蔓留叶数和花序留花数等因素的互作，以及主蔓留叶数、花序留花数等因素对豆薯种子产量的影响分别达到1%、5%和10%显著水平，而影响产量构成的密度因素未达到显著水平，表明了在本试验的研究区域内影响产量的主次因素，在每亩种植密度为1 000～3 000株的条件下，豆薯主蔓何时打顶（留叶），决定了该单株在此节间内花序的多少，也就决定了单株结荚数，与生产实际一致。一般种子生产每株留7～8个花序，每花序留8～10节后及时摘除无效花序和侧蔓，保证每个花序结5～8个荚，试验结果与当前余庆县豆薯种子生产实际操作比较一致。方家齐（1991）报道，豆薯在7月开花后，要经常摘除花串的梢部，每串仅留6～7朵花。8月中旬以后开的花要全部摘除。

（2）生长调节剂的运用。

①青鲜素可以抑制豆薯侧芽生长。在豆薯栽培中，插竹竿打顶以后，由于顶端优势遭到破坏，侧芽大量发生，消耗植株养分，不但影响开花结实，而且影响贮藏根膨大，因此需要及时摘除。通常采用人工摘除顶梢和侧芽，既费时又费工，同时豆薯蔓茎叶有刺毛，易刺激手上皮肤产生红肿或过敏反应。这是一项用工多、持续时间长的管理工作。郑东（1992）研究了不同浓度青鲜素对豆薯侧芽生长及贮藏根的影响。试验分别于1986年和1987年的4—7月在华南农业大学蔬菜场进行。供试豆薯品种为南海沙葛，青鲜素为含量35%白色粉剂，系福州市第一化工厂的产品。试验设5个处理，即喷药浓度为1 000mg/kg、1 500mg/kg、2 000mg/kg、2 500mg/kg和无喷药区（对照），3次重复，小区面积133.4m²，随机排列。豆薯植株17～19片叶打顶。喷药时期：在豆薯打顶以后的第3天，事先将2cm以上的侧芽和花芽摘除，随即喷第1次药，以后每隔14d喷1次，喷药3次，喷至叶面有水珠而不致滴下为度。喷药在无风的14时以后进行。第1次喷药后，每小区选10株进行调查，每隔7d调查1次侧芽的发生及生长情况，共调查5次，在调查的同时将侧芽摘除，收获时统计小区产量。

1987年的试验结果表明，所有喷药处理都能抑制豆薯侧芽发生，在使用浓度范围内，浓度越高，抑制侧芽发生的效果越好。2 500mg/kg和2 000mg/kg处理的侧芽发生数，分别为对照的14.0%和19.8%，而1 500mg/kg和1 000mg/kg处理的侧芽发生数分别为对照的38.4%和40.7%。

不同浓度的青鲜素对豆薯侧芽生长的影响不同。试验结果表明，喷洒不同浓度的青鲜素，对豆薯侧芽的生长都有抑制作用，且浓度越高，抑制效果越明显。2 500mg/kg和2 000mg/kg处理的侧芽生长量仅为对照的2.0%和3.9%，而 1 500mg/kg 和 1 000mg/kg 处理的侧芽生长量也只有对照的 13.1％和 19.2％。

不同浓度的青鲜素对豆薯贮藏根的影响不同。方差分析结果表明，1986年和 1987 年，1 000mg/kg 和 1 500mg/kg 对产量的影响，F 值分别为 0.28 和 0.82，均未达 5％（$F_{0.05}=5.14$）显著水平。郑东（1992）的试验结果认为，青鲜素可以抑制豆薯侧芽的发生与生长，随浓度提高，抑芽效果越明显。浓度在 2 000～2 500mg/kg 时，抑芽效果虽然很显著，但对贮藏根的膨大有抑制作用，贮藏根变长变小，产量降低，减产 13％～20％；浓度在 1 000～1 500mg/kg 时，抑芽效果也很显著，对贮藏根影响极小，产量接近或等于对照。故认为青鲜素浓度为 1 000～1 500mg/kg 是既能抑芽又不致影响产量的适宜浓度。郑东（1992）还调查了广州市罗岗镇和从化区、高明区、南海区等地菜农情况，豆薯打顶后，需除芽 5～6 次（每 4～5d 除芽 1 次），每亩需要 12～15 个工人，且每次剥芽时间不宜太长，以免豆薯茎芽毒汁损伤手指。当地农户用 1 000～1 500mg/kg 青鲜素抑芽（除芽），全期喷 3 次药，每亩用 1 个工人，药费 2 元左右（以每千克青鲜素 10 元计），基本上可达到除芽目的。利用青鲜素除芽可获得节省劳力、节约成本的效果。

青鲜素分子式为 $C_4H_4N_2O_2$，被植物吸收后，能在植物体内向生长活跃的部位转移，并在顶芽里积累，但不参与代谢活动。青鲜素在植物体内与氢硫基发生反应，能抑制植物顶端分生组织的细胞分裂活动，进而破坏顶端优势，抑制顶芽生长。青鲜素还能抑制芽的萌发，或延长芽的萌发期。

②多效唑对豆薯种子生产的影响。随着种植水平的提高，豆薯种子生产由伏地式自然生长改为人工支架打顶栽培，极大地改善了豆薯生长环境条件，每亩种子产量由伏地式自然生长时的 10～25kg 提高到人工支架打顶栽培时的200kg 左右。但据观察，豆薯生长进入发棵期后节间伸长极快，植株茂盛，有控制群体生长的必要。陈忠文等于 2012 年在余庆地瓜 1 号种子生产上进行了苗期到发棵期不同多效唑浓度矮化植株试验。试验材料中，15％多效唑可湿性粉剂由市场购买，余庆地瓜 1 号种子由余庆县种子管理站提供。试验按一次回归正交试验设计。试验设多效唑处理浓度、余庆地瓜 1 号生长叶片数 2 个因素，每个因素2 个水平，其水平编码见表 5-11。

表 5-11　因素水平取值及编码

名称	多效唑浓度 （X_1）	余庆地瓜 1 号生长叶片数 （X_2）
下水平（-1）	1 500 倍液	3
上水平（+1）	500 倍液	9
零水平（0）	1 000 倍液	3
变化区间（Δ）	500	6

试验设计选用 L_4（2^3）正交表（表 5 - 12）。小区面积 $16.2m^2$（$270cm\times$ $600cm$）。种植方式为起垄（宽 $50cm$）施肥覆土盖膜，种双行，垄间距 $85cm$。试验在贵州省余庆县白泥镇上里村下窑组余庆地瓜 1 号种子生产基地潘茂林责任田进行。海拔 $580m$，黄壤土，土壤肥力中等，前作蔬菜，按当地生产操作管理。

表 5 - 12　一次回归正交试验 L_4（2^3）方案及结果指标

试验号	X_0	X_1	X_2	X_1X_2	指标结果				
					产量/ kg	花序数/ 个	豆荚数/ 个	荚粒数/ 粒	千粒重/ g
1	1	1（500 倍液）	1（9 叶）	1	3.482	6.4	18.6	152.0	165.03
2	1	1（500 倍液）	—1（3 叶）	—1	3.976	5.2	21.8	149.8	181.50
3	1	—1（1 500 倍液）	1（9 叶）	—1	3.626	5.5	16.7	152.0	168.76
4	1	—1（1 500 倍液）	—1（3 叶）	1	4.820	6.4	21.6	176.4	177.32
5	0	（1 000 倍液）	0（6 叶）	0	5.270	8.4	23.4	177.0	181.13
6	0	（1 000 倍液）	0（6 叶）	0	4.504	7.6	21.8	148.4	180.56
7	0	（1 000 倍液）	0（6 叶）	0	4.887	8.0	22.6	162.7	180.84
B_j 种子产量	15.904	—0.988	—1.688	0.700					
B_j 花序数	23.5	—0.3	0.3	2.1					
B_j 豆荚数	78.7	1.9	—8.3	1.9					
B_j 荚粒数	630.2	—26.6	22.2	26.6					
B_j 千粒重	692.61	0.45	—25.03	—7.91					
d_j	4	4	4	4					
b_j 种子产量	3.985	—0.247	—0.422	0.175					
b_j 花序数	5.875	—0.075	0.075	0.525					
b_j 豆荚数	19.675	0.475	—2.075	0.475					
b_j 荚粒数	157.55	—6.65	5.55	6.65					
b_j 千粒重	173.152 5	0.112 5	—6.257 5	—1.977 5					
B_j^2 种子产量	252.937 2	0.976 1	2.849 3	0.490 0					

（续）

试验号	X_0	X_1	X_2	X_1X_2	指标结果				
					产量/ kg	花序数/ 个	豆荚数/ 个	荚粒数/ 粒	千粒重/ g
B_j^2 花序数	552.25	0.09	0.09	4.41					
B_j^2 豆荚数	6 193.69	3.61	68.89	3.61					
B_j^2 荚粒数	397 152.04	707.56	492.84	707.56					
B_j^2 千粒重	479 708.612 1	0.202 5	626.500 9	62.568 1					

计算表中各列的 B_j 值，就是该列的各试验号水平分别乘以对应的指标，将乘积全部相加。如第 1 列：
$$B_1 = 1 \times Y_1 + 1 \times Y_2 + （-1） \times Y_3 + （-1） \times Y_4$$
$$B_{1\text{种子产量}} = 1 \times 3.482 + 1 \times 3.976 - 1 \times 3.626 - 1 \times 4.820 = -0.988$$
$$B_{2\text{种子产量}} = 1 \times 3.482 - 1 \times 3.976 + 1 \times 3.626 - 1 \times 4.820 = -1.688$$
$$B_{3\text{种子产量}} = 1 \times 3.482 - 1 \times 3.976 - 1 \times 3.626 + 1 \times 4.820 = 0.700$$

其他花序数、豆荚数、荚粒数和千粒重的 B_j 值以此类推，结果见表 5 - 12。

对于 X_0 列而言，由于各编码值都为 1，故零水平列的 B_0 等于各试验（不含重复）指标值之和。

计算各列的回归系数 b_j 值，等于各列的 B_j 值除以各列的 d_j（正交表各列的编码值和其他各值的平方和已给出，不需要另外计算）。

本试验有关回归系数的计算如下。

豆薯种子产量的回归系数：
$$b_0 = B_0/d_0 = 15.904/4 = 3.976$$
$$b_1 = B_1/d_1 = -0.988/4 = -0.247$$
$$b_2 = B_2/d_2 = -1.688/4 = -0.422$$
$$b_3 = B_3/d_3 = 0.700/4 = 0.175$$

花序数的回归系数：
$$b_0 = B_0/d_0 = 23.5/4 = 5.875$$
$$b_1 = B_1/d_1 = -0.3/4 = -0.075$$

······

其余以此类推。

建立回归方程式。用正交设计所得的一次回归方程式一般表达方式为：$Y = b_0 + b_1X_1 + b_2X_2 + b_3X_3 + \cdots\cdots + b_pX_p$。本试验只涉及两个因素及一个交互作用因素，故方程式为：$Y = b_0 + b_1X_1 + b_2X_2 + b_3X_1X_2$。表 5 - 12 所得试验因素与种子产量、花序数、豆荚数、荚粒数和千粒重的一次回归方程分别如下。

与产量：$Y=3.985-0.247X_1-0.422X_2+0.175X_1X_2$，折算成亩产方程为：$y=164.0737-10.1696X_1-17.3749X_2+7.2052X_1X_2$

与花序数：$Y=5.875-0.075X_1+0.075X_2+0.525X_1X_2$

与豆荚数：$Y=19.675+0.475X_1-2.075X_2+0.475X_1X_2$

与荚粒数：$Y=157.55-6.65X_1+5.55X_2+6.65X_1X_2$

与千粒重：$Y=173.1535+0.1125X_1-6.2575X_2-1.9775X_1X_2$

对回归方程显著性检测表明，所有回归方程在 $\alpha=0.10$ 水准下均不显著。通过各主效因子在总平方和中所占率分析试验因素的影响率如表 5-13 所示。

表 5-13 根据主效因子在总平方和中所占率分析试验因素的影响率

因素		平方和（SS）				
		花序数	豆荚数	荚粒数	千粒重	产量
X_1		0.022 5	1.102 5	184.96	0.050 6	0.244
X_2		0.022 5	16.402 5	123.21	156.625 2	0.712 3
X_1X_2		1.102 5	0.722 5	168.82	15.642 0	0.122 5
总和		1.147 5	18.227 5	476.99	172.318 7	1.078 8

因素	自由度（df）	影响率（ρ）/%				
		花序数	豆荚数	荚粒数	千粒重	产量
X_1	1	1.96	6.05	38.78	0.03	22.62
X_2	1	1.96	89.98	25.83	90.89	66.03
X_1X_2	1	96.08	3.97	35.39	9.08	11.35
总和	3	100	100	100	100	100

注：考虑交互作用对指标的影响，实际的误差均方无法估计，应为 0，计算试验因子对指标的影响率。

不同浓度多效唑与余庆地瓜 1 号不同生长时期的一次回归正交试验表明，试验因素分别与花序数、豆荚数、荚粒数、千粒重和产量的关系显著（表 5-12）。但多效唑浓度与豆薯叶片数的互作对豆薯花序数影响最大，影响率达 96.08%（表 5-13），趋向于低浓度（1 500 倍液）较多叶片（9 叶）处理，易获得不低于对照的种子产量。

在本试验中，叶片数的多少对豆薯种子的千粒重、豆荚数和产量影响极大；多效唑浓度对豆薯荚粒数有一定影响，会影响种子产量。

多效唑是一种植物生长调节剂。据资料介绍，多效唑具有延缓植物生长、抑制茎秆伸长、缩短节间、促进植物分蘖、增加植物抗逆性能、提高产量等效果。从本试验来看，趋向于低浓度（1 500 倍液）较多叶片（9 叶）处理，易获得不低于对照的种子产量，在此条件下，可以考虑加大豆薯种子生产种植密度（图 5 - 10）。

图 5 - 10　豆薯苗期喷施多效唑后的长势（陈忠文，2013）

（3）防治病虫害，保证有效株数、荚粒数。 在苗期主要防治蛞蝓和地老虎等虫害，前者一般每亩用 6％四聚乙醛颗粒剂 200g 于下午撒在豆薯苗根部即可。防治地老虎可采取人工捕杀，或用 2.5％溴氰菊酯乳油 30～40mL 或 50％辛硫磷乳油 20～30mL 兑水 60kg 喷雾，或人工捕杀。豆薯生长中后期主要防茶黄螨等螨类危害，在发病初期每亩用 50％代森锰锌可湿性粉剂 100g 加 25％多菌灵可湿性粉剂 100g 或 50％甲基硫菌灵可湿性粉剂 100g 兑水 60kg 喷雾。在初花期至结荚期防豆螟危害。

三、收获与加工因素

1. 收获时间的影响　贵州省余庆县的做法是待种荚 90％以上颜色由绿色变黄褐色时，一般在 10 月上旬摘除叶片，距第 1 结荚花序 15～20cm 处断蔓，取出支撑竹竿后每 20 株左右采收捆扎成小把，挂在阴凉通风处后熟，约 1 个月左右豆荚变深褐色，选择晴天暴晒脱粒。若过早采收，籽粒未完全成熟，影响种子产量；采收偏晚，则部分豆荚爆裂散落田间，减少收成。方家齐

（1991）报道，于 11 月初种荚发黑后与藤一起割下，挂于通风处，待叶子全部干枯后，再摘下种荚晒干储藏。翌年播种前剥出种子，以利于种子后熟，提高种子发芽率。

2. 加工耗损　于无雨天采收后，将成把的豆薯枝荚挂在避雨通风处晾干，避免堆放因呼吸作用产生高温烧种。挂晾豆薯枝荚 40～50d，待全部变成褐色时，选择晴天翻晒敲打及时脱粒，脱粒场应保证足够宽大平整，以减少种子爆裂外逸。过筛、风簸，除去秕粒和草、枝、沙石等杂质，最后包装入库。

CHAPTER 6 | 第六章
豆薯的化学元素与人体健康

　　科学研究表明，人体中含有大量由碳、氢、氧、氮元素组成有机化合物，并含有少量的硫、钾、钠、镁、氯等 11 种元素，这些元素对保持人体正常运动具有重要作用。豆薯贮藏根、种子等器官中含有蛋白质、脂肪、糖类等物质，以及钾、镁、钠、钙、硒等多种元素等，对人体健康具有重要价值，豆薯的优点已经为人们所认识，且豆薯正逐渐成为人们热爱的保健食品。

第一节　豆薯贮藏根中的基本营养物质

一、不同产地豆薯贮藏根营养成分差异

　　据测定，每 100g 贮藏根中可食部分为 91～93g，含水分 85.2～90.7g，热量 142～230kJ、糖类 7.6～13.4g、纤维 0.64～4.9g、脂肪 0.09～0.10g、蛋白质 0.72～0.96g、维生素 C3.5～20.2mg、核黄素（VB$_2$）0.029～0.04mg 及钾、磷、镁、钙、钠、锌、锰、铜、硒等元素。

　　测定数据显示营养成分差异，表明豆薯营养成分因品种、地域环境、贮藏根采收时间而变化。

　　刘永娟等（2017）在国内外不同学者对多个国家或地区的豆薯进行营养成分分析的基础上进行研究，得出了类似的结果（表 6-1、表 6-2）。

表 6-1　不同产地豆薯的主要化学成分（刘永娟等，2017）

豆薯产地	营养成分含量/%						
	水分	干物质	脂肪	灰分	蛋白质	糖类	淀粉
阿根廷	82.00	18.00	0.10	0.40	1.00	4.24	7.68
巴西利亚	82.38	17.62	0.09	0.50	1.47	5.20	9.72
孟加拉国	82.01	17.99	0.10	0.50	1.23	14.90	9.04
美国	89.90	10.10	0.21	0.61	2.01	7.27	21.70*
西班牙	78.90～83.70	16.30～21.10	—	—	2.50～4.90	28.20～47.80*	36.80～54.4*

（续）

豆薯产地	营养成分含量/%						
	水分	干物质	脂肪	灰分	蛋白质	糖类	淀粉
墨西哥纳	81.00～	16.19～	0.68～	0.78～	1.36～		21.70～
亚里特州	83.81	19.00	0.70	0.90	1.61		22.50
中国余庆	92.73	—	0.05	0.20	0.55	6.47	—

注：＊表示淀粉在豆薯中的干基量。

表 6-2　每 100g 豆薯中的矿质元素含量（刘永娟等，2017）

豆薯产地	含量/mg							
	钙	铜	铁	镁	锰	钾	钠	锌
孟加拉国	16	0.05	1.4	12.9	0.06	172	35	0.16
哥伦比亚	317	0.27	10.44	38	1.35	150	31	2.34
中国余庆	9.95	0.05	0.34	13.8	0.03	91.3	0.87	0.15

此外，苏雪娇等（2013）对云南豆薯酚含量及其组成、多酚提取物的抗氧化活性进行了研究，从中提取出以没食子酸、香草酸、咖啡酸和芦丁为主要成分的、具有高抗氧化活性的物质（表 6-3）。研究结果显示，多酚提取物表现出与其浓度线性正相关的强抗氧化活性，其在还原能力的半最大效应浓度（EC_{50}）为 $1.33\mu g/mL$，1,1-二苯基-2-三硝基苯肼（DPPH）自由基清除能力、羟自由基清除能力和抑制脂质体过氧化能力的半抑制浓度（IC_{50}）分别为 $4.15\mu g/mL$、$7.70\mu g/mL$ 和 $17.00\mu g/mL$。因而认为豆薯是一种营养品质较好的食源材料。

表 6-3　豆薯贮藏根中的多酚类物质（苏雪娇等，2013）

单位：mg/kg

组成物质	没食子酸	香草酸	咖啡酸	对香豆酸	芦丁	阿魏酸	肉桂酸
含量（干重）	0.55±0.01	0.27±0.02	0.12±0.02	0.01±0.00	0.15±0.01	0.07±0.00	0.03±0.00

二、同产地不同豆薯品种（系）贮藏根营养成分比较

根据陈忠文 2012 年提供的豆薯不同品系贮藏根的样品检测得出，同一生产地不同品种（系）每 100g 豆薯贮藏根中含水分 91.66～92.86%、蛋白质 0.51～0.62%、脂肪 0.051%～0.061%、糖类 6.38%～7.46%、纤维 0.20%～0.36%、核黄素 0.027～0.033mg、烟酸 0.17～0.22mg，另外还含维生素 C 和维生素 A 等。在矿质元素中钾元素含量最高，每 100g 豆薯贮藏根中达 65.0～96.5mg，是钠（Na）元素含量的 60～170 倍，其次是镁（Mg）元素，每 100g 豆薯贮藏根中含量为 13.8～16.9mg，磷（P）元素每 100g 豆薯贮藏根中

含量为 12.1~15.2mg，硒（Se）元素每千克豆薯贮藏根中含量为 0.001 3~
0.002 2mg（表 6‑4）。

表 6‑4　豆薯不同品系贮藏根营养成分含量测定

序号	检测项目	计量单位	样品（品系）					
			YQDS07-1	YQDS07-2	YQDS07-3	YQDS07-4	YQDS07-5	YQDS2011
1	钾	mg	91.3	96.5	86.0	74.4	65.0	83.4
2	钠	mg	0.87	1.62	1.57	0.43	0.68	1.34
3	钙	mg	9.95	12.9	8.89	9.38	12.4	8.89
4	镁	mg	13.8	16.2	13.8	14.9	16.9	14.1
5	铁	mg	0.34	0.26	0.22	0.23	0.27	0.25
6	铜	mg	0.047	0.059	0.049	0.049	0.048	0.046
7	锰	mg	0.026	0.027	0.027	0.029	0.022	0.047
8	锌	mg	0.15	0.25	0.14	0.14	0.15	0.15
9	磷	mg	12.1	12.1	13.9	12.6	12.6	15.2
10	水分	%	92.73	92.24	92.73	92.86	92.62	91.66
11	灰分	%	0.20	0.23	0.22	0.20	0.21	0.23
12	蛋白质	%	0.55	0.62	0.57	0.51	0.55	0.60
13	脂肪	%	0.054	0.058	0.053	0.051	0.061	0.055
14	纤维	%	0.30	0.29	0.32	0.20	0.33	0.36
15	糖类	%	6.47	6.85	6.43	6.38	6.56	7.46
16	硒	mg/kg	0.001 5	0.001 3	0.001 5	0.001 4	0.002 2	0.002 0
17	核黄素	mg	0.027	0.028	0.027	0.029	0.033	0.028
18	烟酸	mg	0.18	0.19	0.20	0.22	0.17	0.22
19	维生素 C	μg	23.57	30.07	15.52	35.33	30.15	32.16
20	维生素 A	mg/kg	未检出	未检出	未检出	未检出	未检出	未检出

注：除硒和维生素 A 计量单位为 mg/kg 外，其余检测项目均为每 100g 豆薯贮藏根营养成分含量。

以上结果表明，在同一生长环境中生长的不同品种（系），其贮藏根营养元素的含量也是不同的。

表 6‑5 显示了来自美国农业部的每 100g 豆薯营养物质含量的数据。

表 6‑5　每 100g 豆薯的营养价值（热量 159J，脂肪热量 3.39J）

营养成分	含量	每日百分比值/%
水	90.07g	
能量	159kJ	
蛋白质	0.72g	1.44
总脂肪（脂类）	0.09g	0.26

（续）

营养成分	含量	每日百分比值/%
灰分	0.3g	
碳水化合物	8.82g	6.78
纤维总量	4.9g	12.89
总糖	1.8g	
铁（Fe）	0.57mg	7.13
铜（Cu）	0.046mg	5.11
钾（K）	135mg	2.87
镁（Mg）	11mg	2.62
锰（Mn）	0.057mg	2.48
磷（P）	16mg	2.29
锌（Zn）	0.15mg	1.36
硒（Se）	0.7μg	1.27
钙（Ca）	11mg	1.10
钠（Na）	4mg	0.27
维生素 C	14.1mg	15.67
维生素 B_6	0.04mg	3.08
维生素 E	0.46mg	3.07
维生素 B_5	0.121mg	2.42
维生素 B_2	0.028mg	2.15
维生素 B_9	8μg	2.00
维生素 B_1	0.017mg	1.42
维生素 B_3	0.19mg	1.19
维生素 K	0.3μg	0.25
维生素 A	1μg	0.14
胆碱	13.6mg	
β-胡萝卜素	13μg	
组氨酸	0.019g	1.54
缬氨酸	0.022g	1.04
苏氨酸	0.018g	1.02
异亮氨酸	0.016g	0.96

（续）

营养成分	含量	每日百分比值/%
赖氨酸	0.026g	0.78
亮氨酸	0.025g	0.68
蛋氨酸	0.007g	
胱氨酸	0.006g	
苯丙氨酸	0.017g	
酪氨酸	0.012g	
精氨酸	0.037g	
丙氨酸	0.02g	
天冬氨酸	0.2g	
谷氨酸	0.043g	
甘氨酸	0.016g	
脯氨酸	0.025g	
丝氨酸	0.025g	
饱和脂肪酸总计	0.021g	
棕榈酸	0.018g	
硬脂酸	0.002g	
单不饱和脂肪酸：		
油酸（十八烯酸）	0.005g	
多不饱和脂肪酸：		
亚油酸	0.029g	
亚麻酸（十八碳三烯酸）	0.014g	

注：上述每日百分比值（DV%）基于 8 368J 的饮食摄入量。根据每日能量需求，每日数值可能有所不同。上述数值由美国农业部推荐。计算基于 19～50 岁的平均年龄，体重约 88kg。

三、豆薯淀粉特性

国内外对豆薯淀粉特性的研究较少。丁小雯等（1995）研究结果表明，豆薯淀粉颗粒为纺锤形，直径为 $10\sim40\mu m$，含水量 16%，淀粉价（通过饲料的热量值来表示其营养价值的一种体系）75.41%，豆薯 5% 的淀粉糊在 25℃时黏度为 $3.125\times10^{-3}Pa\cdot s$，直链淀粉含量 25.39%，与马铃薯淀粉的直链淀粉含量（22%～25%）相当，低于蕉芋淀粉的直链淀粉含量（39.40%）；糊化温度 60～71℃；由于豆薯淀粉含直链淀粉较少，所以可能不易老化；经染色的淀粉颗粒周围颜色较深中间较浅，而未染色的淀粉颗粒中央透明，从内到外有轮纹，边缘部分较密而近中央较疏。因此认为豆薯淀粉的淀粉价高，含支链淀粉较多，黏度高，理化性质与马铃薯淀粉相似，且不褐变，是天然的食品添加剂，可应用于奶糖、糕点、冰激凌等的生产。Silvia Lorena Amaya-Llano等（2011）研究了酸解豆薯淀粉的特性，结果表明豆薯由于直链淀粉含量低（12%）和粒度小，对酸稳定性较差。张志健等（2014）对豆薯淀粉基本特性的研究表明，豆薯淀粉的水分含量为 14.15%，总淀粉含量 76.21%，直链淀粉含量为 21.92%（表 6-6）；淀粉颗粒大多为近圆球形，表面光滑，无裂纹，粒径为 3~22μm，平均粒径为 12μm；刚糊化时透明度较差，除玉米淀粉外，豆薯及其他淀粉糊的透光率趋于稳定，稳定后的透光率差异不大，均在 74%~92%，其中豆薯淀粉糊为 85.6%。说明豆薯淀粉糊透明性的稳定性与小麦、土豆和红薯淀粉糊相近，远低于玉米淀粉糊；糊化温度范围为 65~75℃，峰值黏度（4.241Pa·s）大于其他淀粉，但最终黏度（2.440Pa·s）小于小麦、玉米和红薯淀粉，大于马铃薯淀粉；冻融稳定性较差。豆薯淀粉糊不耐冻融的性质说明豆薯淀粉不宜用于制作冷冻食品。豆薯淀粉的溶解度明显高于其他淀粉，膨润力高于小麦和玉米淀粉，低于马铃薯和红薯淀粉。用溶解度大的淀粉制作的粉丝容易糊汤，用膨润力小的淀粉制作的粉丝容易断条，因此认为豆薯淀粉不适合制作粉丝类产品。刘政等（2007）研究认为，应用于冷冻食品的淀粉糊，需要在低温下冷冻，或者经过多次的冷冻、融化，若淀粉糊的冻融稳定性不好，经冷冻和重新融化后，胶体结构被破坏析出游离水分，食品则不能保证原有的质构，食品品质会受影响。

表 6-6　不同作物淀粉成分及含量（张志健等，2014）

项目	豆薯淀粉	玉米淀粉	小麦淀粉	马铃薯淀粉	红薯淀粉
水分/%	14.15	16.20	15.18	15.17	16.48
总淀粉含量/%	76.21	72.94	79.27	76.91	75.07
直链淀粉含量/%	21.92	—	—	—	—
酸含量/（mg/g）	0.63	1.18	1.50	1.07	1.72
蛋白质/%	0.11	0.18	0.25	0.34	0.14
脂肪/%	0.40	0.17	1.24	0.38	0.33

苏雪娇等（2013）对云南豆薯中基本营养成分及其含量进行分析时未检测到新鲜豆薯中的脂肪，但检测出含有丰富的水溶性糖和淀粉，含量分别约为干重的 55.53% 和 35.16%（表 6-7）。

表 6 - 7　云南产豆薯贮藏根中基本营养成分及其含量（苏雪娇等，2013）

营养成分	干重含量/%	营养成分	鲜重含量/mg
粗灰分	5.53±0.75	维生素 C	11.55±0.45
粗蛋白	7.31±0.44	维生素 B$_1$	0.041±0.001
粗脂肪	未检测出	维生素 B$_2$	0.017±0.001
水溶性糖	55.53±1.86	维生素 B$_3$	0.166±0.01
淀粉	35.16±1.21	维生素 B$_6$	0.207±0.01

注：鲜重含量为每 100g 豆薯贮藏根中营养成分的含量。

有关研究表明，豆薯贮藏根富含淀粉，且其性质与谷物淀粉相似，可作为新的淀粉资源（Noman et al.，2006；Martinez et al.，2003）。

第二节　豆薯种子主要成分

Leidi 等（2003）研究发现豆薯种子中蛋白质含量为 25.2%～31.4%，油脂含量为 18.7%～22.4%，游离氨基酸含量为 0.26%～0.41%。Morales-Arellano 等（2001）发现豆薯种子中白蛋白是主要成分（31.0%～52.1%），其次是球蛋白（27.5%～30.7%）。Santos 等（1996）报道豆薯种子中蛋白质和脂肪含量较高，铁和钙的含量均高于其他豆类。

李有志等（2009）从豆薯种子中共分离、鉴定了 14 种化合物，包括 12α-羟基鱼藤酮、豆薯内酯、12α-羟基豆薯酮、12α-脱氢豆薯酮、α-萘黄酮、7-甲氧基黄酮、12α-羟基扁豆酮、6-甲氧基黄酮、4'-羟基黄酮、二水槲皮素、5-甲氧基黄酮、7-羟基黄酮、3'-羟基黄酮和 3-羟基黄酮，并指出上述化合物中的前 7 种化合物对白纹伊蚊 4 龄幼虫具有毒杀作用。

经研究发现，鱼藤酮对 15 目 137 科的 800 多种害虫具有一定的防治效果（Boszyk et al.，1990；Nawrot et al.，1989）。鱼藤酮作为一种广谱有效的杀虫剂，已被广泛使用（黄培超等，2005）。

吴红京等（1997）用高效凝胶蛋白柱分离豆薯种子蛋白粗提液，结合光电二极管阵列检测器对分离的蛋白峰进行紫外光谱扫描来确认蛋白的纯度，首次从中分离出 3 种蛋白成分 PE1、PE2 和 PE3，测定了 3 种蛋白质的相对分子质量（表 6 - 8），并采用邻苯二甲醛（OPA）柱后衍生法测定了豆薯种子精氨酸组成，列出了由每摩尔分子所含各种氨基酸的总数所推算出的相对分子质量（表 6 - 9）。

表 6 - 8　种子中的 3 种蛋白质相对分子质量（吴京红等，1997）

方法	蛋白		
	PE1	PE2	PE3
高效凝胶色谱（HPGFC）	33 000	28 000	14 000
SDS-PAGE（SDS 聚丙烯酰胺凝胶电泳）	33 000	14 500	14 000

表 6 - 9　PE1、PE2、PE3 氨基酸组成（吴红京等，1997）

氨基酸	含量/（mol/mol）		
	PE1	PE2	PE3
丙氨酸	2.09（2）	6.21（6）	
胱氨酸	0.00（0）	2.33（2）	5.18（5）
天冬氨酸	25.60（26）	30.28（30）	1.38（1）
谷氨酰胺	96.37（96）	75.05（75）	34.26（34）
苯丙氨酸	14.46（14）	5.41（5）	8.81（9）
甘氨酸	25.10（25）	15.81（16）	13.05（13）
组氨酸	5.22（5）	6.61（7）	5.55（6）
异亮氨酸	14.78（15）	8.30（8）	3.19（3）
赖氨酸	17.45（17）	27.00（27）	11.28（11）
亮氨酸	8.89（9）	17.98（18）	6.35（6）
蛋氨酸	0.00	20.23	0.44
脯氨酸	8.63	3.76	8.78
精氨酸	3.21	6.40	5.93
丝氨酸	23.94	19.01	5.89
苏氨酸	6.10	4.76	12.43
缬氨酸	22.13	5.22	2.88
色氨酸	Nd	Nd	Nd
酪氨酸	12.98	2.58	0.77
总量	286	256	121
分子量	32 876	29 901	14 964

注：Nd 是 not detected 的缩写，中文含义是未检出。

　　麻成金等（2008）采用单因素实验和正交实验，以油脂萃取效率为评价指标，对超临界 CO_2 萃取豆薯籽油的工艺条件进行了优化。用微量注射器取甲酯化后的豆薯籽油样品溶液 1uL 进行气相色谱分析。采用不做校正的峰面（编成峰号）积归一化法得出各组分的相对含量，采用美国国家标准与技术研究院（National Institute of Standards and Technology，NIST）标准谱库进行检索，通过仪器扫描，形成质谱图，逐个解析各峰相应的质谱图，结果见表 6-10。豆薯籽油中含有肉豆蔻酸、棕榈酸、花生酸、硬脂酸、二十二烷酸、木蜡酸 6 种饱和脂肪酸，其中以棕榈酸（28.93%）和硬脂酸（5.64%）为主；含有 3 种不饱和脂肪酸，占脂肪酸总量的 60.83%，其中油酸含量 31.20%、亚油酸含量 29.26%、二十碳烯酸含量 0.37%。

此外，豆薯籽油中还含有谷甾醇（3.09%）、γ-谷甾醇（5.42%）和类鱼藤酮结构物质（4.18%）等组分。

表 6-10　豆薯种子油脂的脂肪酸组成和相对含量（麻成金等，2008）

峰号	保留时间/min	相对含量/%	相对分子质量	脂肪酸甲酯分子式	脂肪酸名称
1	6.451	0.21	242	$C_{15}H_{30}O_2$	肉豆蔻酸
2	8.523	28.93	270	$C_{17}H_{34}O_2$	棕榈酸
3	10.257	29.26	294	$C_{19}H_{34}O_2$	亚油酸
4	10.310	31.20	296	$C_{19}H_{36}O_2$	油酸
5	10.455	0.40	296	$C_{20}H_{40}O$	植醇
6	10.559	5.64	298	$C_{19}H_{38}O_2$	硬脂酸
7	12.566	0.37	324	$C_{21}H_{40}O_2$	二十碳烯酸
8	12.854	0.88	326	$C_{21}H_{42}O_2$	花生酸
9	15.352	1.78	354	$C_{23}H_{46}O_2$	二十二烷酸
10	17.929	1.33	382	$C_{25}H_{50}O_2$	木蜡酸

麻成金等（2008）研究认为，豆薯籽油的组成及理化特性与菜籽油、大豆油、花生油等常见食用油脂相似，其中含亚油酸、油酸较多，且碘值较低，属于半干性油脂（表 6-11）。豆薯种子油脂理化特性与常见食用油脂相似，具有一定的开发利用价值。

表 6-11　豆薯种子油脂理化指标（麻成金等，2008）

色泽(25.4mm 槽)	水分含量/%	相对密度(20℃)	折光指数	酸值(KOH)/(mg/g)	皂化值(KOH)/(mg/g)	碘值（I）/(g/g)	过氧化值/(meq/kg)
Y34、R5.6	0.85	0.912 4	1.469 7	1.025 5	186.5	0.876 3	2.17

第三节　豆薯与人体健康

能维持人体健康和生长发育所需要的各种物质均称为营养素。现代医学研究表明，人体所需的营养素不下百种，其中一些可由自身合成制造，但有些无法自身合成、制造，必须从外界摄取。根据化学性质和生理作用可将营养素分为 7 大类，即蛋白质、脂肪、糖、无机盐（矿物质）、维生素、水和纤维素 7 类。豆薯中含有很多矿质元素，与人体生命活动密切相关。

一、豆薯中的矿物质元素

1. 磷（P）　　磷是人体遗传物质核酸、人类能量转换的关键物质三磷酸腺苷（ATP）、多种酶、生物膜磷脂及骨骼和牙齿的重要成分，对人体生命活动有十分重要的作用。每 100g 豆薯贮藏根含磷 12～24mg。据报道，成人每天自食物中需摄取磷 740mg。适量食用豆薯贮藏根是摄取磷元素的不错选择。

2. 钾（K）　　作为人体的一种常量元素，钾在维持细胞内的渗透压、维持体液酸碱性平衡、保证机体神经组织及肌肉组织的正常生理功能、保证细胞内糖和蛋白质代谢正常等方面具有重要的意义。人体中大量的生物学过程都不同程度地受到血浆中钾浓度的影响。值得注意的是，钾的大部分生理功能都是在与钠离子的协同作用中表现出来的，维持人体内钾、钠离子的浓度平衡对生命活动是十分重要的。

在人体内钠离子、钾离子和氯离子 3 种离子都应保持平衡，任何一种离子不平衡，都会对身体产生影响。据报道，一般成人每天摄取 2～2.5g 的钾比较合适。豆薯贮藏根含钾比较多，食用 130g 贮藏根就可以达到人体摄入量的 6%。

3. 钙（Ca）　　钙是人体中的重要元素，是构成骨骼和牙齿的主要成分，起支持和保护作用；维持体内酸碱平衡，维持和调节体内许多生化过程，影响体内多种酶的活动；维持细胞膜的完整性和通透性；参与神经肌肉的应激过程；参与血液的凝固、细胞黏附等。近年医学研究证明，人体缺钙会引起动脉硬化、骨质疏松等疾病；还能引起细胞分裂亢进，导致恶性肿瘤；引起内分泌功能低下，导致糖尿病、高脂血症、肥胖症；引起免疫功能低下，导致多种感染；还会出现高血压、心血管疾病、阿尔茨海默病等。钙在豆薯贮藏根中的含量仅次于镁（王俊伟，2013；孟惠平等，2010）。

4. 镁（Mg）　　成年人体内含镁量为 20～30g，镁几乎参与人体所有的新陈代谢过程。在人体细胞内，镁是第 2 重要的阳离子，其含量仅次于钾。镁具有多种特殊的生理功能，它能激活体内多种酶，抑制神经异常兴奋性，维持核酸结构的稳定性，参与体内蛋白质的合成、肌肉收缩及体温调节。镁影响钾、钠、钙离子在细胞内外的移动，并有维持生物膜电位的作用。

日本学者通过调查发现，饮食中镁、钙的含量与脑动脉硬化发病率有关（王守贞，1991）。美国学者在研究高血压病因时发现，给患者服用胆碱一段时间后，患者的高血压病症，如头痛、头晕、耳鸣、心悸都消失了。根据生物化学的理论，胆碱可在体内合成，而实际合成中，仅有维生素 B_6 不行，必须有镁的帮助，维生素 B_6 才能形成 B_6PO_4 活动形态。高血压患者往往存在严重的缺镁情况。

糖尿病是由于吃过多的动物性蛋白质及高热量食物所致。一位美国生化博士对糖尿病原因的叙述为当人体吸收的维生素 B_6 过少时，人体所吸收的色氨酸就不能被身体利用，它转化为一种有毒的黄尿酸，当黄尿酸在血中过多时，在 48h 内就会使胰脏受损，不能分泌胰岛素而发生糖尿病，同时血糖增高，不断由尿中排出；只要维生素 B_6 供应足够，黄尿酸就减少，镁可减少身体对维生素 B_6 的需要量，同时减少黄尿酸的产生；凡患糖尿病的人，血中的含镁量特别低（李静萍，1998）。

除上述几种常见病外，缺镁还会引起蛋白质合成系统停滞、激素分泌减退、消化器官机能异常、脑神经系统障碍等。

镁在人体中正常含量为 25g，属常量元素。人对镁的每日需要量为300～700mg，其中约 40% 来自食物，食物中以绿色蔬菜含镁量较高。豆薯是补充镁元素的不错选择。

5. 钠（Na）　钠是细胞液中带正电的主要离子，有助于维持水、酸和碱的平衡。钠又是胰汁、胆汁、汗、眼泪的组分，与肌肉收缩和神经功能相关，对碳水化合物的吸收起特殊作用。钠缺乏可导致生长缓慢、食欲减退、肌肉痉挛、恶心、腹泻与头痛。

6. 微量元素　在人体组织中含量极少、少于体重 0.05% 的元素称微量元素。微量元素对人体必不可少，在人体内必须保持一种特殊的稳态，一旦破坏稳态就会影响健康。

微量元素在人体中的生理功能有以下几个方面。

微量元素是酶的金属活化剂的组成成分。酶是一种大而复杂的蛋白质结构，它的作用在于强化生化作用。几千种已知的酶中大多数含有一个或几个金属原子，一旦除去金属原子，这些酶就会失去活性。

微量元素是激素和维生素的活性成分。如果一些激素和维生素没有微量元素参与，也就失去了作用，甚至不能合成。

微量元素可协助常量元素的输送。如铁是血红素的中心离子，参与构成血红蛋白，在体内协助把氧气带到每一个细胞中去。

微量元素在体液内与钾、钠、钙、镁等离子协同，可起调节渗透压、离子平衡和体液酸碱平衡的作用，以保持人体正常的生理功能。

豆薯贮藏根中含有以下微量元素。

(1) 铁（Fe）。铁是不可缺少的微量元素，是人体中必不可少的元素之一。铁是维持生命、制造血红素和肌血球素、促进维生素 B 代谢的主要物质。

铁元素在人体中参与造血过程，参与血红蛋白、细胞色素及各种酶的合成；铁还在血液中起运输氧气和营养物质的作用。人体缺铁会发生小细胞性贫血、免疫功能下降和新陈代谢紊乱，缺铁性贫血会使人的脸色萎黄，皮肤也会失去红润的光泽。

（2）锰（Mn）。锰在人体内作为金属酶的组成部分及酶的激活剂，能促进氨的代谢解毒。因丙酮酸含锰，是葡萄糖异生作用的调节酶，促进糖代谢；锰能促进糖胺聚糖合成和人体骨骼生长，对阿尔茨海默病有极好的延缓作用，可维持人体脑部的正常工作，能防止因呼吸道感染而引起的感冒，对人体的血糖有调节作用，还能提高人体的抗老能力。但摄入过多锰则会危害人体脑部与神经中枢系统。

（3）铜（Cu）。铜是人体必需的微量元素，是血液中的重要成分，在机体内的生化功能主要是催化作用。铜在人体内参与多种金属酶的合成，是含铜酶与铜结合蛋白的成分；铜参与铁的代谢和红细胞生成，能帮助人体维持正常造血功能；铜对维护中枢神经系统的健康有重要作用；铜能促进结缔组织形成、促进正常黑色素形成及维护毛发正常结构；铜能保护机体细胞免受超氧阴离子的损伤；铜能参与血糖的调节，并能影响免疫功能、激素分泌等。

（4）锌（Zn）。锌在人体内的含量及人体每天所需摄入量都很少，但其生理功能具有举足轻重的作用。锌能促进人体的生长发育、维持人的正常食欲、增强人体免疫力、促进伤口的愈合、影响维生素 A 的代谢、影响人的视觉功能、维持男性正常的生精功能等。

（5）硒（Se）。硒被国内外医药界和营养学界尊称为"生命的火种"，享有"长寿元素""抗癌之王""心脏守护神""天然解毒剂"等美誉。硒是人体正常代谢的组成部分，参与人体许多组织的某些重要代谢过程。有研究认为，硒通过清除活性氧自由基来降低氧化应激，从而发挥胰岛素的作用。硒是谷胱甘肽过氧化酶的重要组成部分，且谷胱甘肽过氧化酶能阻断或减轻自由基对细胞或组织的过氧化损伤。硒还能使血液中总胆固醇和甘油三酯显著降低。缺硒会使某些代谢过程被阻断，可能导致各种疾病。

二、豆薯与人体健康

在人类的食物中，肉类、乳类及蛋类等动物性食物为人体提供蛋白质和脂肪，粮食等植物性食物为人体提供糖类，蔬菜则提供维生素、矿物质等，这些食物共同维持人体正常生长发育和生理功能。同时，人体健康还需要医疗保健。中国医药历来有"医食同源，食药同源"之说，古代汉族药学著作中多有提及。如被尊为药王的唐代医药学家孙思邈在《千金要方》中有"凡欲治疗，先以食疗，既食疗不愈，后乃用药尔"的记载；明代著名医药学家李时珍在

《本草纲目》中有"食医有方，菜之于人，补非小也"之说；清代著名医学家黄宫绣根据《黄帝内经》《难经》《伤寒论》《金匮要略》《神农本草经》等古典医籍的理论，参考历代名医的学说，结合自己的见解，著书《本草求真》中有"食物入口，等于药之治病同为一理，合则于人脏腑有益，而可却病卫生，不合则于人脏腑有损，而即增病猝死"的记述。现代研究也表明，蔬菜确实有重要的保健作用。随着人们生活水平的提高和对生活质量的重视，绿色、安全、保健的食品越来越受大众喜爱。一些蔬菜因含有特殊的营养物质而具有明显的保健作用，如山药可健脾胃、补气，生姜解表温里，大蒜杀菌止痢等。豆薯同样具有大量对人体有益的物质，有重要的保健作用。

1. **豆薯贮藏根与人体健康**　豆薯中含有维生素、矿物质、纤维、维生素 C、维生素 E、叶酸、维生素 B_6、泛酸、钾、镁、锰、铜、铁及少量蛋白质等。据美国农业部食品和营养服务部的数据，像豆薯这样的白色果肉蔬菜是植物营养素的良好来源。植物营养素是植物性化学物质，具有很强的抗氧化能力。美国营养与饮食学会报告介绍，植物营养素能够抑制不稳定的自由基化合物对 DNA 或细胞组织造成损害。大量富含抗氧化剂的食物可以降低人体患心脏病、白内障、癌症、糖尿病和阿尔茨海默病等疾病的风险。

豆薯贮藏根可以生吃或熟食，是很好的健康食品。能量、胆固醇和脂肪少，具明显的抗氧化、抗炎等特性。豆薯贮藏根有如下健康作用。

(1) 补充能量。豆薯贮藏根中的糖类含量比较丰富，它能够直接而迅速地为身体供能。特别是当缺乏体力时，吃一些豆薯可以很快恢复体力。

(2) 提高免疫力。豆薯中含有的矿质元素、蛋白质、维生素等能够很好地提高人体的免疫力，起到预防疾病的效果。每 100g 豆薯大约含人体每日所需维生素 C 的 40%。维生素 C 是人体免疫系统的重要组成部分，因为它能刺激白细胞的产生，而白细胞是人体对抗疾病的第一道防线。因此，豆薯是一种对维持和增强免疫力起着关键作用的食物。摄入维生素 C 以及豆薯中存在的一些营养素，有助于维持人体防御机制。

豆薯具有的化学特性可用于发烧降温。可以直接食用豆薯贮藏根，或制成果汁早上和晚上喝，对发烧有辅助治疗的功效。

豆薯具有较高的抗氧化性和抗炎性，曾映霞（2010）报道，取豆薯 150g（去皮），洗净后切碎，加清水 500g 一并入锅，煮 15min 放凉后当茶饮用，对因秋燥引起的风热咳嗽、头昏头痛、感冒发烧等有很好的调理效果。

(3) 除烦安神。豆薯中的糖类可以分解为葡萄糖，葡萄糖是可以直接被人体吸收的，这样就可以快速地为大脑补充营养物质，有效缓解大脑疲劳，改善烦躁、易怒、失眠、健忘等症状，起到很好的安神除烦作用。取豆薯 300g，去皮洗净切成条，放少许白糖或蜂蜜，腌制 5min 后食用。这种吃法具有生津、开胃、解毒、除热作用，还可消除秋燥烦恼情绪（曾映霞，2010）。

（4）**解酒作用**。中医认为，豆薯（贮藏根）性味甘、凉、平、无毒。入胃、肝经具有解酒毒、降血压、止渴生津的功效；入脾、胃经有清热除烦、生津止渴的功效。酒后适当吃一些豆薯，可以帮助肝脏尽快地将体内的酒精排出体外，不但很好地保护了肝脏及胃黏膜，还能够对酒后头昏脑胀、脸红等起到一定的缓解作用。易茗（2014）介绍，喝130mL豆薯汁（取新鲜豆薯贮藏根1个，去皮、洗净、切块，放入榨汁机内榨成汁）或喝300g左右豆薯小米粥（取小米200g、豆薯贮藏根100g、白砂糖15g，将豆薯去皮、洗净、切成丁，小米洗净，用冷水稍微浸泡一下，锅中加水1 200mL，将小米放入，用武火煮沸后，放入豆薯丁，改用小火熬至小米熟烂，放入白砂糖调味，再稍焖片刻即可），具有生津止渴的作用。

（5）**减脂降压**。有研究表明，经常食用豆薯的人，其患上高血脂、高血压及心脑血管疾病的可能性比不吃豆薯的人低得多。这是因为豆薯可以扩张毛细血管、降低血液黏稠度，能起到保护血管、降低血脂及胆固醇的作用，从而起到预防动脉硬化及心脑血管疾病的作用。《大理中药资源志》介绍豆薯（贮藏根）甘、平具有清暑、生津、降压的作用，可用于热病口渴、中暑、高血压症。据易茗（2014）介绍，他在年过四旬一次体检时发现患上了高血压，医生给开了复方罗布麻片，每天服3次，每次2片，服用后血压恢复正常，但整天头晕乎乎的，一点儿也不清醒，为此，他特意去看老中医，中医让他每天服用维持量，即每天2片复方罗布麻，并建议他吃凉拌豆薯配合治疗。具体方法是取大小适中的豆薯贮藏根1个，去皮、洗净、切片，用开水烫一遍后，加入少许盐、糖、麻油，以及适量味精和醋（最好用镇江香醋），搅匀即可，佐餐食。1个多月后，药物副作用消除，血压也维持在正常范围内，各种不适感荡然无存。从那以后，每年秋季豆薯上市时，他都会去买大量的豆薯，生吃或是凉拌吃。为了尽可能长时间地吃到豆薯，他还将豆薯去皮、切块，稍晾干表面水分，浸入坛内腌酸，等过季节后，再拿出来吃，每日吃几块，别有一番滋味。此外，用豆薯加工出来的淀粉，也是一种难得的药膳。服用时，可用冷水调匀，用小火将其熬开，注意熬时要用勺顺一边不停搅动，熬成半透明的糊状后起锅，加入适量白砂糖即可。每日晨起空腹服上一小碗，能够起到补益脾肾、调理肠胃、预防高血压的作用，体弱多病的中老年人尤其适用。曾映霞（2010）报道，取豆薯贮藏根500g，洗净去皮后切片放入榨汁机内打成汁，可汁渣同用，每次130mL，每日3次。长期服用可降血压、降血脂、润血管、促进血管通畅、防止动脉血管粥样硬化。

（6）**辅助治疗痔疮**。据Makg（2013）报道，豆薯贮藏根含有纤维，有利于消化道健康和粪便排泄。每天早上醒来喝豆薯汁，对痔疮患者的疼痛有一定的消除作用。据 Roig y Mesa（1988）报道，在古巴人们认为食用豆薯贮藏根有镇痛的作用，并从豆薯贮藏根中提取淀粉治疗痢疾和痔疮。

(7) 非常适合糖尿病患者。人体血糖水平不稳定是非常有害的，尤其是糖尿病患者。除了药物治疗外，豆薯可用于维持正常血糖水平。豆薯中由果糖分子聚合而成的菊糖几乎不含热量，并且可以维持人体对糖的需求，而不超过所需的量，多余的糖会以尿液的形式排泄出体外。有研究发现，豆薯中的纤维在降低人体血糖水平方面能起到一定作用，因为它是被逐渐吸收的，不会全部转化为葡萄糖，从而能轻松地调控糖尿病患者的血糖水平（makg，2013）。食用方法很简单，只需要将豆薯磨碎和过滤后，每天早上和晚上饮汁即可。

(8) 治疗鹅口疮。由白假丝酵母菌感染引起的鹅口疮，是口腔皮肤、脸颊甚至舌头表皮破裂的病症。当人们机体出现菌群失调，特别是免疫力下降时，可引起该病的发生，是儿童口腔的一种常见疾病，在体弱的成年人中亦可发生。原因是维生素 C 不足、过敏反应甚至体弱所致。有研究发现，维生素 C 可通过抑制免疫球蛋白增强子结合的新转录因子 NF-kβ 的信号激活参与炎症发生、肿瘤形成、细胞凋亡等生物学过程。而豆薯中维生素 C 的含量可能有助于加速患者的恢复过程。可以用豆薯汁加上蜂蜜和水给患者饮用。

(9) 天然植物雌激素。对于老年女性来说，植物雌激素的存在对于维持生命力至关重要。每当女性进入绝经期后，体内不能产生正常水平的雌激素，身体面临挑战，皮肤开始出现皱纹，骨骼器官变得脆弱，豆薯这种含有植物雌激素的食物便成了极好的保健品。

(10) 降低血液中胆固醇的水平。豆薯中的水和纤维有助于降低血液中的胆固醇水平。纤维通过防止肠道吸收过多的胆固醇，从而减少人体每天胆固醇的摄入量，而额外的胆固醇通过尿液排出体外。豆薯中的维生素 C 也有助于降低血液中的胆固醇水平。

(11) 减少胃酸的生产。豆薯贮藏根呈碱性，能快速吸收过多的胃酸。建议食用天然新鲜的、无酱汁的甚至无盐的豆薯来缓解胃酸过多引发的不适症状。

(12) 美容。豆薯贮藏根是美容的极好材料，因此豆薯通常被用来制作多种面霜和护肤液。最传统的方法是直接利用新鲜豆薯美容，也可以将豆薯做成面膜或是洁面乳。将豆薯贮藏根磨碎涂抹到脸上并揉动，便有助于消除脸上的黑斑，还可以舒缓和消除痤疮，帮助减少疤痕。

(13) 加速伤口愈合和消肿。缺乏维生素 C 可能会导致人体出现瘀伤和炎症。据研究，人体每天需要摄入 75～90mg 的维生素 C。通过食用豆薯和其他富含维生素 C 的食物，可以增加胶原蛋白的生成。胶原蛋白不仅能使皮肤保持滋润状态，还能加速伤口的愈合。

（14）减少鼻出血的发生。鼻出血是由毛细血管脆弱引起的。豆薯中维生素 C 含量较高，有助于改善毛细血管损伤，从而减少鼻出血的发生。

（15）减肥零食。每 100g 豆薯贮藏根热量为 140～230kJ，相当于等重量米饭热量的 1/4～1/3，因此豆薯是一种低热量食物，这一特点对于想减肥的人来说是非常重要的，豆薯热量低且富含营养和纤维，能令人有饱腹感。同时食用豆薯可以抑制食欲，避免人体摄取过多的高热量食物。豆薯是一种理想的减肥零食产品。

2. 豆薯种子与健康　前文提及了豆薯种子含油脂、蛋白质、各种氨基酸和矿物质等，有关豆薯种子的药理学作用研究极少，国外有报道其具有体外抗癌作用。经过科研人员的不断研究、分析、试验，已探明一些对人体健康有益的物质。

（1）治疗急性湿疹、疥疮。豆薯种子有止痒、杀虫、消炎、化湿等作用，医学临床上用于治疗急性湿疹和疥疮。林生等（1983）制成配剂治疗急性湿疹 31 例，效果较好。其方法是将 100g 豆薯种子炒黄，碾碎呈 2mm 大小，放入 25% 的酒精 500mL 中浸泡 48 小时后备用。治疗前先将药加热至微温，湿敷患处，每天 2 次，每次 20 分钟，共 3 天，第 4 天后外涂，每天 3 次。疥疮是皮肤科的一种接触性传染病。林生（1984）用豆薯种子制成治方，共治疗疥疮 47 例，经治疗后全部皮疹消退，奇痒消失而治愈。其中，1 疗程治愈 32 例、2 疗程治愈 15 例，平均治愈时间 9.8d，且经随访后发现半年内均未见复发。其方法是将 100g 豆薯种子炒黄，碾碎呈 1mm 大小，放入 40% 酒精 500mL 中浸泡 48 小时后备用。治疗前先将药加热至微温，涂患处，每天 3 次。若并发感染者，将本药加蒸馏水稀释 1 倍后，在局部做湿热敷，每次 15 分钟，每天 2 次，收敛后再外涂。7 天 1 个疗程，用 1 个疗程即可。经临床治疗疥疮实践证明：该药剂止痒效果突出，对疥疮并发感染有明显渗液者，能起到收敛、干燥、结痂继而愈合的作用；并认为该药治疥疮疗程短、疗效高、无副作用，而且资源丰富，可作为目前治疗疥疮的首选药物。我国民族医药亦有相关记述：在《苗医药》中对豆薯地下部称 Ghob nzhub jib lox bub（谐音阿柱地萝卜）、藤茎称 Ghab hniub vob bangt dob（谐音嘎纽窝榜答）、花称 Benx det pab（谐音本斗攀），传述中有（豆薯）种子用于杀虫，治疥疮、头癣。《桂药编》中称豆薯为钩葛薯：种子治小儿烂头癣、湿疹。《傣药志》中豆薯音译为摘麻嗨东：种子可用于治疗湿疹瘙痒，疥疮溃烂。《桂药编》中记述仫佬药音译为葛薯亚：其根可治淋巴结核。《大理资志》记述白族用豆薯贮藏根及种子治疗慢性酒精中毒。种子有毒，用于疥癣、痈肿；外用于头虱。

（2）豆薯种子的毒性与医治。目前已知，由于豆薯种子中含有豆薯酮（$C_{23}H_{22}O_6$）而对人畜具有较强毒性作用。唐祖年等（2008）从桂林地区豆薯种子获取了豆薯种子水提取物、石油醚提取物、正丁醇提取物和乙酸乙酯提取物，并做了不同提取物的小鼠急性毒性实验研究。结果发现，正丁醇提取物的毒性强，半数致死量 LD_{50} 为 4.223g/kg（95% 可信限为 3.586～4.973g/kg），石油醚提取物的 LD_{50} 为 7.314g/kg（可信限为 6.328～8.455g/kg），水溶性成分毒性最小，其最大耐受量大于 8g/kg。据文献记载，鱼藤酮是一种有机物，存在于亚洲热带及亚热带地区所产豆科鱼藤属植物根中，在一些中草药如地瓜子、苦楝子、昆明鸡血藤根中也含有。几乎不溶于水，溶于乙醇、丙酮、四氯化碳、氯仿、乙醚及许多其他有机溶剂。当暴露于光和空气时则分解。其在有机溶剂中的溶液是无色的，当其暴露于空气中，则被氧化，先变成黄色、橙色，然后变成深红色，并可沉淀出对昆虫有毒的脱氢鱼藤酮和鱼藤二酮结晶。《中毒急救手册》（1978）记载：鱼藤酮毒性很强，中毒后可引起呼吸中枢神经兴奋及惊厥，继而发生呼吸中枢及血管运动中枢麻痹，对人的致死量为 3.6～20.0g。Hollingworth 等（1994）证实，鱼藤酮能与细胞内线粒体的线粒体复合物 I［即还原型烟酰胺腺嘌呤二核苷酸（NADH）脱氢酶］结合并抑制其活性，阻断细胞呼吸链的递氢功能和氧化磷酸化过程，进而抑制细胞呼吸链对氧的利用，造成内呼吸抑制性缺氧，导致细胞窒息、死亡，从而产生细胞毒作用。豆薯种子含鱼藤酮、豆薯酮及豆薯素等有毒物质，可抑制细胞对氧的利用，使人体组织、器官严重缺氧受损（杨文慧等，2011）。在我国南方豆薯种栽培地区，时有豆薯种子中毒的事例发生。刘劲松（2005a）总结了误食豆薯种子中毒的临床特征：中毒后的潜伏期约 4h，首发症状为腹痛、呕吐、烦躁不安；特征性的表现为呼吸困难、发绀、输氧不能改善；体征特点为发热，体温达 38.5～39℃，心率快达每分钟 200 次左右，呼吸快达每分钟 60 次，出现神志改变，瞳孔散大，对光发射迟钝。治疗反应特点为应用解毒药亚甲基蓝（methylene blue，化学式 $C_{16}H_{18}ClN_3S$）后呼吸困难立即得以改善（刘劲松，2005b）。廖寒林（2006）认为豆薯种子含鱼藤酮、豆薯酮、薯素等毒素，主要侵害神经系统，严重者可出现中枢性呼吸衰竭，目前无特效解毒药。纳洛酮［（5α）-3，14-二羟基-17-丙-2-烯-1-基-4，5-环氧吗啡烷-6-酮］为阿片受体阻滞剂，同时还能清除体内因中毒、缺氧所产生的氧自由基，能有效对抗昏迷、休克、呼吸抑制等症状；肠麻痹药品新斯的明（Neostigmine）（溴化-N，N，N-三甲基-3-［（二甲氨基）甲酰氧基］苯胺）为抗胆碱酯酶药，能直接作用于神经肌肉接头处突触后膜后的乙酰胆碱受体，使乙酰胆碱酯酶活性受抑，从而导致胆碱能神经末梢释放的乙酰胆碱堆积，产生拟胆碱作用，能有效对抗四肢乏力，呼吸肌及胃肠麻痹等症状。采用洗胃、纳洛酮、新斯的明及利尿、补液等处理后，头晕乏力症状解除，病情稳定 1～3d 后出院。刘兰英等（2007）报道豆薯种子中毒症状包括头昏、恶心、呕吐、口腔黏膜麻木、腹痛、全身软弱无力、站立不稳等，严重者出现呼吸困难、昏迷、四肢冰冷、血压下降或测不到，瞳孔对光反射消失。神经系统损害可引起呼吸中枢兴奋和惊厥，继而呼吸和血管运动中枢麻痹，呼吸减慢，心率减慢，肌肉震颤、痉挛，窒息，重者因呼吸中枢麻痹而死于呼吸衰竭。有效解毒剂为新斯的明，用量为 0.03～0.04mg/kg 次，根据病情 1～3h 使用 1 次，根据病情变化调整用药时间及剂量，好转后可逐渐减量直至停药。如果医师缺乏这方面的知识，当有分泌物增多、出现休克情况时，按常规症状使用 654-II 或阿托品，反而会使病情加重。廖寒林（2006）报道了 2 例小儿误食豆薯种子后的表现症状。第 1 例，2h 前患儿误食地瓜米 8 粒后，出现头晕，呕吐胃内容物 3 次，0.5h 前突发昏迷，伴有口唇发绀，呼吸困难；经鼻导管给氧、洗胃、纳洛酮、新斯的明及利尿等处理，2h 后患儿神志转清，呼吸平稳，肠鸣音正常，肌力恢复正常，神经系统检查无阳性体征，病情渐趋平稳，无反复，3d 后痊愈出院。第 2 例女患儿，6 岁，误食地瓜米 2h，头晕乏力 1h 来诊，表现头晕，四肢乏力；给予洗胃、纳洛酮、补液等处理后无头晕乏力，病情稳定 1d 后出院。蒋必驹等（2002）对豆薯种子中毒除按一般食物中毒治疗外，给予呼吸兴奋剂及新斯的明治疗，给呼吸兴奋剂的目的是使被毒素麻痹了的呼吸中枢恢复功能。《中毒急救手册》介绍，新斯的明具有对抗豆薯籽毒素引起呼吸及血管运动中枢麻痹的作用。但蒋必驹等（2002）临床观察表明，呼吸兴奋剂及新斯的明使麻痹的呼吸中枢及血管运动中枢恢复功能的作用不明显，而用纳洛酮治疗后，患儿神志、末梢循环及呼吸功能的改善特别明显。机体在严重中毒、缺氧情况下可发生应激反应，释放大量 β-内啡肽等内源性吗啡样物质，作用于阿片受体，介导呼吸抑制等各种效应。纳洛酮是纯吗啡拮抗剂，可有效地拮抗 β-内啡肽介导的各种效应。据张淑英等（1997）报道，脑干和边缘系统肯定有阿片样受体存在，而且这些部位与调控交感、副交感冲动发放有关，因而纳洛酮能迅速逆转呼吸衰竭、循环衰竭。纳洛酮拮抗脑细胞因缺氧而产生过多的 β-内啡肽而兴奋呼吸，促进清醒。纳洛酮尚有阻断 β-内啡肽扩张血管引起的血压下降，而使血压回升的抗休克作用。

　　归纳多例豆薯种子中毒事故原因，多数因不了解或不掌握相关知识而导致误食豆薯种子发生中毒，特别是小孩误食引起的中毒，往往因病因不明，耽误及时对症治疗。所以应加强相关科普知识的宣传，提高民众对有毒植物的鉴别，增强自我保护意识非常必要。

　　（3）豆薯种子的细胞毒作用。 Kardono 等（1990）在研究豆薯种子的氯仿提取物对 P-388 淋巴白血病细胞的细胞毒活性时，分离出 9 个异类黄酮，即 1 个新的香豆色烯 paehyrrhisomene、2 个已知化合物紫檀素 neodulsm 和 3-芳基香豆素 Pachyrrhizin 以及 6 个已知成分（1 个鱼藤酮，5 个类鱼藤酮：

munduserone、12α-羟基鱼藤酮、12α-hydroxydoineone、12α-hydroxypachyrrhizone和12α-hydroxyerosone），并用 P-388 淋巴白血病、鼻咽 KB-肉瘤、KB-VI 和纤维肉瘤、大肠黑色素癌等一系列瘤谱进行筛选，得出鱼藤酮和 12α-基羟基鱼藤酮对 KB 系细胞具有极强的非特异性活性，对 KB-VI 也敏感的结论。唐祖年等（2008）研究发现，豆薯种子用 $80\mu g/mL$ 的正丁醇提取物、乙酸乙酯提取物对 KB 细胞（人口腔表皮样癌细胞）体外增殖 72h 的抑制百分率分别为49.9％和32.6％，而水提取物对 KB 细胞不敏感，乙醇提取物对 KB 细胞无明显作用。这表明豆薯种子的正丁醇提取物为其抗肿瘤作用的主要组分，有着明显的抗癌活性，能抑制 KB 细胞的体外增殖，具有体外抗癌作用。上述研究成果表明有望开发研制出一种新的抗癌药。

（4）豆薯种子的毒蛋白作用。 近年来，在抗肿瘤新药的筛选中，植物毒蛋白成为热点。郝冰等（1996）从豆薯种子中提取出两种高纯度的蛋白成分，命名为 Pachyrin I 和 Pachyrin Ⅱ。在无细胞体系中，它们对蛋白质合成有较弱的抑制活性，显示它们可能是核糖体失活蛋白（RIPs）家族中的新成员。国锦琳等（2009）通过前期抗肿瘤预试发现，豆薯籽粒水提蛋白类物质具有良好的抗肿瘤活性，进一步研究发现该类蛋白质为一种核糖体失活蛋白。据资料介绍，核糖体失活蛋白是一类广泛存在于高等植物中能抑制核糖体翻译功能的毒蛋白，分为Ⅰ型和Ⅱ型。Ⅰ型为单链，具有酶活性；Ⅱ型有两条肽链，由二硫键连接，其中 A 链具有Ⅰ型酶的活性，B 链可结合糖。因具有 N-糖苷酶活性，能水解生物核糖体大亚基核糖体核糖核酸（rRNA）颈环结构上特定位点的腺嘌呤断链以致核糖体失活，从而抑制蛋白合成。国锦琳等（2009）研究结果显示，豆薯籽粒中提取的核糖体式活蛋白在 pH8.0～11.0 内稳定，在温度低于50℃时稳定；对无细胞系统中蛋白质生物合成抑制率明显，其半抑制浓度IC50 为 $4.9\times10^{-10}\,mol$；体外实验表明对人体肝癌细胞、Vero 等肿瘤细胞均有不同程度的抑制作用，而对完整细胞的人胚肺二倍体细胞毒性极小，因而认为这种核糖体失活蛋白具有开发为抗肿瘤药物的良好前景。而核糖体失活蛋白是一类抑制蛋白质合成的蛋白毒素。核糖体失活蛋白与单克隆抗体、激素、生长因子等交联制成免疫毒素后，可专一性地杀死靶细胞，因而在肿瘤治疗、艾滋病治疗及骨髓移植等方面有着令人憧憬的应用前景（郝冰等，1996）。

CHAPTER 7 | 第七章
豆薯的利用及开发

虽然豆薯资源非常丰富，但目前开发利用有限，豆薯贮藏根除作水果鲜食外，也可作蔬菜食用，食用方法很简单，取贮藏根撕去表皮，根据需要切成片、丝、块、丁、粒状，佐以调料即可入肴，也可加调料爆炒、炖煮，极少用于食品加工，而豆薯的种子或是贮藏根生产后的茎、叶多被扔掉。在我国一般将豆薯去皮、切分、烫漂，制成适宜的豆薯产品，具体产品包括豆薯果脯、豆薯蜜饯、豆薯酱、豆薯罐头、脱水豆薯片、豆薯酒、豆薯醋等。豆薯汁可与其他水果一起加工成复合饮料，如与南瓜、猕猴桃一起加工成的复合饮料，其中维生素 C 等营养成分比单一果汁多，同时具有猕猴桃、南瓜和豆薯特有的浓郁风味（张晓玲等，2010）。用豆薯加工成的果脯，口感酷似梨脯，其风味独特，外观透明，经试销很受消费者欢迎（李彦坡等，2006）。利用豆薯贮藏根中的糖分在酵母菌的作用下产生酒精而加工制成的低度酒饮料，不仅能将贮藏根中大部分的营养成分保留下来，而且含有许多微生物代谢合成的有益物质，对人体健康十分有利（秦捷，2010）。利用豆薯汁、蔗糖、柠檬酸、魔芋粉、琼脂、明胶混合制得乳白色、透明、口感爽滑、酸甜可口的果冻，具有豆薯特有的清香味。豆薯贮藏根所含淀粉较多，提取方法简便。Leidi 等（2003）发现，豆薯贮藏根含淀粉 38.6%～54.4%。波多诺伏（贝宁）桑海中心（Centre Songhai）的科学家 Séraphin Zanklan 对豆薯在西非环境中生长和生产粮食的潜力进行了研究，发现了可以使贮藏根高产的基因，具有这种基因的豆薯贮藏根显示出高蛋白质和淀粉含量，其蛋白质含量是马铃薯或甘薯的 3～5 倍。人们对豆薯淀粉深入研究发现，豆薯糊化淀粉转变为淀粉糊的时间越长，黏度越小，具有高凝沉倾向，且烹饪稳定性低，可作为潜在的淀粉新来源，表明豆薯淀粉开发利用潜力巨大。

有的研究表明，豆薯种子中的含油量高于我国大豆主产区大豆含油量 20% 的平均值（麻成金等，2008；陈忠文等，2014c）。若研制出豆薯种子中有毒成分鱼藤酮的分离方法，则可同时取得提炼油脂与杀虫剂。豆薯种子中含有的有毒成分鱼藤酮为呼吸抑制剂，是良好的天然植物性杀虫剂，既安全又环保（李有志等，2009）。

因此，加强豆薯的开发利用工作，开发豆薯新产品，对于拓宽豆薯应用范围、提高豆薯经济效益和社会效益具有重要意义。

第一节　豆薯的传统食用方式

人类食用豆薯最早可追溯到公元前 12000 年至公元前 8500 年的前农业时期（the Pre-agricultural period）。豆薯在墨西哥有许多不同的用途：作为一种新鲜水果，通常是小贩将贮藏根切成小块，撒上酸橙汁和辣椒在街头售卖；作为一种蔬菜，将新鲜贮藏根制作成沙拉菜肴，单独或与其他蔬菜煮汤，切片炒菜，切片用醋、洋葱和辣椒腌制等（Marten Sørensen，1996）。在泰国，人们不仅将豆薯的贮藏根作为食物，而且将嫩豆荚代替四季豆来吃（Ratanadilok et al.，1994）。在印度，人们将贮藏根磨碎加入牛奶煮沸制作一种被称为"米布丁（kheer）"的可口饮料（Shag Mal 和 Kawalkar，1982）。在马来西亚，人们将新鲜的豆薯贮藏根切成薄片与其他新鲜水果一起蘸上辛辣的汁吃，这道传统菜肴被称为"鲁亚克（rujak）"（Sahadevan，1987；Hoof et al.，1989）。Houttuyn（1764）最早记述了豆薯在中国鲜为人知的用途——将豆薯贮藏根切块放入糖浆中浸渍后作为糖果食用。

豆薯是一种健康的食物，它富含多种营养物质，可以帮助人体改善消化功能、减轻体重和降低疾病发生的风险。豆薯的贮藏根去皮后可以生食、炒食、煮食、腌渍、制淀粉，既可以单独吃，也可以和其他食物搭配食用，如搅碎与肉浆或鱼浆搭配制成丸食，质嫩而松脆近似荸荠，或切片炒肉丝、煮排骨汤、腌渍，都是风味特殊的佳肴。豆薯贮藏根经过简单加工，不但可以提高其经济价值，而且大大提高了豆薯的口感。

一、生食

豆薯最早是生食的，将从土壤中挖出或从市场上购买的豆薯贮藏根洗干净，用手扒或用工具除去外表皮，剩下的部分能像苹果、梨等水果一样直接食用。还可将豆薯做成果汁饮用，或在夏天用开水烫一下，放进冰箱冰镇后吃，具有多汁、酥脆可口的特点，也可与当地各种蔬果配合制成水果沙拉食用。可自制糖醋豆薯片：准备豆薯 500g、红萝卜半根、白糖 2 大匙、醋 2 大匙、麻油 1 小匙，先将豆薯去皮切片，放入锅内焖煮约 15min，再将糖、醋、麻油等材料拌入豆薯片中，再加入盐、味精等调味料拌匀，即可食用。

联合国粮食与农业组织网站介绍的一种豆薯、鳄梨、菠萝沙拉制作方法：

【材料】辣椒 2 个，去籽切碎；鲜橙汁约 30mL；米醋约 30mL；芫荽 1 棵约 30g，切碎；盐半勺；黑胡椒粉约 2g；橄榄油约 30g。

【制作】取鲜菠萝半个，去皮、去芯、切块；豆薯贮藏根约 500g，去皮、切条；生菜或其他新鲜绿叶蔬菜 400g；鳄梨 1 个约 200g 左右，去皮、切丁。将辣椒、橙汁、米醋、香菜、盐、胡椒粉放入一个大碗中，拌匀。搅拌时缓慢滴入橄榄油。放入菠萝、豆薯，拌匀，使其裹上调料，腌制 45min。将生菜或绿叶蔬菜放入沙拉碗内，再放上鳄梨丁，放入腌好的菠萝、豆薯，将剩下的调料淋在沙拉上即可食用。

凉拌豆薯丝的做法如下：豆薯贮藏根削去外皮，切细丝，加入香油、盐等调味品即可食用，拌匀后可放入冰箱冷藏，食用时洒上芝麻，好看又爽口。另外，赣东北农村喜欢将豆薯制成豆薯干，吃起来先是麻辣辣的，继而酸溜溜的，然后是脆生生的，最后是甜丝丝的，越嚼越有味（郑兵福等，2010）。

中医学认为豆薯性寒，生食或凉拌不适合胃寒的人、体质偏寒的孕妇和月经期的女性食用。另外，豆薯贮藏根中含一定量的糖，血糖高的人不宜多食。

二、烹饪

1. 清炒

清炒豆薯片

【材料】豆薯、猪肉片、青椒、红椒、鲜香菇、大蒜。

【做法】将豆薯贮藏根去皮，切片或条，辅以猪肉片、青椒、红椒、鲜香菇、大蒜等，放入食盐等调料，翻炒至薯片稍软、青椒和红椒断生即可。本菜肴口感清脆，有淡淡的香菇香味，微辣可口（图 7-1）。

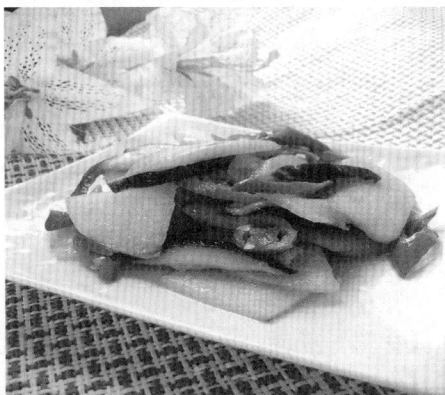

图 7-1　清炒豆薯片

青椒凉薯玉米粒

【材料】豆薯、青椒、鲜玉米粒。

【做法】豆薯贮藏根洗净去皮，切成丁，青椒洗净，切成粒。炒锅内放少量油，将豆薯丁、青椒粒、鲜玉米粒等原料放入，稍微炒制，最后撒盐装盘即可（炒制过程中如果觉得干，可加少量水）。还可依据个人喜好加入红萝卜丁、香菇粒（图 7-2）。

图 7-2　青椒凉薯玉米粒

豆薯炒虾仁

【材料】豆薯贮藏根半个、红萝卜半个、虾仁 200g、辣椒 1 个。

【做法】豆薯贮藏根、红萝卜去皮洗净，辣椒去籽切小丁。虾仁洗净后用牙签挑去虾线，用胡椒粉、料酒、食盐、精制玉米淀粉拌匀腌制。锅内下少量清水煮滚，放入虾仁煮至六成熟捞起。热锅下油，放入辣椒、虾仁翻炒至辣椒断生，盛起。再热锅下油，放入豆薯贮藏根、红萝卜翻炒片刻，加入温水加盖煮 2min，最后加入虾仁、辣椒、食盐、麻油炒匀调味即可。

豆薯炒牛肉

【材料】牛排 340g、精制玉米淀粉 20g、干型雪莉酒 60mL、低钠酱油 30mL、小苏打 2g、橄榄油 20mL、橙皮丝 40g、红辣椒粉 1.5g、西蓝花 425g、红甜椒 1 个、青葱 4 根、大蒜 3 瓣、豆薯贮藏根 170g。

【做法】顺着纹理将牛排纵向对半切开，然后横向切薄片。精制玉米淀粉、雪莉酒、酱油和小苏打置碗中拌匀，加入牛肉片，放进冰箱腌 30min。用中火加热煎锅，注入 15mL 橄榄油。将牛肉片捞出（保留腌汁），与一半橙皮和红辣椒粉一起放入锅中炒 3 分钟，至牛肉片嫩熟，盛起备用。把余下的 5mL 橄榄油倒入锅中，放入西蓝花、红甜椒、青葱和大蒜，炒 3min，至西蓝花开始变软，加 120mL 水，煮 2~3min，至西蓝花刚好熟透。在腌汁中加 80mL 水，倒入锅中，烧开后再煮 1min，不停搅拌，直至腌汁变稠。牛肉片回锅，加入豆薯，快炒 1min，牛肉片热透后立刻盛起，撒上余下的橙皮。

2. 做汤

清热祛湿豆薯猪骨汤

【材料】豆薯、猪扇骨、赤豆、扁豆、短豇豆、姜、盐等。

【做法】赤豆（细长的，稍扁）、短豇豆、扁豆洗净，浸泡 1h。猪扇骨洗净后切大块，放到锅里加水大火煮开，煮开 1min 后，捞出猪骨块冲洗，去掉浮沫。将豆薯贮藏根洗净，去皮，切成块。将姜片、猪骨块及赤豆、短豇豆、扁豆、豆薯放入汤煲内，放入适量清水（水量可按 1 人 500mL 计算），盖上盖子。大火煮至水沸腾后转小火煲 1.5h。关火前加入适量的食盐调味即可（图 7 - 3）。

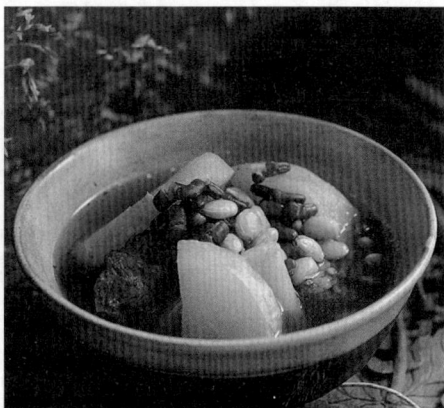

图 7 - 3　清热祛湿豆薯猪骨汤

豆薯章鱼祛湿汤

【材料】豆薯贮藏根 500g、章鱼干 50g、薏米 50g、扁豆 50g、猪扇骨 500g、蜜枣 1 颗、生姜 3 片。

【做法】豆薯洗净，去皮，然后切块，章鱼干隔夜浸泡后切块。薏米和扁豆倒进锅里，用小火炒至微黄。猪扇骨洗净后切大块，汆水捞起备用。所有材料共入瓦煲内，加入清水 2 500mL 左右，武火煮沸后改文火慢熬 2h 左右即可，进饮时加入适量食盐调味。这是 4～5 人份的量。

【功效】豆薯章鱼祛湿汤具有清热祛湿、健脾开胃的功效，是春末夏初可常饮的食疗汤品。

豆薯香菜鸡肉丸子面疙瘩汤

【材料】鸡胸肉 1 块、豆薯贮藏根半个、芫荽 4～5 棵、盐 20g、山椒粉 10g、姜末 5g、中筋面粉 330g、水 220g、鸡蛋 1 个、番茄 1 个、红萝卜少许、菠菜 3 棵、杏鲍菇 2 个、芹菜 3 棵、米酒 15mL、香油 10mL。

【做法】将面粉、水、鸡蛋、5g 盐拌匀成面糊静置。将鸡胸肉、豆薯贮藏根、芫荽剁碎，加入调味料搅拌至稍有黏性，或是用食物调理机将上述食材打碎，将弄碎的食物塑形成圆形，放入滚水中煮熟，沥干捞起备用。煮丸子的水加入番茄、杏鲍菇、红萝卜，再用汤匙将面疙瘩舀入汤中煮熟，加入菠菜、芹菜一起煮，加入 15g 盐调味，然后移至砂锅，摆入鸡肉丸子，加入米酒煮至滚，熄火前加上香油即可（图 7-4）。

图 7-4　豆薯香菜鸡肉丸子面疙瘩汤

3. 做点心

港式水晶虾饺

【材料】鲜虾、肥猪肉、玉米淀粉、猪油、芫荽、无筋小麦粉、豆薯贮藏根、盐、香菇。

【做法】把准备好的无筋小麦面粉和玉米淀粉按 1∶1 的比例混合搅拌均匀。水烧开烫面，少量多次地倒进沸水（饺子皮的晶莹剔透就是因为沸水将面烫熟所致），在和面的时候放 1 勺油，水∶面比约 0.8∶1。一边烫一边搅拌均匀，在案板上揉搓到面团光滑有弹性为止。

虾去虾线，加盐、小麦淀粉用手搅拌至起胶质，再加入少许胡椒粉、香油，继续搅拌，然后将豆薯贮藏根、肥猪肉切丁放入虾里面继续搅拌，虾∶豆薯∶猪肉按 2∶1∶1 的比例计。

在案板和菜刀上抹上油，均匀用力地把和好的面压成面片进行包馅，切掉多余的边，放在抹上油的蒸笼纸上，全程大火蒸制 10min 即成（图 7 - 5）。

图 7 - 5　港式水晶虾饺

4. 做粥

每一种食材都有其独特的营养价值和保健效果，所以我们要合理搭配食物，这样才能保持健康。豆薯属于有营养的食材，有补铁、补血的作用，而且还可以促进消化。李晓娜（2017）推荐了一道豆薯莴笋粥，做法如下。

【材料】豆薯贮藏根 30g、莴笋 20g、白菜 15g、大米 90g、盐 3g。

【做法】先将豆薯贮藏根去皮洗净切块，白菜洗净撕成小片，莴笋去皮洗净切片，大米洗净泡 0.5h 后捞起备用。锅中注水，放入大米用大火煮至米粒开花，然后放入豆薯、莴笋同煮，待煮至能闻到香味时下入白菜再煮 3min 左右，最后放入盐调味即可。

豆薯中含有大量的水分，且能补充糖类，夏天食用能达到清热解暑的功效。莴笋中含有多种维生素和矿物质，其中铁元素含量较多，能够预防缺铁性贫血。白菜中含有大量的纤维，能促进肠胃蠕动，帮助消化，预防便秘。豆薯莴笋粥具有清热解暑、润肠通便、预防贫血等功效，有益于身体健康。

第二节　豆薯贮藏根的加工与利用

总体来说，我国豆薯加工水平还比较落后。据刘轲等（2014）介绍，在国内，豆薯 70% 以上作为蔬菜食用，年加工率仅在 25% 左右。随着人们对豆薯了解的深入，豆薯的利用方式也越来越多样化。

以豆薯为原料研制罐头、酱、醋、发酵型果酒等，必将为我国豆薯资源的利用开辟出新的领域。关于贮藏根的开发利用，第一步是除去表皮。一般采用手工去皮，为了适应批量生产，节省人工成本，需要利用机械设备进行处理。刘洪等（1994）研究认为，热烫去皮法是目前豆薯加工中较好的去皮方法之一。他们认为热烫去皮对豆薯的色、香、味及组织结构等影响不大。此处热烫去皮还具有其他优点：第一，热烫去皮能软化组织提高出汁率；第二，热烫能使果皮与果肉之间的果胶物质失去凝聚性，提高去皮效率，且使果肉无纤维网外观；第三，热烫去皮便于果皮的综合利用和加工，可提高经济效益，降低生产成本；第四，热烫去皮适合连续的工业化操作，同时可杀灭部分有害菌及果肉的酶类，可改善操作的卫生条件。总之，在 90～100℃、1.0～2.5min 的温度和时间条件下，根据豆薯品种及成熟度不同选择特定的热烫条件，即可取得较好的去皮效果。但是，据 Klockman 等（1991）研究，由于豆薯贮藏根细胞壁的多糖结构和组成，其在加工时保持脆质的能力比荸荠差。

一、加工豆薯罐头

1. 工艺流程　原料选择→清洗→去皮→切块→漂白→预煮→糖制→装罐→排气→密封→杀菌→冷却→检验→包装→成品。

2. 操作要点　麻成金等（1997）研制的豆薯罐头加工工艺如下。

(1) 原料处理。 选择形状规则、肥大、沟裂少、无虫害、无机械损伤的豆薯贮藏根，用清水浸泡 30min，然后洗去泥沙、杂质等。

(2) 热烫去皮。 将洗后的豆薯放入沸水中烫 2～3min，然后趁热去皮并立即放入 1.0%～1.5% 食盐水中护色。

(3) 修整、切块与漂洗。 切除豆薯两端的粗纤维部分并切成均匀的块状，然后置于 2%～3% 过氧化氢溶液中漂洗 10min 左右，再用 1.0%～1.5% 食盐水漂洗。

(4) 预煮。 将漂洗后的豆薯块放入含有 0.1%～0.2% 柠檬酸和 0.2% 氯化钙的溶液中进行预煮，薯块与预煮液比例为 1.0∶1.2，时间为 5～6min。

(5) 糖水制备。 配备 20%～25% 糖溶液，并加入 0.3% 柠檬酸溶液，煮沸过滤后备用。

(6) 装罐。 将空罐消毒，然后按照薯块大小分别装罐，排气温度为85～90℃，排气时间为 8～10min，然后立即密封。

(7) 杀菌及冷却。 在 116℃ 温度下高压灭菌 5～15min，然后用冷水分段冷却至室温，擦干罐壁水渍，检验质量合格后入库保存。

3. 质量指标　豆薯中淀粉含量高，若按一般的糖水水果类罐头的加工工艺生产，产品易出现汤汁浑浊现象。赵静等（1992）研究认为，用氯化钙溶液预煮和硬化处理，可防止汤汁浑浊，产品保存 1～2 年后，汤汁仍清澈透明。他们同时指出豆薯原料直接来源于土壤，带菌量多，含酸量低，常压下需要杀菌时间较长。采用高压杀菌可缩短杀菌时间并减少原料中营养物质的损失。他们还提出豆薯罐头质量指标。

(1) 感官指标。色泽：豆薯块呈白色，糖水清澈、透明。味道气味：具有糖水豆薯罐头应有的风味，甜酸适口，无异味。组织形态：组织软硬适度，同一罐内豆薯块大小、形状大致均匀。破碎率按重量计不得超过固形物的 10%。杂质：不允许存在。

(2) 理化指标。净重：每罐 500g，每罐允许误差±3%，每批平均重量不得低于净重。固形物：不低于净重的 50%。糖液浓度：开罐时糖液浓度为 12%～16%。重金属含量：每千克制品中锡不超过 200mg，铜不超过 5mg，铅不超过 1mg。

(3) 微生物指标。无致病菌及因微生物作用引起的腐败现象。

二、加工豆薯蜜饯

1. 工艺流程　原料选择→去皮→切片→浸硫与硬化→糖煮→糖渍→干燥→杀菌→包装→成品。

2. 操作要点　麻成金等（1997）研制的豆薯蜜饯加工工艺如下。

(1) 原料处理。方法与制作豆薯罐头的方法相同。

(2) 浸硫与硬化。将豆薯块放入含有 0.25%亚硫酸氢钠和 0.1%氯化钙的溶液中浸泡 12h 左右。

(3) 糖煮与糖浸。将豆薯块放入 18%～20%的糖液中煮沸 15min 左右，并逐步加入糖粉使容器内糖液浓度达 25%～26%，然后再煮沸 25min 左右即捞出放入 25%的冷糖液中浸泡 12h 左右。

(4) 干燥。采用远红外低温干燥箱进行干燥，在温度 40～45℃下干燥 6h 左右。

(5) 杀菌。干燥完毕后的豆薯蜜饯送入无菌室中紫外线灭菌，然后包装成品。

三、加工豆薯果脯

以豆薯为原料，可以制作成风味独特的果脯。刘永娟等（2017）认为，可以使用木糖醇等代替蔗糖进行功能性豆薯果脯开发，以满足肥胖和糖尿病消费者的需求，其工艺如下。

1. 工艺流程　筛选→剥皮→清洗→切分→浸硫→预煮→冷水漂洗→糖腌→糖煮→干燥（晒制或烘干）→整理→真空包装→成品。

2. 操作要点

（1）原料处理。选取大小匀称、无破损的豆薯贮藏根，清水洗去表皮上的泥沙等杂质，完全剥去表皮，防止对干燥后果脯的质量产生影响。选择纤维含量少的豆薯贮藏根中心部分进行均匀切片，切成长 4cm×宽 2cm×厚 0.6cm的薄片。将切分好的薯块投入浓度为 0.5% 焦亚硫酸钠（Na$_2$S$_2$O$_5$）溶液中浸泡 12h。浸泡容器以瓦缸为好，普通的水泥池作浸泡容器影响产品质量。将浸硫到时的薯块捞出沥干水后，转入预先煮沸的水中进行加热煮制。整个煮制过程中，锅内水面要高出薯块约 3cm 左右，且煮制时火要大并适当翻动薯块，使其受热均匀，成品质量高。当薯块煮至有透明感时，捞起转入下一道工序。将预煮好的薯块及时投入干净的冷水中浸泡 3～4h，在浸泡过程中换水 3～4次。预煮可促使薯块内的纤维物质及半纤维物质部分水解，使其组织变得松软，有利于糖制加工。

（2）糖腌。将漂洗后的薯块捞出沥干水，然后置于腌制瓦缸中，按每50kg 薯块加白砂糖 10kg 的比例进行拌和，糖腌 12h。

（3）糖煮。整个糖煮过程分两次完成。第 1 次糖煮：将腌好的薯块连同糖水一并取出转入糖煮锅中，并向锅里加入重量为薯块重 30% 的白砂糖，同时加入与薯块等重的净水，搅溶白砂糖，大火煮沸持续 20min 左右，停火将薯块连同糖水一并倒入瓦缸中浸渍 12h。第 2 次糖煮：将第 1 次糖煮并浸渍完成的薯块连同糖水再次加入糖煮锅中，同时向锅里加入白砂糖和净水，所加的白砂糖和净水的量与第 1 次糖煮时所加量相同，大火煮沸 30min 左右。当糖液终温达 108℃时，停火，将薯块连同糖水一并转入瓦缸中浸渍12h 以上。

（4）干燥及包装。用净化水冲洗糖制好的薯块表面的糖液，防止产品过分黏手，然后进行真空冷冻干燥。这种干燥方法比电热真空干燥和电热鼓风干燥效果好。最后成品包装。

除此之外，也可采用晒制和烘烤进行干燥。晒制是将第 2 次糖煮并浸渍到时的薯块滤出糖液，然后将薯块逐个摆放在干净的晒垫上日晒。在此过程中，要适当翻动薯块，使薯块干燥速度加快，同时也可避免薯块粘连晒垫。当薯块晒至表面干爽、含水量达 15%～20% 时即可。若遇阴雨天气，不适日晒干燥时，则可将沥干糖液的薯块转入人工烘房或烘炉中进行烘制干燥。在烘制过程中，温度不宜过高，以 50～60℃ 为宜，且要分阶段控制好烘烤温度。特别要注意烘烤前期温度不可过高，以免薯块表面收缩过快，影响内部水分外渗。

李彦坡等（2006）研究了不同干燥方式对豆薯果脯干燥的效果（表 7-1）。

表 7 - 1　三种干燥方式干燥豆薯果脯比较（李彦坡等，2006）

项目	电热真空	真空冷冻	电热鼓风
时间	20h	15h	12h
颜色	金黄色	金黄色	白色
风味	较淡	较淡	较浓
形状	严重收缩变形	收缩变形	无收缩，微凹陷
口感	细腻，有韧性，略黏牙	柔软细腻，略黏牙	脆，柔软不黏牙

　　研究表明，低糖豆薯果脯的加工，用真空冷冻干燥技术进行干燥。以蔗糖40%、葡萄糖5%、转化糖浆12%、柠檬酸0.15%组成糖液，在真空度0.08MPa、温度70℃下真空渗糖60min，所制成的果脯色泽、饱满度、口感质地、风味较好。

　　3. 豆薯果脯的质量要求　黄天友等（1994）制定了豆薯果脯的质量标准，具体如下。

　　(1) 感官指标。色泽：白色，肉质略显透明感。组织及形态：块状，表面干爽有糖霜，肉质略带韧性。味道及气味：味甜不腻，有果脯香味，口感及风味似梨脯，无异味。杂质：肉眼无可见杂质。

　　(2) 理化指标。总糖含量：50%～60%。含水量：15%～20%。

　　(3) 卫生指标。细菌总数：≤750 个/g。大肠杆菌菌落：≤0.3 个/g。致病菌：不得检出。

　　黄天友等（1994）认为，加工豆薯果脯资源丰富、工艺简单、投资成本低、经济效益高。

四、加工豆薯汁饮料

　　豆薯具有独特的香气和味道，汁多，制成的饮料有良好的口感。傅伟昌等（1996）研究认为，豆薯汁饮料风味独特，加工工艺简单，所需设备为饮料厂通用设备，初步分析经济效益表明，日产4t豆薯汁饮料，生产1个月可创利税40万元，获纯利17.5万元，经济效益十分显著，具有一定的开发利用价值。豆薯汁饮料研制工艺如下。

　　1. 工艺流程　原料选择→去皮→切碎→榨汁→一级过滤→静置澄清→离心分离→二级过滤→均质→脱氧→一次杀菌→装瓶→封口→二次杀菌→冷却→包装→成品。

　　2. 操作要点

　　(1) 豆薯贮藏根处理。选择表面沟裂少、须根少、肥大、质脆、无虫害、无机械损伤且较成熟的豆薯，清洗表皮的污泥等杂质。沸水烫2～3min，去皮修整后破碎。

（2）榨汁。将去皮后的豆薯捣碎后，加入重量为豆薯重 1.2 倍的水，浸泡 10～15min 后榨汁，经 0.125mm 孔径过滤器过滤。

（3）调配。用 30％蔗糖溶液调配，使豆薯汁可溶性固形物含量为 14％～15％，用柠檬酸调总酸含量至 0.55％，然后加入 0.1％经预处理的葛粉或 0.2％复合增稠剂。每 1kg 豆薯可生产 3.6kg 的豆薯汁饮料。

（4）均质。将调配后的汁液放入均质机内进行高压均质处理，使颗粒物质进一步微粒化，提高饮料的稳定性。

（5）预煮。将均质后的汁液加热至 85～90℃，维持 2～3min，沉降胶体，护色，提高透明度，这是生产澄清型豆薯汁饮料的关键工艺。

（6）杀菌。将调配后的汁液迅速加热至 95℃，杀菌 30s，趁热在无菌条件下装瓶封口。

在豆薯汁生产过程中，为了增加豆薯汁的甜度，还常采用原浆液化和糖化措施来提高产品的口感。刘轲等（2013）以豆薯去皮、打浆所得的原浆为原料，以浆液中还原糖含量为依据，对豆薯原浆的液化、糖化以及糖化液的脱色技术进行了研究。结果表明，豆薯原浆的液化条件为 α-淀粉酶（3 700U/g）用量 1.1％、pH 6.0、温度 65℃、时间 2h；糖化条件为糖化酶（50 000U/g）用量 0.09％、pH 4.0、温度 55℃、时间 4h；脱色剂以活性炭为宜，用量为 1％。

麻明友等（1996）研究了浓度、温度对豆薯汁黏度的影响，结果表明，随着温度的升高，豆薯汁黏度逐渐减小，但减小的幅度随着浓度的不同而不同（表 7-2）。进一步分析表明，浓度对黏度的影响是非线性的，并且不同温度下的变化幅度不同，黏度随温度的变化也是非线性的。

表 7-2　豆薯汁在不同浓度、温度下的黏度值（麻明友等，1996）

温度/℃	浓度/％				
	3	7	10	13	16
	黏度 η/（mpa·s）				
5	2.28	3.4	4.82	6.68	7.75
10	2.05	3.12	4.23	5.62	7.01
20	1.8	2.5	3.42	4.71	5.87
25	1.71	2.28	3.09	4.29	5.42
30	1.7	2.11	2.89	4.1	4.93
40	1.68	1.93	2.68	3.49	4.2
50	1.62	1.86	2.6	2.91	3.53
65	1.58	1.84	2.59	2.72	2.91

3. 豆薯汁饮料的质量要求　傅伟昌等（1996）制定了豆薯汁饮料的质量标准，具体如下。

(1) 感官指标。色泽：呈较浅的橙黄色。组织形态：澄清型为透明、无沉淀，允许有少量悬浮物质；混浊型为混浊不透明，久置后无分层和沉淀。风味：具有豆薯特有的风味，口感凉爽、酸甜可口，无异味。杂质：不允许存在。

(2) 卫生指标。细菌总菌落数≤100 个/mL，大肠杆菌菌落数≤4 个/mL。致病菌：不得检出。其余指标应符合食品安全国家标准。

(3) 理化指标。重量：每瓶净重 250g，允许误差±3%。可溶性固形物含量：不低于 14%（折光计）。总糖含量：≥11%。总酸含量：≥0.5%。

重金属含量符合《食品安全国家标准　饮料》（GB7101—2022）规定。

(4) 添加剂。严格执行国家标准规定。

此外，豆薯也可与其他水果加工成复合饮料。开发豆薯复合饮料既能够克服单一果汁的局限，又能弥补口感单一等缺陷，可以满足众多消费者的需求，具有很好的市场前景。

五、开发豆薯汁果冻

研究开发豆薯汁果冻产品，为豆薯深加工开辟一条新的途径。张晓玲等（2010）认为，豆薯汁经调配、过滤、灭菌等加工而成的果冻色泽美观、甜酸滑爽、风味独特、营养丰富，是理想的营养食品。他们研制出的豆薯果冻最佳配方为 20% 豆薯汁、12% 蔗糖、0.4% 柠檬酸、0.8% 复配凝胶剂（魔芋粉、琼脂、明胶的配比为 2∶3∶2），在 75℃条件下煮 10min，可制得乳白色、透明、口感爽滑、酸甜可口的果冻，且具有豆薯特有的清香。其制作的具体工艺如下。

1. 豆薯果冻制作的工艺流程　胶粉干混→溶解→煮胶→胶液冷却后＋豆薯澄清汁、蔗糖→过滤后＋柠檬酸→水浴加热→调配→灭菌→灌装→冷却→检验→成品包装。

2. 操作要点

(1) 原料选择。选择皮光、肥大、质脆、九成熟以上、无病虫害、无褐斑、无机械损伤的豆薯，水漂洗净表皮的污泥、杂质等。

(2) 豆薯汁制备。热烫去皮：将洗净的豆薯在沸水中热烫 2~3min，起到软化组织、杀灭部分有害菌、钝化细胞中的酶等作用，同时有利于去皮操作和提高出汁率，可采用手工去皮和机械去皮两种方法。榨汁：将去皮豆薯碾碎后，加入重量为果重 1.2 倍的水，浸泡 10~15min 后放入榨汁机中打浆榨汁，经孔径 0.125mm 的过滤器过滤。均质：将调配后的汁液转入均质机内进行高压均质处理，使颗粒物质进一步微粒化。溶胶、煮胶：在温度 75℃ 条件下煮胶约 10min，使胶完全溶解。混合：待胶液降到 70℃ 时按配方加入豆薯汁和蔗糖，搅拌至均匀。过滤：用孔径 0.125mm 的滤布过滤以除去其中微量的杂质及泡沫。调配：温度 65℃ 水浴加热混合胶液 20min，将柠檬酸等辅料分别用适量水溶解后加入搅拌 10min 后取出。灌装灭菌：调配好的糖胶液在 85℃ 下保持 10min 进行灭菌，然后趁热灌装及密封。冷却：灌装杀菌后常温水冷却。

3. 豆薯果冻的质量指标

（1）感官质量。 色泽：有光泽、淡黄色、透明。风味：自然清爽，有果冻特有的风味及淡淡的豆薯清香味。口感：光滑、细腻、酸甜柔和、爽滑适口。状态：富弹性、韧性好、凝胶性佳。

（2）理化指标。 总酸（以柠檬酸计）≤0.2%，可溶性固形物（折光仪法）≥15%。

（3）微生物指标。 细菌总数（CFU/g）≤100，大肠菌群数（MPN/100g）≤30，致病菌不得检出。

第三节　豆薯贮藏根的开发前景

目前研究开发的豆薯加工产品主要有豆薯汁饮料、豆薯酒、豆薯醋、豆薯果冻、豆薯粉等。由于豆薯价格低廉且加工工艺简单，残渣也可综合利用，如用作饲料等，因而深化豆薯开发利用研究，可带动豆薯良种繁育、种植和加工业的协调发展，延长豆薯产业链，提高产品附加值，增加豆薯种植农户收入。

一、开发豆薯发酵型果酒

以豆薯为原料开发研制发酵型果酒，为我国豆薯资源的利用开辟了新的领域，丰富了市场上果酒产品的种类。秦捷（2010）研究认为，豆薯发酵酒的较优工艺流程及主要工艺参数为：豆薯→清洗→去皮→压榨→淀粉液化（α-淀粉酶添加量为 12U/g，温度为 95℃，pH 为 6.0，液化时间为 60min）→淀粉糖化（糖化酶添加量为 160U/g，温度为 55℃，pH 为 4.0，糖化时间为 2h）→粗过滤→成分调整（可溶性固形物含量为 22%）→主发酵（发酵温度 22～24℃，活性干酵母接种量为 0.4g/L，SO₂ 添加量为 80mg/L，pH 为 3.6，装液量为 80%，发酵周期为 8d）→后发酵（13～15℃，时间为 25d）→倒桶→澄清（1% 壳聚糖溶液澄清，60mL/L）→陈酿→调配（5mL/L 白酒、15g/L 柠檬酸、10mL/L 豆薯汁）→杀菌装瓶→成品。

任曦竹等（2011）研究得出，豆薯果酒较优发酵工艺参数为初始糖度

22%、初始 pH3.9、接种量 2.5%、发酵温度 27℃，此条件下制得产品的酒精含量为 13.6%，豆薯果酒清亮透明，具有独特的豆薯香味，各项指标均符合国家标准，适合扩大生产。

二、开发豆薯片

刘轲等（2014）研究了豆薯片在热风干燥过程中水分、温度、干燥速率的变化规律。豆薯片在试验温度下干燥时，豆薯片温度变化规律表现为：先经过一段快速升温期，再经过一段恒温期（即恒速干燥期），然后是一段升温期（即降速干燥期）；且箱温越高，片温也越高，恒温期及整个干燥周期越短，但片温远低于箱温，如当箱温在 100～120℃时，片温只在 60℃左右。刘轲等（2014）的研究结果表明豆薯片干燥具有较明显的恒温期（恒速干燥期）和升温期（降速干燥期）。随着温度升高，恒速干燥速率（单位时间内单位干燥面积上的水分蒸发量，$kg/m^2 \cdot s$）增大，干燥时间缩短，但在整个干燥过程中，90℃和100℃之间的差异不大；在前 30min 内，90℃、100℃、110℃三者的差异不大，30min 后，110℃下豆薯片水分含量降低的速率明显快于 90℃和100℃。风量大小对干燥速率也有重要影响，且干燥温度越高，风量对干燥速率的影响越显著。干燥温度为 70～80℃时，风量几乎对干燥速率无影响，而在干燥温度为 110℃和120℃时，大风量下两者的干燥速率不仅显著增大，且十分相近。豆薯片适宜干燥条件为：110℃、大风量，在此条件下干燥，恒速干燥期豆薯片的温度在 60℃左右，不会出现焦化现象，且褐变程度较低，干片色泽较好。

影响豆薯干燥的因素较多，如豆薯的种类、产地和采收时间等，因其贮藏根水分含量及其他成分有差异而影响干燥参数差异，同时还受豆薯片厚度、干燥介质的流量及流动方式、温度和湿度等影响。

三、开发豆薯果醋

刘永娟等（2017）以富含糖类、矿物质和维生素的豆薯为原料，认为酿造的果醋是一种绿色、保健、风味良好的饮料。张东（2016）以豆薯为主料，以大米为辅料，对豆薯果醋发酵过程中的液化、糖化、酒精发酵、醋酸发酵和澄清工艺进行了研究，对豆薯大米混合浆液的淀粉液化结果表明，当耐高温 α-淀粉酶用量为 75U/g、pH 为 5、液化时间 80min、液化温度 90℃时，豆薯发酵原料中的淀粉液化较彻底，还原糖含量为 6.59%。豆薯大米混合浆液较优糖化工艺为：糖化酶用量 500U/g，pH 3.5，糖化时间 60min，糖化温度 58℃。糖化液中还原糖最终含量为 16.23%。酒精发酵较优工艺为：酵母接种量 0.05mL（9.55×10⁶ 个/mL）、发酵含糖量 14%、发酵温度 28℃、发酵 pH

4.0，发酵 7d，最终酒精含量为 7.5%。醋酸发酵较优工艺为：醋酸菌接种量 1mL（3.64×10^5 个/mL）、温度 30℃、初始酒精含量 6.5%、初始 pH 3.5。在该条件下得到的发酵液酸含量为 0.052 3g/mL。膨润土对豆薯果醋的澄清效果较好。膨润土澄清较优条件为：温度 28℃、澄清 18h、膨润土用量 0.001g/mL，最终透光度可达 85%。李自强（2016）以豆薯贮藏根为原料，采用半固态发酵法，研究了豆薯果醋生产的酒精发酵、醋酸发酵的优化工艺技术参数，结果表明酒精发酵的温度为 26℃，发酵果浆调整到可溶性固形物量 12.5%、含酸量 0.3%，酒精发酵时间为 5～6d，醋酸发酵温度 33℃，发酵时间为 7～8d，能酿制出色泽淡黄、风味柔和的豆薯果醋，果醋浓度达到 0.053 5g/L。其工艺流程为：贮藏根清洗→去皮→切分→预煮→破碎→打浆→添加 0.01%～0.02% $NaHSO_4$ 溶液→调整含糖量为 12%、含酸量 0.3%→灭菌→冷却→酵母液酒精发酵→醋酸发酵→陈酿→淋醋→过滤→调配→巴氏灭菌→成品。认为采用此酿造工艺制得的豆薯果醋外观呈淡金黄色，具有豆薯特有的香味，口味醇香柔和，外观澄清透明，无沉淀，无悬浮，可溶性固形物含量不低于 6%，总酸含量（以醋酸计）达 0.053 5g/L，还原糖（以葡萄糖计）含量不低于 1.20%，微生物指标符合《食品安全国家标准　食醋》（GB 2719—2018）。

四、开发豆薯乳酸发酵型饮料

彭业锦（2009）以豆薯为主要原料，研制了豆薯乳酸发酵型饮料。热烫去皮条件为沸水烫漂 4～5min，有利于去皮和提高出汁率。酶解的优化条件为果胶酶用量 0.10%，纤维素酶用量 0.07%，酶解温度 45℃，酶解时间 90min。采用上述条件榨汁，豆薯出汁率可达 79.23%，所得豆薯澄清汁具有较好的感官品质，主要理化指标测定结果为 pH 6.2、含酸量 0.26%、含糖量 6.7%、黏度（η）3.15mpa·s、折光率 1.343 12nD、旋光度 177.63α。确定保加利亚乳杆菌和嗜热链球菌菌种配比为 1∶1。乳酸发酵优化工艺条件为：混合菌种接种量为 5%，发酵温度 40℃，发酵时间 12h。豆薯乳酸发酵饮料优化配方为：豆薯发酵乳 30%，蔗糖 4%，柠檬酸 0.15%。复合稳定剂优化配方为：黄原胶 0.08%，羧甲基纤维素钠（CMC-Na）0.08%，海藻酸丙二醇酯（PAG）0.04%。豆薯乳酸发酵饮料均质处理的优化条件为：温度 40℃，压力 20MPa，次数 2 次。豆薯乳酸发酵饮料 pH 控制在 4.0～4.2，杀菌条件采用 85℃、10min。黄群等（2008）研究得出，原辅料较优配方为 3%脱脂乳粉、35%豆薯汁、3%蔗糖、0.12%柠檬酸。采用 0.15%羧甲基纤维素钠与 0.05% 琼脂组成的复合稳定剂可获得理想的稳定效果。压力 20MPa、温度 30℃的均质条件可使产品均匀细腻、口感滑爽。

五、开发豆薯淀粉

淀粉是自然界最丰富的物质之一，能年年更生，在食品和非食品应用方面已有很大的发展。随着国内经济的不断发展、人们生活水平的不断提高和生活质量的不断改善，人们的消费理念不断成熟，绿色、健康逐渐成为食品消费的主流。淀粉的深加工产品，越来越受到消费者的青睐，成为当今保健食品市场上的明星产品。全球淀粉总产量近 1×10^8 t，其中玉米淀粉占绝对优势，我国淀粉产量已经位居世界第 2，但人均消费淀粉仍然偏低，仅为美国人均消费淀粉的 8%、欧盟的 32%。中国淀粉工业协会整理了 2018 年各类淀粉总产量，合计为 $3.009\,3\times10^7$ t。据中国市场调研在线发布的 2019—2025 年全球及中国玉米淀粉行业发展现状调研与发展趋势分析报告：我国玉米淀粉约占淀粉总量的 94%，木薯淀粉约占淀粉总量的 3.1%，马铃薯淀粉约占淀粉总量的 1.8%，红薯淀粉约占淀粉总量的 0.9%，小麦淀粉及其他淀粉约占淀粉总量的 0.2%；而豆薯淀粉近乎空白。张力田（1996）认为，豆薯淀粉含量较高，在榨取豆薯澄清汁的同时，将残渣用于提取淀粉也是一个很好的发展方向。

豆薯淀粉富含蛋白质、氨基酸、多种维生素和微量元素，是出口创汇的紧俏商品，可制作代藕粉、粉丝、面条、糕点等，口味清香，还可用于治疗冠心病、心绞痛、糖尿病等，是集营养、美味和食疗于一身的珍稀绿色食品（柴洪涛，2002）。老熟豆薯贮藏根中所含碳水化合物以淀粉为主，可用于提取淀粉。可能因品种、采收时间及干鲜重计算方式不同，报道豆薯贮藏根淀粉含量存在差异。Leidi 等（2003）发现其贮藏根含淀粉 38.6%～54.4%。贝宁波多诺伏桑海中心（Centre Songhai）的 Zanklan 等（2007）研究了豆薯在西非环境中生长和生产粮食的潜力，发现了具有贮藏根高产的品种，显示出高蛋白质和高淀粉含量，其蛋白质含量是马铃薯或甘薯蛋白质含量的 3～5 倍。更重要的是，人们发现豆薯贮藏根能够被加工成"豆薯加里"。这与西非目前的主食"木薯加里"（一种粒状面粉）很相似。这表明豆薯淀粉开发利用潜力巨大。刘轲（2015）对豆薯营养成分分析得出豆薯贮藏根（干重）中淀粉含量为 2.775%，并建议用榨汁法提取豆薯淀粉：分离豆薯淀粉的离心转速及时间为 1 500r/min、5min；豆薯淀粉纯化用自来水漂洗 2 次为宜；豆薯淀粉烘干为温度应为 40～45℃，时间为 45～50min，再将干淀粉研磨，过 100 目筛，细度为 98.2%，得豆薯淀粉产品。

有研究报道（丁小雯等，1995）称，豆薯淀粉的淀粉含量高，达 75.41%，含支链淀粉较多，达 74.61%。由于直链淀粉分子比较规整，容易相互靠拢、重新排列。而支链淀粉分子是树状有空间结阻，不易互相靠拢、重新排列。故直链淀粉比支链淀粉容易"凝沉"（老化）——淀粉浓溶液冷却时逐渐变浊最后变成凝胶，低浓度淀粉溶液在底部析出沉淀。丁小雯等（1995）研究认为，豆薯淀粉黏度高，属于天然食品添加剂，理化性质与马铃薯淀粉相似，且不褐变，可应用于奶糖、糕点、冰激凌等的生产。

张志建等（2014）对豆薯淀粉的基本特性研究认为：豆薯淀粉黏度小于小麦、玉米和红薯淀粉，大于土豆淀粉；溶解度明显高于其他淀粉，膨润力［离心管沉淀物质量 P/淀粉样品重 W（100－溶解度 S）×100％，溶解度 S＝溶解淀粉质量 A/淀粉样品重 W］高于小麦和玉米淀粉，低于土豆和红薯淀粉；糊化淀粉的稳定性较差，易凝沉，冻融稳定性较差，不宜用于制作冷冻食品；糊化淀粉液稳定后的透明度为 85.6％，与小麦、土豆和红薯淀粉相近，不适合制作粉丝类产品。

六、研制药品

豆薯不仅风味出众，还颇具药用价值，它有清热祛火、养阴生津之功效，生吃或榨汁饮用，可用于治疗因感冒出现的发热、烦渴、咽喉疼痛，以及阴血亏虚引起的烦热、潮热、盗汗、手足心热、失眠，还能用于治疗妇女更年期出现的上述相类症状。经常会头晕眼花、乏力的人要经常吃一些豆薯，对身体很好。《陆川本草》记载，豆薯性味甘、凉，生津止渴，功能主治热病口渴。《四川中药志》则记录，豆薯止口渴，解酒毒。民间则有小偏方：豆薯去皮，捣烂绞汁，用凉开水冲服，一日 3 次，可用于治高血压、头昏目赤、大便秘结；或用豆薯一个（约 200g），去皮切块，用白糖拌匀食用，有生津、除热、解毒功效，适用于嗜酒引起的酒精中毒。

古中药养生网中药大全之花类药材中关于沙葛花有如下记载，"首先肯定是一种药材，并对其性状进行描述：花朵皱缩呈短镰状，长约 2cm，宽约 5mm。萼片灰绿色或灰黄色，花瓣淡黄色，间有浅蓝色，旗瓣展平后近圆形。气微香，味淡。"还指出其医疗用途为：性味甘、平，归胃经。功能与主治：解酒毒，除胃热。用于酒后烦渴，头痛，呕吐，大肠湿热所致的便血。用法与用量：6～9g，水煎服。采收加工：夏季采收，摘取花朵，晒干。质量要求：以棕黄色、不带枝梗者为佳。包装储藏：用麻袋装载，存放于干燥处。炮制方式：拣除杂质，整理洁净；若能通过进一步研制，将其中的有效成分提出加工成品，不仅为人们身体健康多提供了一份保障，同时也进一步开拓了豆薯（花）的利用。

第四节　豆薯种子的开发利用

一、提炼豆薯种子油

广泛分布于自然界中的植物果实、种子、胚芽中含有不同程度的植物油，不仅为人类膳食提供了油脂，还为肥皂、油漆、油墨、橡胶、制革、纺织、蜡烛、润滑油、合成树脂、化妆品及医药等工业品生产提供了主要原料。据报道，墨西哥豆薯（*Pachyrhizus erosus*）种子中约含油脂30%（Jimenez，1994），但也含有大量的鱼藤酮，不能食用（约0.5%纯鱼藤酮及0.5%类鱼藤酮和皂苷）。Greshof（1890）、Cruz（1950）、Broadbent 等（1963）和Jimenez（1994）的文献报道了对墨西哥豆薯（*Pachyrhizus erosus*）种子油成分和质量进行的研究。这些研究一致认为，如果清除豆薯种子油中的杀虫及抗营养素，那么豆薯种子油的成分与花生油和棉籽油相当，含有棕榈酸26.7%、硬脂酸5.7%、油酸33.4%和亚油酸34.2%（Broadbent et al.，1963）。麻成金等（2008）研究了豆薯种子油的超临界CO_2萃取及理化特性，结果为豆薯种子中油脂含量为28.43%，并含有肉豆蔻酸0.21%、棕榈酸28.93%、花生酸0.88%、硬脂酸5.64%、二十二烷酸1.78%、木蜡酸1.33% 6种饱和脂肪酸，油酸31.20%、亚油酸29.26%、二十碳烯酸0.37% 3种不饱和脂肪酸（占脂肪酸总量的60.83%），以及谷甾醇3.09%、γ-谷甾醇5.42%和有毒成分类鱼藤酮结构物质4.18%等。研究得出，超临界CO_2萃取豆薯种子油的优化条件为萃取压力35MPa，萃取温度45℃，分离温度40℃，萃取时间90min，CO_2流量25～30kg/h，原料粉碎为直径0.45mm颗粒，原料水分含量控制在5%左右，并研究了豆薯种子含水量对油脂萃取效果的影响（表7-3）。

表7-3　豆薯种子含水量对油脂萃取效果的影响（麻成金等，2008）

含水量/%	油脂萃取取得率/%	油脂性状
9.05	24.17	浑浊
7.14	24.53	稍带浑浊
5.02	25.48	澄清

麻成金等（2008）检测了豆薯种子油的折光率、碘值、酸值、相对密度、色泽等多项理化指标，认为与菜籽油等食用油相近，属于半干性油脂。据资料介绍，玉米油和豆油均属半干性油，可作食用油，也可用于工业部门制造肥皂、油漆和油墨等。Lackhan（1994）研究了运用体外技术从愈伤组织培养中生产鱼藤酮的潜力。蔡建华等（2001）从豆薯种子中分离纯化了一种具有抗植物病毒活性的蛋白质，分子量约为15 000，将为植物病毒的防治带来新希望。

二、研制抗肿瘤药剂

几千年来，人类在与疾病作斗争的过程中，通过不断实践，逐渐积累了丰富的医药知识。

人类通过特定的方法从豆薯种子中纯化分离出一种新的豆薯抗肿瘤蛋白，该抗肿瘤蛋白具有抑制肝癌、胃癌和黑色素瘤的活性。唐祖年等（2008）发现豆薯种子提取物对人口腔表皮样癌细胞有一定抑制作用，能抑制 KB 细胞的体外增殖，具有抗肿瘤作用。郝冰等（1996）从豆薯种子中提取出两种高纯度的蛋白成分 Pachyrin Ⅰ 和 Pachyrin Ⅱ，研究显示它们可能是核糖体失活蛋白（RIPs）家族中的新成员，在肿瘤治疗、艾滋病治疗及骨髓移植等方面有着令人鼓舞的应用前景。利用豆薯种子提取物对 P-388 淋巴白血病、鼻咽 KB-肉瘤、KB-VI 和纤维肉瘤、肺黑色素癌、大肠黑色素癌等一系列瘤谱进行筛选，发现鱼藤酮和 12a-羟基鱼藤酮对 KB 细胞具有极强的非特异性活性，对 KB-VI 也敏感（刘湘，1991）。

三、研制湿疹治疗药剂

虽然豆薯作物不被人们所重视，但却被用于药用研究。据《全国中草药汇编》记载：豆薯根鲜品 200～400g，种子适量用醋煮，取汁外搽，外用治疥疮。疥疮是一种接触性传染病，可用药酒治疗法进行治疗，取豆薯种子100g，炒黄研碎，放入 500mL 75％的酒精中浸泡 48h，湿敷患处，每日 2 次，每次 20min，用药 1～3 周，治愈率很高。林生等（1984）认为，豆薯种子药味微辛，涩，性凉，具有止痒、杀虫、消炎、化湿的作用。经临床治疗疥疮实践证明，豆薯种子制成的酊剂止痒效果突出，对疥疮并发感染有明显渗液者能起到收敛、干燥、结痂，继而愈合的作用，治疥疮疗程短、疗效高、无副作用，且药源丰富，是当前治疗疥疮的首选药物。其治剂和方法是：豆薯种子100g，40％酒精 500mL；将豆薯种子炒黄，碾碎成 1～2mm 大小，放入酒精中浸泡48h 后备用。治疗前先将药液加热至微温，涂患处，每天 3 次。若并发感染者，将本药加蒸馏水稀释 1 倍后，在局部做微湿热敷，每次 15min，每天 2次，收敛后再外涂。7d 为 1 个疗程，用1～2 个疗程。47 个病患经治疗后全部皮疹消退、奇痒消失而治愈。其中，1 个疗程治愈 32 例、2 个疗程治愈 15 例，平均治愈需时 9.8d，半年后随访未见复发。

杨履瑞等（1984）用豆薯种子制剂治疗家畜疥癣病，认为此方虽未收载于药书，但来源丰富、易得，制法及用法均简便，对家畜也较安全，适宜在农村采用。其方法是采收成熟后的豆薯种子，在锅内炒脆或在灶台上烘脆，擂成粉，用生菜油或水调成稀糊状，装入瓶中备用（用水调则久储易变质）。先用肥皂水清洗病牛患部，然后用鸡毛扎把沾药涂布。如患部皮肤呈鳞甲样，可用钝刀或竹片刮除后再清洗用药。在治疗过程中观察到，寄生于牛体表的虱、蚤类吸血昆虫因用药死亡，因此建议用于杀灭家畜吸血昆虫，但特别提示，用药时注意防止患畜舔食和由患部吸收而导致中毒。

四、研制农业生物杀虫剂

我国是研究应用杀虫植物最早的国家，《周礼》《山海经》《神农本草经》《齐民要术》《本草纲目》《天工开物》等古籍中，均有使用植物性、动物性、矿物质药物防治农业有害生物的记载。这些农药的应用历史长达数千年。《中国土农药志》和《中国有毒植物》中记载了 500 余种具有杀虫或杀菌作用的植物或植物农药。20 世纪 30 年代，我国曾对烟草、鱼藤、巴豆、百部等植物进行过广泛的研究。其中著名的农业化学家、农药科学的先驱者之一、植物性杀虫药剂化学研究的奠基人黄瑞纶先生，一生重要贡献就是首次发现豆薯种子中所含的杀虫有效成分是鱼藤酮类化合物。他利用脂肪类物质易溶于石油醚而鱼藤酮的溶解度很小这一特点，先用石油醚浸提豆薯种子粉，除去大部分油脂，然后进行复杂的分离，终于成功地获得了纯鱼藤酮的结晶。他在探索豆薯种子成熟过程中杀虫有效成分含量的动态时，发现种子在成熟前一个月时杀虫有效成分含量达到最高峰，这时也正是其贮藏根脆嫩可食之际，这一发现具有实际经济效益。徐汉虹等（2001）报道，鱼藤酮是一种广谱性杀虫剂，对害虫高效且不易产生抗药性。鱼藤酮对 15 目 137 科的 800 多种害虫具有一定的防治效果，尤其对蚜螨类害虫效果突出。Nawrot 等（1989）在室内测定了鱼藤酮及其 5 种衍生物对谷象和杂拟谷盗成虫以及杂拟谷盗和谷斑皮蠹幼虫的拒食作用。结果表明，鱼藤酮对储粮害虫有一定的拒食活性。当温度为 26℃、空气相对湿度为 64％时，鱼藤酮对谷象、杂拟谷盗成虫和谷斑皮蠹幼虫 3 种害虫的拒食活性最高，其类似物的拒食活性不如鱼藤酮本身，但表现出一定的选择性。Bloszyk 等（1990）用 6 种拒食活性较高的化合物作为食品包装物，以防治储粮害虫谷蠹和谷象的危害，发现鱼藤酮对谷蠹的拒食活性比其他几种药剂都高。张双喜（1989）试验得出，鱼藤酮抑制了菜粉蝶幼虫的呼吸作用，且干扰了幼虫正常的生长发育。在美国华盛顿，应用鱼藤酮来控制番茄和其他作物上的块茎跳甲和美国马铃薯跳甲，胡椒基丁醚与鱼藤酮混作可使二点益螨的 3 龄幼虫产生很高的死亡率（徐汉虹等，2001）。关于鱼藤酮混配方面的研究也有一些报道。田间试验表明，以 1.25L/hm² 4％鱼藤酮与 4％氯氰菊酯混配溶液，以及其他几种药剂对甘薯粉虱进行处理，4d 后，4％鱼藤酮和 4％氯氰菊酯混配溶液处理的卵的平均数为 4.38 个，对照为 427.2 个，4d 和 7d 的防效分别为 92.7％和 87％。鱼藤酮和氰戊菊酯（4∶1）以及鱼藤酮和氯氰菊酯（4∶1）混剂对橘叶刺瘿螨的毒性很高，共毒系数分别达到 667.46 和 405.94，田间试验表明，两种混剂以 50mg/L 喷雾处理，4d 后害虫的死亡率分别可达到 99.63％和 90.18％，并且可提高作物产量（徐汉虹等，2001）。豆薯除了贮藏根以外几乎不能食用，茎叶及种子中均含有鱼藤酮，人畜严禁食用（吴志行等，2002）。豆薯种子、茎、叶、花是制作生物杀虫剂的重要原料。豆薯种子中含有的有毒成分鱼藤酮为呼吸抑制剂，是良好的天然植物性杀虫剂，既安全又环保。据黄超培等（2005）研究报道，鱼藤酮纯品为无色六角板状晶体，熔点163℃，几乎不溶于水，易溶于氯仿等极性有机溶剂，在光和碱存在下氧化作用快，易失去杀虫活性，在干燥、低温、避光和密封条件下比较稳定。由于鱼藤酮在空气中容易氧化分解，所以在作物上药效残留期短（一般为5～6d，夏季强烈日光下仅为2～3d）。使用鱼藤酮杀虫后无不良气味，不影响农产品的风味。Hollingworth等（1994）证实，鱼藤酮能与细胞内线粒体的线粒体复合物Ⅰ［即还原型烟酰胺腺嘌呤二核苷酸（NADH）脱氢酶］结合并抑制其活性，阻断细胞呼吸链的递氢功能和氧化磷酸化过程，进而抑制细胞呼吸链对氧的利用，造成内呼吸抑制性缺氧，导致细胞窒息、死亡。

鱼藤酮是高度脂溶性的化合物，容易通过消化道和皮肤被吸收，而且进入生物体后容易穿透细胞膜，与特定的细胞成分发生反应进而发挥它的效应。鱼藤酮对害虫具有强烈的胃毒作用，其药理机制是抑制害虫的神经和肌肉组织中的细胞呼吸，使害虫呼吸和心跳减弱、麻痹而死。黄超培等（2005）综述了有关研究进展，认为鱼藤酮是一种低毒的天然杀虫剂。但它对生物体的多巴胺能神经系统功能有损伤作用，体外和体内研究的结果都表明鱼藤酮可诱导多巴胺能神经细胞的退变和死亡，鱼藤酮暴露可以使动物出现帕金森病症状，因实验室条件与人类接触的方式有所不同，目前的研究尚不足以肯定鱼藤酮可导致人类的帕金森病。王运儒等（2011）采用叶片浸渍法，研究了鱼藤酮与除虫菊素对小菜蛾2龄幼虫的联合毒力，评价其协同增效作用。研究结果表明，当鱼藤酮与除虫菊素的比例为1∶3到5∶3范围和7∶1时，两种药剂混配具有协同增效作用，而当两种药剂的比例为1∶1时，增效作用最强，其共毒系数为151.18。陈延燕等（2008）用50%酒精从豆薯种子中分离得到豆薯种子的活性物质，提取率为种子重量的13.88%，提取到的活性物质对鳞翅目2龄虫具有毒杀作用，用浓度为5mg/mL、1mg/mL的试剂浸泡桑叶，家蚕在36h的死亡率均达到100%，并认为豆薯种子的乙醇提取物对蚕有较好的杀虫活性，可以作为植物源农药的原料。蔡建华等（2001）发现了一种抗植物花叶病毒蛋白，系从豆科植物豆薯种子中分离纯化的一种抗植物花叶病毒蛋白，暂命名为PE4，其分子量明显低于溶菌酶，约为9 000左右（聚丙烯酰胺凝胶电泳检测，简称SDS-PAGE检测），等电点略偏碱性。分离纯化该蛋白的步骤简单、温和，分离出的蛋白纯度高。该蛋白具有明显的抗植物病毒（抗烟草花叶病毒）活性，经4次重复实验，测得其平均抑制率为49.9%。PE4可用于植物基因工程，在防治十字花科蔬菜受烟草花叶病毒侵染方面有较大的应用价值。

豆薯在我国分布广泛，将其作为一种杀虫植物来开发，无疑有着广泛的应用前景。

第五节　豆薯在作物间套作中的利用

　　豆薯是一种耐旱、耐瘠的作物。在全球性气候变暖、水资源紧缺、干旱日益加剧的背景下，种植豆薯不失为一种好的选择。同时，豆薯在栽培管理上较为粗放，具有耐旱、耐瘠、栽培管理省本省工、植株很少感染病虫害等特点，而且植株地上部含毒素，很少感染病虫害。在作物间套作时适当安排种植豆薯，能阻挡病虫侵袭，既可减少化肥、农药的消耗，又可减少化肥、农药对环境的污染。陈忠文等（2011）在种植西瓜行间的空闲地套作豆薯，结果表明亩产值达 3 987.58 元，比单一种植西瓜每亩增收 875.00 元，比种植一季水稻（亩单产 651.4kg，每千克 1.96 元）增收 2 710.84 元，能取得明显的经济效益。利用豆薯茎、叶含毒素这一特点抵御虫害，可减少农药施用量，具有一定的生态效益。黄坚雄等（2015）进行了全周期间作模式橡胶园大行间间作豆薯及其抗逆性研究，认为间作试验期间，间作橡胶园与常规橡胶园橡胶的干胶株产没有显著差异；全周期间作模式橡胶园内间作豆薯能获得较可观的产量，与单作豆薯的产量没有显著差异（豆薯间作与单作的产量分别为 12.7t/hm² 和 13.5t/hm²）。与单作相比，间作处理离橡胶树较近的豆薯产量较小，而在宽行较中间部分则不受影响。间作处理豆薯叶片各个生理指标与单作处理总体上没有显著差异，间作处理的豆薯其抗逆生理没有发生明显变化，即不同位置间作豆薯，其叶片的游离脯氨酸（Pro）含量、丙二醛（MDA）含量、超氧化物歧化酶（SOD）和过氧化物酶（POD）活性与单作对照总体上无显著性变化。这表明在全周期间作模式橡胶园大行间间作豆薯是可行的。因此，种植模式配合适宜品种，可缓解光资源竞争问题，在保证主作物产量的同时创造相对较适宜的间作环境。

余庆地瓜 1 号推广应用

在农业生产中，农作物新品种的推广不仅能够增加农作物的产量，还能够提高农作物的质量，特别是特色优质品种的推广，可以改变种植业的产品结构，推动农作物产品的多元化发展，从而满足消费者的多层次需求，加快农产品产业化进程，提高农业经济效益，增加农民收入。因此，农作物新品种的推广是非常有必要的，具有非常重要的意义。

第一节　余庆地瓜 1 号品种选育

一、选育过程

1. **选育背景**　豆薯是一种外来作物已毋庸置疑。大约在 20 世纪初，余庆县白泥镇明星村磨秧、桥寨等地开始小面积种植，自繁自用。查阅《余庆县志》也没有对豆薯的特征特性描述。2002 年，据桥寨农民王洪光描述，当地小面积种植的豆薯种子呈微白色，当地称白籽地瓜，基本自繁自用。1981 年土地承包到户以后，农民有了土地自主经营权，对外交流增加，引进豆薯品种牧马山地瓜（蓝色花、种子米色，地下贮藏根扁圆瓣形，单个重 500g 以上）种植，并逐渐形成豆薯种子生产基地。但随着人们对豆薯种子需求的增加，品种混杂、种子质量无法保证、贮藏根不膨大等问题日益突显。此时亟待培育在产量、商品性、口感、生育期等方面优良的品种。

面对上述需求，余庆县原种子管理站的工作人员开展了相关工作。

2. **选育目标**　根据市场导向，适应农业现代化的要求，立足于栽培地区豆薯资源，针对早收高产、薯形美观、食味好、商品性好、抗病毒病、耐储性好等特性进行选择。

（1）**生育期**。根据贵州省实际，结合当地引种情况，确定选择品种生育期比牧马山地瓜贮藏根采收时间提早 7d 以上，为 110～120d。

（2）**丰产性**。兼顾豆薯的单位面积株数和单个贮藏根重量因素，确定选择贮藏根单个重 200～500g 的品种、植株藤长度 300cm 左右、主茎节数 25 个左右、分枝部位 9～11 节间、花序长度 25～45cm 且与主藤夹角小于 45°、节间短、分枝部位与出叶量适中、叶片厚宽大、叶色深绿的品种。

(3) 稳产性。 选择对环境条件要求不严格、耐瘠、贮藏根易膨大的品种。

(4) 商品性。 贮藏根圆锥形、须根细（最大根径 1mm 以下）、纵沟无（整个贮藏根膨大部分表面无凹陷）或浅（纵沟深小于 0.5cm）、贮藏根表面的须根数无或少（1～4 根）；贮藏根易剥皮（从膨大贮藏根两端一次性削皮面积占其表面积的比例一般为 50%～90%）。

3. 选育过程　采用单株选择方法进行选择。

1988—1993 年，进行单株选择（图 8-1）。在豆薯种子生产区域，第 1 次于 7 月上旬盛花期，标记生长健壮、叶片厚宽大、叶色深绿、抗逆性强、花序中短且与主藤夹角小的单株；第 2 次在 9 月下旬成熟期，着重选择荚果较长、株粒数多且饱粒以及颜色、形状、成熟期一致的健壮单株，挂牌编号，按株收获种子装入纱网或用报纸包裹，挂于通风阴凉处；第 3 次在豆荚开始爆裂后即时考察株粒数、荚粒数、株粒重、千粒重、籽粒性状和整齐度等性状，严格选优去劣。陆续入选单株种子 398 份，分别保存备用。对于表现较好的但不够入选标准的单株，采取同品种混收，下年种在选种田中，从中继续选种。

图 8-1　单株选择（陈忠文，2014）

1994—1995 年，继续单株选择。将所选单株种子的 1/3 进行单株繁殖，剩余 2/3 进行贮藏根生产。于 7 月下旬采收，选择贮藏根形状为圆锥形、外表纵沟少或无、须根少、易剥皮、口感好、入口化渣、单个重 200～500g 的单株，再于其中选择花序短且与植株夹角小、荚粒数多、籽粒大小一致、籽粒饱满的单株。共入选 62 株单株分别保存备用。

1996—1997 年，进行株行试验。将上年入选的单株种子种成株行。每个单株种 1 行 30 株，每隔 10 行种 1 行原品种及牧马山地瓜作对照。生育期间进行观察和评定，经测产、考种，明显优于对照的 11 个单株入选。分离株行，继续选择优良单株，下年再进行株行试验，彻底淘汰不良株行。

1998 年，株系比较。将上年入选的 11 个单株的种子，按株系种成小区，每区 5 行，行长 5m，行距为（25～30）cm，株距为（20～25）cm，与大田生产一致。间比法排列，重复 3 次，以牧马山地瓜作对照。在豆薯生育期，按豆薯植物学性状和生物学特性观察记载。开花期和成熟期进行田间评选。收获时取样考种，根据产量、考种结果、田间记载和田间评选结果进行决选，淘汰 2 个株系，选出最好株系"337-7"作为品系，用于下年品系比较试验和扩大繁殖种子。

1999—2001 年，品系比较。将上年入选为品系的种子按品系种成小区，每区 5 行，行长 5m，株行距同大田生产。对比排列，重复 3 次，以牧马山地瓜作对照，生育期对主要经济性状和其他特性进行全面细致地观察记载。收获后进行测产和考种。

2002—2005 在余庆进行对比试验。余庆地瓜贮藏根产量比对照牧马山地瓜增产 7.01％，比本地品种增产 10.79％。采收期 120～140d，具有早熟、高产、抗病、皮薄、肉质细嫩等优点。

二、通过审定

2004—2005 年，申请株系 337-7 以余庆地瓜名称进入贵州省豆薯品种区域试验。结果表明，余庆地瓜平均贮藏根亩产量 3 174.3kg，比对照增产 11.98％。2006 年 2 月，通过贵州省农作物品种审定委员会审定，定名为余庆地瓜 1 号，审定编号为黔审菜 2006004 号，成为国内首个通过省级审定的豆薯新品种（图 8 - 2）。

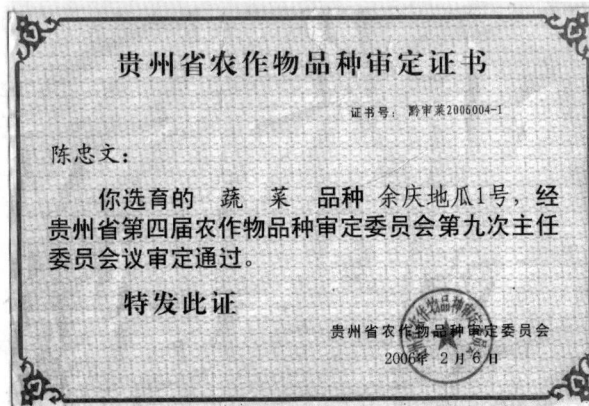

图 8 - 2　余庆地瓜 1 号审定证书

第二节　余庆地瓜1号推广应用

农作物新品种的推广可以改变种植业的产品结构，及时淘汰劣质农作物品种，推动农作物产品的多元化发展，从而满足消费者的多层次需求。随着人们生活水平和生活质量的提高，绿色食品、保健食品越来越为人们所关注。推广应用豆薯新品种对增加农民收入、促进种植业结构调整、挖掘地方特色资源具有重要意义。

一、开展豆薯种子、贮藏根相关试验研究，完善配套栽培技术

只有掌握了品种特征特性，才能把握新品种栽培的关键技术。换句话说，不知道品种的特征特性，就无法发挥新品种的优势。只有在试验研究制定出相应的豆薯种子生产、贮藏根栽培配套技术的基础上，让生产者先认真研读品种介绍，了解品种的主要特征特性，综合栽培技术从事相应生产，才能达到生产预期目标。因此开展了相关的试验示范。

在土壤选择、播种期、种植密度、地膜覆盖、植株空间发展、植株调整、开花结荚期增施磷钾肥等环节，形成了适合余庆地瓜1号的高产栽培技术，使种子单产增长27%。

试验研究种子产量与播种期、种植密度、主蔓留叶数和花序留花数等因素的关系，结果表明，豆薯主蔓留叶数（10～22叶）和花序留花数（6～20枚）两个因素互作、主蔓留叶数、每穗留花数对豆薯种子产量的影响分别达到1%、5%和10%显著水平。播种期对种子产量的影响未达10%的显著水平，表明在贵州省余庆县进行豆薯种子生产，其播种期在3月25日至4月23日之间播种，对豆薯种子产量影响不是主要因素。

豆薯开花期增施磷、钾肥对种子产量影响的研究结果表明，在余庆地瓜1号种子生产开花结荚期进行叶面喷施或灌根施用磷、钾肥比不施肥（对照）增长豆荚数3.56%～26.10%，千粒重增长3.82%～5.71%，种子产量增长0.30%～14.51%。但灌根1次或叶面喷施1次处理效果不明显。

不同浓度多效唑对余庆地瓜1号不同生长时期的影响试验表明，多效唑浓度与豆薯主蔓留叶数的互作对豆薯花序数影响最大，影响率达96.08%，结果趋向于低浓度（1 500倍液）较大叶片（9叶）处理，易获得不低于对照的种子产量。

通过试验结合生产实际调查，总结出若想实现豆薯种子高产，宜选择海拔较低（能保证开花结荚期的温度在25～30℃）、自然隔离条件较好（以能防昆虫传粉为度）、土质为壤土或砂壤土且土层深厚、疏松、排水良好的地区作为

种子生产的地区。

发芽床对余庆地瓜 1 号种子发芽率的影响差异达 1％极显著水平，以江沙作发芽床的发芽率为 94.0％，以河沙、细沙土和发芽纸作发芽床的发芽率均约为 93.3％；稻田土作发芽床的发芽率为 82.0％。幼苗素质以江沙发芽床上最好，然后依次为河沙、细沙土、发芽纸、稻田土。

通过对现场脱粒、储藏 3 个月、储藏 12 个月的豆薯种子进行含水量测定和发芽试验，不同农户生产的豆薯种子现脱粒后测定的水分和发芽率有差异；含水量在 11％左右的同一豆薯样品种子储藏 3 个月、12 个月，其水分含量、发芽率变化不显著；含水量 12％以上的同一豆薯样品种子随着含水量的增加、储藏时间的延长，豆薯种子的水分和发芽率变化显著。观察检测到，豆薯种子一般脱粒即可销售（种子日晒后色变暗），通过多年抽样快速测定农户脱粒后豆薯种子水分一般在 12％～13％，袋装于通风干燥处 3 年内水分下降 0.5％～1.5％，且田间出苗率不低于 85％，由此确定豆薯种子水分含量不高于 11％。

通过研究光照对余庆地瓜 1 号各生育阶段的影响，结果表明：全生育期 50％遮光，不能形成贮藏根和种子产量；幼苗期遮光，幼苗素质下降；开花结荚期遮光，种子减产 75.98％。

从土壤选择、播种期、种植密度、施肥、采用地膜覆盖、断梢、采收等技术环节研究，形成了豆薯贮藏根配套高产技术。豆薯不同种植密度的随机区组试验结果表明，每亩种植 7 411 株与 16 675 株、7 411 株与 66 700 株、16 675 株与 66 700 株之间，豆薯贮藏根产量差异达 1％极显著水平，其中每亩种植 66 700 株贮藏根产量最高，达 6 849.4kg。另外，从商品性角度对豆薯贮藏根进行了划分：单个贮藏根重量 200g 以上为大薯，100～200g 为中薯，100g 以下为小薯，小薯基本不具备商品价值。以贮藏根为商品进行生产，种植密度应在每亩 16 000～60 000 株，贮藏根产量与商品性可得到兼顾。

通过余庆地瓜 1 号贮藏根施肥模式研究，得出余庆地瓜 1 号贮藏根产量与氮（N）、磷（P）、钾（K）肥施用量的关系，建立了贮藏根产量与施肥量的数学模型为：

$$y = 2\ 230.86 + 155.51N + 188.18P + 118.24K + 3.02NP - 1.71NK + 3.78PK - 4.06N_2 - 15.13P_2 - 2.97K_2 \quad (r = 0.992)。$$

计算得出，每亩氮（N）、磷（P）、钾（K）肥的最佳施用量为：N 17.82kg、P_5O_2 10.34kg、K_2O 20.15kg。最高亩产量为 5 949.6kg。对豆薯花序长度、播种深度与贮藏根产量和形状关系进行研究，结果表明：不同花序长短（25～46cm）的株系、不同播种深度（1～15cm）对贮藏根产量的影响未达 5％的显著水平；不同花序长度的株系对豆薯贮藏根形状的影响极小；不同播种深度对豆薯贮藏根形状的影响率为 31.47％。通过调查农户自繁自用种子田的豆薯贮藏根发现，不同贮藏根膨大比例的豆薯与其下一代贮藏根有相近的膨大比例，贮藏根膨大与遗传有关。不同贮藏根膨大比例的豆薯的下一代贮藏根产量间差异达1‰极显著水平，表明当地的豆薯品种通过农户的自留自繁用种，已分离出许多株系，这些株系已存在贮藏根产量差异。这说明选育新品种是必要的。

间套作可提高土地利用率，结合当前适用技术，开展余庆地瓜1号与其他作物的间套作研究。利用辣椒与余庆地瓜1号（种子生产）套作，选择耐寒辣椒品种如春研22号，于10月上旬播种，大棚育苗。翌年选择海拔较低（能保证开花结荚期的温度在25～30℃）、自然隔离条件较好（以能防昆虫传粉为度）以及土层深厚、疏松、排水良好的壤土或砂壤土作豆薯种子生产田，按110cm开沟施肥，每亩种植密度4 000株，施足腐熟的猪牛粪1 500kg、草木灰150kg、氮磷钾三元复合肥50kg于沟内，覆土起垄，垄高15～20cm，宽60cm，喷施除草剂，10d后盖地膜。于2月中旬移栽辣椒苗，每垄种1行辣椒，株距30cm，每亩栽植2 000株，4月上旬播种余庆地瓜1号，每垄2行，株行距30cm×40cm，每窝2～3粒种子，每亩种植8 000株。管理与当地鲜辣椒、豆薯种子生产一致。于5月上旬开始采收辣椒，共5次，10月上旬采摘豆薯种子，11月上旬开始脱粒。结果每亩收鲜辣椒1 590kg，产值1 590元；每亩收余庆地瓜1号种子145.5kg，产值3 200元，合计产值4 790元。草莓与余庆地瓜1号（种子生产）套作，于5月初定植草莓母株，株距70～80cm，9月初假植，假植株行距10cm×10cm。每亩施有机肥3 000～4 000kg、复合肥50kg作底肥。按厢宽160cm、沟宽40cm、沟深30cm整地，11月上旬定植，每厢种4行，株距30cm，下旬盖塑料薄膜后扎膜出苗。翌年4月上旬播种余庆地瓜1号，每厢种植3行，株距30cm，每亩种植3 333株。在草莓顶花序聚合瘦果达到拇指大小时第1次追肥，第2次追肥在顶花序聚合瘦果开始采收时，第3次追肥在顶花序聚合瘦果的采收盛期进行，以后视植株生长和结果情况酌情进行。每株草莓除主芽外，再保留2～3个侧芽，每株留15～16片展开叶，每枝留1个顶果、6～7个侧果，疏除果梗短、果实不肥大的果或畸形果。4月中旬开始采摘草莓，至5月中旬结束。西瓜与余庆地瓜1号套作，亩产值比西瓜净增收875.00元。玉米与余庆地瓜1号间作比玉米净作亩产值增收1 771.80元。

通过定点定期观测气象要素进行分析，2008年余庆地瓜1号生育期187d，总积温为3 978.5℃，日照673.8h，0cm地温积温4 925.8℃，5cm地温积温4 651.1℃，10cm地温积温4 583.5℃，15cm地温积温4 551.1℃，20cm地温积温4 366.9℃。

通过对余庆地瓜1号8种虫害2种病害进行调查，提出了预防为主，综合防治的对策。

陈忠文等（2008）对贵州豆薯的发展进行了分析和评价，论述了贵州豆薯产业现状、开发前景、进一步发展的目标、优势区域布局和需要支持的重点。

二、依托项目支持，开展多点试验示范，增大推广应用面积

余庆县原种子管理站实施了贵州省农业动植物育种专项（品种后补助）项目"余庆地瓜1号选育及推广"（黔农育专字〔2007〕011号）、贵州省星火计划项目"豆薯新品种余庆地瓜1号推广应用"（黔科合农字〔2008〕5116号）、遵义市星火计划项目"豆薯种子、块根生产高产技术研究及新品种应用"（遵科星〔2007〕02号）。在贵州省铜仁（碧江区、思南县、石阡县）、遵义（红花岗区、凤冈县、余庆县）、贵阳（贵阳市、息烽县、修文县）、安顺（镇宁布依族苗族自治县、普定县）、毕节（大方县、纳雍县、黔西县、七星关区）、黔东南（台江县）、黔南（都匀市、瓮安县）、黔西南（兴义市）、六盘水（六枝区）9个地区开展余庆地瓜1号种子生产试验、贮藏根生产试验示范，海拔200～1 500m。经过当地农业部门开展大面积示范，组织验收并出具了验收意见和应用证明材料。同时引种到云南勐腊县、安徽铜陵市、北京密云区等地种植，均反映效果良好。

1. 种子生产取得的直接经济效益　至项目结束，项目累计生产余庆地瓜1号种子245.187t，比项目实施前的2004—2006年3年平均面积同等增加种子52 126.8kg，产值增加121.749万元。2007—2008年2年种子生产规模共计102.97hm²，平均单产158.75kg，比项目实施前3年（2004—2006年）每年的平均年产增加33.75kg，新增产值140.08万元，投入产出比为1∶3.71。根据余庆县农业经济管理站调查资料结果：种植豆薯每亩净产值2007年为4 158.50元，比种植一季水稻每亩净产值705.80元增收3 452.70元，当年总增收241.689万元；2008年种植豆薯每亩净产值2 727.90元，比种植一季水稻每亩净产值461.20元增收2 266.70元，本年总增收191.422 8万元。项目的实施给当地种植豆薯的农户带来了极大的经济效益。

2. 豆薯生产的社会效益　项目累计生产的余庆地瓜1号种子达245.187t，全部销售至贵州安顺市、毕节市、贵阳市、遵义市、黔南布依族苗族自治州、黔东南苗族侗族自治州等地及云南、湖南等省份。2007—2008年2年示范推广豆薯新品种余庆地瓜1号有效规模共计817.26hm²，平均亩产3 789.5kg，按同等面积推算，比种植一季中稻新增产值762.88万元，投入产出比为1∶5.01。

3. 项目实施后的生态效益　豆薯的种子、茎和叶中含有鱼藤酮，可毒杀

害虫，且具有耐旱、耐瘠、栽培管理省本省工、植株很少感染病虫害等特点，在进行种子生产时，仅在苗期进行 1 次虫害防治，其余生长期不用农药，是一种环保型生产的作物。同时，在其他作物生产地的周边栽培，能阻挡病虫侵袭，起到一定的防护作用。因此，无论是豆薯种子生产，还是贮藏根生产，都具有明显的生态效益。

通过多点试种、示范相结合，得出一些初步的结论，对豆薯新品种余庆地瓜 1 号的特征特性和推广潜力有了进一步的认识，加快了推广进度。

三、进行贮藏根营养物质检测，客观评价其利用价值

随着物质生活水平的提高，人们对于食品安全问题越来越重视。通过食物营养成分检测，可以让消费者了解食物营养成分的含量和种类，对食物进行搭配，从而获得比较全面的营养，保障人体健康。为此，由贵州省余庆县种子管理站将所选育的余庆地瓜 1 号及后选品系，先后取样送到贵州省理化测试分析研究中心、贵州师范大学分析测试中心对豆薯贮藏根进行营养成分检测，检测结果表明，豆薯贮藏根中未含有危害人体健康的成分，食用是安全的，其中还包含一定量对人体健康有益的成分，并且其中的营养成分能满足人体所需。

四、制定生产标准，推动豆薯生产技术进步

在市场经济条件下，科技研发的成果通过一定的途径转化为技术标准，通过技术标准的实施和运用，促进科技研发成果转化为生产力。要让豆薯新品种余庆地瓜 1 号"走出去"，必须让其生产标准化。为此，先后制定了《余庆地瓜种子生产技术规程》（Q/ZHZ 101—2004）、《豆薯（地瓜）贮藏根优质高产栽培技术规程》（DB520329/T CY 5.1.12—2013）、《贵州省豆薯种子生产技术规程》（DB52/T 853—2013），对推动豆薯（种子、贮藏根）生产技术进步、提高豆薯产量、保证产品质量、提升种植效益具有非常重大的意义。

五、通过示范带动、现场培训等方式，加速推广应用

科学技术是第一生产力。通过对豆薯种子主产区、重点贮藏根生产地区种植户进行栽培技术的培训，改变传统观念，更新传统的技术与老一套的经验，让更多农民拥有一技之长，激励和调动种植户种植豆薯的积极性，同时也在群众中树立余庆地瓜 1 号豆薯的良好声誉，从而有利于创造新的市场机会，拓宽销路，加速豆薯新品种的推广应用。为此，在余庆县豆薯种子生产地、安顺市镇宁布依族苗族自治县、黔东南苗族侗族自治州黄平县等地开展豆薯技术培训、生产示范，效果显著（图 8-3 至图 8-9）。

图 8-3　余庆县白泥镇余庆地瓜 1 号种子生产播种前培训（陈忠文，2008）

图 8-4　余庆地瓜 1 号种子生产田间培训（陈忠文，2008）

图 8-5　贵州省黄平县豆薯（贮藏根）栽培技术培训场景一（陈忠文，2008）

图 8-6　贵州省黄平县豆薯（贮藏根）栽培技术培训场景二（陈忠文，2008）

图 8-7　贵州省黄平县豆薯（贮藏根）栽培技术培训场景三（陈忠文，2008）

图 8-8　贵州省镇宁布依族苗族自治县丁旗镇余庆地瓜1号推广应用（陈忠文，2008）

图 8-9　贵州省镇宁布依族苗族自治县丁旗镇余庆地瓜 1 号示范验收（陈忠文，2008）

六、规范化生产，扩大豆薯生产经营社会效应

通过不断的试验示范探索，逐渐形成了豆薯（种子和贮藏根）生产基地选择、适期播种、施肥起垄覆膜、合理密植、撑杆打顶、田间管理、病虫害防治和适时采收等规范化生产技术，发挥豆薯（种子和贮藏根）生产最大潜力，达到提高作物产量、改善作物品质、增加效益的目的，取得了广泛的社会效应。

1. 豆薯种子规范化生产过程

(1) 基地选择。 以海拔 700m 以下、土壤肥沃、排灌方便、隔离安全（山区小平地，附近 3km 无蜜蜂养殖）、交通方便区域作为豆薯种子生产基地为宜（图 8-10、图 8-11）。

图 8-10　余庆地瓜 1 号种子生产基地一角（陆家寨）

图 8-11　余庆地瓜 1 号种子生产播种盖膜后场景（茶耳岩）

（2）开沟施肥（有机肥及氮磷钾三元复合肥）。在豆薯种子生产地块上，翻犁细碎土壤，平整土地，按宽 1.1～1.3m 拉绳开沟，沟宽 40cm、深 25cm，每亩施腐熟有机肥 1 500～2 000kg，均匀施于沟内，再将 40～50kg 氮磷钾三元复合肥施于有机肥上（图 8-12）。

图 8-12　开厢沟施有机肥及氮磷钾复合肥

起垄，垄高 25～30cm、宽 60～70cm，垄间距 40～60cm，垄面平整，无 3cm 以上土泥团（图 8-13），达到规范化标准（图 8-14）。

图 8-13　覆土盖肥起垄

图 8-14　规范化起垄

（3）除灭杂草。 若土壤湿润，一般在起垄后 10d 左右使用除草剂。若遇连续 20d 以上干旱，土壤湿度低于 60%，需洒水湿润土壤，有条件的地方可在起垄后漫灌 1 次，3d 后使用除草剂（图 8-15）。

（4）播种。 首先根据市场需求选择品种，其次精选种子，再根据土壤墒情决定是否进行浸种处理。

于垄上按株距 30cm、行距 30～40cm 双行错窝播种（图 8-16）。每窝播

图 8-15　起垄后除灭杂草

图 8-16　垄上播种

种子 2～3 粒，泥土盖种 2～3cm，浇透水（图 8-17），再每亩施用 10％四聚乙醛颗粒剂 300～360g 等防治蛞蝓等地下害虫，然后盖地膜（图 8-18）。

图 8-17　播种后覆土浇透水

图 8-18 播种后用药防地下害虫、盖地膜

（5）苗期管理。播种后 12～25d 视出苗情况及时将薄膜扎洞，引幼苗出膜，再将苗基部地膜盖严（图 8-19）。第 2 片真叶平展时定苗，每窝留苗 2～3 株，每亩施用尿素 5kg、过磷酸钙 5kg，兑清粪水 1 000kg 作为追肥（图 8-20）。

4 月下旬当苗高 7～8cm 或长出 5～6 片真叶时，结合锄草追肥，每亩用尿素 10kg、过磷酸钙 5kg，兑清粪水 1 000kg 淋苗（图 8-21），用药防蛞蝓危害。

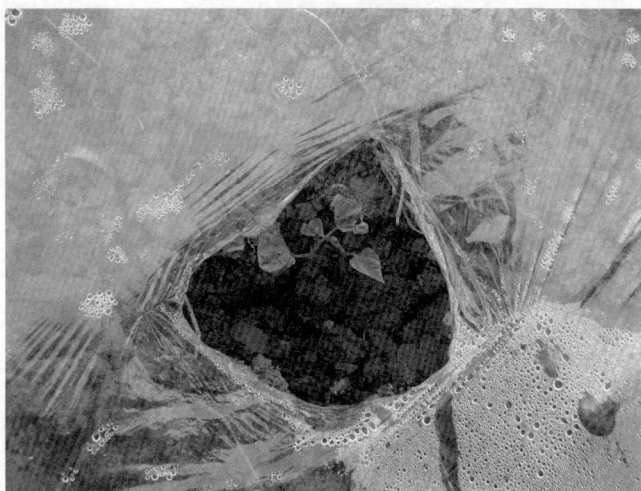

图 8-19 及时破膜引苗

图 8-20　定苗、追肥

图 8-21　除草、定苗、施肥管理后的苗长势

（6）**植株调整。**待苗高 15cm 时进行支架。支架多用竹竿，每窝插 1 根竹竿，竹竿长 1.2～1.5m，地上部高 1.1～1.3m。当蔓长 20cm 时人工引蔓上架，将蔓反时针方向缠绕在竹竿上（图 8-22、图 8-23）。

摘除侧蔓。在植株长至 18～20 片叶时摘除生长点，控制顶端生长，同时见侧蔓及时摘除（图 8-24）。

控制花序。每株保留最早的 7～8 个花序，每花序留 8～10 节后及时摘除其余无效花序，保证每节花序结 5～8 个荚（图 8-24）。防治田间地上茶黄螨、豆蚜、豆荚螟和地下蛴螬，以及黑心病、根腐病等病虫危害。

图 8-22 插支撑竹竿

图 8-23 引蔓上竹竿

图 8-24 摘除侧枝（蔓）控制花序

（7）除杂去劣。 拔除混杂株、变异株、病株、劣株，现蕾前进行第 1 次，现蕾时进行第 2 次（图 8-25、图 8-26）。

图 8-25　田间去杂去劣

图 8-26　去杂去劣后田间长势

（8）中后期田间管理。 开花结荚至籽粒完熟期保持土壤有足够水分，空气相对湿度应为 70%左右（图 8-27 至图 8-29）。

图 8-27　开花结荚期保持土壤水分
　　　　和田间空气相对湿度

图 8-28　结荚中后期遇干
　　　　旱放"跑马水"

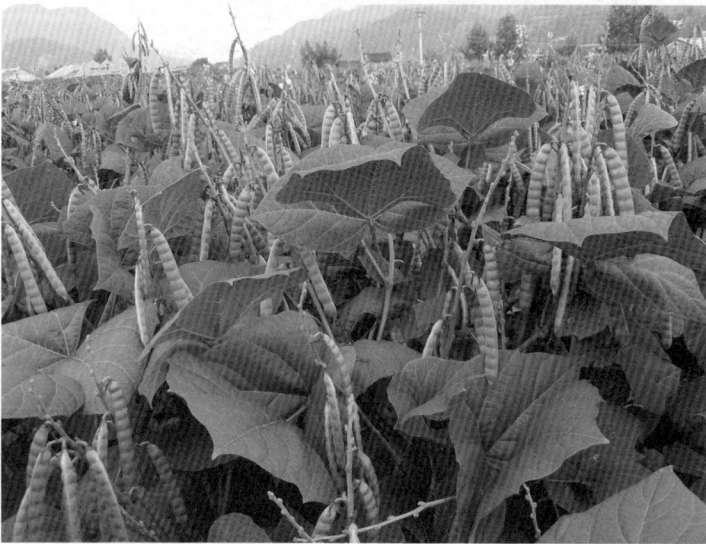

图 8-29　豆荚鼓粒期长势

（9）采收与加工。待90％以上豆荚颜色由绿色变黄褐色时（图8-30），
摘除叶片（图8-31），连同上部藤一起摘下，20枝左右扎成一小把（图8-
32），挂在避雨通风处晾干后（图8-33），待晴天及时脱粒、过筛、风簸，除
去秕粒，之后运输储藏（图8-34至图8-36）。

图 8 - 30　豆荚开始变黄

图 8 - 31　人工摘除枯叶

图 8 - 32　豆薯藤捆扎成把晾干

图 8 - 33　豆薯藤捆扎成把后熟

图 8 - 34　晴天脱粒

图 8 - 35　豆薯种子

图 8-36 收购、运输、储藏

2. 豆薯贮藏根规范化生产

（1）**土地选择与整理。**选择交通便利、土壤疏松、排水方便的壤土或砂壤土作为种植地为宜。于年前翻耕，播种前结合除草、施肥再翻犁一次，细碎平整土地。

（2）**品种选择。**对接市场需求，从生育期以及贮藏根外形、品质、适应性等方面选择适合当地种植的豆薯品种。

（3）**整地、开厢、起沟、播种。**每亩施腐熟有机肥 3 000kg。播种前 15d将土块打碎耙平，做成宽 120cm、沟深 25cm 的畦，畦与畦间距 30～40cm。对于腐殖质含量高且有蛴螬、小黄蚂蚁危害的壤土，每亩用 5% 辛硫磷颗粒剂 2.0～2.5kg 翻混入土（图 8-37、图 3-38）。

图 8-37 土地选择、整理

图 8 - 38　整地完成等待播种

于每年 3 月中旬至 5 月下旬播种。每穴播种 1～2 粒，株距 20cm、行距 15～25cm，播种后盖上细土（图 8 - 39）。地膜覆盖可提早上市。

图 8 - 39　按规格播种

（4）苗期管理。地膜覆盖，播种后 15d 左右苗出土，及时将薄膜扎洞，引幼苗出膜，再将苗基部地膜盖严。裸土覆盖，播种后 25d 左右出苗。第 2 片真叶平展时定苗，每穴留 1 株，每亩用尿素 5kg、过磷酸钙 5kg，兑清粪水 1 000kg 追肥。苗高 7～8cm 或长出 5～6 片真叶时，结合锄草追肥，每亩用尿素 10kg、过磷酸钙 5kg，兑清粪水 1 000kg 淋苗。6—7 月贮藏根开始膨大时重施一次追肥，如遇天旱，应采取浇水抗旱措施（图 8 - 40、图 8 - 41）。

豆薯苗生长到 11～13 片叶或苗高 30cm 左右时，及时断梢控制顶端生长，每 7～10d 进行 1 次，连续进行 4～5 次，除去侧枝和花序。

（5）病虫害防治。在苗期发现蛞蝓危害时，每亩用 6.8％四聚乙醛颗粒剂

图 8-40　豆薯苗期田间长势

图 8-41　豆薯膨大期田间长势

200g 于下午撒在豆薯苗根部；用 2.5％溴氰菊酯乳油 12～16mL 或 50％辛硫磷乳油兑水 60kg 或人工捕杀等防治地老虎危害。生长中后期主要防治叶螨等螨类危害，在叶螨危害初期每亩用 15％哒螨灵乳油 1 500 倍液等高效低毒杀螨剂喷雾。于 7 月上旬，用 50％辛硫磷乳油 1 000 倍液浇灌根部，防治蛴螬和小黄蚂蚁钻食贮藏根。用 70％代森锰锌可湿性粉剂 800 倍液，每隔 5～7d 喷施 1 次防治炭疽病和叶斑病。

（6）采挖。播种后 115～120d 开始采收（图 8-42），具体采收期根据市场需求调整。

（7）运输或就地销售。晴天采收，剔除单个重小于 50g 的贮藏根，除去破损贮藏根（图 8-43），堆放于 1.5～2m 深的地窖内，200～300kg 堆成一堆，堆与堆间隔 30cm，每间隔 15～25d 翻检一次，剔除腐烂贮藏根。待需要取用（注意进窖安全）或批发零售（图 8-44、图 8-45）。

图 8 - 42 割藤采收

图 8 - 43 采收待选

图 8 - 44 批 发

图 8-45　零　售

3. 提升社会效益　通过生产现场会（图 8-46）、工作汇报（图 8-47）、技术培训（图 8-48）、典型示范作用（图 8-49、图 8-50）、招商引进交流（图 8-51）等方式，不断扩大余庆豆薯知名度，促进地方特色资源利用。

图 8-46　2009 年 3 月全省春耕生产现场会豆薯种子生产基地现场会

图 8-47　贵州省原农业厅副厅长胡启承（右 2）到余庆豆薯种子生产基地调研

图 8-48　贵州省原农业厅总农艺师张太平（中）到
余庆豆薯种子基地指导杂交育种技术

图 8-49　贵州省原农业厅科教处组织专家对余庆地瓜 1 号贮藏根生产
示范（贵州省镇宁布依族苗族自治县丁旗镇）验收

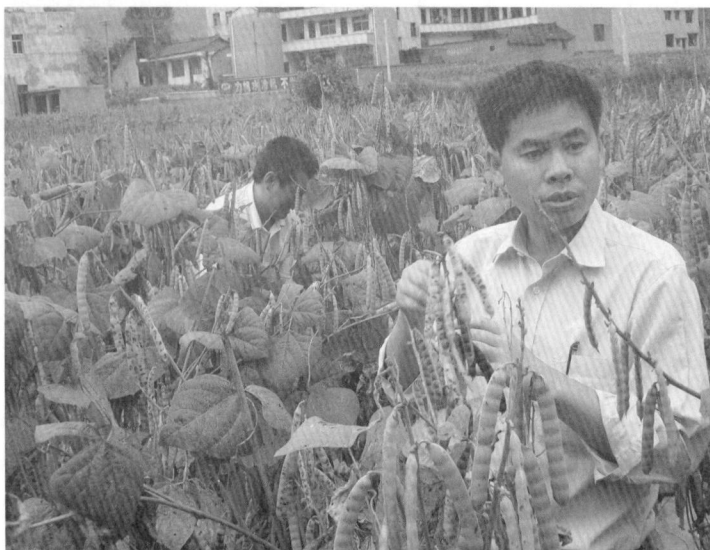

图 8 - 50　贵州省农业科学院蔬菜所专家对余庆地瓜 1 号种子
　　　　　生产验收（贵州省余庆县白泥镇）

图 8 - 51　豆薯种子经销商田间考察

主要参考文献

安徽医学院，1978. 中毒急救手册 [M]. 上海：上海科学技术出版社.

毕美光，李光武，李梅，等，2011. 豆薯引种及高产栽培技术研究初报 [J]. 北方园艺
  （13）：39-40.

蔡建华，林玉娟，叶晓明，2001. 豆薯种子中一种具有抗植物病毒活性的蛋白质的初步晶
  体学研究 [J]. 结构化学，20（2）：149-150.

陈怀勋，张雷，陈明远，2011. 日光温室豆薯越冬高效栽培关键技术 [J]. 中国蔬菜，1
  （11）：55-56.

陈士平，1980. 豆薯 [J]. 世界农业（8）：27.

陈树文，苏少范，2007. 农田杂草识别与防除新技术 [M]. 北京：中国农业出版社.

陈延燕，吴东昱，丁梦娟，2008. 豆薯种子的乙醇水溶液提取物对 2 龄家蚕杀虫活性的研
  究 [J]. 大众科技（6）：140-141.

陈忠高，龙卫红，2003. 马铃薯套种凉薯增收有高招 [J]. 湖南农业（22）：24.

陈忠文，2008. 豆薯种子高产繁殖技术 [J]. 种子科技，26（1）：56.

陈忠文，2014. 豆薯开花数量与结实部位的观察及种子生产技术应用探讨 [J]. 种子，33
  （7）：126-128.

陈忠文，冯仕喜，郭仕平，等，2007. 余庆地瓜 1 号的选育与利用 [J]. 种子，26（6）：
  80-81.

陈忠文，黄超，潘晶晶，2016. 一种外来作物 *Pachyrhizus erosus* 的异名辨析及中英文正名
  建议 [J]. 30（1）：78-80.

陈忠文，李雪维，2015. 豆薯杂交技术探讨 [J]. 中国园艺文摘（6）：27，29.

陈忠文，文西强，母秋容，2011. 西瓜与豆薯（块根）套作初探 [J]. 新农民（12）：332.

陈忠文，文西强，王宏飞，2014a. 不同种植方式和距离对豆薯异交结实率的影响 [J]. 中
  国种业，230（5）：49-50.

陈忠文，文西强，王宏飞，等，2013. 豆薯品种（系）、种植密度、块根采收期三因素正交
  试验 [J]. 农村经济与科技，24（11）：27-28.

陈忠文，文西强，王宏飞，等，2014b. 豆薯种子与花冠颜色及花器结构描述 [J]. 作物研
  究，28（2）：152-153.

陈忠文，文西强，王宏飞，等，2014c. 豆薯资源的开发利用及发展建议 [J]. 园艺与种苗
  （5）：49-51，53.

陈忠文，周介雄，文西强，2008. 贵州地瓜产业发展分析与评价 [J]. 种子，27（12）：
  140-142.

陈忠文，周黎，王德英，等，2018. 豆薯花粉活力研究 [J]. 作物研究，32（1）：31-34.

程真奇，2005. 大棚地瓜早熟丰产栽培技术［J］. 长江蔬菜（2）：18-19.

戴芳澜，1991. 中国真菌总汇［M］. 北京：科学出版社.

邓清，邓树林，2003. 绿色食品蔬菜：豆薯［J］. 江西农业科技（5）：20.

迪珂君，黄欣娅，贾雪梅，等，2020. 豆薯软罐头质地变化及贮藏动力学研究［J］. 食品工业科技，41（6）：33-38.

丁小雯，胡建军，许伟东，等，1995. 豆薯淀粉理化性质研究［J］. 广州食品工业科技，11（2）：57-58.

丁小雯，胡建军，1996. 豆薯淀粉理化性质研究［J］. 广州食品工业科技（1）：57-58.

董红霞，柳弟贵，刘慧敏，2004. 南方塑料大棚内空气湿度调控措施研究［J］. 湖南农业科学（4）：37-39，41.

方家齐，1991. 地瓜留种方法［J］. 长江蔬菜（5）：29，35.

方军，2006. 豆薯地老虎类害虫的危害与防治［J］. 农技服务（3）：32-33.

方中达，任欣正，1960. 豆薯的一种新的细菌病害［J］. 植物病理学报，6（1）：87-89.

冯万忠，1980. 蔬菜塑料薄膜地面覆盖田间小气候效应的研究［J］. 农业气象（2）：21-27.

符致坚，林盛，蔡坤，等，2016. 香附生产栽培技术标准化规程［J］. 安徽农业科学，44（2）：156-157，187.

傅伟昌，成红巧，麻成金，1996. 凉薯汁饮料生产工艺及经济效益分析［J］. 吉首大学学报（自然科学版），17（4）：73-75.

高春奇，李能，1998. 凉薯亩产过 5 吨的诀窍［J］. 农村百事通（4）：11-12.

龚苏晓，2003. 豆薯种子中的成分及其抗 HSV 活性的研究［J］. 国外医学（中医中药分册），25（4）：238.

顾正彪，2008. 我国淀粉及其深加工工业现状和发展趋势［J］. 粮食与饲料工业（8）：7-9.

贵州省余庆县地方志编纂委员会，1992. 余庆县志［M］. 贵阳：贵州人民出版社.

郭碧珊，2008. 豆薯块根采后处理与贮藏技术之研究［EB/OL］.（2008-10-21）［2019-09-30］. https：//www. researchgate. net/publication/47494871_doushukuaigencaihouchuliyuzhucangjishuzhiyanjiu? ev＝auth_pub.

郭津伍，1997. 豆薯的高产优质栽培技术［J］. 农家之友（5）：22.

国锦琳，裴瑾，任艳，等，2009. 中药豆薯子核糖体失活蛋白研究［C］. 第八次全国药用植物及植物药学术研讨会论文集.

韩青梅，1996. 播种时期与种植密度对豆薯产量及品质之影响［J］. 高雄研究会（5）：2.

韩威，孙立忠，胡林森，2011. 鱼藤酮与帕金森病［J］. 中国老年学杂，31（12）：2376-2378.

郝冰，林玉娟，1996. 豆薯种子中两种蛋白质的分离纯化及其性质研究［J］. 中国生物化学与分子生物学报（5）：578-582.

洪德林，2010. 作物育种学实验技术［M］. 北京：科学出版社.

胡世凤，1998. 凉薯（地瓜）高产栽培经验［J］. 农技服务（5）：14-15.

胡献国，2007. 食物药用［M］. 北京：人民军医出版社.

黄超培，赵鹏，2005. 鱼藤酮的神经毒性研究进展 [J]. 国外医学卫生学分册，32（6）：361-365.

黄坚雄，潘剑，周立军，等，2015. 全周期间作模式胶园内间作豆薯的产量及其抗逆生理的特征 [J]. 热带作物学报，36（4）：639-644.

黄群，麻成金，余侣，等，2008. 凉薯乳饮料生产工艺及其稳定性研究 [J]. 食品科学，29（9）：716-718.

黄胜琴，陈润政，刘文华，等，1996. 超低含水量对豆薯种子生活力的影响 [J]. 中山大学学报（自然科学版），35（增刊2）：187-189.

黄胜万，陈德周，危能武，2008. 大棚豆薯早熟高产高效栽培技术 [J]. 蔬菜（12）：15.

黄天友，刘黎明，钟蒸钧，1994. 凉薯脯的加工技术 [J]. 食品科学，174（6）：71-72.

季景元，陈坤生，戴常智，等，1963. 种子亚麻播种期之适应性研究 [J]. 农业研究，12（1）：35-46.

冀金，田建平，冯文静，2009. 无公害蔬菜病虫害防治措施 [J]. 内蒙古农业科技（3）：110-110，119.

贾慎修，1995. 中国饲用植物志（第五卷）[M]. 北京：中国农业出版社.

江纪武，肖庆祥，1986. 植物药有效成分手册 [M]. 北京：人民卫生出版社.

姜妍，吴存祥，胡珀，等，2014. 不同结荚习性大豆品种顶端花序发育过程的形态解剖学特征 [J]. 作物学报，40（6）：1117-1124.

蒋必驹，王丽梅，黄光华，等，2002. 葛薯籽中毒16例临床分析 [J]. 临床急诊杂志，3（4）：192.

金剑雪，李凤良，程英，等，2011. 七星瓢虫对豆蚜的功能反应 [J]. 植物保护，37（4）：68-71.

康红艳，王妙妹，刘凤臣，2018. 发酵凉薯酸奶工艺研究 [J]. 中国农学通报，34（28）：160-164.

雷千东，2001. 门岭凉薯优质高产栽培 [J]. 中国农业自信快讯，53（1）：28-29.

李春龙，2015. 豆薯的高产栽培技术 [J]. 农家科技旬刊（5）：87.

李静萍，1998. 镁：人体健康必需的重要元素 [J]. 化学教学（2）：23-24.

李康，冯慧君，刘辉，等，2009. 玉米旱地宽厢宽带套种不同经济作物效益分析 [J]. 现代农业科技（9）：170-172.

李锡香，2002. 中国蔬菜种质资源的保护和研究利用现状与展望 [C]. 成都：中国蔬菜遗传育种学术讨论会.

李晓娜，2017. 凉薯莴笋粥：防治贫血助消化 [EB/OL].（2017-10-15）[2020-03-21]. http://www.pingguolv.com.

李彦坡，麻成金，黄群，2006. 低糖凉薯果脯的研制 [J]. 现代食品科技，22（2）：176-178.

李有志，魏孝义，徐汉虹，等，2009. 豆薯种子中的杀虫成分及其毒力测定 [J]. 昆虫学报，52（5）：514-521.

李玉敏，孔春燕，2003. 地膜凉薯一茬高产高教栽墙技术 [J]. 河北农业科技（3）：8.

廖寒林，2006. 地瓜米中毒 2 例 ［J］. 广东医学，27（1）：21.

林莉，汪森富，2009. 余庆地瓜 1 号块根生产测土配方施肥模式初探 ［J］. 农技服务（4）：
　 52-53.

林生，李军南，1983. 豆薯子酊治愈急性湿疹 31 例介绍 ［J］. 中医杂志，796（10）：76.

林生，李军南，1984. 豆薯子酊治愈疥疮 47 例报告 ［J］. 实用医学杂志（3）：40.

刘洪，麻成金，1994. 热烫去皮对凉薯性质变化的影响 ［J］. 吉首大学学报（自然科学版），
　 15（6）：65-67.

刘建平，2010. 荠菜的特征特性及高产栽培技术 ［J］. 现代农业科技（10）：128，135.

刘劲松，2005a. 凉薯种籽中毒的临床特点及预后 ［J］. 健康大视野 . 医学分册（3）：
　 78-79.

刘劲松，2005b. 应用美蓝等抢救凉薯种籽中毒的体会 ［J］. 健康大视野 . 医学分册
　（4）：64.

刘轲，2015. 汉中豆薯成分分析及其开发利用研究 ［D］. 汉中：陕西理工学院 .

刘轲，刘建华，李方，等，2014. 豆薯片热风干燥动力学研究 ［J］. 江苏农业科学，42
　（1）：227-229.

刘轲，刘建华，赵林杰，2013. 豆薯糖化液制备技术研究 ［J］. 广东农业科学（15）：
　 107-110.

刘兰英，王大容，2007. 急性豆薯子中毒一例抢救体会 ［J］. 遵义医学院学报，30（3）：
　 379-379.

刘明月，1982. 豆薯生长发育的初步研究 ［J］. 湖南农业大学学报（自然科学版）（2）：
　 70-79.

刘青梅，1994. 豆薯引种试验 ［J］. 上海蔬菜（3）：22.

刘善臣，1996. 黄瓜豆薯套种技术 ［J］. 长江蔬菜（4）：11.

刘仕龙，1994. 凉薯用多效唑涂芽效果好 ［J］. 湖南农业（5）：7.

刘湘，1991. 豆薯种子的细胞毒作用 ［J］. 国外医药（6）：272.

刘永娟，卫永华，张志健，2017. 豆薯资源及其开发利用现状 ［J］. 食品研究与开发，38
　（4）：208-212.

刘政，郭玉蓉，牛黎莉，等，2007. 燕麦淀粉性质研究 ［J］. 甘肃农业大学学报，42（3）：
　 110-113.

刘志恒，王英姿，关于舒，等，2003. 薯芋类蔬菜病虫害诊治 ［M］. 北京：中国农业出
　 版社 .

龙阳，2002. 麦田猪殃殃的化除技术 ［J］. 安徽农业（2）：23.

陆作楣，陶瑾，1999. 论"株系循环法"［J］. 种子，103（4）：3-5.

吕家龙，2011. 蔬菜栽培学各论（南方本）［M］. 3 版. 北京：中国农业出版社 .

骆和东，林健，贾玉珠，2005. 一起食用豆薯种子引起的鱼藤酮中毒 ［J］. 现代预防医学
　（10）：1392-1392.

麻成金，黄群，田向荣，等 .2008. 豆薯籽油的超临界 CO_2 萃取及其理化特性 ［J］. 中国油
　 脂，33（12）：20-23.

麻成金，李加兴，顾仁勇，1997. 凉薯系列产品生产工艺［J］. 适用技术之窗（2）：19-20.

麻成金，李加兴，姚茂君，1996. 全天然复合凉薯汁饮料的研究［J］. 软饮料工业，45
　（3）：21-22, 34.

孟惠平，李冬莉，杨延哲，2010. 钙与人体健康［J］. 微量元素与健康研究，27（5）：
　65-67.

南京农学院，华南农学院，1978. 植物学［M］. 上海：上海科学技术出版社.

聂宝明，2003. 豆薯种子的化学成分及抗 HSV 活性［J］. 现代药物与临床，18（3）：
　117-118.

宁堂原，焦念元，安艳艳，等，2007. 间套作资源集约利用及对产量品质影响研究进展
　［J］. 中国农学通报（4）：169-173.

彭菲，王凤翔，1995. 凉薯贮藏根形态发育的解剖观察［J］. 湖南农学院学报，21（2）：
　17-20.

彭业锦，2009. 凉薯乳酸发酵饮料的研制［D］. 长沙：湖南农业大学.

濮绍京，石峰，金文林，等，2003. 7 个小豆核心种质杂交亲和力的研究［J］. 北京农学院
　学报，18（2）：82-85.

秦捷，2010. 凉薯酒生产工艺的研究［D］. 长沙：湖南农业大学.

屈小江，2013. 四川盆地的地瓜留种技术［J］. 四川农业科技（3）：27-27.

任曦竹，王湘，刘君，等，2011. 凉薯果酒发酵条件研究［J］. 饮料工业，14（6）：24-27.

寿海洋，闫小玲，马金双，2014. 江苏省外来入侵植物的初步研究［J］. 物分类与资源
　学报（6）：113-127.

宋元林，曹一湘，徐建堂，2003. 根茎类名特蔬菜栽培技术［M］. 北京：中国农业出版社.

苏雪娇，张秀娟，常维娜，等，2013. 凉薯（*Pachyrrhizus erosus* L.）块茎的营养品质分
　析［J］. 食品工业科技，34（19）：349-351, 363.

隋雪德，赵连璧，尹栋栋，2009. 新型保健食品豆薯栽培技术［J］农业知识：致富与农资
　（3）：7.

孙德才，1993. 萍乡大种凉薯［J］. 长江蔬菜（1）：25-26.

谈宇俊，单志慧，沈明珍，等，1997. 中国大豆种质资源抗大豆锈病鉴定［J］. 大豆科
　学，16（3）：205-209.

谈宇俊，1982. 大豆锈病流行规律及防治研究［J］. 中国油料（4）：1-8.

谈宇俊，单志慧，周乐聪，2001. 大豆锈菌冬孢子在侵染循环中的作用［J］. 中国油料作物
　学报，23（3）：49-51.

谈宇俊，费甫华，单志慧，2001. 大豆锈菌（*Phakopsora pachyrhizi* Sydow）冬孢子形成
　研究［J］. 中国油料作物学报，23（1）：56-59.

唐祖年，龚受基，戴支凯，等，2008. 凉薯种子提取物急性毒性和 KB 细胞抑制作用的初步
　研究［J］. 食品科学，29（7）：435-437.

仝爱玲，王学军，1998. 豆薯引种栽培新技术［J］. 山东蔬菜（1）：19-20.

汪李平，杨静静，2013. 有机蔬菜：薯芋类生产技术规程［J］. 长江蔬菜（23）：4-9.

王贵国，饶春英，邹国亮，2017. 凉薯的高产高效栽培技术要点［J］. 现代园艺（1）：46.

王金池，1994. 豆薯无支架种植 ［J］. 现代农业科技（4）：17.

王俊伟，2013. 钙的功用和人体健康 ［J］. 中国医用指南，11（13）：766.

王柳萍，覃坤坚，赵立春，等，2020. 植物根膨大的研究进展 ［J］. 湖北农业科学，59（11）：5-9.

王守贞，1991. 钙、镁与脑动脉硬化 ［J］. 国外医学（老年医学分册）（4）：43-44.

王思明，2004. 美洲原产作物的引种栽培及其对我国农业生产结构的影响 ［J］. 中国农史，23（2）：17-27.

王学忠，2004. 蔬菜的植株调整类型 ［J］. 天津农林科技（2）：44.

王雅娟，戴寿生，丁华，1987. 凉薯常温简易贮藏初探 ［J］. 湖南农学院学报（4）：40-45.

王永仁，王牧民，1997. 凉薯栽培技术 ［J］. 湖南农业（3）：15.

王运儒，曾鑫年，赵静，2011. 鱼藤酮与除虫菊素对小菜蛾幼虫的协同增效作用 ［C］. 植保科技创新与病虫防控专业化——中国植物保护学会 2011 年学术年会论文集.

韦美丽，崔秀明，陈中坚，等，2005. 黄花蒿栽培研究进展 ［J］. 现代中药研究与实践（5）：60-64.

文西强，陈忠文，2009. 不同种植密度对豆薯块根产量的影响 ［J］. 长江蔬菜（19）：45-46.

文西强，陈忠文，李形美，等，2011. 低海拔地区不同栽培方式对豆薯品系块根产量及商品性的影响 ［J］. 农技服务，28（12）：1671，1673.

文西强，文云书，陈忠文，等，2007. 发芽床对豆薯种子发芽及幼苗生长的影响 ［J］. 种子科技，25（2）：43-44.

翁裕佳，1988. 豆薯（*Pachyrhizus erosus* L. Urban）小孢子发生及雄配子体的形成 ［J］. 西南农业大学学报，10（3）：314-317.

吴芳，2004. 豆薯种子病程相关蛋白 SPE16 的性质和结构研究细胞凋亡关联蛋白 ALG-2 的初步 ［D］. 合肥：中国科学技术大学.

吴红京，郝冰，唐根源，1997. 高效凝胶过滤色谱法分离测定豆薯种子蛋白 ［J］. 色谱，15（2）：153-155.

吴慧芬，杨新明，1987. 凉薯新害虫：甘薯跳盲蝽的初步研究 ［J］. 植物保护（4）：40.

吴青，袁子鸿，曾钦华，2003. 豆薯高产栽培技术 ［J］. 江西农业科技（12）：12.

吴志行，侯喜林，2002. 环保型防护作物豆薯的栽培技术 ［J］. 长江蔬菜（11）：23.

夏爱如，2008. 豆薯套种大豆栽培技术 ［J］. 温州农业科技（3）：42-43.

肖成全，陈忠文，文西强，2012. 余庆地瓜 1 号生育期气象要素分析 ［J］. 现代农业科技，567（1）：284.

肖事本，1992. 豆薯留种人工促控技术 ［J］. 长江蔬菜（6）：40.

谢宗万，1975. 全国中草药汇编 ［M］. 北京：人民卫生出版社.

熊谱成，2003. 巧用植物农药杀害虫 ［J］. 农家之友（23）：40.

徐汉虹，黄继光，2001. 鱼藤酮的研究进展 ［J］. 西南农业大学学报，23（2）：140-143.

徐立荣，2008. 草坪杂草：白茅防治技术 ［J］. 南方农业（花卉园林版）（5）：76-78.

许志刚，姬广海，魏亚东，1999. 豆薯细菌性角斑病的病原鉴定 [J]. 植物病理学报，29
（4）：357-359.

杨履瑞，廖长禄，1984. 豆薯种子治疗家畜疥癣 [J]. 贵州农业科学 (1)：50.

杨泌泉，吴卫国，周细军，等，1993. 凉薯脯的加工技术 [J]. 食品科学 (6)：28-31.

杨文慧，赵兵，高昂，等，2011. 豆薯药学研究概况 [J]. 安徽农业科学，39（33）：
20391-20392.

杨再学，李大庆，陈忠文，2007. 余庆地瓜发生病虫种类调查及治理技术探讨 [J]. 中国农
村科技 (5)：7.

易茗，2014. 吃凉薯降压又解酒 [J]. 恋爱婚姻家庭（养生）(1)：24.

袁平根，2010. 凉薯子中毒致呼吸衰竭、昏迷抢救成功 1 例报道 [J]. 江西医药，45（4）：
338-339.

曾映霞，2010. 沙葛榨汁饮用可降压降脂防止动脉粥样硬化 [［EB/OL]. (2010-08-30)
[2020-05-27]. http：//news. sina. com. cn/h/2010-08-30/103421001036. shtml.

张宝棣，2002. 蔬菜病虫害原色图谱（瓜类、薯芋类）[M]. 广州：广东科技出版社.

张德纯，2015. 豆薯 [J]. 中国蔬菜 (3)：44.

张东，2016. 豆薯果醋酿造工艺技术研究 [D]. 汉中：陕西理工学院.

张东，张志健，卫永华，等，2016. 响应面分析法优化豆薯醋的发酵工艺 [J]. 陕西理工大
学学报（自然科学版），32（3）：58-64.

张方林，1986. 邯郸市引种豆薯成功 [J]. 农业科技通讯 (11)：40.

张箭，2007. 论豆薯：地瓜的定名和调整 [J]. 西华大学学报（哲学社会科学版），26（4）：
65-68.

张力田，1996. 淀粉：糖品良好来源 [J]. 华南理工大学学报（自然科学版），22（6）：
105-110.

张连平，2011. 豆薯高产栽培技术 [J]. 蔬菜 (4)：15-16.

张连平，2014. 豆薯无公害栽培技术 [J]. 蔬菜 (5)：30.

张生理，1984. 地瓜子（豆薯子）中毒 5 例死亡 3 例报告 [J]. 四川中医 (5)：43.

张淑英，蒋瑞华，1997. 纳洛酮的临床新用途 [J]. 中国药物应用防治杂志，10（3）：41.

张双喜，1989. 鱼藤杀虫作用的研究 [D]. 广州：华南农业大学.

张廷茂，1999. 明季澳门与马尼拉的海上贸易 [J]. 岭南文史 (1)：12-15.

张晓玲，黄白红，2010. 豆薯汁果冻的加工工艺研究 [J]. 吉林蔬菜 (2)：87-88.

张友松，孙孟仲，1985. 变性淀粉及其在食品工业中的应用 [J]. 食品科学 (10)：20.

张泽民，林志强，方奇峰，1994. 秋大豆锈病药剂防治试验大豆锈病研究进展 [M]. 武
汉：科技出版社.

张振贤，2003. 蔬菜栽培学 [M]. 北京：中国农业大学出版社.

张志健，刘轲，张东，等，2014. 豆薯淀粉的特性研究 [J]. 中国食品添加剂 (8)：
139-145.

赵静，冯叙桥，1992. 糖水豆薯罐头生产技术 [J]. 食品科学，151（10）：59-60.

赵连璧，隋雪德，孙泽伟，等，2005. 新型纯天然绿色食品：水果地瓜 [J]. 种子世界

(7)：70.

赵扬帆，郑宝东，2006. 植物多酚类物质及其功能学研究进展 [J]. 福建轻纺 (11)：
　　107-110.

郑兵福，李彦坡，蒋立文，2010. 凉薯加工产品的发展现状 [J]. 农产食品科技，4 (2)：
　　52-54.

郑东，1992. 青鲜素控制豆薯侧芽生长试验 [J]. 广东农业科学 (1)：21-22.

中国农业科学院蔬菜花卉研究所，2010. 中国蔬菜栽培学 [M]. 2 版 . 北京：中国农业出
　　版社 .

中国农业科学院油料所大豆锈病研究组，1979. 大豆锈病 [J]. 农业科技通讯 (5)：34.

中国植物学院中国植物志编辑委员会，1993. 中国植物志 [M]. 北京：科学出版社 .

周立赖，卢乃会，周立能，等，2019. 不同除草剂对豆薯菟丝子的防效与安全性试验 [J].
　　现代农业科技 (18)：75-77.

周训芝，宋邦兵，吕卫东，等，1998. 大麦田泽漆主要生物学特性及防治研究 [J]. 大麦科
　　学 (2)：29-31.

朱绍琳，黄骏麒，1964. 陆地棉变异与 "退化" 研究 [J]. 作物学报，3 (1)：51-68.

朱宗轩，叶斗斌，张建明，1985. 凉薯地膜覆盖栽培的效果与技术 [J]. 作物杂志
　　(2)：27.

ANNEROSE D J M，DIOUF O，1994. Some aspects of response to drought in the genus
　　Pachyrhizus Rich. ex DC [R]. Rome ：Proceedings of the First International.

ANNEROSE D J M，DIOUF O，1995. The yam bean project [R]. Bambey：Second Annual
　　Progress.

APATA D F，OLOGHOBO A D，1990. Some aspects of the biochem istry and nutritive
　　value of African yambean seed [J]. Food Chemistry，36 (4)：271-280.

BLOSZYK E，NAWROT J，HAMATHA J，et al.，1990. Effectiveness of antifecdants of
　　plant origin in protection of packaging materials against storage insects [J]. Journal of
　　Applied Entomology，110 (1)：96-100.

BROADBENT J H，SHONE G，1963. The composition of *Pachyrrhizus erosus* (yam bean)
　　seed oil [J]. Journal of the Science of Food and Agriculture，14 (7)：524-527.

BRUNEAU A，DOYLE J J，PALMER J D，1990. A chloroplast DNA inversion as a
　　subtribal character in the Phaseoleae (Leguminosae) [J]. Syst. Bot，15 (3) ：378-386.

CASTELLANOS J Z ，ZAPATA F ，BADILLO V ，et al.，1997. Symbiotic nitrogen
　　fixation and yield of *Pachyrhizus erosus* (L.) urban cultivars and Pachyrhizus ahipa
　　(WEDD) parodi landraces as affected by flower pruning [J]. Soil Biology &
　　Biochemistry，29 (5/6)：973-981.

CRUZ A O，1950. Composition of Philippine Singkamas oil from the seeds of *Pachyrrhizus*
　　erosus (Linn.) Urban. Philipp. [J]. Science，78：145-147.

ELLIS R H，HONG T D，ROBERTS E H，1990. Low moisture content limists to relations
　　between seed longevity and moisture [J] . Ann Bot，65 (5)：493-504.

EZUEH M I，林本祥，1986. 非洲豆薯 [J]. 福建热作科技（2）：44.

FERNANDEZ M V，WARID A，LOAIZA J M，et al.，1997. Developmental patterns of jicama [*Pachyrhizus erosus* (L.) Urban] plant and the chemical constituents of roots grown in Sonora，Mexico [J]. Plant Foods for Human Nutrition，50：279-286.

GRESHOF M，1890. Eerste verslag van het onderzoek naar de plantenstoffen van Nederlandsch-Indië [M]. Batavia：Landsdrukkerij.

GRUM M，STÖLEN O，HALAFIHI M，et al.，1966. Genotypic and environmental variation in response to inflorescence pruning in *Pachyrhizus erosus* (L.) [J]. Urban-Experimental Agriculture (3) 11-14.

HOLLINGWORTH R M，AHAMMADSAHIB K I，GADELHAK G，et al.，1994. New inhibitors of Complex I of the mitochondrial electron transport chain with activity as pesticides [J]. Biochemical Society Transactions，22 (1)：230-233.

HOOF W C H，SØRENSEN M，1989. Plant resources of South-East Asia [J]. Scientia Horticulturae (3)：213-215.

HOUTTUYN M，1764. Natuurlyke historie of uitvoerige beschryving der dieren，planten en mineraalen：volgens het samenstel van den heer Linnaeus；met naauwkeurige afbeeldingen. Dieren van beiderley leven [M]. Amsterdam：F Houttuyn.

HUART A，1902. The classfication cultivation and application of Jicama [J]. Journal of Sociology of Agriculture and Food，26：555-558.

JIMENEZ B A G，1994. Extracción de rotenona a partir de las semillas de *Pachyrhizus erosus* (jicama) [D]. San Pedro de Montes de Oca：University of Costa Rica.

KARDONO L，TSAURI S，PADMAWINATA K，et al.，1990. Cytotoxic constituents of the seeds of *Pachyrrhizus erosus* [J]. Planta Medica，56 (6)：673-674.

KLOCKMAN D M，PRESSEY R，JEN J J，1991. Characterization of cell polysaccharides of jicama (*Pachyrrhizus erosus*) and Chinese water chestnut (Eleocharis dulcis) [J]. Food Biochem，15：317-329.

LACKEY J A，1977. A revised classification of the tribe Phaseoleae (Leguminosae：Papilionoideae)，and its relation to canavanine distribution [J]. Botanical Journal of the Linnean Society (2)：163-178.

LACKEY J A，1981. Phaseoleae [J]. Advances in Legume Systematics (1)：301-327.

LACKHAN N K，1994. Investigations on the in vitro production of rotenone using *Pachyrhizus erosus* (L.) urban [D]. Trinidad：The university of West India.

LEIDI E O，SARMIENTO R，RODRGUEZ-NAVARRO D N，2003. Ahipa (*Pachyrhizus ahipa* [Wedd.] Parodi)：an alternative legume crop for sustainable production of starch，oil and protein [J]. Industrial Crops and Products，17 (1)：27-37.

LEOPOLD A C，VERTUCCI C W，1989. Moisture as a regulator of physiological reaction in seeds [J]. Seed moisture，14：51-67.

MAKG K，2013. Health benefit of jicama [EB/OL]. (2013-06-02) [2018-09-14]. http：//

www. healthbenefitstimes. com/health-benefit-of-jicama/.

MARTEN SØRENSEN, 1988. A taxonomic revision of the genus *Pachyrhizus* (Fabaceae-Phaseoleae) [J]. Nordic Journal of Botany, 8 (2): 167-192.

MARTEN SØRENSEN, 1989. Pollen morphology of species and interspecific hybrids in *Pachyrhizus* Rich. ex DC. (Fabaceae: Phaseoleae)　[J]. Review of Palaeobotany &. Palynology, 61 (3/4): 319-339.

MARTEN SØRENSEN, 1996. Yam Bean (*Pachyrhizus* DC.) . Promoting the conservation and use of underutilized and neglected crops. 2. [M] . Rome: International Plant Genetic Resources Institute.

MARTINEZ N A, RODRIGUEZ J G, AGUILAR C N, et al. , 2003. Pectinmethylesterase extraction from jicama (*Pachyrhizus erosus* L. Urban) [J]. Food Science and Biotechnology, 12 (2) : 187-190.

MARTÍNEZ M, 1936. Plantas utiles de Mexico [M]. San Diego: Ediciones Botas.

MATTHYSSE J G, SCHWARDT H H, 1943. Substitutes for rotenone in cattle louse control [J]. Journal of Economic Entomology, 34 (5): 718-720.

MENEZES D O B, NUNES D W O, 1955. Esterilidade em Jacatupé (*Pachyrrhizus bulbosus* L.) [J]. Revista Ceres (Brazil) , 10: 52-57.

MERCADO-SILVAA E, GARCIA R, HEREDIA-ZEPEDAB A, et al. , 1998. Development of chilling injury in five jicama cultivars [J] . Postharvest Biology and Technology, 13 : 37-43.

MORALES-ARELLANO G Y, CHAGOLLA-LÓPEZ A, PAREDES-LÓPEZ O, et al. , 2001. Characterization of yam bean (*Pachyrhizus erosus*) proteins. [J]. Journal of Agricultural &. Food Chemistry, 49 (3): 1512-1516.

NAWROT J, HARMATHA J, KOSTOVAL I, et al. , 1989. Antifeeding activity of rotenone and some deriveatives towards selected insect storage pests [J]. Biochemical Systematics and Ecology, 17 (1): 55-57.

NOMAN A S M, HOQUE M A, SEN P K, et al. , 2006. Purification and some properties of alpha-amylase from post-harvest *Pachyrhizus erosus* L. tuber [J] . Food Chemistry, 99 (3) : 444-449.

OTERO S M, 1945. "Nupe, a promising crop for Venezuela" 3rd Conf. Interamer [J]. Agricultural Caracas, 38: 5-34.

PECKOLT G, 1922. Esterilidade em Jacatupé (*Pachyrrhizus bulbosus* L.) [J]. Chácaras E Quintais, 25 (3): 187-189.

PRASAD D, PRAKASH R, 1973. Floral biology of yam-bean, *Pachyrhizus erosus* (L.) Urb. Indian [J] . Agricultural Science, 43 (6): 531-535.

RATANADILOK N, THANISAWANYANGKURA S, 1994. Yam bean [*Pachyrhizus erosus* (L.) Urban] status and its cultivation in Thailand [C]. Guadeloupe: Jordbrugsforlaget.

ROIG Y MESA J T, 1988. Plantas medicinales, aromáticas o venenosas de Cuba [M]. La Habana: Editorial Cientifico-Tecnica.

SAHADEVAN N. 1988. Green fingers: a total commitment to the development offarming. [EB/OL]. (1988-02-26) [2018-09-14]. https: //www. cabidigitallibrary. org/doi/full/ 10. 5555/19880226015.

SANTOS A C, CAVALCANTI M S, COELHO L C, 1996. Chemical compositionand nutritional potential of yam bean seeds (*Pachyrhizus erosus* L. Urban) [J] . Plant Foods for Human Nutrition (Formerly Qualitas Plantarum), 49 (1): 35-41.

SARA UTTEC, 2007. An almost forgotten crop-Jicama [J]. Crop Science (3): 15.

SILVA J V D, 1995. Report on Yam Bean [*Pachyrhizus ahipa* (Wedd.) Parodi] physiology-correlation between leaf polar lipids and membrane resistance to osmotic stress [J]. Plant Physiology (5) 118-122

SILVIA LORENA AMAYA-LLANO, FERNANDO MARTÍNEZ-BUSTOS, ANA LAURA MARTÍNEZ ALEGRÍA, et al. , 2011. Comparative studies on some physicochemical, thermal, morphological, and pasting properties of acid-thinned jicama and maize starches [J]. Food Bioprocess Technol (4) : 48-60.

SRIVASTAVA G S, SHUKLA D S, AWASTHI D N, 1973. We can grow Sankalu in the plains of Uttar Pradesh [J]. Indian Farming, 23 (9): 32

TONY MOODY, 2004. Asian and exotic vegetables yam bean-jicama [J]. NSW Agriculture, 15-23.

ZANKLAN A S, AHOUANGONOU S, BECKER H C, et al. , 2007. Evaluation of the storage root-forming legume yam bean (spp.) under West African conditions [J]. Crop Science, 47 (5) : 1934-1946.

ØRTING B, GRÜNEBERG W J, SØRENSEN M, 1996. Ahipa [*Pachyrhizus ahipa* (Wedd.) Parodi] in Bolivia [J]. Genetic Resources and Crop Evolution, 43 (5): 435-446.

ICS 65.020.20
B 23

DB 52

贵　州　省　地　方　标　准

DB 52/T 853—2013

贵州省豆薯种子生产技术规程

Guizhou Province yem bean seed production technical regulations

2013-12-06 发布　　　　　　　　　　　　2014-02-01 实施

贵州省质量技术监督局 发布

目　次

前　言

本标准按照 GB/T 1.1—2009《标准化工作导则　第 1 部分：标准的结构和编写》给出的规则起草。

请注意：本文件的某些内容可能涉及专利，本文件的发布机构不承担识别这些专利的责任。

本标准由贵州省农业委员会提出并归口。

本标准起草单位：贵州省种子管理站、余庆县种子管理站、贵州省园艺研究所。

本标准主要起草人：陈忠文、王爱华、文西强、施文娟、冯浪、吕梅、姚梅、潘昌俊、龙凤、王宏飞。

本标准的制定以国家标准 GB 4404.2—1996《粮食作物种子》豆类中"大豆"部分所规定的质量指标为基础，规定了豆薯良种种子质量指标及其生产规程。

本标准的附录 A、附录 B 为资料性附录。

本标准由贵州省农业委员会负责解释。

贵州省豆薯种子生产技术规程

1　范围

本标准规定了豆薯种子生产产地环境条件、生产技术、质量要求和包装贮藏。

2　规范性引用文件

下列文件对于本文件的应用是必不可少的。凡是注日期的引用文件，仅所注日期的版本适用于本文件。凡是不注日期的引用文件，其最新版本（包括所有的修改单）适用于本文件。

GB/T 3543　农作物种子检验规程

GB 4404.2　粮食作物种子　第二部分　豆类

GB 20464　农作物种子标签通则

NY 5010　无公害食品　蔬菜产地环境条件

3　术语和定义

下列术语和定义适用于本文件。

3.1　原种

由原种单位（个人）育成品种的原始种子，或推广品种经过提纯后，具有该品种典型性，按本规程生产出的符合原种质量标准的种子。

3.2　大田用种

由原种在严格防杂保纯措施下按本规程繁殖的、质量达到大田用种标准的种子。

3.3　二圃法

由株行圃、原种圃二级组成，即由株行圃去杂混收后直接进入原种圃混合繁殖。

4　产地环境

选择有机质丰富、排水良好的沙壤或壤土区且符合 NY 5010 的规定。

5　生产技术

DB52/T 853—2013

5.1　种源

大田用种生产的种源必须是原种。

5.2　生产管理措施

5.2.1　播种前准备

5.2.1.1　整地开厢，将种子生产田翻犁，翻耕深度 25cm，耙碎、耙平，按 100cm～110cm 拉绳开沟，沟深 15cm～20cm，每 667m² 施腐熟的猪牛粪 1 500kg，草木灰 150kg，N、P、K 三元复混肥 50kg，覆土起垄，垄高 15cm～20cm，宽 60cm。

5.2.1.2　除草处理，起垄完成后，选用选择性芽前土壤处理除草剂进行表土喷雾，10d 内需有待降雨或人工浇水湿润土壤 15cm 土层。

5.2.2　种子处理

播种前将精选过的种子晒种 2h～6h（视日照强弱而定）后，用 30℃ 温水浸种 6h，置于 25℃～30℃ 的湿毛巾下催芽，待芽初出即进行播种。

5.2.3　播种

5.2.3.1　播种期

3 月中旬至 4 月上旬。

5.2.3.2　播种量

每 667m² 用种量 1.5kg～2.2kg。

5.2.3.3　播种方式

在整理好的田垄上按株距 30cm 双行错位窝播种，每窝 2～3 粒种子，覆盖土 1cm，保留 2cm～3cm 深的小窝，浇透水，盖上地膜，周边用泥土盖严。

5.2.4　田间管理

5.2.4.1　苗期管理

播种后 12d～15d 幼苗出土，及时将薄膜扎洞，引导幼苗出膜，再将苗基部地膜盖严；在子叶平展后进行间苗、补苗和定苗，每穴留苗 2～3 株。待第二片真叶长出时，每 667m² 用尿素 5kg、过磷酸钙 5kg、兑清粪水 1 000kg 追苗。当苗高 7cm～8cm 或 5～6 片真叶时，结合锄草追肥，每 667m² 用尿素 10kg、过磷酸钙 5kg、兑清粪水 1 000kg 淋苗，若基肥充足，苗长势良好，不再使用追肥。

5.2.4.2　植株调整

5.2.4.2.1　搭架引蔓

待苗高 15cm 时，进行支架。支架多用竹竿，每窝插一支撑条，支撑条长 1.2m～1.5m，地上部高 1.1m～1.3m。蔓长 20cm 时进行人工引蔓上架，将蔓反时针方向缠绕在支撑条上。

5.2.4.2.2 摘除侧蔓

在植株长至 18 叶~20 叶时摘除生长点，控制顶端生长，同时见侧蔓及时摘除。

5.2.4.2.3 控制花序

每株保留最早的 7~8 个花序，每花序留 8~10 节后及时摘除其余无效花序，保证每节花序结 5~8 荚。

5.2.4.3 浇水

如遇干旱，应适当灌水，漫灌全田即排，保持畦面湿润为度；如遇暴雨大雨时，及时排除田间积水。

5.2.4.4 追肥

结合除草，在初花期适当施用花荚肥，每 667m² 用磷酸二氢钾和硼肥（硼酸 H_3BO_3 或硼砂 $Na_2B_2O_7 \cdot 10H_2O$）各 200g 兑水 60kg 喷施。直接施用的肥料应距植株 3cm~4cm 并盖土。

5.2.4.5 病虫防治

在豆薯苗出土至 5 叶前发现蛞蝓危害时，每 667m² 用 6.8％四聚乙醛颗粒剂 200g 于下午撒在豆薯苗根部；用 2.5％溴氰菊酯 EC12mL~16mL 或 50％辛硫磷 EC 兑水 60kg 等防治地老虎危害。5 叶期至终花期主要防红蜘蛛等螨类危害，在发病初期每 667m² 用 15％哒螨灵 EC 1 500 倍液或 20％三氯杀螨醇 EC 800 倍~1 000 倍液喷雾；用 70％代森锰锌 WP 800 倍液，每隔 5d~7d 喷施 1 次防治炭疽病和叶斑病；初花期至结荚期用钻蟆宝乳剂 800 倍液施 2~3 次防豆荚蟆危害。

5.3 除杂去劣

现蕾前后拔除混杂株、变异株、病株、劣株各进行一次。按附录 A 标准执行。

5.4 采收

待种荚 90％以上颜色由绿变黄褐色时，连同果柄一起采收，以 20 枝左右扎成小把，挂在避雨通风处晾干。

5.5 加工

待 11 月晴天将晾干的豆荚及时脱粒、过筛、风簸、除去秕粒，不再晾晒，待包装。

5.6 包装贮藏

将加工后的种子按 GB 20464 农作物种子标签通则进行包装。根据市场需要确定袋装种子量。包装入库，种子堆距墙 50cm。当年未销售种子在低温、干燥条件下保存。

5.7　质量要求

所生产的豆薯种子质量符合附录 B 质量标准。

附　录　A
（资料性附录）
田间调查项目、室内考种项目及标准

A.1　田间调查项目及标准

A.1.1　播种期

播种当天的日期（日/月，下同）

A.1.2　出苗期

子叶出土达50％以上的日期，即50％以上的子叶出土并离开地面的日期。

A.1.3　出苗情况

分良、中、不良，出苗率在90％以上为良，70％～90％为中，70％以下为不良。

A.1.4　开花期

开花株数达50％的日期。

A.1.5　成熟期

籽粒完全成熟，呈本品种固有颜色，粒形、粒色已不再变化，且不能用指甲刻伤，摇动时有响声的株数达50％的日期。

A.1.6　典型性

分别根据幼茎色、花色、叶形、茸毛色、荚熟色、结荚习性、株高、分枝、株型、熟期等观察记载品种典型性。

A.1.7　整齐度

根据植株生长的繁茂程度、株高及各性状的一致性记载，分整齐和不整齐二级。

A.1.8　病虫害

记载病害、虫害种类及危害程度。

A.1.9　花色

白、淡紫色或白间紫色。

A.1.10　茸毛色

淡绿、白色。

A.1.11　叶形

三出掌状复叶；阔卵形；叶尖浅尖；叶基渐狭；叶缘全缘、锯齿；叶裂三出浅裂。

A.2　室内考种项目及标准

A.2.1　百粒重

从样品中随机取出 100 粒完整粒称重，两次重复，取平均值，以"g"表示，重复间误差不得超过 0.5g。

A.2.2　粒色

分红橙色、浅黄色、沙褐色。

A.2.3　粒形

方凸透镜形，边缘有无槽纹。

A.2.4　光泽

分有、微、无。

A.2.5　病粒率

从未经粒选的种子中随机取 1 000 粒（单株考种时取 100 粒），挑出病粒，计算公式：

$$病粒率（\%）=\frac{病粒粒数}{取样粒数}\times100\%$$

A.2.6　贮藏根形状

分扁圆形、圆锥形、纺锤形、柱棒形。

A.2.7　贮藏根须根数

贮藏根膨大部分的须根数分无、少（1～4 根）、一般（5～7 根）和多（8 根以上）。

A.2.8　贮藏根纵沟

贮藏根膨大部分的纵沟数分无（整个贮藏根膨大部分表面一致）、浅（纵沟内陷小于 0.5cm）、中（纵沟内陷 0.5cm～1.0cm）、深（纵沟内陷大于 1cm）。

A.2.9　贮藏根剥皮易容性

从膨大贮藏根两端一次性削皮面积占其表面积的比例。分易剥皮（90%以上）、一般（50%～90%）、不易剥皮（50%以下）。

附 录 B

(资料性附录)

豆薯种子质量要求

表 B.1 豆薯种子质量要求

级别	纯度不低于 (%)	净度不低于 (%)	发芽率不低于 (%)	水分不高于 (%)
原种	98	98	85	11
良种	96	98	85	11

ICS
备案号：124—2003

DB

广 州 市 农 业 技 术 规 范

DB440100/30 —2003

瓜菜作物——沙葛种子质量要求

Quality requirement for seeds of gourd and vegetable——Yam bean

2003-09-01 发布　　　　　　　　　　　　2003-12-01 实施

广州市质量技术监督局 发布

前　　言

　　本标准是在对我市当前生产应用的沙葛种子进行广泛抽样调查和大量试验的基础上，参考国家及国际先进国家或有关机构制订的豆类作物种子质量标准，对沙葛种子质量标准进行制订。

　　本标准中，种子质量级别：常规种的良种级别不分级；其纯度、净度、发芽率、含水量四项分别定一个指标。原种纯度指标参照国际有关标准。

　　本标准由广州市农业局提出。

　　本标准起草单位：广州市蔬菜科学研究所、广州市种子总站。

　　本标准起草人：林鉴荣、夏秀娴、林春华、郑康炎、覃剑秋、陈辉国、谭雪、曹翠文、陈绍平。

　　本标准委托广州市种子总站负责解释。

瓜菜作物——沙葛种子质量要求

1　范围

本标准规定了沙葛种子的质量要求、检验方法、检验规则以及包装、标志、贮运等技术要求。

本标准适用于沙葛种子的生产和销售。

2　规范性引用文件

下列文件中的条款通过本标准的引用而成为本标准的条款。凡是注日期的引用文件，其随后所有的修改单（不包括勘误的内容）或修订版均不适用于本标准，然而，鼓励根据本标准达成协议的各方研究是否可使用这些文件的最新版本。凡是不注日期的引用文件，其最新版本适用于本标准。

GB/T3543.1—1995　农作物种子检验规程　总则

GB/T3543.2—1995　农作物种子检验规程　扦样

GB/T3543.3—1995　农作物种子检验规程　净度分析

GB/T3543.4—1995　农作物种子检验规程　发芽试验

GB/T3543.5—1995　农作物种子检验规程　真实性和品种纯度鉴定

GB/T3543.6—1995　农作物种子检验规程　水分测定

GB/T7414—1987　主要农作物种子包装

GB/T7415—1987　主要农作物种子贮藏

3　定义

本标准采用下列定义。

3.1　原种 basic seed

用育种家种子繁殖的第一代至第三代或按原种生产技术规程生产的达到原种质量标准的种子。

3.2　良种 quality seed

用常规种原种繁殖的第一代至第三代或杂交种达到良种质量标准的种子。

4　质量要求

沙葛种子质量指标见表1。

表 1 沙葛种子质量指标

单位：%

项目名称	级别	纯度不低于	净度不低于	发芽率不低于	水分不高于
沙葛常规种	原种	99.0	99.5	85.0	12.0
	良种	85.0			

5 检验方法

5.1 扦样

按 GB/T3543.2 执行。

5.2 净度分析

按 GB/T3543.3 执行。

5.3 发芽试验

按 GB/T3543.4 执行。

5.4 真实性和品种纯度鉴定

按 GB/T3543.5 执行。

5.5 水分测定

按 GB/T3543.6 执行（低温法）。

6 检验规则

6.1 批次

以同一时间、同一地点生产、收获的种子为一检验批。

6.2 判定原则

以品种纯度指标为划分种子质量级别的依据。常规种纯度达不到原种指标降为良种，达不到良种指标即判为不合格种子。

纯度、净度、发芽率、水分四项指标，只要有一项指标不合格，即判为不合格种子。

纯度、净度、发芽率的测定值与标准规定值进行比较判定时，暂不执行 GB/T3543.1～3543.6—1995 中与规定值比较所用的允许误差。

7 包装、运输、贮藏、标志

按 GB/T7414、GB/T7415 执行。

ICS 65.020
B 23

DB 520329

贵 州 省 余 庆 县 地 方 标 准

DB 520329/T CY5.1.12—2013

豆薯(地瓜)贮藏根优质高产栽培技术规程

2013-03-01 发布　　　　　　　　2013-03-05 实施

贵州省余庆县质量技术监督局 发 布

目　　次

前　　言

本标准由余庆县农牧局提出并归口。

本标准由余庆县质量技术监督局批准。

本标准起草单位：余庆县种子管理站。

本标准起草人员：陈忠文、文西强、王宏飞、陆铎。

豆薯（地瓜）贮藏根优质高产栽培技术规程

1　范围

本标准规定了豆薯贮藏根生产过程中的品种选用、土壤选择、整地、播种、施肥、田间管理、病虫防治、收贮等各个环节中的技术要求和操作方法。

本标准适用于豆薯贮藏根商品生产与销售。

2　规范性引用文件

下列文件对于本文件的应用是必不可少的。凡是注日期的引用文件，仅所注日期的版本适用于本文件。凡是不注日期的引用文件，其最新版本（包括所有的修改单）适用于本文件。

GB3095—1996　环境空气质量标准

GB/T8321　农药合理使用准则

GB5084—2005　农田灌溉水质标准

GB15618　土壤环境质量标准

DB52/T 853—2013　贵州省豆薯种子生产技术规程

3　优质高产栽培技术

3.1　技术品种选择

选用产量高、品质优良、抗逆性强、生育期适宜的豆薯品种。

3.2　用种量

每 667m² 用种 4.0kg～4.5kg。

3.3　土壤选择

选择土层深厚、肥力中等、地势高的沙质土壤为宜。

3.4　整地施基肥

前茬收获后深耕 25cm～30cm，每 667m² 施腐熟农家肥 3 000kg。播种前 15d 将土块打碎耙平，做成 120cm 宽、沟深 25cm 的畦，畦与畦间距 30cm～40cm。

3.5　播种

3 月中旬至 5 月下旬播种。每穴播种 1 粒～2 粒，行株距 20cm×（15cm～25cm），播种后盖上细土。地膜覆盖可提早上市。

3.6　间苗施肥

播种后 15d 左右苗出土，及时将薄膜扎洞，引导幼苗出膜，再将苗基部地膜盖严。裸土覆盖，播种 25d 左右出苗。子叶平展后间苗和定苗，每穴留苗 1 株。

第二片真叶平展时，每 667m² 用尿素 5kg、过磷酸钙 5kg，兑清粪水 1 000kg 追苗。苗高 7cm～8cm 或 5～6 片真叶时，结合锄草追肥，每 667m² 用尿素 10kg、过磷酸钙 5kg，兑清粪水 1 000kg 淋苗。6—7 月贮藏根开始膨大时重施一次追肥，如遇天旱，应采取浇水抗旱措施。若苗长势良好，不再追肥。

3.7　整枝

豆薯苗生长到 11 叶～13 叶或苗高 30cm 左右时，及时断梢控制顶端生长，每 7d～10d 一次，连续 4 次～5 次，除去侧枝和花序。

3.8　病虫防治

在苗期发现蛞蝓危害时，每 667m² 用 6.8％四聚乙醛颗粒剂 200g 于下午撒在豆薯苗根部；用 2.5％溴氰菊酯 EC12mL～16mL 或 50％辛硫磷 EC 兑水 60kg 或人工捕杀等防治地老虎危害。

生长中后期主要防茶黄螨等螨类为害，在发病初期每 667m² 用 15％哒螨灵 EC1 500 倍液或 20％三氯杀螨醇 EC800 倍～1 000 倍液喷雾。

用 70％代森锰锌 WP800 倍液，每隔 5d～7d 喷施 1 次防治炭疽病和叶斑病。

3.9　收获

播种后 115d～120d 开始采收，具体采收期根据市场需求调整。

3.10　贮藏

晴天采收，剔除单个重小于 50g 的贮藏根，除去泥土、杂质和破损贮藏根，堆放于 1.5m～2m 深的地窖内，200kg～300kg 堆成一堆，堆与堆间隔 30cm，间隔 15d～25d 翻检一次，剔除腐烂薯块。待需要取用。

室内外均可建地窖，选择地势高、干燥、地下水位低（低于窖深）、土壤保水性能好、结构紧密不易倒塌的地方为宜。

进窖前清除被病菌污染的表土，填补清洁的土。用 50％辛硫磷 1 000 倍液和 50％多菌灵 1 000 倍液分别喷窖，杀虫、杀菌，15d 后进窖。

注意进窖安全。

附　录　A

（资料性附录）
田间调查项目及标准

A.1　播种期

播种当天的日期（日/月，下同）

A.2　出苗期

子叶出土达 50％以上的日期，即 50％以上的子叶出土并离开地面的日期。

A.3　出苗情况

分良、中、不良，出苗率在 90％以上为良，70％～90％为中，70％以下为不良。

A.4　幼苗期

第一对真叶可见至发生 3～4 片真叶平展和数条侧根时期。

A.5　发棵期

第 5 至第 6 片真叶出现至田间开花植株达 50％的日期。

A.6　贮藏根膨大期

第 7 至第 9 片真叶生长到开花的结束日期。

A.7　典型性

分种子形状和颜色、幼茎色、花色、叶形、茸毛色、分枝、株型、熟期等。

A.8　整齐度

根据植株生长的繁茂程度、株高及各性状的一致性记载，分整齐和不整齐二级。

A.9　病虫害

记载病害、虫害种类及危害程度。

A.10　花色

白色、紫蓝色、其他。

A.11　茸毛色

淡绿色、白色。

A.12　叶形

三出掌状复叶；阔卵形；叶尖浅尖；叶基渐狭；叶缘全缘、锯齿；叶裂三出浅裂。

A.13　室内考种项目及标准

A.13.1　贮藏根形状

分扁圆、圆锥、纺锤、柱棒形等。

A.13.2　贮藏根须根大小

贮藏根表面的须根，分粗（最大根径 2mm 以上）、中（最大根径 1mm～2mm）、细（最大根径 1mm 以下）。

A.13.3　贮藏根纵沟

贮藏根膨大部分的纵沟，分无（整个贮藏根膨大部分表面无凹陷）、浅（纵沟深小于 0.5cm）、中（纵沟深 0.5cm～1.0cm）、深（纵沟深大于 1cm）。

A.13.4　贮藏根须根数

贮藏根表面的须根数，分无、少（1 根～4 根）、一般（5 根～7 根）和多（8 根以上）。

A.13.5　贮藏根剥皮难易性

从膨大贮藏根两端一次性削皮面积占其表面积的比例，分易（90％以上）、一般（50％～90％）、不易（50％以下）。

A.14　商品性

贮藏根大小分小（单个重 50g 以下不具商品价值）、中（单个重 51g～250g）和大（单个重 251g 以上）。

附　录　B

（资料性附录）
豆薯贮藏根质量要求

B.1　豆薯按完整贮藏根分等级

B.1.1　等级指标及其他质量指标见下表。

等级	完整贮藏根 （单个重 100g 以上）/%	不完整贮藏根/%			杂质/%
		总量	病害	其他	
1	≥98.0	2.0≤	0.5≤	1.0≤	0.5≤
2	≥96.0	4.0≤	1.0≤	2.0≤	1.0≤

B.1.2　豆薯贮藏根以二等为中等标准，低于二等的为等外级。

B.1.3　卫生标准和植物检疫项目，执行国家有关规定。

B.2　名词解释

B.2.1　完整贮藏根：完整、健全以及轻微擦伤或伤后愈合的贮藏根。

B.2.2　不完整贮藏根：包括下列尚有食用价值的贮藏根。

B.2.2.1　病害贮藏根：包括感染豆薯根腐病、豆薯黑心病的贮藏根。

B.2.2.2　其他贮藏根：包括机械伤（镐伤、挖伤）、干疤（伤后痕）、萎缩、冻伤等贮藏根。

B.2.2.3　杂质：一批贮藏根中所含的浮土、贮藏根上所沾的泥土、无食用价值的贮藏根，以及其他有机、无机物质。

图书在版编目（CIP）数据

豆薯／陈忠文主编． -- 北京：中国农业出版社，
2024．8． -- ISBN 978-7-109-32413-8

Ⅰ．S52；S53

中国国家版本馆 CIP 数据核字第 2024T528V5 号

豆薯

DOUSHU

中国农业出版社出版

地址：北京市朝阳区麦子店街 18 号楼

邮编：100125

责任编辑：张雪娇　　文字编辑：董　倪

版式设计：王　晨　　责任校对：吴丽婷

印刷：中农印务有限公司

版次：2024 年 8 月第 1 版

印次：2024 年 8 月北京第 1 次印刷

发行：新华书店北京发行所

开本：700mm×1000mm　1/16

印张：22

字数：420 千字

定价：136.00 元